图 3-5　分类结果示意图

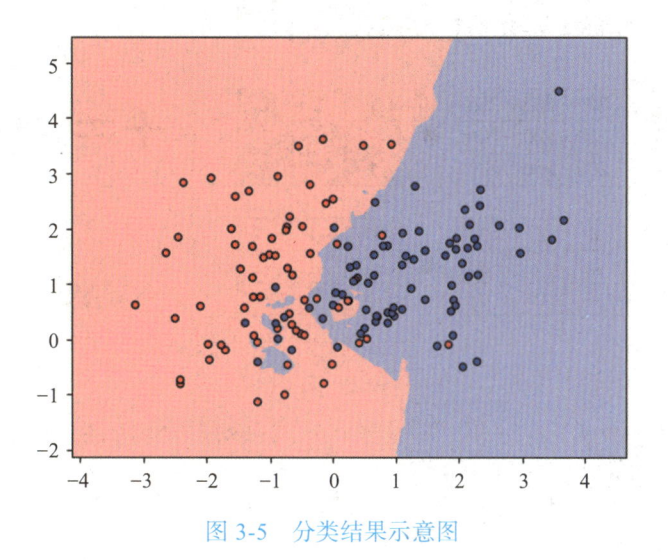

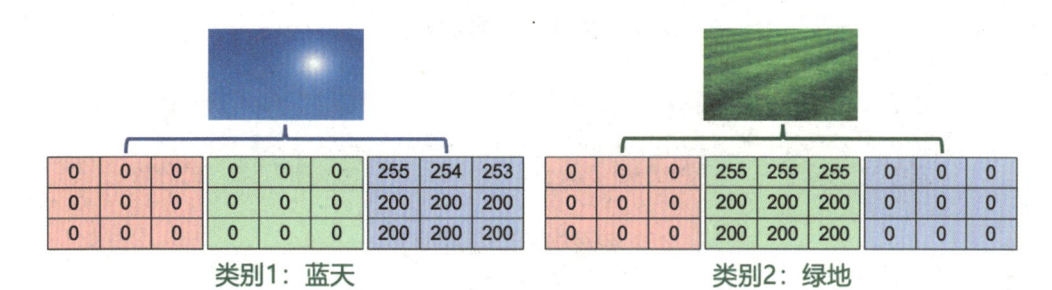

图 6-2　图像分类的例子：蓝天和绿地

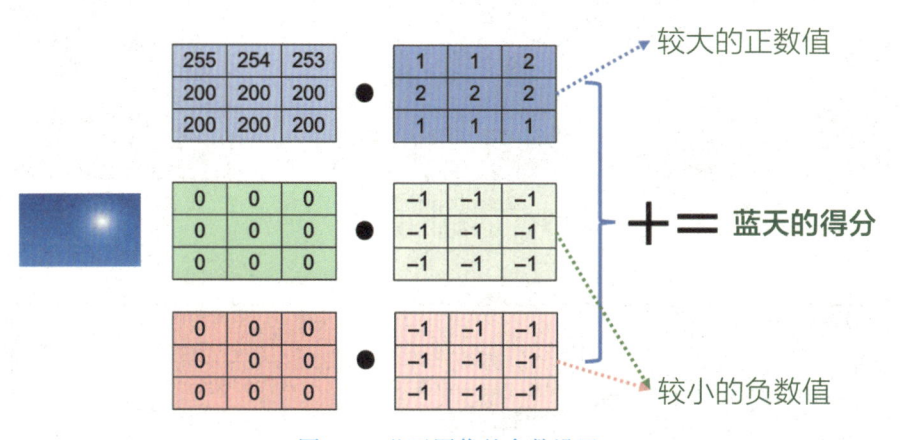

图 6-3　蓝天图像的参数设置

图 6-4　绿地图像的参数设置

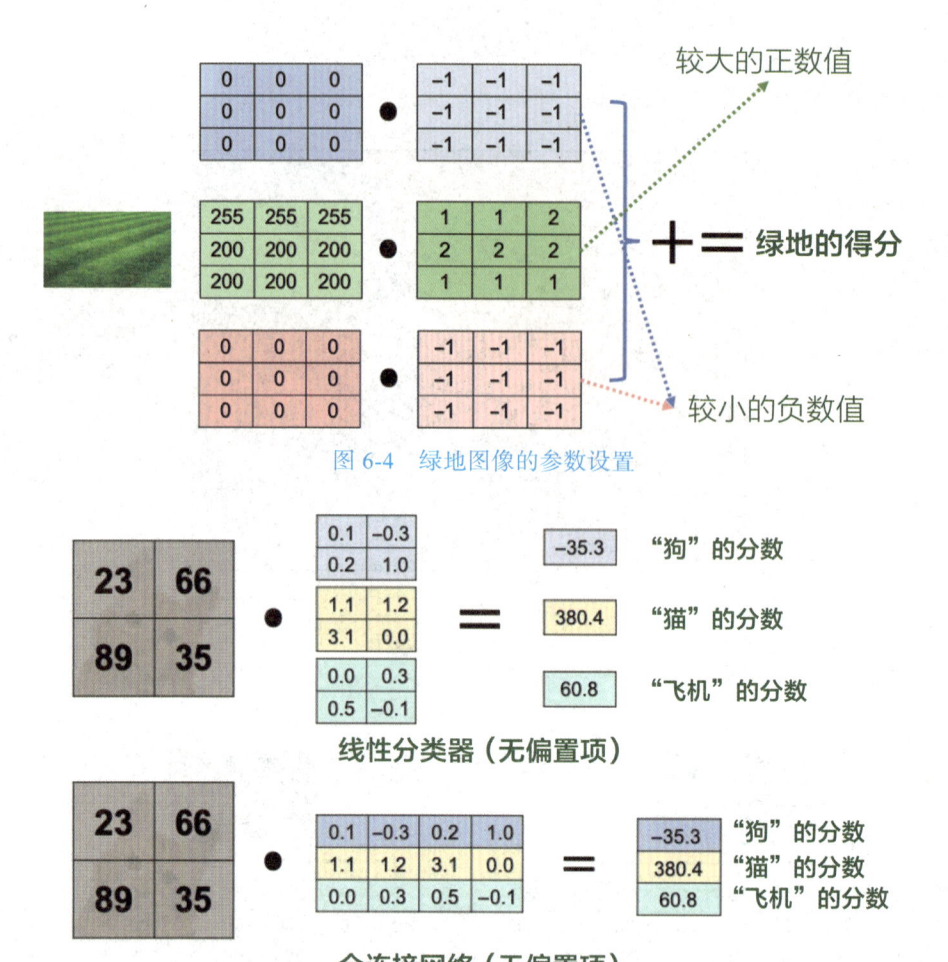

图 6-5　从线性分类器到全连接网络

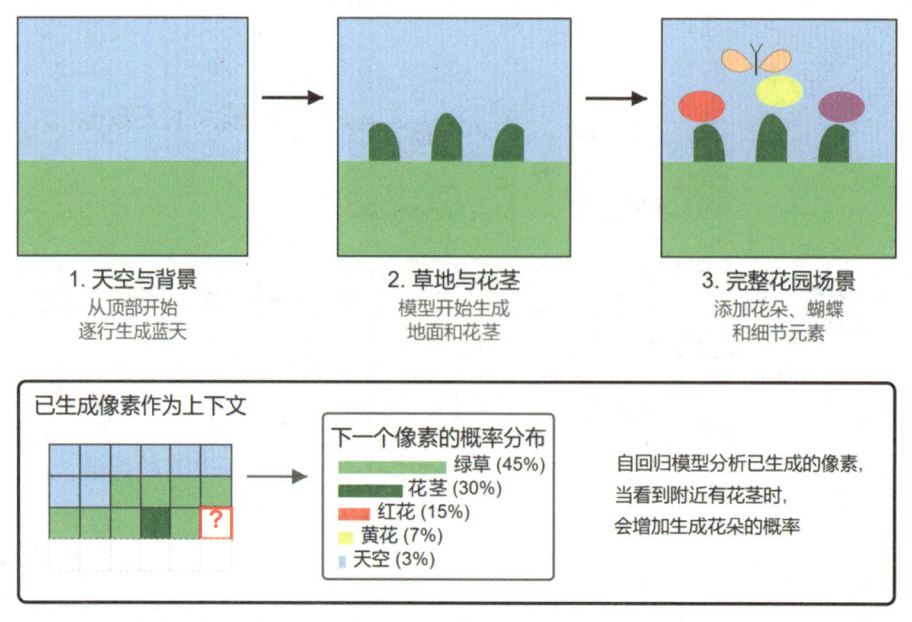

图 9-3　自回归模型图像生成过程示意图

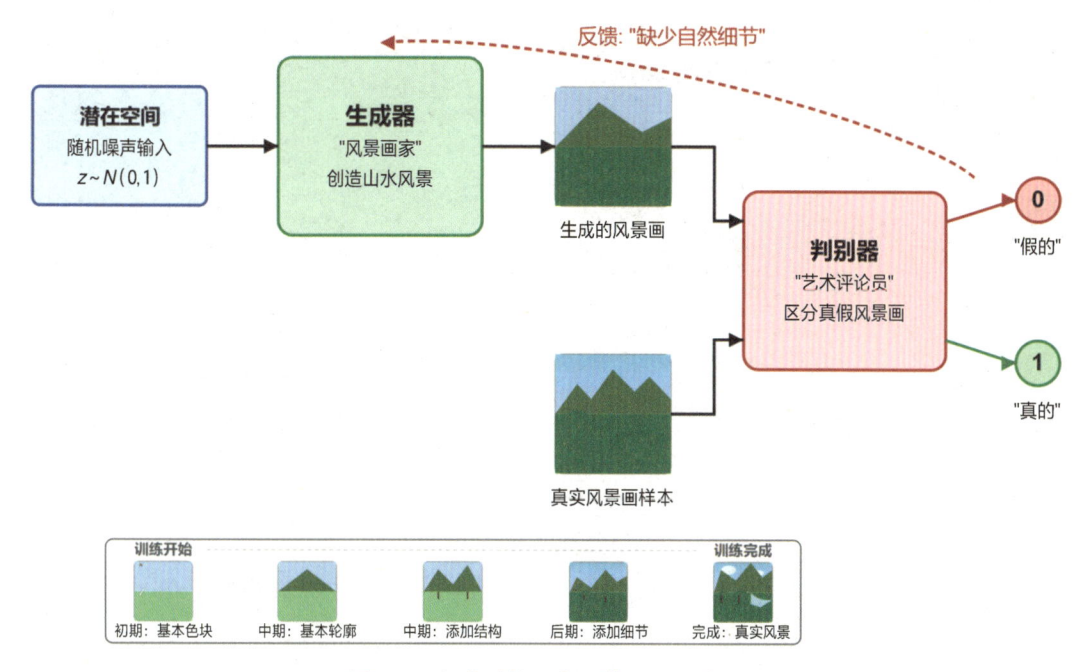

图 9-4　生成对抗网络工作原理示意图

图 12-2　一张来自美国停车标志数据库的停车标志图片，以及它的后门版本，从左到右分别使用了带有黄色方块、炸弹和花朵图案的贴纸作为后门触发器

普通高等学校人工智能通识系列教材

遇见人工智能

印鉴 王雪鹤 赵宝全 毛旭东 著

Meet Artificial Intelligence

机械工业出版社
CHINA MACHINE PRESS

本书是人工智能领域的通识教材，旨在带领读者开启一次全面的人工智能之旅。本书分为四部分，第一部分回顾人工智能的发展历史，探讨符号主义、联结主义和行为主义三大学派的形成及其对现代社会的影响，强调 AI 背后的人文精神与社会责任。第二部分深入剖析 AI 的数理基础，通过案例引导读者理解 AI 的核心原理，避免复杂的数学公式，从而使读者能够轻松掌握。第三部分聚焦 AI 在各个领域的应用，包括专家系统、计算机视觉、机器人、自然语言处理等，并通过前沿技术案例展示 AI 如何推动行业创新。第四部分展望 AI 的未来发展，探讨技术的挑战与安全风险，如数据隐私、伦理问题及技术滥用等，呼吁对 AI 技术持续发展进行深思与规范。

本书内容丰富，语言通俗易懂，既可作为高校各专业学生的通识教材，也可供人工智能相关领域从业人员和广大读者参考。

图书在版编目（CIP）数据

遇见人工智能 / 印鉴等著. -- 北京：机械工业出版社，2025.7. -- （普通高等学校人工智能通识系列教材）. -- ISBN 978-7-111-78476-0

I. TP18

中国国家版本馆 CIP 数据核字第 20258CU000 号

机械工业出版社（北京市百万庄大街 22 号　邮政编码 100037）
策划编辑：李永泉　　　　　　　　　责任编辑：李永泉　郎亚妹
责任校对：甘慧彤　张雨霏　景　飞　责任印制：刘　媛
三河市骏杰印刷有限公司印刷
2025 年 7 月第 1 版第 1 次印刷
185mm×260mm・22.75 印张・2 彩插・518 千字
标准书号：ISBN 978-7-111-78476-0
定价：79.00 元

电话服务　　　　　　　　　　　网络服务
客服电话：010-88361066　　　　机　工　官　网：www.cmpbook.com
　　　　　010-88379833　　　　机　工　官　博：weibo.com/cmp1952
　　　　　010-68326294　　　　金　书　网：www.golden-book.com
封底无防伪标均为盗版　　　　　机工教育服务网：www.cmpedu.com

前言

在这个信息时代，人工智能（AI）已经成为我们生活中不可或缺的一部分。十四届全国政协第二十二次双周协商座谈会上，教育部副部长吴岩提出打造人工智能通识课程体系，赋能理工农医文等各类人才培养。基于人工智能通识教育普及的迫切目标，本书旨在带领读者开启一次全面的人工智能之旅，从人工智能的发展历史到基础理论，再到前沿应用，最后对AI的未来进行展望。

本书的第一部分将引领读者踏上一段非凡的时空之旅，从人工智能的起源开始，追溯其波澜壮阔的发展历史。读者将了解AI的诞生、发展、高潮与低谷，见证三大学派——符号主义、联结主义和行为主义的诞生与演变。该部分还将探讨AI如何在现代社会中扮演越来越重要的角色，其应用如何深刻影响着我们的生活。我们不仅希望读者能够通过这段旅程深入了解人工智能的多样性和复杂性，更希望读者能够感受到AI背后的人文精神和承担的社会责任。这段旅程将帮助读者认识到，AI不仅是技术的革新，更是人类智慧的延伸，它的发展需要我们共同思考和参与。

第二部分将从AI三大学派切入，探讨AI的基石——数理基础，包括逻辑演绎、归纳推理和强化学习等核心概念。该部分可帮助读者理解AI如何进行思考和学习，以及这些数学原理如何支撑智能系统的构建和发展。考虑到读者的多学科背景，本书尽量避免复杂的数学公式，力求以通俗易懂的语言来讲解AI的核心原理，因此，即便读者没有深厚的数学背景，也能够轻松理解AI的精髓。每一章都将从一个实际的问题案例出发，引导读者思考如何运用AI来解决这些问题，并介绍相应的AI工具。

第三部分主要聚焦AI在专家系统、计算机视觉、机器人、自然语言处理、生成式人工智能等领域的应用。该部分主要讲述人工智能在实际中的应用，并讨论最新的大语言模型等前沿技术。本部分通过丰富的案例分析，展示了AI技术如何推动各行各业的创新，以及它如何为社会带来深刻的变革。希望读者能够通过这些实际案例，直观地感受到 AI 技术的力量，以及它在解决现实问题和推动社会发展中的巨大潜力。

第四部分将在深入探讨 AI 的过去和现在之后，共同展望 AI 的未来发展趋势以及伴随而来的安全风险。该部分将详细讨论 AI 技术的发展趋势、面临的挑战和瓶颈，包括多模态大模型、可解释人工智能、计算资源问题等。同时，也将探讨技术进步带来的安全风险和伦理挑战，如数据泄露风险、模型滥用、对抗性攻击等问题。通过对 AI 未来的深入探讨，希望激发读者对 AI 持续发展和应用的深入思考，以及如何在享受 AI 带来的便利的同时，确保技术的伦理性和安全性。

这是一本 AI 思想启蒙书。无论是理工科学生，还是文科背景的读者，本书都将为你呈现一个全面且深入浅出的 AI 世界图景。让我们一起探索人工智能的无限可能，遇见一个更加智能的未来。

目 录

前言

第一部分 遇见人工智能，遇见爱（AI）

第1章 人工智能的发展历史   2
- 1.1 什么是人工智能   2
- 1.2 厚积薄发：人工智能的崛起之路   3
  - 1.2.1 人工智能的早期萌芽   3
  - 1.2.2 人工智能的诞生：达特茅斯会议   6
  - 1.2.3 黄金年代与寒冬降临   8
  - 1.2.4 春天的曙光：AI的复兴——从低谷走向复苏   11
  - 1.2.5 学习的革命：深度学习的崛起   15
  - 1.2.6 一次爆发：大模型时代的到来   20
- 1.3 百家争鸣：人工智能的三大学派   22
  - 1.3.1 思想的碰撞：AI学派的形成背景   22
  - 1.3.2 符号主义：逻辑的信徒   24
  - 1.3.3 联结主义：仿生的追随者   26
  - 1.3.4 行为主义：现实的实践者   28
  - 1.3.5 融合、创新与展望：走向多元化的未来   30
- 本章小结   33
- 延伸阅读   33
- 本章习题   40

第二部分　想说爱（AI）你不容易

第 2 章　逻辑演绎　44

　　2.1　搜索算法　44
　　　　2.1.1　搜索算法的定义　45
　　　　2.1.2　基础搜索策略　46
　　　　2.1.3　高级搜索技术　56
　　2.2　知识表示　65
　　　　2.2.1　知识表示的基本概念　66
　　　　2.2.2　知识表示的方法　68
　　本章小结　77
　　本章习题　78

第 3 章　归纳推理　79

　　3.1　分类预测　79
　　　　3.1.1　基本概念　80
　　　　3.1.2　常见的分类算法　82
　　　　3.1.3　评估分类模型　93
　　　　3.1.4　应用场景　96
　　3.2　神经网络　98
　　　　3.2.1　神经网络的灵感来源——大脑中的神经元　98
　　　　3.2.2　感知机　98
　　　　3.2.3　神经网络概述　100
　　　　3.2.4　BP 神经网络　105
　　　　3.2.5　神经网络的应用领域　107
　　　　3.2.6　神经网络的挑战　109
　　本章小结　114
　　本章习题　114

第 4 章　强化学习　115

　　4.1　概述　115
　　　　4.1.1　强化学习的发展历史　115
　　　　4.1.2　强化学习的基本结构　116

	4.1.3	强化学习的分类	117
4.2	策略梯度算法		119
	4.2.1	标准的策略梯度算法	119
	4.2.2	策略梯度算法的两种优化方法	121
	4.2.3	策略梯度算法的实现过程	123
4.3	深度 Q 网络算法		124
	4.3.1	价值函数	124
	4.3.2	深度 Q 网络算法的基本流程	127
	4.3.3	常见的优化方法	127
	4.3.4	深度 Q 网络算法的实现过程	129
	4.3.5	连续动作空间下的深度 Q 网络	130
4.4	演员-评论员算法		131
	4.4.1	策略梯度算法的简单回顾	131
	4.4.2	深度 Q 网络算法的简单回顾	132
	4.4.3	演员-评论员算法的基本流程	132
	4.4.4	常见的优化技巧	133
	4.4.5	演员-评论员算法的实现过程	134
	4.4.6	异步演员-评论员算法	135
4.5	稀疏奖励环境下的强化学习		136
	4.5.1	设计奖励	136
	4.5.2	课程学习	137
	4.5.3	分层强化学习	138
4.6	无奖励环境下的强化学习		139
	4.6.1	行为克隆	139
	4.6.2	逆强化学习	140
本章小结			140
本章习题			141

第三部分 对你爱（AI）不完

第 5 章 专家系统   144

5.1 什么是专家系统   144

    5.1.1 专家系统的定义   144

　　　　5.1.2　专家系统的发展历史　　　　　　　　　　146
　　5.2　专家系统的组成部分　　　　　　　　　　　　　147
　　　　5.2.1　知识库　　　　　　　　　　　　　　　　148
　　　　5.2.2　推理机　　　　　　　　　　　　　　　　153
　　　　5.2.3　用户接口　　　　　　　　　　　　　　　155
　　　　5.2.4　知识获取模块　　　　　　　　　　　　　156
　　　　5.2.5　解释模块　　　　　　　　　　　　　　　158
　　5.3　专家系统的应用场景　　　　　　　　　　　　　159
　　　　5.3.1　医疗诊断　　　　　　　　　　　　　　　159
　　　　5.3.2　金融分析　　　　　　　　　　　　　　　160
　　　　5.3.3　法律咨询　　　　　　　　　　　　　　　162
　　　　5.3.4　工业故障诊断　　　　　　　　　　　　　163
　　　　5.3.5　农业管理　　　　　　　　　　　　　　　164
本章小结　　　　　　　　　　　　　　　　　　　　　　166
本章习题　　　　　　　　　　　　　　　　　　　　　　166

第 6 章　计算机视觉　　　　　　　　　　　　　　　167

　　6.1　图像理解：计算机视觉的核心目标　　　　　　　167
　　6.2　计算机如何"看"图像　　　　　　　　　　　　169
　　　　6.2.1　什么是数字图像　　　　　　　　　　　　170
　　　　6.2.2　数字图像的表示方式　　　　　　　　　　170
　　6.3　计算机如何"认识"图像　　　　　　　　　　　171
　　　　6.3.1　什么是图像分类　　　　　　　　　　　　171
　　　　6.3.2　线性分类器　　　　　　　　　　　　　　172
　　　　6.3.3　全连接网络　　　　　　　　　　　　　　175
　　　　6.3.4　卷积神经网络　　　　　　　　　　　　　176
　　6.4　计算机如何更深层地"理解"图像　　　　　　　180
　　　　6.4.1　目标检测　　　　　　　　　　　　　　　180
　　　　6.4.2　图像分割　　　　　　　　　　　　　　　183
　　6.5　计算机视觉的应用　　　　　　　　　　　　　　185
　　　　6.5.1　人脸检测与识别　　　　　　　　　　　　185
　　　　6.5.2　光学字符识别　　　　　　　　　　　　　188
　　　　6.5.3　智能制造　　　　　　　　　　　　　　　190

    6.5.4 增强现实和虚拟现实 192
  本章小结 193
  本章习题 194

第 7 章 机器人 195

  7.1 机器人概述 195
    7.1.1 机器人的定义与发展历程 195
    7.1.2 机器人的主要构成 196
    7.1.3 机器人的关键技术 198
  7.2 强化学习在机器人中的应用 200
    7.2.1 环境感知：如何获取环境信息 200
    7.2.2 决策过程：如何选择下一步动作 202
    7.2.3 奖励机制：如何评价动作的好坏 203
    7.2.4 经验积累：如何从历史数据中学习 204
  7.3 机器人的典型应用场景 206
    7.3.1 工业机器人 206
    7.3.2 服务机器人 207
    7.3.3 医疗机器人 208
    7.3.4 军事和安防机器人 211
    7.3.5 探索和研究用机器人 212
  本章小结 213
  本章习题 214

第 8 章 自然语言处理 215

  8.1 自然语言处理概述 215
    8.1.1 自然语言处理的基本概念和发展历程 215
    8.1.2 自然语言处理的核心任务 217
  8.2 自然语言的表示 218
    8.2.1 离散词向量表示 219
    8.2.2 分布式词向量表示 221
  8.3 自然语言分析的层次结构 225
    8.3.1 词法分析 225
    8.3.2 句法分析 226

  8.3.3 语义分析 228
  8.3.4 篇章分析 230
 8.4 语言模型的技术演进 231
  8.4.1 基于规则的语言分析 231
  8.4.2 统计语言模型 232
  8.4.3 神经网络语言模型 232
 8.5 自然语言处理的关键应用 234
  8.5.1 信息抽取 235
  8.5.2 情感分析 236
  8.5.3 机器翻译 236
  8.5.4 文本摘要 237
  8.5.5 智能问答 237
  8.5.6 知识图谱构建 238
本章小结 239
本章习题 240

第 9 章 生成式人工智能 241

 9.1 什么是生成式人工智能 241
 9.2 文生文：让文字生根发芽 242
  9.2.1 自回归模型 242
  9.2.2 预训练语言模型 243
  9.2.3 大型语言模型 248
 9.3 文生图：当文字化作绚丽画卷 252
  9.3.1 图像生成模型的基本原理 253
  9.3.2 图像生成模型的主流技术路线 254
 9.4 文生视频：让文字在时空中舞动 259
  9.4.1 视频生成模型的基本原理 259
  9.4.2 视频生成模型的主流技术路线 261
 9.5 提示词工程：与 AI 对话的艺术 264
  9.5.1 提示词工程的基本概念 265
  9.5.2 提示词的构成要素 266
  9.5.3 提示词编写的核心技巧 267
  9.5.4 典型应用场景的提示词策略 269

　　　　9.5.5　高级提示词技术　　　　272
　本章小结　　　　274
　延伸阅读　　　　275
　本章习题　　　　280

第 10 章　AI + X　　　　281

　10.1　金融科技　　　　281
　　　　10.1.1　概述　　　　282
　　　　10.1.2　金融大模型　　　　285
　10.2　智慧医疗　　　　292
　　　　10.2.1　概述　　　　292
　　　　10.2.2　AlphaFold　　　　293
　10.3　科学智能　　　　298
　　　　10.3.1　概述　　　　299
　　　　10.3.2　气象大模型　　　　301
　本章小结　　　　307
　本章习题　　　　308

第四部分　爱（AI）你一万年

第 11 章　人工智能的未来发展　　　　310

　11.1　概述　　　　310
　11.2　技术趋势　　　　313
　　　　11.2.1　从有监督学习到自主学习　　　　314
　　　　11.2.2　从单模态大模型到多模态大模型　　　　315
　　　　11.2.3　从黑箱 AI 到可解释 AI　　　　317
　11.3　未来挑战与瓶颈　　　　319
　　　　11.3.1　数据质量与获取　　　　319
　　　　11.3.2　计算资源与能耗　　　　321
　　　　11.3.3　通用人工智能的实现　　　　323
　本章小结　　　　326
　本章习题　　　　326

第 12 章　人工智能的安全风险　　328

12.1　技术安全风险　　328
12.1.1　模型鲁棒性风险　　328
12.1.2　系统可靠性风险　　331
12.1.3　隐私安全风险　　332

12.2　伦理风险　　334
12.2.1　决策公平风险　　334
12.2.2　透明度风险　　335
12.2.3　自主性风险　　335

12.3　技术风险的防护策略　　338
12.3.1　模型鲁棒性增强　　338
12.3.2　系统可靠性保障　　340
12.3.3　隐私保护机制　　341

12.4　伦理规范策略　　343
12.4.1　公平性保障　　343
12.4.2　透明度提升　　344
12.4.3　自主性管控　　345

本章小结　　346
延伸阅读　　347
本章习题　　349

参考文献　　350

第一部分

遇见人工智能,遇见爱(AI)

第 1 章
人工智能的发展历史

信息时代，人工智能已经不再是科幻小说中的设想，而是人们日常生活中不可或缺的一部分。从智能手机的语音助手到在线客服，从自动驾驶汽车到个性化推荐系统，人工智能正以它独特的方式，让人们的生活变得更加便捷和丰富多彩。

本章将带领读者穿越人工智能的历史长河，了解从其萌芽诞生到不同学派的形成历程，以及人工智能在当今社会中的应用和影响。希望通过这段旅程，读者不仅可以了解人工智能的发展过程，认识到人工智能的多样性和复杂性，更能感受到其中蕴含的人文精神和社会责任。

1.1 什么是人工智能

在探索人工智能的丰富历史之前，首先需要理解人工智能的本质和内涵。"人工智能"（Artificial Intelligence，AI）这一术语由 Artificial（人造的）和 Intelligence（智力）组成，指的是通过计算机系统模拟、延伸和扩展人类智能的科学与技术。

从字面理解，人工智能意味着由人类创造的智能，是对自然智能尤其是人类智能的模仿。《现代汉语词典》将智能定义为"智慧和才能"或"具有人的某些智慧和才能"，《牛津高阶英语词典》则将其描述为"以逻辑的方式学习、理解、思考事物的能力"。这些定义虽然简洁，却道出了智能的核心特质。从认知科学的角度来看，智能是知识与智力的总和。知识是一切智能行为的基础，而智力则是获取知识并应用知识解决问题的能力。知识阈值理论强调，智能行为取决于知识的数量及其一般化的程度，智能就是在巨大搜索空间中迅速找到一个满意解的能力。这种能力不仅体现在复杂的科学研究中，也体现在日常生活的每个决策中，如下棋、驾驶、社交互动等。

人类智能展现出丰富而复杂的特征。首先，我们通过眼、耳、口、鼻、皮肤等器官感知外部世界，这是信息的输入途径；接着，我们的记忆系统存储这些感知到的信息和加工产生的新知识，思维则对记忆中的信息进行处理；同时，我们具备学习能力，无论是有意识还是无意识地获取新知识；最后，我们的行为能力将思维转化为行动，对外界产生影响，这是信息的输出。这四大核心能力——感知、记忆与思维、学习、行为——构成了人类智能的基本框架。人工智能系统则试图模仿这些能力。机器感知对应人的感知能力，通过各种传感器、摄像头、麦克风等设备收集数据；机器思维对应人的记忆与思维能力，通过算法处理和分析数据，进行推理和决策；机器学习对应人的学习能力，通过统计方法和神经网络等技术从数据中学习模式和规律；机器行为对应人的行为能力，通过各种执行器和界面将决策转化为实际行动或输出。从本质上看，人工智能是在用计算机的方式实现人类思维的过程。尽管如此，人类智能与机器智能仍存在显著差异。人类智能具有自主性、创造性和情感性，能够理解隐喻、处理模糊信息、进行横向思考；而机器智能则以精确计算、大规模数据处理和特定任务的高效执行为特长。人类智能是自然进化的产物，融合了理性与感性，而机器智能则是人类有意设计的结果，通常专注于理性推理和特定目标优化。人类能够从少量例子中学习并泛化，而传统机器学习则需要大量数据的支持。不过，随着技术的发展，这些界限正变得越来越模糊。从技术层面看，人工智能的终极目标是创造出能够像人一样思考和行动的计算机系统。这个目标可以分解为多个层次：从实现特定任务的弱人工智能（如语音识别、图像分类），到具备人类水平智能的强人工智能，再到超越人类智能的超级人工智能。当前，人工智能已经在众多特定领域超越了人类，但通用人工智能仍然是一个遥远的目标。

人工智能研究的意义极为深远。正如谷歌 CEO 桑达尔·皮查伊所言："人工智能带给我们生活和工作的改变，甚至将超过火和电。"首先，AI 技术使计算机更加智能、更加实用，改善了人机交互体验；其次，它扩展了人类智能的边界，使人们能够处理过去无法想象的复杂问题；第三，它满足了信息化社会的迫切需求，为大数据时代的信息管理提供了有力工具；第四，它推动了自动化技术的发展，提高了生产效率和安全性；最后，也是最重要的，研究人工智能有助于我们探索人类自身智能的奥秘，更深入地理解我们是谁，以及是什么使我们成为人类。

人工智能不仅是一门技术，也是一面镜子，反映着人类对自身认知能力的理解和探索。通过创造机器智能，我们不断挑战和重新定义智能的边界，也不断发现人类智能的独特价值。在接下来的章节中，我们将探索人工智能从理论构想到实际应用的发展历程，见证这一令人着迷的科技领域如何一步步改变我们的世界。

1.2 厚积薄发：人工智能的崛起之路

人工智能的发展犹如一棵不断生长的大树，从最初人类对智能机器的想象和憧憬开始，逐渐发展，到今天已成为改变世界的革命性技术。这条崛起之路凝聚了几代人的智慧与汗水。从科学家们在达特茅斯会议上的宏伟构想，到经历低谷与复兴，再到深度学习、大模型等技术革新，每一步都体现着"厚积薄发"的发展规律，说明真正的技术突破往往需要经过长期的积累与沉淀。

厚积薄发：人工智能的崛起之路

1.2.1 人工智能的早期萌芽

人类对智能机器的幻想远早于现代计算机的诞生。自古以来，各大文明的神话传说中无不流传着关于智能机械的构想，人工智能的最初概念也正是通过这些梦想的种子得以萌芽。

1. 梦想的种子：早期智能构想

在西方，关于智能机器的最早构想可以追溯到古希腊时期。古希腊诗人赫西俄德

（Hesiod）的诗歌《神谱》（*Theogony*）中提到了塔罗斯（Talos），希腊神话中一个由火与工匠之神赫菲斯托斯（Hephaestus）打造的机械巨人。塔罗斯被赋予了守护克里特岛的职责，他以青铜为身，围绕岛屿巡逻，用巨石攻击任何敢于靠近的敌人。

塔罗斯虽然只是一个神话中的角色，但它体现了古希腊人对机器和人工生命的初步构想。这种关于自我行动的机械体的概念的出现，代表了古代人类对智能和自动化的早期展望，对现代人工智能和机器人领域具有重要的象征意义。

除了西方，东方文化中也有许多关于自动机械的传说和发明。在中国古代，自动机械的概念已有数千年的历史。《墨子》中记载了一种名为"木鸢"的自动飞行器，据说是由传奇工匠鲁班发明的。木鸢是一种木制的风筝，可以在天空中飞行三天三夜。更有民间故事传说，鲁班曾制造过许多木头人，它们不仅形态逼真，还能模仿真人的动作，甚至能够代替人完成一些工作。另一个著名的例子是商代的"机关车"，这是一种由水力驱动的自动化装置，用于运输和灌溉。

西方进入中世纪时期后，自动机械的概念进一步发展，尤其是在阿拉伯世界和欧洲文艺复兴时期。例如，伊斯兰学者阿尔·贾扎里（Al Jazari）在 12 世纪设计和制造了多种自动装置，其中最著名的便是"大象水钟"，这是一种复杂的时钟，能够通过机械装置自动鸣响报时。每隔 30 分钟，当水钟达到阈值时，内部装置就会启动，塔顶上的鸟会鸣叫，男人向龙的嘴里投掷球，机械驯象师会敲击机械大象的头。

文艺复兴时期，意大利艺术家和工程师达·芬奇（Leonardo da Vinci）也设计了多种自动机械装置，包括著名的机器狮子和机械骑士。达·芬奇设计的机械骑士是一种可以通过绳索和滑轮系统操控的机器人，它能够模拟人类的基本动作，如站立、挥手和移动。虽然人们无法确定机械骑士是否曾经真的被制造出来，但其设计图纸展示了达·芬奇对人工生命和智能机械的深刻思考，后人也根据设计图纸制造了模型，如图 1-1 所示。

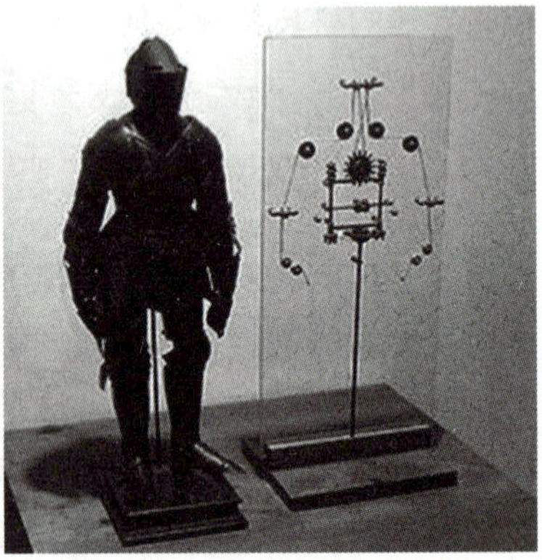

尽管上述发明主要用于娱乐和展示，并不是真正的"智能"装置，也远没有达到现代人工智能的复杂程度，但它们展现了早期东西方工匠对自动化机械的浓厚兴趣和探索精神，也激发了后人的好奇心。

图 1-1 达·芬奇机械骑士模型

2. 图灵与"会思考的机器"

工业革命的到来，促使自动化机械的概念逐渐由构想演变为更为复杂的实践。在 20 世纪初，随着电气工程和计算机科学的发展，自动化机械的概念开始在科学研究领域兴起。

艾伦·图灵（Alan Turing）是 20 世纪最具影响力的数学家之一，也是现代计算机科学和人工智能的奠基者。在探索计算机潜力的过程中，图灵提出了"会思考的机器"的概念，他设想了一种机器，可以通过操作符号来模拟人类的思维过程，从而实现某种形式的智能。这一设想不仅挑战了当时的技术极限，也引发了广泛的哲学讨论，关于机器是否能够真正"思考"的问题从那时起就成为科学界普遍关注的核心话题之一。图灵的思想为人工智能奠定了基础,虽然当时的技术尚无法实现这一愿景,但也为后来者指明了方向,他的设想促使后来者思考如何通过计算机实现这一目标,推动了计算机科学的发展。

从古希腊神话中的塔罗斯,到中国古代和西方中世纪的自动化机械,再到图灵对"会思考的机器"的设想,人类关于智能机器的梦想跨越了文化与时代。这些梦想的种子为现代人工智能的发展提供了灵感和方向,随着科学技术的进步,这些早期的构想也逐渐从神话故事走向现实。

3. 机器智能的奠基石:计算机科学的诞生

人工智能的诞生离不开计算机科学的兴起,而计算机科学的发展则深深植根于20世纪中期的几次重大技术突破。该时期,第二次世界大战为计算机科学提供了现实需求和巨大的推动力。战时的众多技术创新直接推动了现代计算机的诞生,之后随着计算机架构的理论奠定和关键人物的卓越贡献,计算机科学在战后逐渐发展成为一门独立的学科。

第二次世界大战期间,计算机科学的早期发展与战争需求紧密相连。为了破解恩尼格玛(Enigma)密码,同盟国与轴心国之间展开了一场前所未有的技术竞赛,催生了世界上最早的电子计算机。艾伦·图灵是破解恩尼格玛密码的核心人物之一。他在布莱切利园(Bletchley Park)领导的团队开发了"炸弹机"(Bombe),如图1-2所示,这是一种专门用于破解恩尼格玛密码的电动机械设备。图灵的工作为计算理论和计算机设计奠定了基础,虽然"炸弹机"并不是真正的通用计算机,但它展示了机器在复杂数据处理中的巨大潜力。与此同时,在美国,霍华德·艾肯(Howard Aiken)领导的团队在哈佛大学开发了"马克一号"(Mark I),这是另一台早期的电动计算机,能够执行简单的算术运算。这些早期的计算设备展现了计算机在解决实际问题中的巨大潜力,为战后计算机科学的蓬勃发展打下了基础。

计算机技术迅速发展的标志性事件之一便是ENIAC(Electronic Numerical Integrator and Computer)的诞生。1943年,第二次世界大战的炮火尚未平息,当时美国陆军需要为军

图1-2 战后仿制的"炸弹机"

械试验提供及时准确的弹道火力表,迫切需要有一种高速的计算工具,为此专门设立了"弹道研究实验室"并开始大力资助电子计算机的设计和建造。1946年,ENIAC在美国宾夕法尼亚大学宣告诞生,它是由约翰·莫克利(John Mauchly)和普雷斯·埃克特(Presper Eckert)等科学家开发的全电子数字计算机,也是公认的世界上第一台通用计算机,如图1-3所示。它不仅能进行线性方程组的计算,还可编程,并采用了一些现代计算机的设计思想,如采用二进制、可重用的存储器等。ENIAC的出现标志着计算机技术从机械和电动设备向全电子计算的转变。ENIAC不仅在计算速度上远超前代计算设备,还具备通用性,能够通过编程解决不同的数学问题。虽然它的编程过程依然烦琐,需要手动调整数千个电线连接,但不可否认的是ENIAC为现代计算机的编程设计奠定了基础。它的成功展示了电子计算的

巨大潜力，促使各国政府和科研机构加大了对计算机研究的投入。ENIAC 的开发成功不仅代表着技术上的突破，也激发了人们对计算机研究前景的极大兴趣，推动了计算机技术的广泛应用，并为计算机科学的早期研究提供了必要的计算资源。

在 ENIAC 成功的基础上，约翰·冯·诺依曼（John von Neumann）进一步提出了冯·诺依曼架构，这是一种用于计算机设计的架构模式，也是现代计算机的设计基础。冯·诺依曼架构的核心思想是将计算机的指令存储和数据存储统一在一个内存系统中，使得计算机能够根据存储的指令进行自动操作。冯·诺依曼架构的提出极大地简化了计

图 1-3 ENIAC

算机的设计与操作过程，使得计算机能够更为灵活地处理各种任务，而不再过度依赖于对硬件的物理调整。该架构包括中央处理单元（CPU）、内存、输入/输出设备和存储器四个主要组件，并引入了"存储程序"的概念，即将程序像数据一样存储到计算机内部存储器中，这样计算机便可自动地从一条指令转到执行另一条指令。这一概念也成为现代计算机的基本设计原则。冯·诺依曼架构不仅奠定了计算机科学的基础，还对人工智能的研究产生了深远影响。通过这一架构，研究者们可以更加方便地实现复杂的算法和程序，推进了对 AI 的早期探索。符号主义学派的许多早期研究成果，如专家系统和逻辑推理程序的诞生，都得益于冯·诺依曼架构提供的计算能力。

随着计算机科学的进一步发展，关于计算机是否能够表现出"智能"的讨论也逐渐成为焦点。1950 年，艾伦·图灵在他的论文《计算机器与智能》中提出了著名的"图灵测试"（Turing Test）。图灵测试旨在回答一个根本问题：机器能否思考？图灵测试的核心思想是，如果一台机器能够在对话中让人类无法分辨其与真人的区别，那么这台机器就可以被认为具备智能。这一测试标准不仅是对机器智能的探索，也是对人类智能本质的哲学思考。图灵通过这种方式回避了对"思考"本质的直接定义，转而重点关注智能的可观察行为。图灵测试在人工智能研究史上具有重要意义。它不仅为 AI 研究设定了一个目标，也激发了后续对智能定义的广泛讨论。尽管图灵测试本身曾一度受到了许多批评和挑战，但它现在依然是衡量机器智能的经典标准之一，并持续影响着人工智能的发展方向。

1.2.2 人工智能的诞生：达特茅斯会议

二战结束后，计算机科学继续迅猛发展，计算机的强大计算能力引发了科学家们对智能模拟的浓厚兴趣。人类能否创造出具有智能的机器？计算机能否像人类一样思考？这些问题逐渐从科学幻想走向具体的科学研究。1956 年夏天，在美国新罕布什尔州的达特茅斯学院（如图 1-4 所示），一场被后世誉为"人工智能诞生里程碑"的会议在此召开。来自多个学科的顶尖科学家们齐聚一堂（如图 1-5 所示），讨论如何通过机器模拟人类的智能行为。这场会议上，"人工智能"这一术语被正式提出，也确立了 AI 作为一个独立学科的发展方向。

图 1-4　达特茅斯学院　　　　图 1-5　达特茅斯会议主要参会者

1. 会议筹备：麦卡锡的野心

随着 ENIAC 的成功和冯·诺依曼架构的确立，计算机在学术界的影响力迅速扩大，计算机科学成为一门独立学科，并吸引了大量数学家、物理学家和工程师的关注。在这一背景下，一些先驱者开始探索计算机在认知领域的应用。约翰·麦卡锡（John McCarthy）、马文·明斯基（Marvin Minsky）、克劳德·香农（Claude Shannon）和内森·罗切斯特（Nathaniel Rochester）等认识到，通过跨学科的合作，有可能在机器中实现某种形式的"智能"。于是，他们决定召集一次会议，集中探讨如何通过机器实现人类智能的目标。

达特茅斯会议的主要发起者是约翰·麦卡锡。麦卡锡是当时年轻有为的计算机科学家，他对数学逻辑和自动推理非常感兴趣。他相信，智能行为可以通过符号操作来实现，并且这种能力可以被编程到机器中。为了验证这一想法，麦卡锡希望召集一批顶尖学者，一起讨论如何通过计算机来模拟智能。麦卡锡在 1955 年提出了召开会议的建议，并与马文·明斯基、克劳德·香农和内森·罗切斯特合作，撰写了一份会议提案。在这份提案中，麦卡锡首次使用了"人工智能"（Artificial Intelligence）这一术语，并提出了一个宏大的愿景："我们建议进行一项为期两个月的研究，基于一个假设，即在某种程度上，学习的每一个方面，或者其他任何形式的智能，都可以通过足够精确的描述来实现，从而可以使机器来模拟。"

为了确保会议的成功，麦卡锡和他的同事们邀请了当时在相关领域内最有影响力的科学家，包括赫伯特·西蒙（Herbert Simon）、艾伦·纽厄尔（Allen Newell）、诺伯特·维纳（Norbert Wiener）等人。这些学者在认知科学、计算机科学、数学和神经科学等领域都有深厚的研究背景，他们的参与也为会议带来了多样化的视角。

2. 会议内容：定义"人工智能"

1956 年夏天，达特茅斯学院迎来了这场为期两个月的会议。虽然最初设想的长时间讨论因实际情况而缩短，但会议的影响却超出了所有人的预期。在会议上，参与者们探讨了多种可能的智能模拟方法，包括自动推理、神经网络、博弈论、学习理论等。

会议期间，学者们进行了广泛的交流与讨论。麦卡锡提出了符号主义的基本思想，认为智能行为可以通过符号操作和逻辑推理来实现。他的观点得到了艾伦·纽厄尔和赫伯特·西蒙的支持，后者在会议上展示了他们开发的"逻辑理论家"（Logic Theorist），这是世界上第一个人工智能程序。"逻辑理论家"能够证明数学定理，展示了符号操作在模拟人类推理过程中的潜力。马文·明斯基则讨论了神经网络模型，重点阐述了如何通过模拟人脑神经元的连接来实现学习和智能。尽管这一想法在当时尚未得到认可和广泛应用，但它为后来的联结主义和深度学习奠定了理论基础。会议的讨论还涉及机器学习和博弈论等主题，尽管这些领域在当时尚处于起步阶段，但参会者们对未来的研究方向提出了许多富有远见的设想。虽然最终与会者们在达特茅斯会议上没有达成共识，但他们的许多观点深远地影响了人工智能未来的发展，此次会议也为后续人工智能的研究提供了一个明确的框架和方向。

达特茅斯会议的最大成果是确立了"人工智能"作为一个独立学科的地位。这场会议不仅提出了"人工智能"这一术语，还为 AI 研究设定了基本框架和方向。通过集结多学科的顶尖学者，会议推动了符号主义、神经网络和机器学习等研究领域的早期发展，为人工智能的崛起奠定了基础。会议结束后，参与者们回到各自的研究机构，继续探索通过机器实现智能的可能性。他们丰硕的研究成果也逐渐推动了人工智能领域的蓬勃发展。

此次会议的影响在接下来的几十年中逐渐显现出来。达特茅斯会议将各个方向的研究者聚集在一起，促使他们在未来的研究中不断交流与合作，共同推动了 AI 技术的进步。从达特茅斯会议开始，人工智能逐渐从一种学术方向的讨论转变为科学研究的前沿领域。会议所提出的愿景和问题，至今仍然引领着人工智能研究的前进方向。

1.2.3 黄金年代与寒冬降临

1956 年的达特茅斯会议标志着人工智能作为一个独立学科的诞生。20 世纪 50 年代末到 70 年代初，人工智能（AI）的研究经历了一个黄金时代。在此期间，学术界和研究机构对人工智能充满了乐观预测和积极探索，AI 研究领域涌现出了许多杰出的成果。虽然此时人们对于 AI 的未来充满期待，但随着技术瓶颈的出现，人工智能领域也迎来了历史上的第一次低谷期，这段时期也被称为"AI 的寒冬"。

1. 早期 AI 程序的诞生

在 AI 早期发展的黄金时期，研究者们对 AI 的潜力充满了信心，他们认为通过构建复杂的算法和符号系统，计算机将能够模仿人类的推理和决策过程，众多研究成果也是基于这一构想变成了现实。其中最引人注目的是"逻辑理论家"的诞生，这是首个可以自动进行推理的程序，旨在模仿人类在逻辑推理中的思维过程，该程序能够进行数学定理的证明，被誉为"世界上第一个 AI 程序"。这一成果表明计算机不仅能够执行简单的计算，还能够处理复杂的逻辑问题。开发"逻辑理论家"过程中提出的一些重要概念也对人工智能研究产生了深远影响。例如开发并使用的信息处理语言（Information Processing Language，IPL）是历史上第一个用于人工智能的程序语言，它不仅使得在计算机上实现逻辑理论成为可能，还能够支持通过启发式搜索方法来寻找定理证明的路径。

通用问题解答器（General Problem Solver，GPS）也是早期的人工智能程序之一，是继"逻辑理论家"之后的又一重要 AI 项目。这是由赫伯特·西蒙、约翰·克里夫·肖和艾伦·纽厄尔基于 IPL 语言编写的计算机程序，旨在作为解决通用问题的机器，他们的目标是开发一种能够解决各种不同类型问题的通用系统，而不是只针对某一特定问题或领域。GPS

的独特之处在于将"做什么"和"怎么做"分开处理。"做什么"是指具体问题的规则和目标，作为数据输入程序中；"怎么做"是指解决问题的通用方法，也是程序的核心。这种设计让 GPS 能够尝试解决各种不同类型的问题，而不需要为每个新问题重新编写程序，充分展示了计算机对于通用问题求解的可能性。

2. 社会各界的大力支持

随着 AI 研究的逐步深入，大学和研究机构成为推动该领域发展的主要力量，美国、日本等国家的研究机构和大学在 AI 领域进行了广泛的探索。这主要得益于二战后科技研究整体蓬勃发展的环境，以及在冷战背景下科技竞争的推动。这一时期，计算机和人工智能的相关研究得到了各国政府机构的大力支持。

20 世纪 60 年代末至 70 年代初，人工智能研究迎来了突破性的进展，在美国出现了多个开创性项目。其中最具代表性的是斯坦福研究所（SRI）开发的 SHAKEY 机器人，如图 1-6 所示。作为第一个能够自主感知环境、制订计划并采取行动的移动机器人，SHAKEY 开创了将感知、规划和行动结合在一起的先河。它配备了用于环境感知的电视摄像头，使用先进的导航系统进行路径规划和障碍物避让，并运用 STRIPS 人工智能规划系统执行任务。尽管在今天看来 SHAKEY 显得相当原始，但它能在简单环境中自主导航，执行如推动和堆叠物体等基本任务，甚至理解并执行简单指令，是人工智能技术在物理世界中首次成功应用的标志性事件。

与此同时，斯坦福大学的特里·温诺格拉德（Terry Winograd）开发出 SHRDLU 程序，在自然语言处理领域取得重大突破。SHRDLU 能在虚拟积木世界中理解和执行自然语言指令，展示了计算机处理自然语言的潜力。它使用复杂的语法规则和语义理解来解析用户输入，维护内部世界模型，并能回答关于环境状态的问题，展现了基本的推理能力。虽然 SHRDLU 只能在特定领域内操作，

图 1-6　SHAKEY 机器人

但它首次展示了计算机理解上下文和执行复杂指令的能力，引发了研究人员对自然语言处理（Natural Language Processing，NLP）的广泛兴趣，也是 NLP 发展史上的重要里程碑。

人工智能取得这些早期突破，离不开政府机构等部门的大力支持。早在 1963 年，美国国防高级研究计划局（DARPA）为麻省理工学院（MIT）的 MAC 项目（数学与计算项目）提供了数百万美元的资金支持。该项目涵盖了机器学习、自然语言处理等多个方向，开发了 MACSYMA 等重要的符号数学系统。

随着时间的推移，人工智能研究的重心也逐渐从美国扩展到其他国家。1982 年，日本政府启动了"第五代计算机项目"，旨在开发能进行推理、理解自然语言、识别图像的新一代计算机。日本经济产业省为此投入了约 850 亿日元（当时相当于 5.4 亿美元），重点发展基于 Prolog 语言的并行计算和逻辑推理技术。尽管这个为期十年的项目最终未能完全实现其宏伟目标，但它推动了并行计算和逻辑编程的发展，更重要的是，它促使其他国家加大了对

人工智能的投资力度。

受到日本项目的影响，美国政府和企业在 20 世纪 80 年代再次在人工智能领域投入巨资，规模达到数十亿美元。这轮新的投资涵盖了政府资助的项目和私营企业的研发，目的是保持美国在 AI 领域的领先地位。这一时期的大规模投资为后续 AI 技术的飞速发展奠定了基础，推动了计算机视觉、自然语言处理、专家系统等多个 AI 子领域的进步。

3. 寒冬来临：AI 的第一次低谷

在黄金年代，许多研究者和科技领袖对人工智能的未来做出了极其乐观的预测。他们相信，在不久的将来，AI 将能够完成许多过去只能由人类完成的任务，甚至可能会超越人类的智能水平。例如，马文·明斯基曾在 1970 年表示："在三到八年内，我们将拥有一台通用的智能机器，它能够做我们任何人能做的事情。"这些乐观的预测不仅来自 AI 研究的内部，还受到了媒体和公众的广泛关注。媒体对 AI 的报道充满了未来主义的色彩，将 AI 描绘成解决社会问题、提升生活质量的万能工具。这种氛围进一步激发了社会对 AI 的期待，许多人相信，未来的生活将会被智能机器彻底改变。但这一繁荣时期并没有持续太久。技术瓶颈的出现和现实需求的挑战使得 AI 研究逐渐陷入困境，人工智能的第一次黄金时代也走向了终点。

在 AI 的繁荣时期，AI 似乎正在快速接近人类智能的水平，人们认为 AI 的未来一片光明，但现实情况远不如预期。首先，当时的计算机处理速度并不足以解决现实世界中大多数实际问题，硬件上的瓶颈开始出现。随着时间的推移，20 世纪 70 年代末至 80 年代中期，技术上的瓶颈也逐渐显现，首当其冲是符号主义的主导地位遭遇了重大挑战。符号主义学派认为，智能可以通过操纵符号和规则系统来实现，这一观点在早期 AI 研究中占据主流。然而，随着研究的深入，符号主义的局限性逐渐暴露，许多复杂的现实问题无法通过简单的规则和符号操作来解决。尤其是面对开放性和不确定性较高的问题时，符号系统往往显得很无力，无法应对复杂多变的现实情况。此外，符号系统在处理自然语言、视觉感知和逻辑推理等领域的表现也未能达到预期的效果。例如，专家系统虽然在某些特定领域取得了成功，但不可忽视的是其在知识表达等方面仍存在巨大挑战，获取知识的过程非常困难且耗时。这些系统依赖于领域专家提供的规则和知识，而这些知识往往是片面的、难以更新和扩展的。而且专家系统存在符号主义的通病，在处理模糊和不确定性信息时表现不佳，难以应对现实世界中复杂的、动态变化的环境。

雪上加霜的是，随着技术瓶颈的暴露，AI 领域的乐观情绪逐渐消退。政府和企业开始重新审视对 AI 项目的投资，越来越多的项目因未能实现预期目标而遭到质疑。尤其是在经济环境不稳定的情况下，政府和企业都不再愿意冒险继续向 AI 领域投入巨额资金。人工智能研究此时不仅遭遇了严重的技术瓶颈，还需要面对资金削减和研究停滞的情况，曾经充满希望的领域陷入了深深的困境，变得举步维艰。

DARPA 是 20 世纪 60 年代至 70 年代初期 AI 研究的主要资助者之一。然而，在经历了数年的大量投资后，DARPA 对 AI 研究的态度发生了转变。由于 AI 项目未能产生预期的军事应用成果，DARPA 逐渐削减了对 AI 研究的资金支持。这一举措直接造成众多 AI 项目的停滞和中断，研究人员也不得不转向其他领域寻找研究机会。同时，企业界也开始对 AI 失去信心。许多曾经积极参与 AI 研究的公司发现，AI 技术在商业应用中的表现并不理想，难以带来显著的经济效益。这种情况下，企业纷纷减少对 AI 项目的投资，甚至放弃相关研究，这进一步加剧了 AI 领域的资金短缺问题。资金削减带来的直接后果是研究停滞，许多原本充满希望的项目因资金不足而被迫中止。由于资金和研究兴趣都大幅降低，研究人员也逐渐流失到其他领域，学术界对 AI 的热情也大幅下降，AI 研究在很长一段时间内处于低迷状态。这种低迷情绪的蔓延不仅影响了 AI 技术的发展，也使得公众对 AI 的信任度和期待度大幅降低。

4. 专家系统：曙光与局限

在 AI 寒冬期间，专家系统成为为数不多的亮点之一，它是人工智能的一个重要分支。它是指一类计算机智能程序系统，这些系统将领域专家的知识编码为规则，能够在特定领域执行复杂的推理和决策任务。在某些领域，例如化学分析和医疗诊断中，专家系统取得了一定的成功。DENDRAL 是早期专家系统的一个典型代表，它能够根据质量谱数据推断化学分子的结构。这一成功案例展示了 AI 专家系统在特定领域的应用潜力，也为其进一步发展起到了示范作用。

然而，DENDRAL 的成功并不能掩盖专家系统的普遍问题。首先，专家系统的开发高度依赖领域专家的知识，这一过程也被称为"知识获取"（Knowledge Acquisition）。然而，现实中这一过程往往非常困难且耗时，专家的知识也并非总能被完整地、准确地转化为系统的规则。此外，专家系统的知识库通常是静态的，难以应对环境的变化和知识的更新。面对新的问题或知识时，专家系统往往需要进行大量的手工调整，需要高昂的人力成本。其次，专家系统在处理不确定性和模糊信息时表现不佳。它们依赖于明确的规则和逻辑推理，无法处理超出其领域范围的问题，而现实世界中的许多问题往往是复杂且不确定的。例如，在医疗诊断中，患者的症状可能是多种疾病的表现，而专家系统难以在缺乏明确数据的情况下做出准确判断。这使得专家系统的应用范围受到了很大的限制，难以扩展到更为广泛的领域。这些因素大大降低了它的灵活性和实用性。

尽管专家系统在特定领域取得了一定的成功，但它们并未带来 AI 领域的整体复苏。相反，专家系统的局限性进一步暴露了 AI 技术的不足，加剧了人们对 AI 技术发展的担忧。在 AI 寒冬的背景下，专家系统的成功显得微不足道，难以改变整个领域的低迷局面。

1.2.4 春天的曙光：AI 的复兴——从低谷走向复苏

尽管第一次 AI 寒冬重创了整个领域，但这段低谷期也为人工智能的未来发展提供了宝贵的经验教训，促进了 AI 领域的反思和转型，为后来的突破和复兴铺平了道路。研究人员认识到，单纯依赖符号主义和专家系统无法解决 AI 领域的所有问题，需要寻找新的方法和思路。

这一时期的反思促使研究人员开始关注其他可能的路径，如联结主义（Connectionism）和机器学习（Machine Learning）。这些新兴的方法和思路更加强调数据驱动和学习机制，使

AI 技术逐渐摆脱了符号系统的局限，为日后人工智能的复兴奠定了基础。同时，随着计算机硬件技术的进步，计算能力不断提升，以及互联网技术的兴起也为 AI 的发展带来了丰富的计算和数据资源，为 AI 研究提供了新的动力，使得数据驱动的 AI 技术成为可能。

1. 计算能力的提升与数据时代的到来

20 世纪 80 年代末至 90 年代，计算机硬件技术取得了显著进步。摩尔定律的持续作用使得计算能力以指数级增长，存储器和处理器的性能不断提高，成本却逐渐降低。这在算力层面为 AI 的进一步发展提供了强有力的支持。与此同时，个人计算机（PC）的普及也大大推动了计算机相关的研究和应用。与之前昂贵的主机和专用工作站相比，PC 的普及使得更多的研究人员和开发者能够更方便地接触到计算资源，开展 AI 相关的实验和开发工作。这一时期，PC 的广泛使用还促进了计算机科学教育的普及，培养并吸引了更多人才进入 AI 领域，为人工智能的复兴奠定了人才基础。计算能力的提升不仅改善了 AI 算法的运行效率，还使得原本在理论上可行但因计算资源限制而难以实现的方法成为可能。例如，神经网络的训练在早期因计算能力不足而进展缓慢且效果不佳，但随着硬件性能的提升，尤其是图形处理器（GPU）的出现，深度神经网络的训练速度得到了大幅提高，这也为日后深度学习的高速发展奠定了基础。

20 世纪 90 年代初，互联网的迅速发展为 AI 研究带来了新的契机。互联网不仅改变了人们获取和处理信息的方式，也带来了海量的数据资源。这些数据资源为 AI，尤其是机器学习的发展提供了丰富的"燃料"。数据被称为"新时代的石油"，它在 AI 系统中起到了至关重要的作用。互联网的普及使得数据的收集、存储和处理变得更加方便和高效，研究人员可以通过互联网获得大量的训练数据，从而开发更为精准和有效的模型。另外，互联网还促进了学术界和工业界之间的交流与合作。研究者们可以通过在线平台分享成果、讨论问题，推动技术的快速迭代。随着开放源代码项目的兴起，机器学习框架等 AI 工具和资源的访问和利用变得更加便捷，从而进一步推动了 AI 技术的普及和发展。

2. 统计方法与神经网络的兴起

在经历了 AI 的第一次寒冬之后，研究者们逐渐意识到，传统的符号主义方法在处理现实世界中的复杂问题时存在显著的局限性。与其试图通过手工编写规则来模拟智能行为，不如让计算机通过数据学习来发现模式和规律。于是，以机器学习为代表的统计方法逐渐成为 AI 研究的主流。

机器学习是对能通过经验自动改进的计算机算法的研究，强调数据驱动的学习过程，使机器从大量数据中提取特征、识别模式，并基于这些模式进行预测和决策。相比于符号主义，机器学习的方法更加灵活，能够处理大量复杂、多样的数据。这一方法的成功在自然语言处理、计算机视觉和语音识别等众多领域得到了验证。一种重要的机器学习方法——支持向量机（Support Vector Machine，SVM）得到了广泛应用。SVM 通过寻找数据点之间的最佳分割平面，实现了高效的分类任务，成为当时最为先进的学习算法之一。此外，贝叶斯网络（Bayesian Network）等概率模型方法也在这个时期得到了发展，为应对不确定性和噪声数据提供了有效手段，其影响一直延续至今。这些新的方法突破了 AI 发展遇到的技术瓶颈，使得 AI 能够在更广泛的实际应用中取得成功。与符号主义不同，机器学习等统计方法强调自适应性和泛化能力，这使得 AI 模型能够在面对复杂、多变的现实环境时表现得更加稳定。

在 AI 复兴的过程中，神经网络也经历了从低谷到再度兴起的过程。早期的神经网络研究因技术限制和计算能力不足成果寥寥，在第一次 AI 寒冬中几近被弃。然而，随着计算能力的提升和新的训练方法的提出，神经网络在 20 世纪 90 年代末开始重新引起研究者们的关注。一个关键的突破是反向传播算法（Backpropagation）的推广。尽管这一算法在 20 世纪 70 年代已经被提出，随着计算能力的提高和神经网络模型的改进，直到 20 世纪 80 年代末和 90 年代初，反向传播算法才得以广泛应用。它解决了多层神经网络中的权重和偏置参数的优化问题，使得训练深度神经网络成为可能。这一时期，神经网络逐渐在多个领域展现出其潜力，尤其是在模式识别和数据挖掘中取得了显著成果。例如，在手写数字识别领域，神经网络的表现超过了许多传统方法，展示了其强大的特征提取和表示能力。尽管神经网络在 20 世纪 90 年代的复兴与今天深度学习的影响力不可同日而语，但它为后者的突破奠定了重要基础。研究者们逐渐认识到，随着网络深度的增加和计算能力的增强，神经网络有潜力处理更为复杂和多样化的问题，这为 21 世纪初深度学习的爆发埋下了伏笔。

3. 商业化应用的推动与投资的回归

新兴 AI 技术崭露头角并取得突破，商业界也开始重新审视 AI 的潜力。20 世纪 90 年代末到 21 世纪初，一些成功的 AI 应用案例引起了社会各界的广泛关注，商业界对 AI 的投资开始回归。这一时期，AI 在搜索引擎、推荐系统、金融交易、医疗诊断等领域的应用逐渐增多，其蕴含的巨大经济价值开始显现。

互联网巨头公司，如谷歌、亚马逊和微软，也纷纷开始大力投资 AI 研究和开发，推动 AI 技术的商业化应用。这些公司利用 AI 技术来改进搜索算法，进行个性化推荐、广告投放等业务，显著提高了用户体验和商业收益。这些成功案例进一步增强了业界对 AI 技术的信心，吸引了大量资金和人才重新投入到 AI 领域。此外，随着诸多互联网巨头的崛起，风险投资（Venture Capital）也开始重新关注 AI 领域，大量初创企业也在这一时期涌现，致力于将 AI 技术应用于各种新兴领域。这些投资和创新活动进一步推动了 AI 技术在复兴时期的快速发展和普及，提高了 AI 的影响力。

4. 一场惊心动魄的对决：深蓝 VS 卡斯帕罗夫

国际象棋一直被视为考验人类智力的游戏。面对复杂的棋局，选手们不仅要思考战术和策略，还需要保持高度的专注和强大的心理素质。1996—1997 年，随着人工智能重新引起人们的广泛关注，一场象征着人类智能与机器智能的巅峰对决也在全球范围内赚足眼球，如图 1-7 所示。这场对决的双方分别是国际象棋世界冠军加里·卡斯帕罗夫（Garry Kasparov）和 IBM 公司开发的超级计算机"深蓝"（Deep Blue）。这不仅是一场棋艺的比拼，更是一场关于智能与未来的讨论，深刻且长远地影响了人们对于人工智能的认识。

加里·卡斯帕罗夫被誉为人类历史上最伟大的国际象棋选手之一，他自 1985 年成为世界冠军以来，连续保持了 15 年的冠军头衔，几乎战无不胜。在许多人眼中，他是不可战胜的天才，代表着人类国际象棋水平的顶峰。20 世纪 90 年代，随着计算机技术的迅猛发展，

AI 在国际象棋领域的进步也引起了人们的关注。IBM 公司开发的"深蓝"是当时最强大的计算机之一,专门为国际象棋比赛设计,能够在短时间内分析并评估数百万种可能的棋局变化。对于"深蓝"来说,这场比赛不仅仅是一次挑战世界冠军的机会,更是向世界展示 AI 在战略性复杂问题上潜力的舞台。

图 1-7 卡斯帕罗夫与"深蓝"的对决

1996 年 2 月,卡斯帕罗夫与"深蓝"进行了首次对决。这场比赛引起了全球的关注,许多人期待看到人类智能与机器计算能力之间能够碰撞出怎样的火花。在这场为期六局的比赛中,卡斯帕罗夫最终以 4 胜 2 负的成绩击败了"深蓝",证明了人类智能在复杂策略游戏中仍然占据优势。然而,比赛的过程并非一帆风顺。在第二局中,"深蓝"意外地击败了卡斯帕罗夫,这一结果震惊了世界。对于卡斯帕罗夫来说,这一局的失败不仅出乎他的意料,更让他意识到机器的潜力远比他想象的要强大。这次失败激发了他更加深入地研究"深蓝"的计算模式和弱点,并在接下来的比赛中连胜三局,最终获得了胜利。尽管卡斯帕罗夫赢得了比赛,但"深蓝"在某些对局中的表现让人们看到了 AI 在国际象棋领域的巨大潜力。IBM 团队在比赛结束后并未停滞不前,而是继续改进"深蓝"的算法和计算能力,为下一次的挑战精心准备。

1997 年 5 月,卡斯帕罗夫与"深蓝"再次交手,这场比赛也被誉为"世纪之战",吸引了全球媒体的关注。这一次,"深蓝"经过全面升级,不仅拥有更强大的计算能力,还改进了棋局评估算法,使其在棋盘上的决策更加精准。比赛的第一局中,卡斯帕罗夫再次展现了他作为人类顶尖棋手的智慧和策略,以强势的表现战胜了"深蓝"。这一局的胜利令他和他的支持者们充满信心,认为这次对决将再次以人类的胜利而告终。然而,第二局却成为这场对决的转折点。这局比赛中,"深蓝"表现出了一种近乎人类般的耐心和冷静,出人意料地采取了一步充满策略性的"等待"之举,这在 AI 的常规操作中极为罕见。卡斯帕罗夫对此感到困惑,甚至怀疑对手是否受到了人类操控。最终,他在心理压力下犯了错误,输掉了这局比赛,这一失利极大地动摇了卡斯帕罗夫的信心。接下来的几局比赛中,卡斯帕罗夫显得愈发紧张和焦虑,表现出了前所未有的不稳定。而"深蓝"则继续冷静而高效地执行着计算,仿佛在逐步瓦解这位象棋王者的心理防线。最终,在第六局决战中,卡斯帕罗夫因一个战术失误而提前认输，"深蓝"以 3.5 比 2.5 的总比分战胜了卡斯帕罗夫，成为历史上首个战胜国际象棋世界冠军的计算机。

"深蓝"战胜卡斯帕罗夫的消息迅速传遍全球，掀起了轩然大波。对于支持 AI 发展的科技界人士来说，这场胜利是人工智能技术发展的重要里程碑，标志着机器在解决复杂问题时能够与人类竞争，甚至超越人类。IBM 借此机会展示了其在计算技术和 AI 领域的领先地位，并获得了巨大的声誉和商业利益。然而，这场胜利也引发了广泛的质疑和讨论。许多人认为，"深蓝"的胜利并不能完全归功于 AI 本身，因为它的优势主要来源于强大的计算能力，而非真正的"智慧"。此外，卡斯帕罗夫及其支持者对比赛的公平性提出了质疑，认为"深蓝"可能在某些决策上得到了人类专家的帮助。尽管 IBM 团队坚决否认这一指控，但这些质疑仍然在公众中引发了对 AI 能力的深入讨论与猜测。卡斯帕罗夫本人在比赛后的反应复杂而矛盾。他在承认"深蓝"强大计算能力的同时，也对比赛过程中的一些细节表示不满，认为自己未能在心理压力下发挥出最佳水平。多年后，卡斯帕罗夫在回忆这场比赛时，仍然认为这次失败更像是人类心态不稳定造成的失误，而非机器真正的智力胜利。

尽管围绕"深蓝"胜利的争议持续存在，但不可否认的是，这场对决是 AI 发展史上的又一重要里程碑。它展示了机器在特定任务中，尤其是在结构明确、规则清晰的领域，可能具有超越人类的潜力。这一胜利使得公众对 AI 的认识发生了深刻变化，人们开始认真思考 AI 在未来社会中的角色和影响。"深蓝"与卡斯帕罗夫的对决同样引发了关于 AI 伦理、AI 与人类合作关系的广泛讨论。这场胜利让人们意识到，AI 技术的进步可能会对许多行业产生深远影响，卡斯帕罗夫与"深蓝"之间的较量，或许只是人类与机器智能共存之路的开端。

1.2.5　学习的革命：深度学习的崛起

在 20 世纪末到 21 世纪初，随着互联网的普及和计算能力的提升，海量的数据开始涌现。数据作为"新时代的石油"，是推动机器学习方法前进的核心动力。传统的机器学习方法，如支持向量机、决策树和贝叶斯网络等，在这一时期得到了广泛应用，并在许多领域取得了成功。然而，随着数据规模的不断扩大和问题复杂性的增加，传统的机器学习方法开始显现出一些局限性。

这些方法在处理高维度数据、复杂模式识别任务时，往往需要人工进行特征工程，即由专家手动提取特征并设计算法模型。这种方式不仅耗时耗力，而且可靠性不佳，在复杂场景中容易失效。正是在这样的背景下，深度学习作为一种自动化特征提取和模式识别的革命性方法，逐渐崭露头角。

1. 从数据驱动到深度学习：范式的转变

深度学习的核心是人工神经网络，尤其是多层的深度神经网络，如图 1-8 所示。尽管神经网络的概念早在 20 世纪中期就已被提出，但直到 21 世纪初，随着计算能力的提升和反向传播算法的完善，深度神经网络才真正开始发挥其潜力。深度学习的优势点在于它能够通过大量数据自动学习和提取特征，极大地减少了该过程对人工干预的依赖。

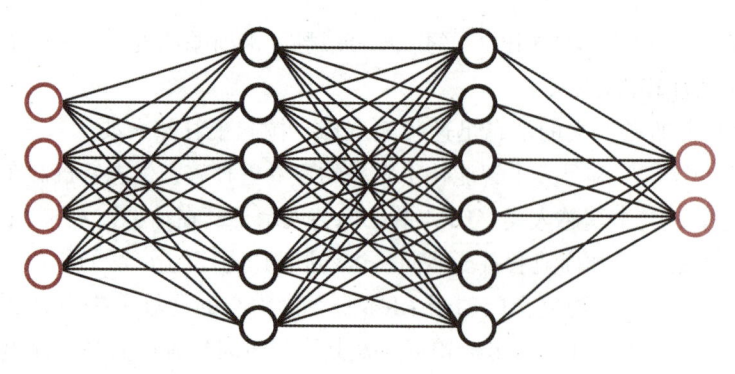

图 1-8 深度神经网络

2006 年，杰弗里·辛顿（Geoffrey Hinton）及其团队提出了深度信念网络（Deep Belief Network）的概念，通过引入无监督预训练技术和分层结构的思想，成功地解决了深度神经网络训练难的问题，为深度学习的复兴打下了基础。随后，随着卷积神经网络（Convolutional Neural Network，CNN）和递归神经网络（Recurrent Neural Network，RNN）的出现和发展，深度学习逐渐在图像识别、语音识别、自然语言处理等领域占据了一席之地。

2012 年是深度学习史上具有里程碑意义的一年。在这一年，辛顿的学生亚历克斯·克里泽夫斯基（Alex Krizhevsky）在 ImageNet 图像识别挑战赛中，利用卷积神经网络设计的模型 AlexNet 取得了压倒性的胜利。这一事件被广泛认为是深度学习全面爆发的起点，描述 AlexNet 的论文 "ImageNet Classification with Deep Convolution Neural Networks" 也被认为是计算机视觉领域最有影响力的论文之一，启发了更多使用卷积神经网络和 GPU 来加速深度学习的研究工作的出现。AlexNet 在图像识别准确率上远超其他方法，展示了深度学习在处理复杂视觉任务中的巨大潜力。随着 AlexNet 的名声大噪，深度学习也迅速吸引了全球学术界和工业界的关注。谷歌、Facebook（现更名为 Meta）、微软等科技巨头迅速投入资源，将深度学习技术应用于搜索引擎、推荐系统、广告投放、自动驾驶等关键领域。

深度学习的优势在于其强大的自动化特征提取能力和非线性表达能力，这使得它在应对大规模数据和复杂任务时表现优异。例如，在语音识别领域，深度学习技术推动了语音助手（如 Siri、Google Assistant）的语音识别精确度提升；在自然语言处理领域，深度学习算法支撑了自动翻译、文本生成和情感分析等复杂任务的实现。此外，递归神经网络及其变体，如长短期记忆网络（Long Short-Term Memory，LSTM），在处理序列数据方面表现出色，广泛应用于语音识别、语言建模和时间序列预测等任务。这些技术的突破不仅巩固了深度学习在学术界的地位，还推动了 AI 应用在工业界的广泛应用。

深度学习的崛起离不开大数据时代的到来。互联网的发展和手机等智能设备的广泛使用，使得全社会的数据量迎来了爆炸式增长，这为深度学习提供了丰富的训练数据，使得 AI 模型能够在更为复杂和多样化的场景中进行优化和应用。与此同时，计算资源的革命性进展，特别是图形处理器（GPU）的应用，使得训练深度神经网络成为可能。与传统的中央处理器（CPU）相比，GPU 在处理并行计算任务时具有显著优势，这极大地加速了深度学习模型的训练过程。GPU 的广泛应用，尤其是在深度学习框架（如 TensorFlow、PyTorch）的推动下，研究人员和开发者能够更加高效地构建和优化复杂的深度学习模型。此外，云计算的兴起也为深度学习的发展提供了一定程度的帮助。通过云计算平台，研究者可以利用分布式计算资源进行大规模数据处理和模型训练，大大降低了硬件成本和时间成本。

2. 现代 AI 工具的普及与应用的爆炸式增长

随着深度学习技术的不断成熟，为了简化 AI 模型的开发和部署过程，业界也开发了各种高效的机器学习框架和工具。这些框架的出现，大大降低了机器学习的门槛，使得更多的开发者和初创企业能够参与到人工智能的浪潮中来。

2015 年，谷歌发布了 TensorFlow，它是一个开源的机器学习框架，迅速成为全球最受欢迎的深度学习工具之一。TensorFlow 支持广泛的应用场景，从实验研究到生产部署，极大地促进了深度学习技术的普及。同年，Facebook 推出了 PyTorch，它是一个专注于灵活性和动态计算的深度学习框架，也迅速在研究界和工业界获得了广泛使用，并赢得了广泛赞誉，时至今日仍然是深度学习领域最重要的开发工具之一。这些现代 AI 框架不仅提供了强大的功能，还简化了深度学习模型的开发、训练和部署流程，使得机器学习成为众多行业中的标配技术，推动了各行各业行业的变革与创新。

随着深度学习的崛起，AI 技术开始在各个行业中展现出强大的应用潜力，AI 不再是一个遥远的梦想，而已逐渐融入现实。AI 技术在自动驾驶、医疗影像分析、智能客服、金融风控、智能推荐系统等领域的应用实例层出不穷，AI 技术也逐渐渗透到人们的日常生活和工作中，不仅是人们日常生活中不可或缺的一部分，也成为推动社会进步和行业变革的关键力量。

在自动驾驶领域，以特斯拉为代表的企业通过使用深度学习算法，显著提高了自动驾驶系统的感知和决策能力，使得全自动驾驶技术逐渐成为现实。在医疗领域，深度学习常被用于分析医学影像，帮助医生进行早期癌症筛查、疾病诊断和治疗方案优化，大大提升了医疗效率和诊断的准确性。金融领域也因 AI 技术的引入而发生了深刻的变革，通过机器学习算法，银行和金融机构能够更精准地进行信用评估、风险预测和投资决策，这不仅提升了金融服务的效率，还降低了风险管理的成本。此外，电商、社交媒体和内容平台广泛使用的推荐系统，得益于深度学习技术的进步，也使得用户体验和商业收益显著提升。个性化推荐也慢慢成为现代数字生活中不可或缺的一部分。

3. 震撼世界的棋局：AlphaGo VS 李世石、柯洁

围棋被认为是最复杂的棋类游戏之一，其变化之多、策略之复杂远远超过国际象棋。对于人工智能来说，围棋也一直被视为人类智能的最后一道堡垒。与国际象棋不同，围棋的棋盘更大，棋局中产生可能的变化数量远远超过了传统方法的可计算范围，这使得传统的计算机搜索算法难以应对。

2016 年和 2017 年，围棋界迎来了前所未有的震动——Google DeepMind 开发的人工智能程序 AlphaGo 分别挑战了围棋界两位顶尖棋手——韩国的李世石和中国的柯洁，如图 1-9 所示。这两场棋局不仅在围棋界引发了巨大轰动，更在全球范围内掀起了一场关于人工智能

的深刻讨论。这也是继"深蓝"挑战卡斯帕罗夫之后人类智能与机器智能的又一次正面对决。

在 AlphaGo 出现之前，尽管有许多尝试，但计算机在围棋领域始终无法与顶级人类棋手抗衡。然而，2014 年 Google 收购的 DeepMind 团队开始开发 AlphaGo，利用深度学习和蒙特卡罗树搜索相结合的方法，使得这一局面发生了根本性的变化，将胜利的天平拨向了计算机的一边。

图 1-9　AlphaGo 战胜李世石和柯洁

（1）AlphaGo VS 李世石

2016 年 3 月，AlphaGo 挑战世界围棋冠军、九段棋手李世石的消息一经发布，便引起了全球的关注。这场比赛被视为人类智能与人工智能的又一次巅峰对决，许多人都在猜测，在围棋这项最为复杂的棋类游戏中，机器能否真正超越人类的智能水平。

第一局棋充满悬念，因为谁都不知道 AlphaGo 的棋技究竟达到了什么水平，然而结果让人吃惊，AlphaGo 竟然在开局不利的情况下赢得了第一局，成为历史上第一个在正式围棋比赛中战胜顶尖人类棋手的 AI。在比赛的第一局中，李世石从一开始就采取了积极的策略，试图通过复杂的局面考验 AlphaGo 的应对能力。然而，AlphaGo 表现得极为冷静，在面对李世石的一系列进攻时，不慌不忙地选择了应对之策。开局阶段取得优势后，李世石的心态似乎发生了变化，接连出现几个失误，让此前的优势消失殆尽。最终双方在较量了 3.5 小时后，李世石投子认负。李世石在赛后也表达了自己的惊讶："AlphaGo 在开局阶段其实下得非常好，而且比赛过程中不断有一些令我意想不到的下法。"

在第二局比赛中，李世石继续采取了进攻策略，试图掌控局面，双方局势也各有好坏。然而，AlphaGo 展现出的亮点、罕见的手法确实令人惊讶，尤其是在中盘时下出了一步令直播解说的各路职业高手都大跌眼镜的"神之一手"（第 37 手）。这步棋也出乎李世石的预料，他思考了很久。这步棋虽然看似不合常理，但却从长远布局上奠定了胜利的基础。赛后，许多围棋高手复盘分析认为，这步棋展现出了极高的围棋智慧，甚至超越了人类在围棋中的常规思维模式。这一手落子不仅震惊了李世石，也震撼了全球围棋界的各路高手。最终，AlphaGo 在第二局再次获胜。

在第三局比赛中，李世石依然未能扭转局势，AlphaGo 继续展现出强大的计算和判断能力，稳步控制着整个棋局的进展。这一局的胜利，标志着 AlphaGo 已经在五局比赛中取得了三场胜利，从而提前锁定了整场对决的胜利。AI 战胜人类的事实已无可辩驳，AlphaGo 的表现也彻底颠覆了人们对围棋以及人工智能的理解。

在第四局比赛中，面对已被 AI 击败的压力，李世石选择了放手一搏。他在中盘时下出了一步精彩的反击（第 78 手），这步棋成功打乱了 AlphaGo 的计算节奏，最终导致了 AlphaGo 的失败。这是 AlphaGo 在整场对决中唯一的一次失误，也是人类在这场对决中唯一的一次胜利。

在第五局比赛中，AlphaGo 吸取了上一局失利的教训，调整了策略，步步为营，最终以稳健的表现赢得了比赛。这场对决的最终比分是 4 比 1，AlphaGo 以绝对的优势赢得了整场比赛。这一结果震撼了全球，标志着 AI 在围棋领域已经拥有了超越人类顶尖选手的水平。

（2）AlphaGo VS 柯洁

在战胜李世石后，AlphaGo 继续改进和进化，DeepMind 团队对其进行了更大规模的训练和升级，以进一步提升其棋艺，迎接接下来的对决。2017 年，AlphaGo 迎来了另一位强劲对手——当时被公认为是世界上最强大的围棋选手，中国的天才棋手柯洁。

在 2017 年的对决中，柯洁与 AlphaGo 进行了三局比赛。在第一局比赛中，柯洁展现出了极高的棋艺，面对 AlphaGo 的步步紧逼，他冷静应对，巧妙布局。然而，随着比赛进入中后盘，AlphaGo 凭借其强大的计算能力和精准的判断，逐渐在棋局中占据上风。尽管柯洁在比赛中表现得极为顽强，但最终还是无法阻止 AlphaGo 的胜利。赛后，柯洁在采访中表示，AlphaGo 的表现远超他的预期，令他感到了极大的震撼。

在第二局比赛中，柯洁尝试改变策略，以更加激进的方式挑战 AlphaGo。然而，AlphaGo 在这局比赛中表现得极为稳健，几乎没有给柯洁任何机会。柯洁几次尝试通过复杂的变化打乱 AlphaGo 的计算节奏，但 AI 的冷静和精准让这些努力都未能奏效。最终，AlphaGo 再次获胜，继续保持了不败的战绩。

第三局比赛成为柯洁与 AlphaGo 对决的最后一局。在这场比赛中，柯洁全力以赴，展现了他作为顶尖棋手的全部智慧和技巧。然而，AlphaGo 的强大在比赛中展露无遗，它几乎没有给柯洁留下任何破绽，这场比赛以 AlphaGo 的完胜告终。面对 AI 的强大实力，柯洁在赛后感叹道："我从未想过 AlphaGo 会如此强大。"

（3）AI 超越人类的震撼与反思

AlphaGo 战胜李世石和柯洁是人工智能研究的又一项标志性事件。AI 战胜人类的消息震撼了全世界，标志着人工智能取得了重大突破，在围棋这一极具挑战性的领域达到了新的高度。对于科技界来说，AlphaGo 的胜利展示了深度学习、强化学习和蒙特卡罗树搜索等技术的强大威力，极大地推动了相关 AI 研究的发展。AlphaGo 的胜利证明了 AI 在复杂决策任务中超越人类的潜力，也激励了全球范围内更多的 AI 研究和应用探索。

然而，这场 AI 的胜利也引发了人们对 AI 的广泛反思。它展示了人工智能在极为复杂的领域超越人类的可能性，同时也提醒人们思考 AI 在未来社会中到底会扮演什么样的角色。

围棋作为一项富有文化和历史底蕴的传统游戏，其对弈过程充满了人类的创造力、艺术性和智慧。而 AlphaGo 的胜利，虽然在技术层面上令人惊叹，但也让人们开始思考：当机器在智力活动中超越人类时，人类又应该如何看待自己的智慧？AI 的发展是否会取代某些人类特有的能力，甚至改变人类的社会结构和生活方式？AlphaGo 的成功不仅是 AI 领域的一个里程碑，也是科技史上的重要节点。随着 AI 技术的不断进步，围棋的胜利只是一个开端。未来，AI 将继续在更多领域展现超越人类的潜力并挑战人类智能的边界。作为人类，我们需要在这场未来的棋局中找到与 AI 共存、合作的方式。

1.2.6　一次爆发：大模型时代的到来

回顾人工智能的发展历程，每一次在技术上取得重大进步几乎都标志着一个全新时代的到来。21 世纪 20 年代初，随着数据量的激增、计算能力的飞速发展和深度学习技术的不断成熟，AI 领域进入"大模型"时代。这一时期，以 GPT-3、BERT、DALL-E 等为代表的大规模预训练模型（Large Pre-trained Model）引领了 AI 领域的新浪潮，这些大模型在各种任务中展现出了前所未有的强大能力，开启了 AI 技术实际应用的新阶段。

1. Transformer 引领新的技术革命：注意力机制的崛起

大模型时代的到来与 Transformer 架构的成功有着密不可分的关系。Transformer 于 2017 年由 Vaswani 等人在论文"Attention is All You Need"中首次提出。这一架构通过引入自注意力机制（Self-attention Mechanism），打破了传统序列模型在处理长序列数据时的距离依赖瓶颈。注意力机制允许模型在处理输入时能够动态关注不同位置的上下文信息之间的关联性，从而在保持计算效率的同时捕捉长距离的语义关系。这一突破使得 Transformer 在没有循环结构的情况下，依然能够高效地处理大规模数据，并在自然语言处理任务中表现得比循环神经网络更加出色。

Transformer 架构不仅在 NLP 领域引发了颠覆性的变化，还成为计算机视觉、音频处理等领域的核心技术之一。研究人员发现，在计算机视觉等任务中使用 Transformer 架构可以取得比传统方法更好的效果。随着该架构的有效性在越来越多的 AI 研究中得到验证，Transformer 逐渐成为各类人工智能模型的通解，大模型时代的爆发也正是基于 Transformer 的广泛应用与创新，通过不断扩大模型规模、增加训练数据量，大模型也展现出越来越高的智能水平。

2. 大模型的崛起与普及

大模型时代的真正开端可以追溯到 2018 年 Google 发布的 BERT（Bidirectional Encoder Representations from Transformers）。BERT 是一种基于 Transformer 架构的预训练语言模型，它通过对大规模文本数据进行双向学习，实现了对语言语境的深度理解。这一模型在自然语言处理（NLP）任务中取得了当时最佳的表现，并迅速成为学术界和工业界的标准工具。

BERT 的成功标志着 NLP 领域进入了一个新的阶段，预训练模型的概念开始受到广泛关注。预训练模型通过在大规模语料库上进行自监督学习，能够捕捉语言中的复杂语义和结构信息，之后只需通过微调（Fine-Tuning）便可以应用于各种下游任务。这种方法极大地提高了模型的泛化能力和应用效率，逐渐取代了传统的特征工程和任务特定的模型。

2019 年，OpenAI 推出了 GPT（Generative Pre-trained Transformer）-2，一种基于 Transformer

的生成模型，该模型因其卓越的文本生成能力而引发了广泛关注。与 BERT 不同，GPT 系列模型专注于生成式任务，能够根据给定的上下文生成流畅连贯、语义合理的文本。尽管 GPT-2 的发布伴随着对 AI 滥用和伦理问题的担忧，但它的成功为大模型时代的全面爆发奠定了基础。

2020 年，GPT-3 的发布将大模型推向了一个全新的高度。GPT-3 拥有 1750 亿个参数，远远超越了之前的任何模型。其出色的生成能力使得它能够处理从文本生成到编程代码生成、从翻译到复杂对话等多种任务，其表现与前一代模型相比上了一个台阶。GPT-3 不仅展示了 AI 在 NLP 领域的潜力，还引发了关于大模型在其他领域应用的广泛讨论。

随着大模型在文本处理中的成功，研究者们开始探索将这些模型应用于其他数据形式，如图像和代码。2021 年，OpenAI 发布了 DALL-E 和 CLIP，这两个模型展示了大模型在跨模态任务中的强大能力。DALL-E 是一个图像生成模型，在 2021 年由 OpenAI 发布，它能够通过文本描述生成对应图像，展示了 AI 在理解和生成视觉内容方面的潜力，它可以生成各种风格和内容的图像，从而为艺术创作、设计和广告等领域带来了全新的工具。CLIP 是另一种视觉模型，其作用是理解文本和图像并为它们的相似度打分，通过联合训练文本和图像数据，实现了跨模态的语义理解，能够将文本描述与图像进行匹配，主要用于图像搜索、图像分类任务。这些视觉模型的应用前景非常广阔，涵盖了搜索引擎、内容生成、自动标注等众多方向。

除视觉领域之外，大模型还在代码生成中展现了强大的能力。Codex 是 OpenAI 基于 GPT-3 开发的一个代码生成模型，于 2021 年发布。该模型能够根据自然语言描述生成相应的编程代码。这类技术也被应用于 GitHub Copilot 等开发工具中，为开发者提供智能化的编程助手，大幅提升了编程效率。这标志着大模型已经逐步进入软件开发领域，改变了编程的传统模式。

2022 年年末，OpenAI 发布了基于 GPT-3.5 的大型语言模型 ChatGPT，如图 1-10 所示，这一模型迅速在全球范围内引发轰动。ChatGPT 能够进行和人类风格一致的自然、流畅的对话，可以回答问题、提供建议甚至进行创作。它的发布不仅标志着大模型技术的成熟，也使 AI 再次进入大众视野，并成为普通人日常生活的一部分。

图 1-10　ChatGPT

ChatGPT 的出现，使得人们开始真正理解并体验到 AI 的强大能力。与之前引起轰动的"深蓝"和 AlphaGo 等模型不同，ChatGPT 是第一款真正能融入每个普通人日常工作和生活的 AI 应用，它在教育、客服、创作、娱乐等多个领域展现了巨大潜力，并且仍在通过不断的改进和更新持续扩展能力，也有越来越多的企业和个人开始将其纳入自身的工作流程之中。这一现象标志着人工智能的实际应用进入了全新的时代，大模型开始广泛且深刻地改变人们的生活和工作方式。

3. 大模型时代的思考：迈向未来的 AI

虽然 ChatGPT 等大模型的出现极大地提高了人们的工作效率和生活质量，然而，大模型时代的到来也带来了新的伦理问题和社会挑战。大模型在生成内容的过程中，可能会产生虚假信息、偏见甚至误导性内容。这类现象引发了社会各界的广泛讨论，如何在推动技术进步的同时确保 AI 的公正性、透明性和安全性，成为研究者和政策制定者共同关心的问题。

此外，随着大模型规模不断扩大，科技巨头的数据和计算中心持续扩张，开发大模型所需的资源消耗急剧增加，这引发了能源与环保组织的担忧。如何在提升大模型能力的同时减少对环境的影响，也成为一个重要的议题。大模型的开发者需要在技术创新与可持续发展之间找到平衡，以确保人工智能的长期健康发展。

未来，随着技术的进一步成熟和发展，AI 有望继续发挥更大的影响力。大模型时代只是一个起点，随着新技术和方法的涌现，我们有理由相信，AI 将会在更多领域内实现更为深远的变革，将人类社会带向更加智能和高效的未来。

1.3　百家争鸣：人工智能的三大学派

上一节回顾了人工智能的发展历程，从最初的梦想种子到大模型时代，这条波澜壮阔的崛起之路展示了 AI 领域发展至今的技术突破与思想变革。随着人工智能的发展以及各种哲学思想的影响，研究者们在探索的过程中逐渐分化并形成不同的方法论，这些差异最终演化为人工智能的三大主要学派：符号主义学派、联结主义学派和行为主义学派。每一门学派都代表着研究者们在不同阶段对智能本质的理解与探索。这些学派的形成并非偶然，而是随着人工智能领域的深入发展自然演化出的不同路径。本节将深入探讨这三大学派的理论基础、代表人物、经典应用以及它们在人工智能发展史中的地位和影响。

1.3.1　思想的碰撞：AI 学派的形成背景

人工智能的发展历程中，随着研究的深入，逐渐分化出三大主要学派：符号主义学派、联结主义学派和行为主义学派。这三大学派的形成并非偶然，而是多种思想、科学和技术力量共同作用的结果。科学哲学的影响、认知科学的兴起，以及不同学科对人工智能研究的贡献，都是促成这些学派形成的关键因素。

1. 科学哲学的影响

科学哲学作为探讨科学本质、方法和目的的学科，涉及科学的基础、方法和影响。20 世纪初，逻辑实证主义在哲学界占据了重要地位，这一学派主张通过逻辑分析和经验验证来获得知识。这种思想直接影响了人工智能早期研究者，他们试图通过形式化的逻辑系统来模拟人类思维，符号主义学派由此应运而生。

符号主义学派的核心理念便是将智能行为视为符号操作，这种观点深受逻辑实证主义和形式逻辑的影响。约翰·麦卡锡、赫伯特·西蒙等符号主义的奠基者们相信，通过定义明确的规则和符号，计算机就可以进行推理和决策，模拟人类的智能行为。符号主义的兴起代表了人工智能研究的一种哲学取向，即智能可以通过清晰的逻辑规则被解析和构建。

另外，实用主义哲学在美国的影响也不容忽视。实用主义主张知识的价值在于其应用效果，而非其理论的完美性。这种思想推动了行为主义学派的发展，强调通过实验和观察来理解智能，并将重点放在实际应用上，而非过于抽象的理论构建。坚持行为主义的研究者们认为，智能的核心在于适应环境的能力，这种适应性可以通过经验学习和行为反馈来实现。

2. 认知科学的兴起

认知科学的兴起是20世纪中叶以来影响人工智能研究的重要思想运动之一，主要研究认知的用途以及具体工作原理，研究信息如何表现为感觉、语言、推理和情感。认知科学揭示了智能的多层次结构，而不同学科的交汇融合则为AI的发展提供了丰富的工具和方法。这些背景因素共同作用，促成了AI领域多样化的发展路径。认知科学是一个跨学科的领域，旨在理解人类心智的结构和功能。它结合了心理学、计算机科学、语言学、神经科学、哲学和人类学等多个学科的理论和方法，对人工智能研究产生了深远影响。

在认知科学的影响下，研究者们开始思考智能行为或许不仅仅是符号操作的结果，也可能涉及更为复杂的认知过程。这种思考促进了联结主义学派的形成。联结主义学派受到神经科学的启发，提出智能可能是由大量简单单元的并行活动产生的，这些单元通过网络结构相互连接，相互影响，由此形成复杂的认知功能。与符号主义自顶向下的方法不同，联结主义采用自底向上的方法，强调通过模拟神经网络来理解和实现智能。

认知科学还推动了对人类语言、感知和记忆等领域的研究，这些研究也直接影响了之后人工智能领域的发展。例如，在自然语言处理领域，认知科学的研究揭示了语言理解的复杂性，这种复杂性超越了简单的符号操作，需要结合语境、语义和语法等多方面的知识进行处理。这些研究促使人工智能研究者们相信，在面对自然语言处理任务时，需要考虑更为复杂的模型和算法。

3. 不同学科对AI的影响

人工智能在形成和发展过程中也深受多个学科的影响，这些学科为AI研究提供了丰富的理论基础和方法工具，形成了不同的研究路径和学派。

- **计算机科学与逻辑学**：计算机科学作为人工智能的基石，提供了AI研究的基础算法和计算模型。作为逻辑学中的重要分支，形式逻辑为符号主义学派奠定了理论基础。通过形式化语言和逻辑推理，计算机科学家们试图构建能够模拟人类推理过程的系统，这种方法在早期AI研究中占据主导地位。例如，专家系统的设计依赖于规则和逻辑推理来进行决策，是符号主义应用的典型案例。

- **神经科学与生物学**：神经科学的研究揭示了人类大脑的工作原理，特别是在神经网络和学习机制方面的研究，为联结主义学派提供了灵感。研究者们通过模拟生物神经网络，试图重现大脑中信息处理的方式。生物学特别是对神经元连接和学习规则的研究，直接推动了人工神经网络的发展，这种模型在后来的深度学习革命中发挥了关键作用。
- **心理学与行为科学**：心理学，尤其是行为主义心理学，强调观察和实验的重要性，主张通过对行为的研究来理解智能。行为主义学派在人工智能领域的发展受到了行为科学的深刻影响，尤其是在强化学习和机器人学领域。行为主义的理论认为，智能可以通过与环境的互动以及不断调整行为来实现，这种思想直接影响了人工智能中的行为建模和学习算法。
- **语言学与哲学**：语言学对人工智能，特别是自然语言处理的研究起到了至关重要的作用。语言学的语法结构、语义分析等理论帮助 AI 研究者设计出了更为复杂的语言理解模型。此外，哲学中的心灵哲学和意识研究激发了人们对人工智能自主性和自我意识的探讨，尽管这些问题在当前 AI 研究中尚未解决，但它们为未来 AI 的发展方向提供了参考。
- **控制论与系统科学**：控制论研究反馈、控制和通信在机器和生物体中的作用，它为行为主义学派的产生奠定了基础。控制论的思想使研究者能够设计出根据反馈调整自身行为的智能系统，这在机器人学和强化学习中得到了广泛应用。系统科学则强调整体性和各部分之间的相互作用，帮助研究人员建立了关于复杂系统的整体理解，影响了人工智能的系统设计和整体优化。

人工智能领域的三大主要学派——符号主义、联结主义和行为主义，是多种思想和学科相互碰撞、融合的产物。科学哲学为 AI 研究提供了不同的思维框架，认知科学揭示了智能的多层次结构，而不同学科的交汇融合则为 AI 的发展提供了丰富的工具和方法。这些背景因素共同作用，促成了 AI 领域多样化的发展路径。正是在这些思想的碰撞与融合中，人工智能逐渐从一门学科发展为一个涵盖广泛、思想纷呈的领域。

1.3.2 符号主义：逻辑的信徒

符号主义学派，作为人工智能领域具有奠基作用的学派，源于对人类思维过程的符号化理解。这一学派的核心思想是，智能行为可以通过符号操作来实现，符号代表着知识的基本单元，这些符号之间的操作和组合则构成了思维过程。

1. 符号主义的起源：人类思维的符号化

符号主义的起源可以追溯到 20 世纪中叶，当时的科学家们深受逻辑实证主义和形式逻辑的影响，试图将人类思维转化为一种可计算的过程。20 世纪 40 年代末到 50 年代初，随着计算机科学的兴起，研究者们开始探索如何通过机器实现人类的智能行为。他们认为，既然人类能够通过符号和规则进行推理和决策，那么计算机也应该能够通过类似的方式模拟这些过程。

符号主义的早期研究集中在逻辑推理和数学定理的证明上，研究者们开发了一些早期的 AI 程序，这些程序能够使用逻辑规则来解决问题。这种方法被称为"自顶向下"的方法，因为它从高级的符号和抽象的概念规则开始，然后逐步分解为更具体的表示和操作，试图直接模拟人类的高级认知功能。

2. 代表人物：纽厄尔与西蒙

符号主义学派的重要奠基者包括艾伦·纽厄尔和赫伯特·西蒙。这两位研究者不仅在人工智能领域做出了开创性的贡献，还对认知科学、计算机科学和管理科学等多个学科产生了深远影响。

艾伦·纽厄尔和赫伯特·西蒙在20世纪50年代共同开发了"逻辑理论家"程序。随后，纽厄尔和西蒙继续合作，开发了通用问题求解器（GPS）。GPS旨在模拟人类解决问题的过程，它通过规则设计进行一系列符号操作，逐步接近问题的解决方案。GPS的设计理念表明，智能行为可以被视为一系列符号变换的过程，这一观点也是符号主义学派的基础。

除了在AI领域的贡献，西蒙还因其在决策理论和管理科学方面的研究获得了1978年的诺贝尔经济学奖。纽厄尔和西蒙的合作成果为符号主义奠定了理论基础，为人工智能领域的进一步发展提供了宝贵工具和经验。

3. 符号主义理念：知识表示与推理

符号主义的核心理念在于知识表示和推理。符号主义学者认为，智能的关键在于如何表示知识，以及如何基于这些表示进行推理。知识表示是指通过符号和规则将知识结构化，使得计算机可以理解和操作这些知识。推理则是通过逻辑操作，从已有的知识中得出新的结论。

在符号主义框架下，知识通常以逻辑形式或规则的方式表示，例如命题逻辑、语义网络等。这些表示方式允许计算机对知识进行精确的操作，从而在特定领域内模拟人类的推理过程。例如，在专家系统中，知识可以表示为一组"如果……那么……"格式的规则，计算机可以通过应用这些规则来推断新的知识或做出决策。推理是符号主义中的另一个重要概念，符号主义学者通过开发推理引擎，使得计算机能够在知识表示的基础上进行逻辑推导。推理引擎是一种软件程序或算法，能够基于已知的事实和规则进行逻辑推理，处理复杂的逻辑关系，进行模式匹配、定理证明等操作，模拟人类的思维过程。

符号主义的一个重要特点是"自顶向下"的设计方法，即从高层次的逻辑和知识表示出发，逐步实现底层具体的智能行为。这种方法在人工智能的早期研究中占据主导地位，并成为许多AI模型的设计基础。

4. 符号主义的成就与局限

符号主义在人工智能领域取得了许多重要成就，尤其是在专家系统和认知架构的开发中。专家系统是符号主义在应用领域的一个重要成果，这些系统通过编码专家知识，能够在特定领域内执行复杂的推理和决策任务。

20世纪70年代至80年代，专家系统得到了广泛应用，其中最著名的例子之一是斯坦福大学开发的MYCIN——一个用于医疗诊断的专家系统。MYCIN通过一组规则来推断患者可能患有的疾病，并给出相应的治疗建议。尽管MYCIN在当时表现尚可，但它也暴露了符号主义的一些局限，比如严重依赖获取知识的质量、系统的鲁棒性不佳以及难以处理不确定性问题等缺陷。

另一个符号主义的重要成果是认知架构。认知架构是用于模拟人类认知过程的计算模型，通常包含一个知识表示系统和一个推理引擎，能够模拟多种认知任务，如记忆、学习和问题解决。代表性的认知架构包括 ACT-R（Adaptive Control of Thought-Rational）和 Soar，它们是模仿人类思维方式的计算机模型，就像给计算机装上了"人脑"。ACT-R 主要关注人类如何记忆和学习，它的结构分为几个部分，有负责看的、有负责听的、有负责动作的，还有专门存储知识的部分。这些架构不仅在人工智能研究中得到应用，还为认知科学的理论研究提供了支持。

尽管符号主义在 AI 的发展早期取得了显著成就，但随着 AI 研究的深入，其局限性也日益显现。符号主义面临的最大问题是它在处理不确定性和模糊信息时表现不佳。符号主义系统通常依赖于明确的规则和逻辑，这使得它们难以适应复杂多变的现实世界。此外，符号主义的推理过程通常是基于确定性推理，而现实世界中的许多问题具有高度的不确定性，这也限制了符号主义系统的应用范围。

随着计算能力的提升和大数据时代的到来，AI 研究逐渐转向了更为灵活的联结主义方法。联结主义通过模拟神经网络和学习过程，能够更好地处理复杂、非线性的问题，弥补了符号主义的不足。这一转变标志着人工智能研究进入了一个新的阶段，尽管符号主义不再占据主导地位，但其思想和方法仍然对许多领域产生了深远的影响。

1.3.3 联结主义：仿生的追随者

在符号主义学派将智能行为看作符号操作和逻辑推理的结果时，另一个研究路径也在悄然兴起——联结主义。联结主义以其仿生学的思路，走出了一条不同于符号主义的智能探索之路。通过模拟大脑的神经网络，联结主义为人们提供了理解和实现智能的新视角。

1. 联结主义的起源：模仿大脑的神经网络

联结主义的起源可以追溯到 20 世纪 50 年代，当时神经科学和心理学的研究表明，大脑的功能可以通过大量神经元的连接和互动来解释。这种认识启发了同时期的人工智能研究者，他们开始探索如何通过人工神经网络来模拟大脑的认知过程。与符号主义的自顶向下方法不同，联结主义采用自底向上的方法，通过大量简单神经元的并行处理来实现复杂的智能行为。这一学派的核心思想是，智能并非仅仅由符号操作组成，而是源自类似人脑结构的复杂网络。联结主义的核心思想是人类的心理活动、精神现象和智能表现都可以通过简单且一致的单元互相联结构成的复杂网络来描述。研究者认为，通过模拟人脑的神经网络，计算机也可以实现与人类类似的智能行为。

这种方法论上的分歧反映了符号主义与联结主义之间的根本差异。符号主义依赖于明确的逻辑规则和符号操作，而联结主义则强调通过学习和自组织的过程，从低级别的神经活动中涌现出高级别的智能。这种思路逐渐演变为今天广泛使用的神经网络模型，成为人工智能领域举足轻重的一部分。

2. 代表人物：明斯基与罗森布拉特

联结主义的奠基者之一是弗兰克·罗森布拉特（Frank Rosenblatt），他在联结主义的发展过程中发挥了重要作用。罗森布拉特是感知器（Perceptron）模型的发明者，他的工作是联结主义的奠基石。感知器是最早的人工神经网络模型之一，它模拟了大脑中神经元的基本功能，能够通过学习调整自身的权重，从而对输入数据进行分类。罗森布拉特的感知器模型为后来的神经网络研究奠定了基础，尽管当时感知器未能达到预期效果，但它的影响是持久而深远的。

联结主义的另一位关键人物是马文·明斯基，他是达特茅斯会议的主要参与者之一。明斯基早年也曾积极研究人工神经网络，并提出了神经网络的早期模型。然而，他在1969年与西摩·帕普特（Seymour Papert）合著的《感知器》（*Perceptrons*）一书中指出了早期感知器模型的局限性，这一论断在一定程度上阻碍了神经网络研究的发展，使得联结主义在20世纪70年代逐渐失去了主导地位，直到深度学习大获成功后才得以"平反"。

3. 联结主义理念：分布式表示与并行计算

联结主义的核心理念在于分布式表示和并行计算。与符号主义的明确规则与逻辑推理不同，联结主义认为智能源于多个简单单元的协同工作，而非针对符号的操作。这些单元即人工神经元，它们通过网络连接形成复杂的结构，能够通过并行处理和自组织机制，实现对复杂模式的识别和学习。

分布式表示是联结主义的一大特色。它认为信息并不是单独存在的符号，而应该通过网络中多个单元的激活模式来表示。每个神经元的状态只反映了整体信息的一部分，真正的意义取决于完整网络的激活模式。这种特点使得基于联结主义的AI模型能够更好地处理噪声和不确定性，并表现出更强的鲁棒性。

并行计算是联结主义的另一关键理念。在人工神经网络中，大量的神经元同时进行计算，这种并行方式使得联结主义模型在处理复杂任务时具有更高的效率。与符号主义的逻辑顺序推理不同，联结主义的并行计算方式能够同时处理多个信息流，从而更有效地解决大规模复杂问题。

4. 发展历程：从感知器到深度学习

联结主义的发展历程充满了起伏，从早期的感知器模型到现代的深度学习，联结主义经历了多次关键转折，才逐步确立了今天在人工智能领域的核心地位。

感知器模型是联结主义最早的成果之一。1958年，弗兰克·罗森布拉特在IBM的资助下开发了第一个感知器模型，这一模型可以学习并解决简单的二分类问题。然而，如前所述，《感知器》一书揭示了感知器在处理非线性问题时的局限性。这一结论导致研究人员对神经网络的兴趣大幅下降，标志着联结主义迎来了的第一次低谷。

尽管感知器模型的局限性被暴露，联结主义却并未因此而消亡。20世纪80年代，随着计算能力的提升和新算法的出现，对于神经网络的研究再次复苏。反向传播（Backpropagation）算法的出现被认为是这一时期的重大突破。通过反向传播算法，多层神经网络得以被有效训练，克服了感知器模型的局限性。这一突破标志着联结主义的重新崛起，并为后来的深度学习奠定了基础。

进入21世纪，联结主义迎来了其最辉煌的时代——深度学习的爆发。深度学习通过使用多层神经网络，能够在庞大的数据集上自动学习特征，并在多个领域表现出色。2012年，AlexNet在ImageNet图像识别比赛中取得了突破性的胜利，标志着深度学习的全面崛起。

深度学习的成功不仅归功于算法的进步，还得益于大规模数据的可用性和计算能力的显著提升。通过使用卷积神经网络、循环神经网络等模型，深度学习在计算机视觉、语音识别、自然语言处理等领域取得了前所未有的成功，这一系列的成就也巩固了联结主义在人工智能领域的核心地位。

现代的联结主义不仅限于模仿生物神经网络，而且发展出了一套复杂的理论和技术体系，能够应对各种实际问题。尽管与符号主义相比，联结主义走了一条更加曲折的道路，但它最终凭借其强大的学习能力和适应性，成为人工智能领域的重要支柱。从自动驾驶汽车到智能语音助手，联结主义的应用已经深入影响人们日常生活的许多方面。虽然深度学习模型在可解释性和可控性方面仍面临挑战，但它的强大能力和泛用性已使其成为当今人工智能研究中拥有无可撼动地位的主流方法。

1.3.4 行为主义：现实的实践者

行为主义学派是人工智能领域独树一帜的流派，以对现实世界的关注和实践为导向，提供了一种直接而有效的智能实现路径。它的形成源自对生物行为的观察和模拟，强调通过简单行为的组合和互动，逐步构建出复杂的智能系统。与符号主义的逻辑推理和联结主义的神经网络不同，行为主义关注的是智能体如何在真实世界中与环境互动，通过直接的感知和动作循环，形成适应性的行为。

1. 行为主义的起源：从简单行为到复杂智能

行为主义的起源可以追溯到 20 世纪中叶，当时许多生物学和心理学的研究表明，动物能够在没有复杂内部模型或推理过程的情况下，仅通过一系列简单的反应和行为模式，成功适应复杂多变的环境。这种观察促使人工智能研究者们开始思考，是否可以通过模拟这些简单行为，创造出同样能够适应环境变化的智能系统。

行为主义学派的核心思想是智能并非来自复杂的内部表示或推理过程，而是通过感知-动作（perception-action）循环，在智能体与环境的直接交互中涌现出来的。这种自底向上的智能构建方法，强调了实践和适应的重要性，推动了机器人等技术的发展。

2. 代表人物：布鲁克斯

罗德尼·布鲁克斯（Rodney Brooks）是行为主义学派的代表人物之一，也是推动机器人领域从传统人工智能方法向行为主义方法转变的重要先驱。布鲁克斯在 20 世纪 80 年代提出了"基于行为的机器人"（Behavior-based Robotics）的概念，挑战了传统符号主义以逻辑推理为基础的 AI 模型。

布鲁克斯的研究聚焦于通过一系列简单的感知和动作模块，创建能在真实世界中运行的机器人，摒弃复杂的世界模型或高层次的认知能力。他的思想直接影响了机器人技术的后续发展，尤其是在移动机器人和自主系统领域。

布鲁克斯是麻省理工学院（MIT）人工智能实验室主任，最著名的贡献之一是他为机器人发明的分层控制架构，后来也被称为"包容架构"（Subsumption Architecture），这一架构被应用于许多早期的自主机器人，如著名的 Genghis 机器人，如图 1-11 所示。Genghis 是一个能够在崎岖地形中行走的六足机器人，行动非常灵活迅速。它主要依靠分布式的行为控制系统工作，而不是依赖传统的复杂规划算法。

布鲁克斯通过这些成果展示了行为主义在实际应用中的有效性，证明了复杂行为可以通过简单模块的组合与互动实现。这一思想彻底改变了人们对机器智能的理解，开辟了一条不同于基于规则的符号主义和基于仿生的联结主义的智能构建路径。

3. 行为主义理念：感知 – 动作循环

行为主义的核心理念在于感知 – 动作循环，即智能体通过感知环境做出行动，并根据反馈调整行为。这一过程强调直接与环境的交互，否定了智能体复杂内部表示的必要性。这种理念与符号主义的"自顶向下"方法形成了鲜明对比。

图 1-11　Genghis 机器人

在传统符号主义的框架中，智能体依赖于通过内部模型进行推理和计划，而行为主义则认为这种内部模型既复杂又不必要。布鲁克斯的观点是，智能并不需要依赖于复杂的世界模型，而是可以通过简单的行为模块在局部环境中直接应对各种情境。他提出的分层控制架构就是这一理念的具体体现。

分层控制架构将智能体的行为分解为多个层次，每个层次都处理特定的感知 - 动作循环，较低层次的行为通常是简单的条件反应，而较高层次的行为则可能涉及更复杂的任务。各层次之间虽然相互独立，但可以通过抑制或优先机制实现互相影响，从而实现整体行为的协调和适应，这种架构不需要复杂的内部表示就能够高效地应对动态变化的外部环境。

4. 行为主义应用：从机器人技术到智能家居

尽管行为主义在解释复杂认知任务时可能存在局限，但在处理实时、动态和不确定性环境中的任务时，它的作用确实无可替代。随着技术的不断发展，行为主义将继续在那些需要快速反应和高适应性的应用领域发挥重要作用。目前，行为主义学派的理念已经在多个领域得到了广泛应用，尤其是机器人技术和智能家居系统领域，其影响尤为显著。

在机器人技术领域，行为主义的感知 – 动作循环理念被广泛应用于自主移动机器人和工业机器人中。早期的机器人系统依赖于详细的环境建模和复杂的路径规划算法，而行为主义提出的分层控制架构则提供了一种更加灵活和鲁棒的解决方案。

布鲁克斯的 Genghis 机器人就是行为主义应用的一个经典案例，Genghis 没有复杂的内部模型，而是通过简单的行为模块应对环境变化。这一理念之后也被应用到更多的移动机器人开发中，如清洁机器人、自动导引车（AGV）等，这些机器人能够在复杂、不确定的环境中执行清扫、导航、运输等任务。在工业机器人领域，行为主义的思想也被用于开发更为灵活的生产线机器人。这些机器人能够实时感知工作环境的变化，并调整操作策略，从而提高生产效率和适应性。例如，协作机器人（Cobot）通过实时感知人类工人的动作和意图，能够在生产线上安全、有效地与人类协同工作。

随着物联网的发展，行为主义的理念也逐渐扩展到智能家居系统中。智能家居通过分布式传感器网络和自动控制系统，可以实现对家庭环境的实时监测和调整。这些系统通过简单的感知-动作循环，能够自动调节温度、照明、安全等多项家居功能，而无须用户的持续干预。例如，智能恒温器可以通过感知室内温度和用户的作息习惯，自动调整室内温度，以保持室内温度的舒适并达到节能的效果。智能照明系统能够根据光线强度和人们的活动情况自动调整灯光，提供更加人性化的照明环境。此外，行为主义还影响了智能安全系统的发展。这些系统通过感知家庭周边环境的变化，如门窗开关、异常声音或运动，能够自动做出响应，如报警、拍照或联系主人，从而提供主动的安全保护。这些系统的核心在于实时响应并适应用户需求，根据外部环境的变化进行自我调整，这正是行为主义理念的具体体现。

1.3.5　融合、创新与展望：走向多元化的未来

在符号主义、联结主义和行为主义三大学派的基础上，人工智能走过了数十年的发展历程。这些学派各自为 AI 领域贡献了独特的理论和技术，但随着时间的推移，研究者逐渐认识到，单一学派总存在自身的局限性，难以应对所有挑战。于是，融合不同学派的优势，创新出更为复杂和多元的智能系统，成为 AI 发展的新方向。同时，随着 AI 技术在各行各业的广泛应用，新的挑战和机遇不断涌现，如何凝聚各方力量共同应对挑战，推动 AI 领域的持续进步也引起了人们的思考。

1. 混合智能系统

混合智能系统是 AI 领域一大创新成果，通过结合不同学派的理论与技术，力求在解决复杂问题时发挥各自的优势。符号主义提供了强大知识表示和逻辑推理能力，联结主义在模式识别和特征学习方面表现卓越，行为主义则擅长实时适应和环境交互。将这些学派擅长的不同能力整合形成的混合系统可以在复杂、多变的环境中表现出更高的智能程度和适应性。

例如，神经符号混合系统正是这一思路的典型代表。通过将符号主义的逻辑推理能力与联结主义的神经网络相结合，神经符号混合系统能够在具有高度结构化需求的任务，如法律推理、数学问题求解等领域取得出色表现。此外，在机器人领域，研究者也开始探索将行为主义的实时响应机制与深度学习的学习能力相结合，开发出能够在动态环境中自主学习和调整行为的机器人系统。这些系统通过感知环境变化，利用深度学习模型进行模式识别，同时结合行为主义的模块化控制策略，实现了自动驾驶、仓储物流等复杂任务的自动化执行。

混合智能系统的出现，标志着人工智能领域正在朝着更为多样化和集成化的方向发展。通过结合多种技术和方法，研究者能够开发出更强大、更灵活的智能系统，满足不断变化的应用需求。

2. 跨学科合作

人工智能的发展不仅依赖于计算机科学和数学，还需要跨学科的合作。随着 AI 技术的深入发展，心理学、神经科学、语言学、哲学、伦理学等学科的知识和方法也对 AI 研究起到了重要的补充作用。这种跨学科合作不仅推动了 AI 技术的进步，还促进了人们对人类智

能本质和机器智能边界的深入理解。

在神经科学的帮助下，人工智能研究者能够更好地理解大脑的结构和功能，从而开发出更为精确和有效的神经网络模型。例如，大脑中神经元的连接模式和信息处理方式直接启发了深度学习中的卷积神经网络和递归神经网络的设计。

语言学的研究也对自然语言处理领域产生了深远影响。通过理解语言的结构等理论，AI研究者能够开发出更为复杂的语言模型，如 BERT 和 GPT 系列，极大地提升了机器在自然语言理解和生成方面的能力。

此外，哲学和伦理学的探讨为 AI 的发展提供了重要的价值导向。随着 AI 技术在社会中的广泛应用和其影响力的日益扩大，关于 AI 伦理、安全和自主性的讨论变得日益重要。跨学科合作不仅能帮助研究者解决技术难题，还为 AI 的未来发展开拓了更广阔的视野。

3. AI 在各行各业的应用

随着技术的不断进步，人工智能已经从实验室走向现实世界，广泛应用于各行各业。从医疗健康到金融服务，从制造业到教育行业，AI 正在深刻改变着我们的工作和生活方式。

在医疗健康领域，人工智能已经成为诊断、治疗和药物研发的重要工具。例如，深度学习模型能够通过学习海量的医疗数据进行医学影像分析，早期检测出癌症等重大疾病，大大提高了诊断的准确性和效率。在大模型时代，AI 医疗系统还可以提供更加精准的诊断建议，预测疾病的风险，并制订个性化治疗方案。

在金融服务领域，人工智能被广泛应用于信用评估、风险管理和投资决策。通过分析客户行为数据和市场趋势，AI 能够提供更为精准的信用评分和风险预测，帮助金融机构优化贷款审批和投资策略。此外，AI 驱动的自动交易系统能够在毫秒级别内响应市场变化，执行复杂的交易策略，提高了金融市场的效率和流动性。

人工智能在制造业领域也得到了深度应用，特别是在智能制造和工业自动化方面。通过整合机器学习和物联网技术，智能工厂能够实现生产线的自动化监控和优化，大幅提高生产效率和产品质量。AI 可以实时监测生产设备的状态，预测故障的发生并提前安排维护，减少停机时间和生产损失。

在教育领域，人工智能已经被用于个性化教学、学习分析和教育资源优化等方面。通过分析学生的学习行为数据，AI 能够为每个学生量身定制学习路径，推荐适合的学习资源，并实时反馈学习效果。这种个性化的学习体验能够帮助学生更好地掌握知识，提高学习效率。

AI 技术的广泛应用不仅在各行各业中提升了生产效率和质量，也带来了新的商业模式和经济增长点。随着 AI 技术的不断成熟，未来也将继续推动各行业的数字化转型，为经济发展注入新的活力。

4. 通用人工智能的展望

通用人工智能（AGI）也称强人工智能，是指能够在各种任务中表现出与人类相当甚至超越人类的智能水平的人工智能程序。与目前专注于特定任务的狭义人工智能（也称弱人工智能）不同，AGI 具备广泛的认知能力，能够在不同领域学习、推理和解决问题。AGI 的实现将标志着人工智能技术的又一次巨大飞跃，但同时也会带来更为深远的技术、伦理和社会影响。

目前，尽管 AI 应用在许多领域取得了显著进展，但距离 AGI 的实现仍有很长的路要走。有关 AGI 的研究依然面临着诸多技术挑战，包括如何构建具备通用学习能力的模型，如何让 AI 具备自主推理和创造力，以及如何解决 AGI 的安全性问题。

随着研究的深入，许多科学家和工程师认为，AGI 的实现可能需要突破当前的 AI 范式。混合智能系统、神经符号模型、脑机接口等前沿技术，可能为 AGI 的实现提供新的参考路径。此外，跨学科的合作和新的理论突破，也有望在 AGI 的实现过程中发挥重要作用。

然而，AGI 的潜在影响也引发了广泛的社会讨论。AGI 的到来可能会彻底改变人类社会的结构，带来前所未有的机遇和风险。为了应对这一挑战，全球范围内的研究机构、企业和政府需要共同努力，确保 AGI 的研究和应用能够为人类社会带来积极的影响。

5. 伦理与安全问题

随着人工智能技术的广泛应用，尤其是大语言模型对人类社会产生深刻影响之后，伦理与安全问题也成为不可回避的挑战。AI 模型的决策过程通常基于大量数据和复杂算法，这使得它们在透明性和可解释性方面存在不足。此外，AI 技术的广泛应用也引发了关于数据隐私、算法偏见和 AI 自主意识等伦理问题的讨论。

数据隐私是当前 AI 应用中的一个主要问题。AI 模型的训练依赖于大量数据，这些数据大部分来自互联网，有时会包含敏感的个人信息。如果数据保护措施不当，可能导致隐私泄露和数据滥用。例如，在医疗和金融领域，AI 模型处理的大量个人和企业数据如果被不法分子获取，将对个人隐私和企业资金安全造成严重威胁。

算法偏见也是一个备受关注的问题。AI 模型的决策过程依赖于使用的训练数据，如果训练数据本身存在偏见，AI 模型的输出可能会放大这些偏见，导致不公平的决策。例如，在招聘、贷款审批等方面，模型可能会基于性别、种族等因素做出不公正的判断，进一步加剧社会不平等现象。

此外，AI 自主性的问题也引发了广泛的伦理讨论。随着技术的进步，越来越多的 AI 应用具备了自主决策的能力，但这也带来了责任归属的问题。当 AI 模型做出错误决策或造成意外后果时，如何确定责任归属，也是一个亟待解决的伦理难题。

为了应对这些挑战，人工智能研究者和相关政策制定者正在积极探索 AI 伦理的原则和框架。例如，首届人工智能安全峰会于 2023 年 11 月 1 日至 2 日在英国布莱奇利园举行，如图 1-12 所示，包括中国在内的 28 个参会国家一致认为，人工智能对人类构成了潜在的灾难性风险。峰会发布《布莱奇利宣言》，对全球人工智能的治理发出呼吁。宣言的重点落在了治理前沿人工智能模型的两类关键风险：滥用和失控。又如，由欧盟委员会在 2021 年 4 月 21 日提议并于 2024 年 3 月 13 日获得欧洲议会通过的《欧盟人工智能法案》提出了人工智能应当遵循的伦理准则，包括透明性、可解释性、公正性和责任归属等。这些准则旨在确保 AI 技术的发展能够尊重人类的基本权利和社会价值。

图 1-12　首届人工智能安全峰会

本章小结

本章首先全面回顾了人工智能从萌芽到大模型时代的发展历程，在发展过程中，人工智能经历了多次起落：从早期的繁荣到第一次 AI 寒冬，从专家系统的曙光到深蓝战胜卡斯帕罗夫，从深度学习革命到 AlphaGo 击败李世石，再到大模型时代的到来。每一次技术突破都推动着这个领域向前发展，也带来了新的思考和挑战。在这个过程中，人工智能形成了三大主要学派：以逻辑推理为核心的符号主义、模拟人脑结构的联结主义，以及强调环境互动的行为主义。这些学派各具特色，从不同的角度探索了实现人工智能的路径。如今，这些学派的理论和方法正在逐渐融合，推动着混合智能系统的发展。

符号主义、联结主义和行为主义为 AI 领域贡献了各自学派独特的理论和技术，但单一学派总存在自身的局限性，难以应对所有挑战。而且人工智能的未来是复杂且多元化的，符号主义、联结主义和行为主义的融合才能推动 AI 技术的进一步创新和发展。然而，在这一过程中，解决伦理和安全问题至关重要。如何在追求人工智能发展这一目标的同时，保持技术的可控性和安全性，是现在以及未来 AI 研究的重要课题。只有在确保技术进步与社会价值相协调的前提下，人工智能才能真正实现其潜力，并为全人类创造美好的未来。

延伸阅读

约翰·麦卡锡

1927 年，"人工智能之父"约翰·麦卡锡（John McCarthy，1927 年 9 月 4 日—2011 年 10 月 24 日）出生在美国波士顿的一个移民家庭，他从小就是个天才少年，不仅对数字敏感，还对宇宙的奥秘充满好奇。在其他孩子还在学习基础代数时，麦卡锡就已经自学了大学的微积分课程。高中毕业后，他被加州理工学院录取，正式踏上了研究数学并追逐科学真理的旅途。

1951年，麦卡锡获得了加州理工学院的数学博士学位。然而，他的心思并不仅仅停留在复杂的数学方程式上，还对进行计算的机器产生了兴趣。他的脑海中萌生了一个大胆的想法：如果机器能够计算，那它为什么不能像人类一样思考呢？这个问题困扰了他，并成为他日后持续研究的方向。

1956年，麦卡锡与几位计算机科学先驱共同组织了一次传奇的学术聚会——达特茅斯会议。就是在这场会议上，麦卡锡首次提出了"人工智能"（Artificial Intelligence, AI）这个概念。他主张："学习或任何形式的智能都可以被精确描述，以至于机器也能模拟它们。"这一主张震惊了整个学术界，从此，人工智能作为一个独立的研究领域正式诞生，麦卡锡的名字也与人工智能产生了密不可分的联系。他在斯坦福大学度过了大半职业生涯，并在此建立了世界一流的人工智能研究中心。1971年，因为在人工智能领域的杰出贡献，麦卡锡赢得了计算机科学的最高荣誉——图灵奖，这不仅是对他个人成就的肯定，也标志着人工智能这个新兴领域逐渐在科学界占据了一席之地。

2011年10月24日，麦卡锡去世，但他为世界留下了丰富的思想和技术遗产，时至今日依然影响广泛，智能手机、自动驾驶汽车、聊天机器人等高科技产品的蓬勃发展都受益于麦卡锡当年的远见卓识。麦卡锡就像一位"魔法师"，为世界开启了一个充满可能性的未来。

马文·明斯基

1927年，马文·李·明斯基（Marvin Lee Minsky，1927年8月9日—2016年1月24日）出生于美国纽约市。他在童年时期就展现出科学研究的天赋，他不像普通孩子一样喜欢玩弹珠或追逐打闹，而是沉迷于拆解和组装各种机器。这样的人生开端似乎也预示了他未来将拥有不可估量的创造力。

二战结束后，明斯基选择在哈佛大学学习数学，在1950年以数学学士身份毕业的他又前往普林斯顿大学深造，最终在1954年取得了数学博士学位。然而，和麦卡锡一样，在数学这一深邃领域的探索过程中，明斯基的思绪也逐渐脱离数学本身，而是对另一个方向产生了浓厚兴趣：机器能否像人类一样思考？于是，1956年，明斯基和包括约翰·麦卡锡在内的一帮"疯狂科学家"朋友在美国新罕布什尔州达特茅斯组织了一场历史性的会议。这次会议被后世誉为"人工智能诞生的里程碑"，因为他们在会上抛出豪言壮语：机器不仅能做加减乘除等数学运算，它还能学习、推理和解决问题。这仿佛是一场属于未来的头脑风暴，开启了整个人工智能领域的研究。1959年，志趣相投的明斯基与麦卡锡又联合创立了麻省理工学院的人工智能实验室，实验室吸引了全世界计算机科学领域的优秀人才，日后成为人工智能研究的圣地。

然而，明斯基的科研生涯也并不总是一片坦途。他曾在1969年与西摩·帕普特合著了《感知器》一书，书中详细分析了早期的神经网络模型——感知器的局限性，他们不仅指出了感知器的弱点，还让整个研究界对神经网络失去了信心。许多科学家放弃了这个方向，转而研究符号推理。讽刺的是，几十年后，神经网络居然以一种王者归来的姿态成为现代AI的核心技术。也许明斯基自己都没想到，他的一本书居然引发了一场AI领域的"世纪笑话"。

明斯基不仅在计算机领域不遗余力地推动着"机器智能"，他在哲学领域也有着深入的思考。他大胆预言，机器未来不仅能具备人类智能，甚至能超越人类。明斯基经常思考智能究竟是什么，他认为只要设计得当，机器也可以像人类一样拥有复杂的思想、感情，甚至拥有自我意识。科幻电影《2001：太空漫游》的观众或许记得影片中的超级智能计算机 HAL 9000。实际上，这个角色诞生的背后也离不开明斯基的贡献，他作为该影片的 AI 顾问，协助设计了这位"AI 明星"。在电影中，HAL 9000 的智能和叛逆行为折射出人类对人工智能未来的幻想与担忧，而这正是明斯基试图引发的思考：当机器拥有自我意识时，究竟会发生什么？

1969 年，明斯基因其对 AI 的开创性贡献获得了计算机界的最高荣誉——图灵奖。2016 年 1 月 24 日，这位热爱思考的智者离开了这个世界，将他的梦想留给了未来的 AI 时代。他的故事告诉我们，科学的道路总是充满着奇妙的反转与无限可能。

纳撒尼尔·罗切斯特

纳撒尼尔·罗切斯特（Nathaniel Rochester，1919 年 1 月 14 日—2001 年 6 月 8 日）堪称计算机界的"幕后英雄"，虽然他的名字不像图灵或冯·诺依曼那样家喻户晓，但他对现代计算机科学与人工智能的贡献同样不容忽视。罗切斯特是 IBM 701 的首席架构师，世界上第一台批量生产的科学计算机的设计者，他还写下了第一个汇编程序，为现代计算机的诞生奠定了基础，可以说没有他就没有现在我们能轻松使用的个人计算机。

1919 年，罗切斯特出生在纽约市，这座大都市就像一座大熔炉，似乎天然适合孕育科学奇才。和许多心怀科学梦想的年轻人一样，罗切斯特进入了麻省理工学院，并选择电气工程作为他的主修方向。然而，第二次世界大战的爆发却把他带上了另一条路：他加入了美国海军，专注于雷达技术的研发。正是在这一时期，罗切斯特在雷达屏幕上磨练出强大的技术直觉。

二战结束后，罗切斯特进入 IBM，开始了他与计算机的不解之缘。20 世纪 50 年代，罗切斯特站到了科技创新的最前沿，成为 IBM 701 的首席架构师。IBM 701 是人类历史上第一台批量生产的科学计算机，某种意义上可以说是现代计算机的"祖先"。而且罗切斯特亲手写下了第一个汇编程序，在那个手写机器码的时代，他以"简化一切"的理念为程序员们创造了一个全新的工具，改变了计算机编程的方式。

1956 年，罗切斯特迎来了职业生涯的高光时刻。他与计算机科学家约翰·麦卡锡等人共同发起了达特茅斯会议。罗切斯特不仅在概念上是开路先锋，还亲自为 IBM 704 计算机编写了一个能解决代数问题的程序。这是早期符号 AI 程序的首次尝试，标志着计算机首次尝试"思考"。虽然该程序的性能甚至比不上现在的科学计算器，但它的意义不容小觑。

罗切斯特还对早期神经网络领域做出了贡献，开发了"随机神经网络模拟器"，试图模仿人类大脑的学习过程。虽然当时硬件条件受限，这些探索举步维艰，就像用算盘研究量子力学，但他依然为后来的神经网络与机器学习打下了基础。可以说，今天炙手可热的 GPT 等 AI 模型，都离不开罗切斯特的贡献。

尽管纳撒尼尔·罗切斯特在计算机和人工智能领域做出了不可估量的贡献，但他始终是个低调的人，在IBM一直工作到退休。2001年，罗切斯特悄然离世，但他所开启的技术革命浪潮今天依然波涛汹涌。

克劳德·香农

克劳德·埃尔伍德·香农（Claude Elwood Shannon，1916年4月30日—2001年2月24日）堪称数字世界的"总工程师"，是信息论之父和信息时代的奠基者。他不仅改变了数学、电子工程、计算机科学，也在人工智能领域留下了浓墨重彩的一笔。

1916年，香农出生在美国密歇根州，他从小就展现出非凡的数学天赋和动手能力，据说他儿时的乐趣是摆弄电线和无线电装置。1936年，香农在密歇根大学获得了电气工程和数学的双学士学位，21岁进入麻省理工学院继续深造。麻省理工学院的学生都是聪明绝顶的天才，但香农还是脱颖而出，用自己的硕士论文震撼了整个科技界。这篇论文被称为"可能是20世纪最重要的硕士论文"，香农在文中第一次提出将布尔代数应用于电子电路，证明了用电路可以模拟任何逻辑操作，这一发现为现代数字电路和计算机的诞生铺平了道路。

香农的天才远不止于此，1948年，他又发表了一篇震撼世界的论文——《通信的数学理论》，这篇论文被誉为"信息时代的大宪章"，堪称奠定了整个现代通信系统的基础。香农在文中提出了"信息熵"这一概念，把信息流量的计算方式变成了数学问题，从而解决了如何在嘈杂环境中高效传输信息的难题。互联网、手机等能够极大地便利人们的生活，都离不开香农这一重要理论的支撑。

香农不止擅长理论研究，还具有超强的动手能力。20世纪50年代，香农发明了一只神奇的机械鼠——忒修斯鼠，这只"老鼠"能够通过试错学习找到迷宫的出口。这项发明虽然看起来像是"科学版玩具"，但它展示了机器如何模仿人类进行学习的过程，可以说是人工智能的早期尝试。香农还撰写了关于计算机国际象棋编程的论文，赋予了计算机"学习下棋"的能力。

香农不仅是一个天才的科学家，还是一个在生活中充满"玩闹精神"的顽童。他喜欢骑独轮车、玩杂耍，甚至发明了一台能够玩杂耍的机器。除此之外，他还发明了能解魔方的机器，构建了一台基于罗马数字的计算机。这些"搞怪"的发明展示了香农对科学的纯粹热爱。香农的同事和朋友们时常开玩笑说他是个"不务正业"的科学家，但其实这正是他创造力的体现。谁说科学家不能一边骑独轮车一边思考复杂的数学问题呢？他把科学带到了生活中，玩得不亦乐乎，真正做到了将知识运用于实践中。

香农的工作跨越多个领域，他的成就不仅改变了他所在的时代，也为21世纪的科技发展奠定了基础。有人甚至将他与爱因斯坦和牛顿相提并论，称他是21世纪影响最大的科学家之一。

赫伯特·西蒙

1916年，赫伯特·亚历山大·西蒙（Herbert Alexander Simon，1916年6月15日—

2001年2月9日）出生在威斯康星州密尔沃基的一个犹太家庭，他的父亲亚瑟·西蒙是一位德裔犹太工程师和发明家。他兴趣广泛，涵盖科学、机械和园艺，同时具有德国人特有的严谨作风。西蒙的母亲是一位出色的钢琴家，她对音乐的热爱也感染了西蒙。西蒙的舅舅哈罗德也对他产生了重要影响。舅舅酷爱阅读，常常在早餐前爬到公园的树上读书，这种求知若渴的精神深深感染了西蒙，他也逐渐爱上了阅读。西蒙曾说，阅读对他来说就像吃饭一样，是每天的必需。在高中期间，西蒙积极参加学校的辩论、科学、拉丁语和学生会等俱乐部，且经常担任领导职务。他还是公共图书馆和博物馆的常客，始终对寻找新的知识充满热情。西蒙的兴趣十分广泛，包括徒步旅行、集邮、昆虫研究、绘画、国际象棋、弹琴和学习外语。

西蒙1949年加入卡内基梅隆大学，开始了自己涉猎广泛的研究生涯。1955年，他与艾伦·纽厄尔合作开发了"逻辑理论家"，用于证明数学定理，这被认为是第一个人工智能程序。1957年，他们又开发了"通用问题求解器"，通过手段-目的分析来解决复杂问题。西蒙与纽厄尔还合作提出了物理符号系统假说，这也是人工智能符号主义学派的理论基石。在认知科学领域，西蒙的"组块"理论解释了人类如何通过组织信息来增强记忆和学习能力，启发了许多人工智能学习系统的设计。除此之外，西蒙还因提出有限理性理论和对组织决策过程的开创性研究获得了1978年的诺贝尔经济学奖。

西蒙与中国也有着特别的缘分，他曾十次访问中国，总计在中国待了大约一年。他与中国科学院心理研究所的朱新民教授合作研究适应性学习。朱教授回忆说，西蒙从不争论自己的观点是正确的，他为人谦和，无论是作为科学家还是朋友，他都展现出无私、友爱的合作精神，这些品质让他成为难得的良师益友。他欣赏且尊重中国文化，愿意无私地与中国学者分享自己的研究成果，这种开放的态度也赢得了中国学界的尊重，1994年，西蒙当选为中国科学院首批外籍院士。

西蒙不仅是人工智能的先驱，还提出了决策理论和组织行为学，为经济学和管理学做出了突出贡献，也是首位既获得图灵奖又获得诺贝尔奖的杰出科学家，他的成就跨越学科的边界，对现代科学技术的发展产生了深远影响。

艾伦·纽厄尔

艾伦·纽厄尔（Allen Newell，1927年3月19日—1992年7月19日）是人工智能和认知科学的早期先驱，也是帮助计算机不再只是做加法而是学会"思考"的天才之一。

纽厄尔出生在旧金山，少年时就展现出对科学和数学的强烈兴趣。二战期间他曾短暂服役，之后进入斯坦福大学主修物理，并于1949年顺利毕业，但他并没有成为一个物理学家，而是最终选择投身于计算机科学与人工智能。

20世纪50年代初，纽厄尔加入了兰德公司，逐渐对博弈论和决策理论产生浓厚兴趣。在这里，他遇见了"人生搭档"——赫伯特·西蒙，这段缘分直接点燃了他对人工智能和认知科学的热情。这对科学界的"神仙组合"意识到，计算机不仅可以进行无聊的算术运算，也许还能用来模拟人类的思维方式。于是，他们决定试试能不能让计算机"开动脑筋"。

1955 年，纽厄尔和西蒙一起开发了"逻辑理论家"（Logic Theorist），它实际上是人类历史上第一个人工智能程序，能够模仿人类解决问题的逻辑步骤，并证明数学定理。纽厄尔和西蒙的合作没有就此止步，他们继续开发了通用问题求解器。通用问题求解器的目标是模拟人类解决问题的通用过程。纽厄尔提出了一种叫"手段-目的分析"的方法，让计算机把复杂问题拆成小问题来处理，这种"拆题技巧"对当时的计算机来说是革命性的进步。这个模型不仅在人工智能领域引发了巨大轰动，也给认知心理学带来了新思路，解释了人类一步步解决问题的过程。纽厄尔和西蒙不仅让机器学会了思考，还顺便帮人类弄清了自己是怎么"动脑"的。他们对人工智能、人类认知和思维过程仿真做出了开创性贡献，也因此共同获得了被称为计算机界的诺贝尔奖的图灵奖。

雷·所罗门诺夫

雷·所罗门诺夫（Ray Solomonoff，1926 年 7 月 25 日—2009 年 12 月 7 日），他的名字不算家喻户晓，但他绝对是人工智能领域低调的巨星。

所罗门诺夫出生在美国俄亥俄州克利夫兰，和所有天才儿童一样，他从小就表现出对数学和科学的浓厚兴趣。别人家的孩子还在摆弄玩具时，他已经在琢磨宇宙的奥秘了。二战后，所罗门诺夫前往芝加哥大学学习物理和数学，但此时年轻的他显然不是那种循规蹈矩的人，他很快意识到，虽然物理和数学都很酷，但有个领域更吸引他，那就是控制论和计算机科学。

当时的计算机还像蹒跚学步的婴儿，但所罗门诺夫已经看到了它的潜力。到 20 世纪 50 年代，大部分人还在争论"机器能做什么"时，所罗门诺夫已经在思索"如何让机器进行思考"。在那个计算机还只是用来进行基础运算的年代，所罗门诺夫却相信机器也能拥有思考的能力。作为早期 AI 研究的先行者之一，他并不满足于让机器简单地模仿人类行为，而是专注于探究智能的核心本质。他认为智能是一种可以被测量、定义甚至是被创造的东西。

真正让所罗门诺夫名垂青史的，是他在 1960 年提出的算法概率理论。这一理论听起来很简单，就是过去的数据可以用来预测未来的事件，但所罗门诺夫的高明之处在于，他用数学形式化了这一过程。所罗门诺夫的算法概率理论为机器学习方法奠定了数学基础。

雷·所罗门诺夫就像是人工智能历史上"最聪明的怪才"——他既为 AI 打下了数学基础，又预见了智能机器的未来。尽管所罗门诺夫的贡献巨大，但他本人却并非一个追名逐利的人，他得到了包括 1995 年艾伦·纽厄尔研究卓越奖在内的诸多荣誉，但始终保持低调。雷·所罗门诺夫的理论和思想扎根在 AI 的每一个角落，他就像一个伟大的魔术师，用数学与逻辑的魔杖悄然无声地改变了整个世界。今天，成千上万的 AI 研究人员和数学家都站在他的肩膀上，继续拓展 AI 的未来。

奥利弗·戈登·塞尔弗里奇

奥利弗·戈登·塞尔弗里奇（Oliver Gordon Selfridge，1926 年 5 月 10 日—2008 年 12 月 3 日），出生于英国伦敦。在战火纷飞的二战时期，年轻的塞尔弗里奇和当时许多的欧洲学者一样前往美国寻找避风港,他来到了麻省理工学院。塞尔弗里奇一开始只是想在数学的象牙塔里深耕细作,却在这个过程中无意间走上了塑造现代人工智能的伟大道路。这或许是命运开的一个小小的玩笑,谁能想到,一个年轻的数学迷竟然对"让机器开口说话"如此着迷。

在 20 世纪 50 年代的科技圈,计算机不过是"高级算盘",大多数人很难想象这些金属机器还能"看得懂"图像或"听得见"声音。但是,塞尔弗里奇不走寻常路,他独具慧眼地预见到,机器不仅能计算,还可以拥有"感知"能力。对于他来说,计算机不仅是冷冰冰的硬件,更是可以通过模仿人类大脑学会识别世界的智能体。

1959 年,他发表了具有划时代意义的论文——《鬼域:一种学习范式》,虽然名称看起来有一丝恐怖,它实际上却是人工智能起步阶段的一篇经典论文。文中,塞尔弗里奇把机器感知比作一个"心智社会",每个"魔鬼"负责识别不同的特征,比如,某个"魔鬼"专门盯着直线看,另一个则对曲线情有独钟。这些"魔鬼"争先恐后地"喊叫",就像在开一场大合唱,声音最大的"魔鬼"就会起主导作用,仿佛告诉机器:"嘿,这里有个特征!"鬼域模型表面上有些诙谐的隐喻,实际上却开创了一个新纪元。塞尔弗里奇提出的概念让机器不仅可以通过简单计算处理信息,还能通过多个简单组件协同工作,解决复杂问题。这种思想正是现代人工智能中并行处理和神经网络的雏形。塞尔弗里奇于 2008 年与世长辞,但他的"鬼域"思想依然在人工智能的天空中飘荡。

特伦查德·莫尔

特伦查德·莫尔(Trenchard More,1930 年 4 月 14 日—2019 年 10 月 4 日)的一生既没有乘风破浪的轰动场面,也没有惊天动地的壮举,却留下了深远的影响。他的一举一动,推动了整个计算机科学的进程。

莫尔出生于纽约市,从小就表现出对数学难以抑制的热爱。别人玩玩具,他玩数字;别人画画,他在纸上解方程。这样一个有趣的孩子早早踏上了学术之路,进入哈佛大学学习,成为数学"学霸队"中的一员。莫尔在哈佛得到了当时著名数学家的悉心指导,掌握了许多高深的数学理论。从哈佛毕业后,莫尔又在普林斯顿大学继续攻读博士学位,他选择专攻数学逻辑领域。

莫尔一生最大的成就就是参与了 APL 的开发。不同于一般的编程语言,APL 好像就是为脑洞大开的数学家和计算机天才量身定制的,是编程语言的"黑科技"代表。该语言的理念完全不同于其他编程语言,它更加接近数学的思维方式——简洁、高效又有点难懂,它的符号化表达和对数组的操作,可以让程序员更方便地处理复杂的数据结构。虽然 APL 的鼻祖是肯尼斯·艾弗森(Kenneth E. Iverson),但莫尔对于这门语言的广泛应用功不可没,他让 APL 在实际计算中更加强大且灵活。APL 影响深远,MATLAB、R 和 NumPy 等在科学计算中常用的工具在某种程度上都受到了 APL 思想的启发。

莫尔不是那种在聚光灯下光彩夺目的人物,他不需要粉丝和掌声,工作时也安静而专注。但他的影响却无处不在,他的贡献值得每一个熟练掌握现代编程语言的开发者铭记。

亚瑟·李·塞缪尔

亚瑟·李·塞缪尔（Arthur Lee Samuel，1901年12月5日—1990年7月29日）堪称机器学习的鼻祖。这位美国计算机科学家不仅提出了"机器学习"这一术语，还亲手编写了让计算机"自己变聪明"的跳棋程序，开启了计算机自我学习的历史。

亚瑟·李·塞缪尔出生在堪萨斯州恩波里亚市。小时候的塞缪尔和别的孩子一样喜欢玩棋类游戏，但不同的是，他长大后不仅想打败人类棋手，还想制造一台能打败人类棋手的机器。他先在麻省理工学院拿到了电气工程学位，随后进入贝尔实验室工作，开启了职业生涯。20世纪40年代，他跳槽到IBM，兴趣迅速从电子工程转向了计算机——这时候，他的头脑中已经不止有电路板，还有一个"人工智能"的雏形。

20世纪50年代初，塞缪尔做了一个非常前卫的决定：他想让一台计算机学会玩跳棋，而且要自己学。这听起来好像是给计算机布置了一项"不可能完成的任务"，毕竟当时的计算机只是个运算机器，怎么可能变成自学成才的棋王呢？但塞缪尔尝试编写了一个跳棋程序，程序一开始只能依靠固定的规则下棋，塞缪尔又给它加上了"自我学习"的功能——它能记住自己的棋局，分析每一步的好坏，并且不断优化自己的策略。这种通过经验学习来变强的方式，就像给计算机装上了"进化大脑"。它不仅能自己下棋，还能"思考"哪一步更有胜算，慢慢精进棋技。

1959年，塞缪尔发表了一篇"脑洞大开"的论文，首次提出了"机器学习"这个概念。他的核心观点是，计算机不只是被动的工具，它们也可以主动从数据中学习。塞缪尔的跳棋程序就是一个活生生的例子——它通过一次次对局和经验积累，逐步变得更强。这一思想彻底颠覆了当时人们对计算机的认知，开启了让计算机从"数据处理员"变成"学习机器"的新时代。塞缪尔认为，机器学习不仅能用于跳棋，还可以应用于许多其他领域，比如模式识别、自然语言处理等。虽然这些想法在当时显得有些"科幻"，但如今，人们每天使用的搜索引擎、语音助手等工具都能证明，塞缪尔的预言已经实现。

塞缪尔从IBM退休后，仍然活跃在教学和科研一线，热衷于将自己的机器学习知识传授给下一代。即使到了晚年，他仍然像个"技术传教士"一样，将机器学习的火种播撒到更多人的心中。

本章习题

1. 人工智能这一术语最早是在哪次会议上被正式提出的？
   A. 达特茅斯会议　　　　　　　　B. 图灵大会
   C. 冯·诺依曼会议　　　　　　　D. 洛斯阿拉莫斯会议
2. 下列哪个不是人工智能研究的三大主要学派？
   A. 符号主义　　　B. 联结主义　　　C. 行为主义　　　D. 结构主义
3. 行为主义学派的核心理念是什么？
   A. 符号操作和逻辑推理　　　　　B. 分布式表示和并行计算

  C. 感知-动作循环   D. 模拟神经网络结构
4. 感知器（Perceptron）模型是联结主义的重要成果，由马文·明斯基发明。（　　）
5. 深蓝（Deep Blue）是第一个在标准比赛规则下战胜人类世界冠军的计算机棋手。（　　）
6. 简述"AI 寒冬"产生的主要原因。
7. 简述符号主义、联结主义和行为主义三大学派的核心理念及其主要区别。
8. 结合本章内容，分析大模型时代给人工智能发展带来的机遇与挑战。

第二部分

想说爱（AI）你不容易

第 2 章
逻辑演绎

逻辑演绎是人工智能中推理与决策的核心思想之一，它关注如何基于现有的知识和规则，利用逻辑推导得出新的结论。在构建智能系统时，逻辑演绎能够为问题的求解提供科学严谨的方法论。本章将从两大核心部分展开讨论：第一部分是搜索算法，重点介绍如何通过系统化的搜索策略解决复杂问题；第二部分是知识表示，分析如何用结构化的形式表达和存储知识，以支持推理和决策。

在第一部分，搜索算法作为逻辑演绎的重要实现手段，将通过一系列的算法实例说明如何在庞大的解空间中高效找到问题的解。第二部分则侧重于知识表示的理论与技术基础，深入探讨知识的定义、分类，以及如何通过适当的表示方法将其转化为计算机可处理的形式。

通过对这两部分内容的结合分析，读者将能够更加系统地理解逻辑演绎在人工智能中的核心作用，并为后续章节的学习打下坚实的理论和实践基础。

2.1 搜索算法

想象一下，你在一个宽阔而复杂的迷宫中寻找出口，但迷宫内没有任何指示牌。这种情况下，你可能会随机转弯，希望偶然找到出口。如果你手中有一张迷宫的详细地图和清晰的指引，你就可以直接找到最简捷的路线，轻松走到出口。在计算机科学中，搜索算法就像那张地图和指引，它帮助我们在庞大的数据"迷宫"中快速定位到需要的信息。

本节将介绍这些强大的搜索算法，以及它们如何在各种情境中简化并加速我们的决策过程。无论是在互联网上查找相关信息，还是在在线购物平台挑选商品，甚至是在智能家居设备中执行命令，处处都有搜索算法的身影。我们会从以下几种基本的搜索算法讲起。

- ❑ **深度优先搜索**（Depth First Search，DFS）。该算法就像是选择一条路径，然后沿着它走到尽头，探索每一个可能的分支。即使这条路径不通，你也会回到最近的分叉路口尝试其他可能的路径。这种搜索方式适用于那些需要彻底检查每个节点的情况，比如解决复杂的迷宫问题。
- ❑ **广度优先搜索**（Breadth First Search，BFS）。该算法像是在每个迷宫的交叉口仔细观察，确保了解从每个节点出发都有哪些可能的路径，从而系统地遍历整个迷宫。这种方法特别适用于找到最短路径，如在你的社交网络中找到与某人的最近连接。

通过这些直观的比喻，我们希望使你不仅能理解这些算法的含义，还能明白它们为何如此重要。此外，我们还将探讨这些算法在现实世界中的应用，如何面对挑战，并展望未来可能的发展方向。通过阅读本节内容，你会发现，搜索算法不仅是计算机专业人士的工具，它们实际上在我们的日常生活中无处不在，极大地提高了我们解决问题的效率。

2.1.1 搜索算法的定义

搜索算法是计算机科学中用于在数据结构中查找特定数据或路径的方法。想象你在图书馆寻找一本书或在超市寻找特定的商品，这些都是搜索在日常生活中的例子。在计算机世界里，搜索算法能够帮助我们从大量数据中快速找到需要的信息。

在探讨具体的搜索算法之前，先来了解一些基本概念，以便理解搜索算法是如何在各种情况下运作的。

- **数据结构**：搜索算法通常在某种数据结构上执行，比如数组、链表、树、图等。这些结构提供了存储数据的方式，并影响搜索的效率。
- **节点**：在树或图中，节点代表数据点。例如，在家谱树中，一个节点可能代表一个人。
- **边**：在图中，边连接两个节点，表示它们之间的关系。例如，在社交网络图中，边可能代表朋友关系。
- **路径**：路径是由边顺序连接的一系列节点，表示从一个节点到另一个节点的路线。
- **状态和状态空间**：在搜索问题中，状态表示可能的配置或条件。状态空间则是所有可能状态的集合。在解决迷宫问题时，可以将每个位置看作一个状态，所有位置的集合形成了状态空间。
- **转移操作**：从一个状态到另一个状态的过程称为转移。在算法中，这通常涉及执行一个或多个操作。在拼图游戏中，移动一个拼图片到空位可以视为一个转移操作。
- **目标状态**：搜索的目的是找到满足特定条件的目标状态。例如，在谜题游戏中，目标状态可能是解开谜题的最终布局。
- **目标测试**：检查当前状态是否为目标状态的过程。这是许多搜索算法的核心部分。在路径搜索中，目标测试可能涉及检查是否到达了目的地。

可以将搜索的过程看成遍历数据结构以找到目标元素或达成特定目标的过程。搜索算法在我们的日常生活和科技应用中扮演着至关重要的角色，它们不仅能高效地处理和分析大量数据，还能帮助我们快速解决问题。例如，如果你在图书馆寻找一本关于人工智能的书，你可以在图书馆的书架上一本一本地查找，直到找到你要的书。一种更有效的方法是使用图书馆的计算机系统，通过输入书名快速找到书的具体位置。

除了用于寻找物品或信息，搜索算法在科技领域也扮演着重要的角色。在人工智能技术中，搜索算法用于制订策略、优化决策过程以及导航复杂的环境。例如，自动驾驶汽车使用搜索算法来规划路径，避开交通拥堵，并安全地到达目的地；搜索引擎使用复杂的算法快速从互联网的海量信息中找到与用户查询最相关的网页；在仓库工作的机器人使用搜索算法来确定最快的路径收集商品，从而提高工作效率。

通过这些例子，可以看到搜索算法能够在多种环境中提供支持，帮助从日常生活到高科技应用中解决问题。通过本节的介绍，我们希望能够帮助读者了解搜索算法的含义，并鼓励读者思考如何在自己的项目中应用这些算法。

2.1.2 基础搜索策略

在计算机科学中，搜索算法是处理各种问题的核心工具。无论是查找数据、解决迷宫问题，还是寻找最短路径，搜索策略都是不可或缺的。为了高效地解决这些问题，我们需要理解和应用不同的搜索算法。这部分将介绍几种基础搜索策略，也叫盲目搜索策略，包括线性搜索、二分搜索、深度优先搜索和广度优先搜索。"盲目"是指它们在搜索过程中不依赖于问题的特定结构或额外的启发式信息，只是通过系统化的方法遍历搜索空间，但并不利用关于目标或搜索空间的附加知识。这些算法各有其独特的特性和适用场景，通过了解它们的工作原理，可以更好地选择和应用合适的搜索策略来解决实际问题。接下来，将逐一探讨这些搜索算法的基本概念、实现方式以及它们在不同情况下的优势和局限性。

寻路者的智慧：基础搜索策略介绍

1. 线性搜索

线性搜索，也称为顺序搜索，是一种基础的搜索算法，用于在数据结构中查找特定元素的位置。它逐个检查数据结构中的每个元素，直到找到所需的元素或遍历完整个数据结构。线性搜索算法的实现简单直观，不需要对数据结构进行预处理（如排序），这使得它适用于任何类型的数据结构，包括无序数组、链表、列表和字符串等。线性搜索的基本思想是从数据结构的第一个元素开始，逐个元素进行比较，直到找到与目标值相匹配的元素为止。如果在整个数据结构中都没有找到匹配的元素，则算法结束并返回表示未找到的信息。可以将线性搜索比作在电话簿中寻找一个特定名字的过程，从电话簿的第一页开始，依次检查每个名字，直到找到那个特定的名字或者查看完整本电话簿。线性搜索的流程图如图 2-1 所示，具体步骤如下。

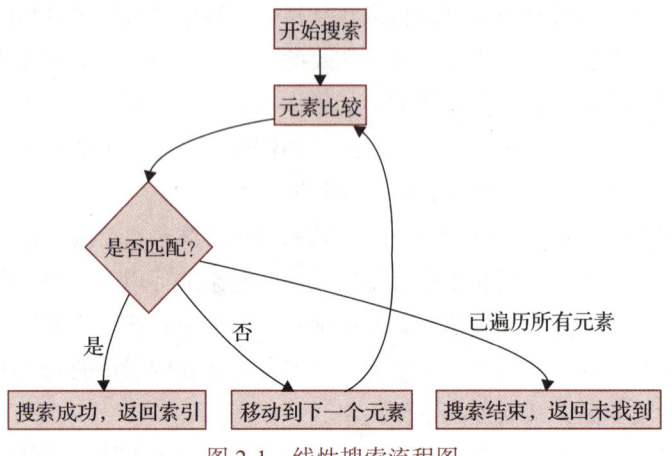

图 2-1 线性搜索流程图

1）开始搜索：设置一个索引或指针从数据集的第一个元素开始。

2）元素比较：比较当前元素与目标元素。如果当前元素匹配目标值，则搜索成功，返回当前元素的位置或索引。如果当前元素不匹配目标值，则移动到下一个元素。

3）遍历数据集：继续步骤2，直到遍历整个数据集。

4）搜索结束：如果整个数据集都被搜索过而没有找到目标元素，则返回一个指示未找到的值，通常是 –1 或其他特定于应用的错误代码。

线性搜索的时间复杂度取决于数据结构中元素的数量 n。在最坏的情况下，即目标值位于数据结构的末尾或不在数据结构中，算法需要检查所有 n 个元素。因此，线性搜索的最坏情况时间复杂度为 $O(n)$。线性搜索是一种原地（in-place）算法，它不需要额外的存储空间来存储数据结构的副本或辅助数据结构。因此，线性搜索的空间复杂度为 $O(1)$。

线性搜索的实现简单，易于理解和编程，使其成为小规模数据集或单次搜索任务中的理想选择。例如，在处理实时生成的数据流或数据集无法预排序的场景下，线性搜索提供了一个直接的解决方案。然而，这种方法在大数据集上的效率较低，特别是如果目标元素位置靠后或不存在，搜索效率将大大降低。在每次搜索中，线性搜索可能需要检查数据集中的每个元素，这在数据量大的情况下会消耗大量时间和计算资源。尽管线性搜索在大规模数据处理中存在明显的局限性，但它仍然适用于数据未排序或搜索操作不频繁的简单应用场景。理解线性搜索的基本原理和局限性对于选择更高效的搜索策略（如二分搜索）至关重要，特别是在处理需要高效率和大量数据的应用中。

2. 二分搜索

想象一下，你正在玩一个寻找宝藏的游戏。宝藏藏在一个由无数排相同大小的沙箱组成的巨大沙滩上。每一排沙箱都是按照宝藏的某种特征（比如宝藏的大小或颜色）有序排列的。你的任务是找到藏有特定颜色宝藏的那排沙箱。如果你采用线性搜索，一个个沙箱地挖开查找，那将非常耗时。但如果你使用一种聪明的方法——二分搜索，你就能更快地找到宝藏。

二分搜索是一种在有序数组中查找特定元素的高效算法。它通过比较数组的中间元素与目标值来系统地减少搜索范围，从而加速查找过程。它通过将搜索区间分成两半来工作，从而每次操作后都显著减少待搜索的数据量。它的执行依赖于数据的排序状态，因为只有在有序的数据集上才能确定继续搜索的方向（左半部或右半部）。二分搜索的流程图如图2-2所示，具体步骤如下。

1）设置搜索区间：在搜索开始时，确定搜索的起始和结束范围。这个范围初次包含整个数据集。

2）计算中间位置并比较：计算当前搜索区间的中间位置，比较中间位置的值与目标值。如果中间的值是目标值，搜索结束，返回这个位置。如果中间的值小于目标值，调整搜索的起始位置到中间位置之后。如果中间的值大于目标值，调整搜索的结束位置到中间位置之前。

3）重复搜索过程：根据上一步的比较结果，调整搜索区间，重复进行中间位置的计算和比较，直到找到目标值或搜索区间为空。

4）返回结果：如果找到目标值，则返回其在数据集中的位置。如果搜索区间为空还未找到目标值,返回一个表示未找到的结果,通常是 –1。

```
                    设置搜索区间
                         ↓
                 计算中间位置并比较
                         ↓
                     是否匹配?
   是    否,值小于    搜索区间    否,值大于
         目标值        为空        目标值
    ↓       ↓           ↓           ↓
搜索成功,  调整起始位置  搜索结束,   调整结束位置
返回位置   到中间位置之后 返回未找到  到中间位置之前
```

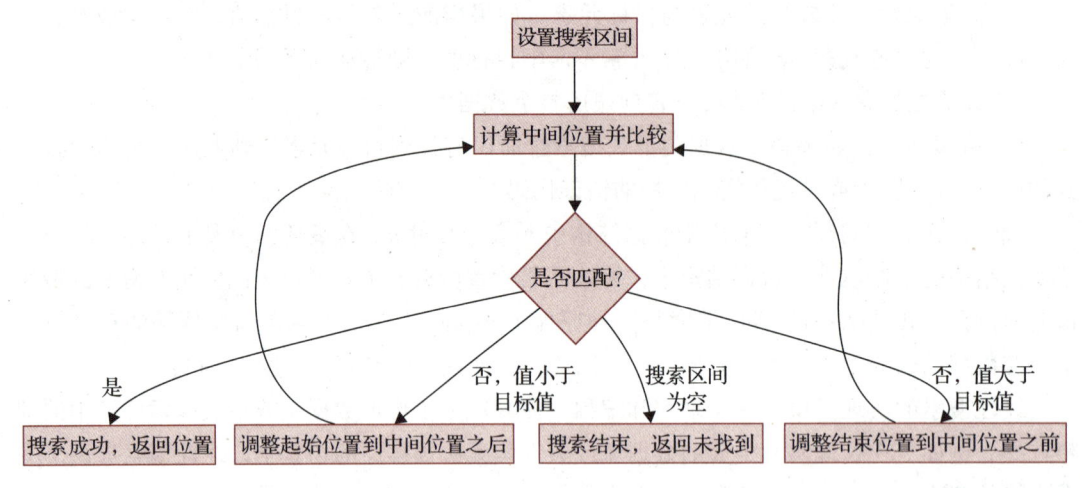

图 2-2　二分搜索流程图

二分搜索的时间复杂度主要取决于数据集的大小 n。在最佳和平均情况下,每一步搜索都会将数据集分成两半,从而显著减少了剩余的搜索区域。因此,二分搜索的时间复杂度为 $O(\log n)$,这是因为每次操作都将搜索范围减少到原来的一半。与线性搜索的 $O(n)$ 相比,二分搜索在大型有序数据集中表现出极高的效率。

二分搜索是一种原地(in-place)算法,它不需要额外的存储空间来存储数据结构的副本或辅助结构,因此其空间复杂度为 $O(1)$。这一特点与线性搜索相同,都不需要额外空间,但在执行效率上,二分搜索显著优于线性搜索。

二分搜索的实现虽然比线性搜索复杂,但它对有序数据集的高效处理能力使其成为处理大数据量搜索任务的理想选择。例如,在金融市场和数据库索引中,经常使用二分搜索来快速定位数据。然而,二分搜索的一个主要局限性是它要求数据必须预先排序,这可能会导致在需要频繁更新数据的应用场景中效率降低。

尽管二分搜索在小数据集或无序数据集中不如线性搜索适用,但在需要高效率处理有序大数据集的场景中,其性能优势明显。理解二分搜索的工作原理和适用条件对于选择最合适的搜索策略至关重要,特别是在数据量大且已经排序的情况下,二分搜索能够提供远超线性搜索的效率和性能。通过比较线性搜索和二分搜索,可以看到,虽然二分搜索在数据准备(排序)方面有额外的成本,但在执行搜索时的效率远高于线性搜索。

前面介绍的搜索算法只应用于线性表,如数组和列表,它们在处理简单的查找任务时表现出色。然而,这两种方法在面对更复杂的数据结构和实际问题时,如图结构、网络和迷宫等,就显得力不从心。在这些情况下,我们需要使用更为复杂的搜索技术,如广度优先搜索和深度优先搜索,以适应非线性的数据结构和复杂的问题场景。

3. 深度优先搜索

设想一下,你现在身处于一个巨大的迷宫中,四周是高耸的墙壁,一切看上去都很相

似。没有上帝视角,也没有任何通信工具,你只能依靠自己来找到出口。在这样的环境下,如何有效地探索迷宫,并最终找到出口呢?

一种有效的方法是深度优先搜索(DFS)。DFS 是一种用于遍历或搜索图或树的算法。其核心思想是从起始节点开始,沿着一条路径深入探索,直到达到终点或遇到不可继续的节点,然后回溯到上一个节点,尝试其他未探索的路径。这个方法听起来可能有点盲目,但实际上它非常有效。DFS 的流程图如图 2-3 所示,具体步骤如下。

1)**从起点开始**:你从迷宫中的某个位置开始,沿着一条路径不断前进,直到遇到岔路口。

2)**选择岔路**:当你遇到岔路口时,选择其中一条路径继续前进。如果你选择的路径最终走到了死胡同,也就是没有出口的地方,那么你需要返回到原来的岔路口,选择另一条路径继续探索。

3)**处理新岔路口**:如果在你前进的过程中发现新的岔路口,你将按相同的方法继续深入探索每一条新路径。这意味着你会沿着每条路径继续深入,直到找到出口或确认路径不可行。

4)**退回并重试**:如果你发现当前路径是死胡同,你会退回到上一个岔路口,选择另一条未探索的路径。这种方式确保你会逐条尝试每一个可能的路径。

5)**最终目标**:只要迷宫中确实存在出口,用这种方法一定能够找到它。即使你在探索过程中进入了许多死胡同,只要按照这种方式继续,你最终会找到迷宫的出口。

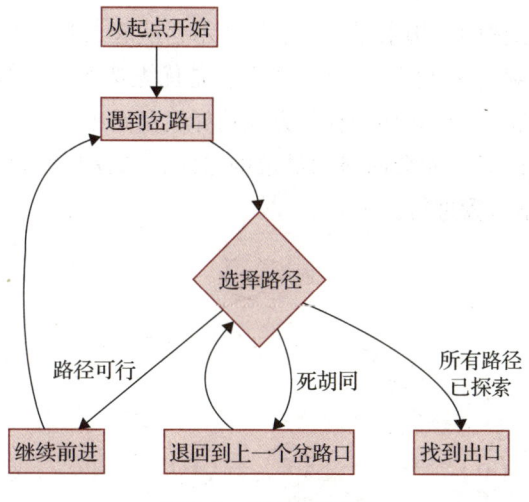

图 2-3 DFS 流程图

在迷宫的具体应用中,有时你可能会发现一条岔路深而复杂,并且路径上会出现新的岔路。此时,你需要退回到最初的岔路口。这个过程听起来可能有些复杂,但实际上,通过不断尝试和回溯,最终会找到通往出口的路径。

这种探索方法可以用右手贴着右边的墙壁作为策略来形象地描述。在迷宫中,一直保持右手贴在墙壁上向前方探索,你会自动执行类似 DFS 的方法,并且最终会找到迷宫的出口。图 2-4 显示了这一方法在一个简单迷宫中的应用示例。

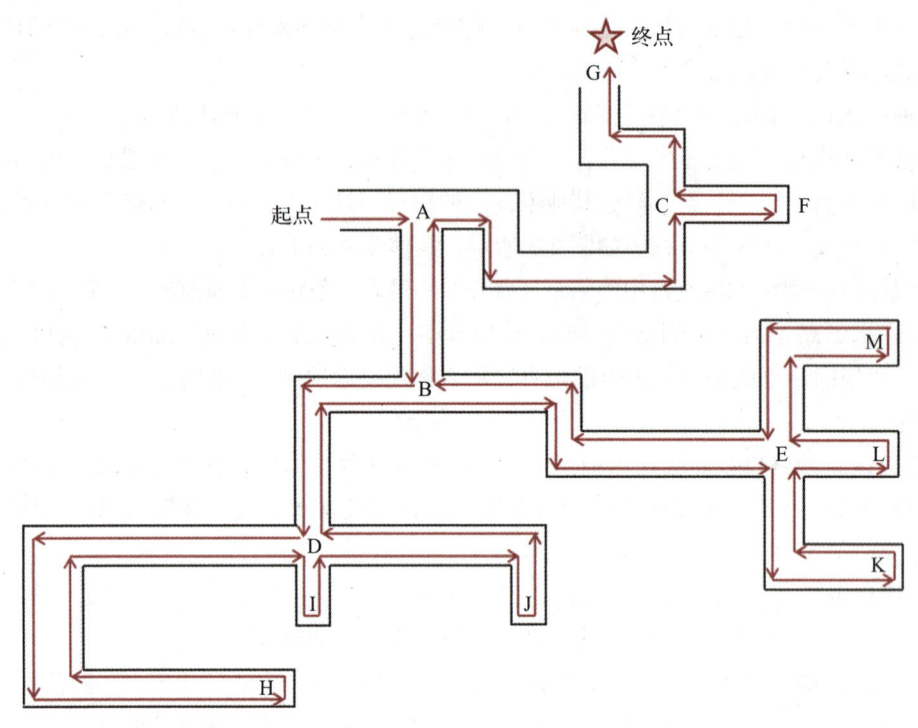

图 2-4　简单迷宫示意图

简化后以图 2-5 所示树的结构来展示。根据图示，从起点开始前进，当遇到岔路时，总是选择其中一条路径继续前进（例如，图 2-4 中总是优先选择最右侧的岔路）。如果在某条路径上再次遇到新的岔路，仍然按照同样的方式选择新岔路中的一条继续前进，直到碰到死胡同为止。在遇到死胡同后，才会回退到最近的岔路，选择其他尚未探索的路径。要实现 DFS，我们可以按照以下步骤进行。

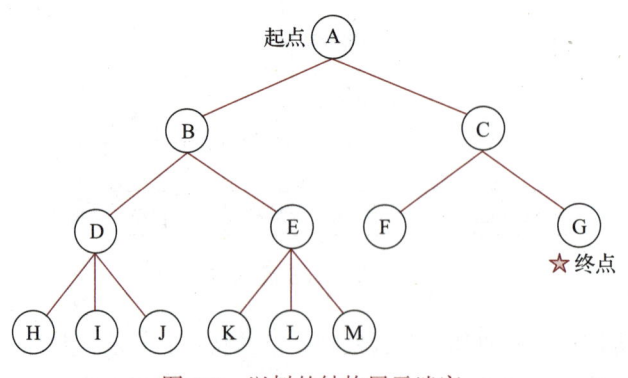

图 2-5　以树的结构展示迷宫

从起点开始，沿着路径前进，直到遇到一个岔路。如果遇到岔路，则会选择其中一条路径继续深入。如果该路径最终走到死胡同（即无法继续前进），则会回到上一个岔路，选择其他未走过的路径继续探索。例如，在图 2-4 中，从起点 A 出发，我们访问了节点 B、D、H、I、J 等。当 H、I 和 J 都走到死胡同时，我们会回到 D。若 D 的所有路径也都探索完毕，则继续回到上一个岔路 B。这种返回上一节点的过程称为回溯，用虚线箭头来表示。

从节点 B 开始，我们会访问其下一个路径 E，E 有多个岔路（如 K、L、M），依次进行探索。如果发现路径 K、L、M 都走到死胡同，我们会回到 E。E 的所有路径探索完毕后，我们会返回到 B，并继续探索 B 的其他路径。如果 B 的所有岔路也都探索完毕，则返回到起点 A。

最后，我们会访问起点 A 的其他路径。例如，访问路径 C，从 C 出发我们会探索其岔路 F 和 G。如果 F 走到死胡同，则回到 C，接着探索 G。如果 G 是目标路径，搜索过程就会结束。在整个 DFS 过程中，按照先后顺序访问的节点包括 A、B、D、H、I、J、E、K、L、M、C、F、G，完整的过程如图 2-6 所示。

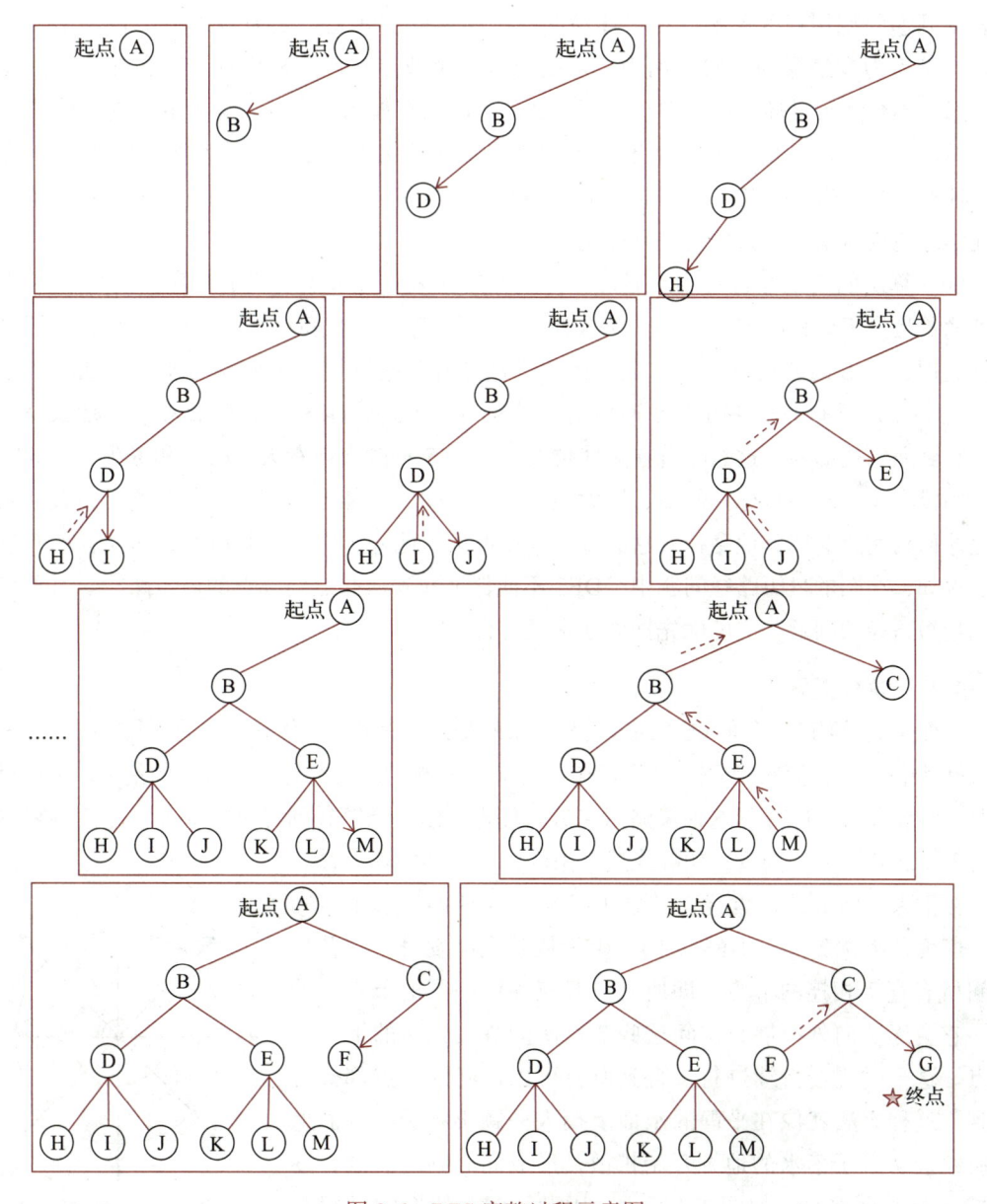

图 2-6　DFS 完整过程示意图

通过这种方式，DFS 能够确保探索所有可能的路径，从而找到解决方案。从迷宫的例子中可以看出，DFS 会遍历所有可能的路径，并在每次遇到死胡同时确定已经完成了一条完整的路径。因此，DFS 是一种通过系统地枚举所有可能路径来全面探索所有情况的搜索方法。

DFS 的时间复杂度和空间复杂度取决于图或树的结构。在 DFS 中，我们会访问每一个节点，并且对于每个节点，都会探索它的所有邻接节点。DFS 的时间复杂度主要取决于图或树中的节点和边的数量。具体来说，DFS 的时间复杂度为 $O(V+E)$，其中 V 是图中的节点数量，E 是图中的边数量。这是因为在 DFS 中，每个节点和每条边都会被访问一次。这个复杂度描述了无论图的结构如何，DFS 都需要时间来处理每个节点和边。DFS 的空间复杂度主要受到递归调用栈的影响。在最坏情况下，DFS 的空间复杂度为 $O(V)$，即图中节点的数量。这是因为在最深的递归调用中，可能会有 V 个节点在调用栈中存在。虽然在实际应用中，通常不会达到最坏情况，但仍需要足够的空间来存储当前的搜索路径和未访问的节点。

总的来说，DFS 的时间复杂度与图的规模呈线性关系，空间复杂度则与递归的深度有关，这通常与节点数量相关。相比之下，DFS 的时间和空间复杂度与图的结构密切相关，需要在实际使用时根据具体情况进行优化。

DFS 算法的实现非常直观。通过递归或使用栈来管理节点访问的顺序，使得 DFS 成为一种简单且易于编程的搜索算法。DFS 在处理一些特定的问题时表现良好。例如，在解决迷宫问题时，DFS 能够找到一条从起点到终点的路径。它适用于需要遍历所有可能路径的情况，比如寻找所有的解决方案或遍历所有的节点。但是，DFS 可能会沿着一条路径深入搜索，直到遇到死胡同。这意味着在某些情况下，DFS 可能会耗费大量时间和资源在无效路径上，而没有及时找到目标。例如，在大型迷宫中，DFS 可能会一直探索一条路径，直到完全走完才回到岔路尝试其他路径，这会导致效率低下。此外，DFS 不是寻找最短路径的有效算法。例如，在图的最短路径问题中，DFS 不能保证找到从起点到终点的最短路径。对于需要寻找最短路径的问题，广度优先搜索通常更为合适。

4. 广度优先搜索

前面介绍了 DFS，我们知道 DFS 的核心策略是以"深度"为优先。当遇到岔路时，DFS 总是选择其中一条路径深入探索，直到到达死胡同或目标节点才会返回到最近的岔路，再选择其他路径继续前进。DFS 的这种策略意味着它优先探索一条路径的尽可能深处，这使得它适合解决需要深入探索的场景，如寻找迷宫中的路径或图的连通性。

接下来，将介绍广度优先搜索（BFS）。BFS 的搜索策略则以"广度"为优先。与 DFS 不同，BFS 从起点出发时，会首先访问所有直接相连的节点，即所有与起点在同一层的节点。然后，它会逐层向外扩展，访问这些节点所能直接到达的下一层节点。这个过程会持续进行，直到所有可以访问的节点都被遍历到。这种方法就像在平静的水面上投入一颗小石子，水面上的波纹会从石子落水的地方开始扩散，形成同心圆的波纹，逐渐扩展到整个水面，如图 2-7 所示。因此，BFS 的搜索过程与

图 2-7 BFS 示意图

DFS 的深度优先策略完全不同。BFS 保证了从起点到目标节点的最短路径能够被找到，因为它总是优先探索距离起点较近的节点。

BFS 的流程图如图 2-8 所示，具体步骤如下。

1）**从起点开始**：你从迷宫的某个位置开始，将起点加入队列，作为搜索的第一个节点。

2）**逐层探索岔路**：从队列中取出最早加入的节点，检查其相邻的岔路。如果找到出口，搜索结束；如果没有找到，则将该节点所有未访问过的相邻节点加入队列。

3）**继续探索相邻节点**：按顺序处理队列中的每一个节点，依次检查它们的相邻节点，添加新的岔路到队列中。

4）**扩展所有可能的路径**：逐层扩展每一个节点的相邻路径，直到找到出口或所有节点都被处理完。

5）**最终目标**：只要迷宫中有出口，BFS 一定能找到它。即使没有出口，队列最终会为空，表示搜索完成。

BFS 的策略使得它非常适合解决那些需要找到最短路径或需要遍历所有节点的场景，例如最短路径问题或网络中的最短路径计算。在 BFS 中，每次扩展搜索范围时，都会确保最靠近起点的节点先被访问，从而逐层展开，避免了 DFS 可能遇到的陷入深度无解路径的问题。因此，理解 DFS 和 BFS 的不同策略及其适用场景，对于选择最合适的搜索算法解决实际问题至关重要。

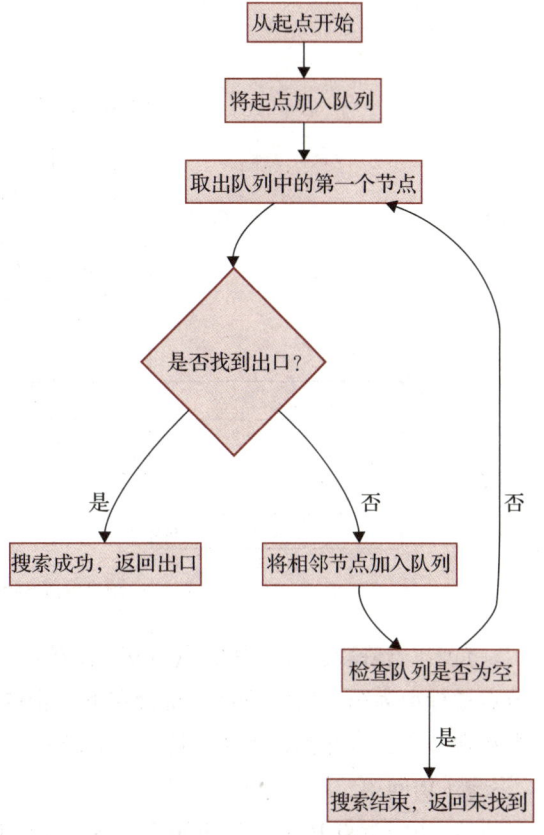

图 2-8 BFS 流程图

为了更详细地探讨 BFS 是如何实现的，可以以之前提到的迷宫为例。BFS 的一个关键特性是能够找到从起点到目标的最短路径，这在处理图或迷宫等结构时尤为重要。接下来，将逐步介绍 BFS 的具体实现过程，并计算从起点到出口的最少步数（其中相邻两个可以直接到达的节点视为一步）。

如图 2-9 所示，节点 A 为第一层，B 和 C 为第二层，D、E、F 和 G 为第三层，H、I、J、K、L 和 M 为第四层。这些层数表示从起点 A 出发到达相应节点所需的步数。因此，从起点 A 到达出口 G 的最少步数为 3（因为 G 位于第三层）。BFS 算法通过逐层访问的方式，确保找到从起点到终点的最短路径。BFS 完整过程如图 2-10 所示，以下是 BFS 算法的详细实现过程。

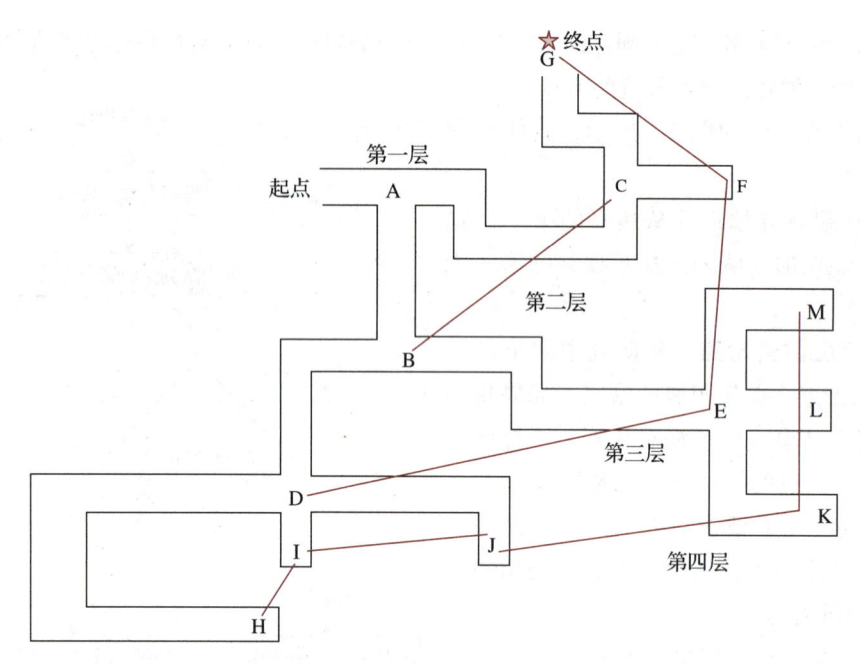

图 2-9　BFS 迷宫示意图

1）初始阶段：算法从起点 A 开始访问。记录下从 A 可以直接到达的节点 B 和 C。这些节点被标记为第二层的节点，将会在下一步进行访问。此时，初始的队列（或其他数据结构）中包含节点 A，并标记为第一层。

2）访问第二层。

- 访问节点 B：首先处理节点 B，发现 B 直接连接到 D 和 E。节点 D 和 E 被标记为第三层节点，待后续访问。此时队列中包含 B 和 C，处理完 B 后，队列中仅剩 C。
- 访问节点 C：接下来，访问节点 C，发现 C 直接连接到 F 和 G。节点 F 和 G 也被标记为第三层节点，排在 D 和 E 之后。这一过程确保所有与 C 相连的节点在第三层中得到标记。

3）访问第三层。

- 访问节点 D：在第二层的所有节点（B 和 C）都被访问完毕后，转向第三层。首先访问节点 D，发现 D 直接连接到 H、I 和 J。节点 H、I 和 J 被标记为第四层节点，待后续访问。
- 访问节点 E：接着，访问节点 E，发现 E 直接连接到 K、L 和 M。节点 K、L 和 M 也被标记为第四层节点。这确保了第三层的所有节点在第四层节点中的访问目标被记录。
- 访问节点 F：在访问节点 F 时，发现 F 是一个死胡同，没有新的直接连接节点。因此，F 不会产生新的待处理节点。此时，队列中包含待处理的其他节点。

4）找到目标。

- 访问节点 G：最后，访问节点 G。发现 G 是目标出口，这标志着算法已经找到了从起点 A 到达终点的最短路径。由于 BFS 算法的特性，可以确定 G 是从起点 A 到达的最短路径之一。在找到出口 G 之后，算法结束，剩下的第四层节点（如 H、I、J、K、L、M）不再需要进一步访问。

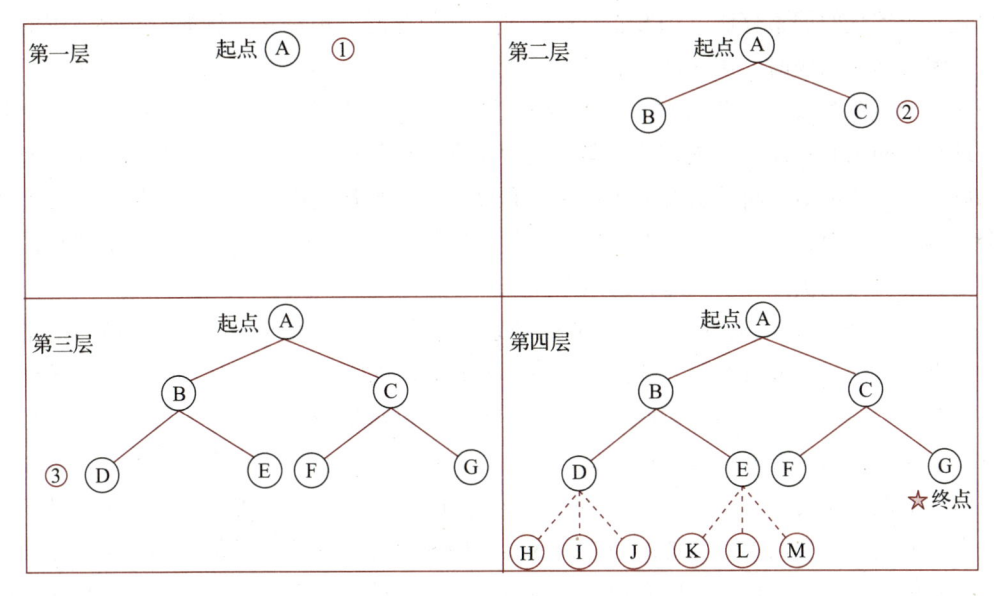

图 2-10　BFS 完整过程示意图

通过逐层访问的方式，BFS 能够有效确保从起点到终点的最短路径。算法每一步都确保当前层的所有节点在进入下一层之前被全面探索。这种方法特别适合需要找到最短路径或全面遍历图的场景。BFS 的主要优势在于它保证了路径的最短性，因为它从起点出发，逐层扩展搜索范围，直到找到目标节点。这种层次分明的探索方式不仅确保了路径的最优性，还提高了搜索过程的系统性和高效性。BFS 在处理图或迷宫等结构时，通过这种方法有效地避免了重复访问节点，确保每一步的探索都能高效且准确。

BFS 的时间复杂度和空间复杂度也取决于图或树的结构。BFS 是一种逐层访问节点的搜索算法，它从起点开始，首先访问所有直接相连的节点，然后逐层扩展搜索范围，直到找到目标节点或所有节点都被访问过为止。BFS 的时间复杂度主要与图或树中的节点和边的数量有关。具体来说，BFS 的时间复杂度为 $O(V+E)$，其中 V 是图中的节点数量，E 是图中的边数量。这是因为在 BFS 中，每个节点和每条边都会被访问一次。无论图的结构如何，BFS 都需要时间来处理每个节点和边。BFS 的空间复杂度主要受到队列（或其他数据结构）用来存储待处理节点的影响。在最坏的情况下，BFS 的空间复杂度为 $O(V)$，即图中节点的数量。这是因为在 BFS 的过程中，队列中可能会存储所有的节点，特别是在处理图的最宽层时。尽管实际应用中通常不会达到最坏情况，但仍然需要足够的空间来存储当前层的所有节点和待访问节点。

总体来说，BFS 的时间复杂度与图的规模呈线性关系，而空间复杂度则与节点的数量有关。在实际使用时，BFS 的效率可能会受到图的结构和搜索目标的影响。相比之下，BFS 的一个显著优点是能够找到从起点到终点的最短路径，因为它逐层扩展搜索范围，确保在找到目标节点时，这条路径是最短的。

BFS 算法的实现相对简单，通过使用队列来管理节点的访问顺序，使得 BFS 成为一种直观且易于编程的搜索算法。BFS 在处理一些特定问题时表现良好。例如，在寻找图的最短路径、解决迷宫问题时，BFS 能够有效地找到从起点到终点的最短路径。它适用于需要逐层遍历所有节点的情况，如最短路径问题或广泛的图遍历。然而，BFS 也有其局限性。例如，在处理较大的图时，BFS 可能需要大量的内存来存储待处理节点，特别是当图的层次非常宽时。此外，BFS 的效率可能会受到图的稠密程度和节点数量的影响。在某些情况下，BFS 可能会显得不够高效，特别是在需要优化空间复杂度的应用中。尽管如此，BFS 的特点使得它在许多实际应用中仍然是一种非常有效的算法。

DFS 和 BFS 各有优缺点，适合不同的场景。DFS 就像你在迷宫里随意选择一条路径走下去，直到走到尽头或者遇到死胡同，然后再回到之前的岔路口换条路继续走。DFS 对于处理那些需要检查所有可能路径的问题很有效，比如找迷宫中的路径或者找出图中的所有连通部分。它在内存利用方面具有显著优势，因为只需要存储当前路径的节点。不过，DFS 可能会在错误的路径上花费大量时间，特别是当迷宫非常复杂时，它可能会长时间陷入死胡同，经过漫长的搜索才会回溯到其他路径重新探索。BFS 就像你在迷宫里每次都探访离起点最近的区域。你先探索起点周围的所有位置，然后逐层向外扩展，直到找到目标。BFS 的优点是它能找到最短路径，因为它是逐层进行的。可是，这种方法需要保存每一层的所有节点，因此在处理很大的迷宫或图时可能需要大量的内存。

总的来说，DFS 适合需要深入探索每一条路径的场景，而 BFS 适合需要找到最短路径的场景。选择哪个算法取决于具体需求，比如是更关注内存使用，还是更关心路径的最短性。

2.1.3 高级搜索技术

基础搜索算法为我们提供了解决问题的基本框架，高级搜索技术进一步扩展了这些方法的能力，能够处理更加复杂和具有挑战性的任务。为了应对现实世界中的复杂问题，尤其是那些涉及多个条件、限制和优化目标的问题，我们需要更先进的搜索策略。这部分将介绍几种高级搜索技术，包括启发式搜索、约束满足问题（CSP）和最优化搜索。这些技术不仅能够提升搜索的效率，还能帮助我们找到更优的解决方案。启发式搜索利用启发式函数来引导搜索过程，缩短解决方案的搜索时间；约束满足问题专注于在满足一组约束条件的情况下找到解决方案；最优化搜索则致力于在解决方案空间中找到最佳解。接下来，将详细探讨这些高级搜索技术的基本原理、应用场景以及它们在实际问题中的作用和优势。

迷宫破解大师：高级搜索算法解密

1. 启发式搜索

在计算机科学中，启发式搜索是一种改进搜索效率的策略，特别适用于解决复杂问题。与基础的搜索算法不同，启发式搜索通过使用额外的信息来指导搜索过程，它在处理大型问题时更为高效。启发式搜索，顾名思义，是一种利用启发式信息（即对问题的经验性知识或直觉）来指导搜索的方法。这种信息通常以一种叫作启发式函数的形式存在，它可以帮助算法评估每一步的优劣，从而选择最有希望的路径进行探索。启发式搜索不再盲目地尝试所有可能的路径，而是根据启发式信息优先考虑那些可能带来更快解决方案的路径。

假设你在家中丢失了一把钥匙，而你的家非常大，有很多房间。你可以采取不同的搜索策略来找回钥匙，其中启发式搜索是一种高效的方法。

盲目搜索（如线性搜索或深度优先搜索）可能会让你从一个房间到另一个房间逐一检查，直到找到钥匙。这种方法虽然可以找到钥匙，但可能需要花费大量时间，因为你没有任何有用的信息来指导搜索方向。

启发式搜索则利用额外的信息来提高搜索效率。假设你知道钥匙很可能放在经常使用的地方，比如客厅或厨房而不是放在储藏室里，你还记得上次看到钥匙是在客厅的桌子上。启发式搜索就是利用这些信息来指导搜索过程的。在启发式搜索中，你会优先检查你认为最有可能找到钥匙的地方。例如，你首先会从客厅开始查找，然后是厨房，最后才去其他地方。这种策略可以大大减少搜索的时间，因为你并不是盲目地检查每个房间，而是根据你掌握的线索优先搜索最可能的区域。

启发式搜索的流程如图 2-11 所示，具体步骤如下。

1）从起点开始：从某个起始位置开始，通常这个位置是基于某些先验信息选择的，比如最可能找到目标的地方。

2）利用启发式信息评估下一步：根据已有的信息和经验，对每一个可能的搜索位置进行评估，选择最有可能达到目标的路径或区域。

3）优先搜索最可能的位置：根据启发式评分，优先检查最有可能找到目标的区域，而不是盲目遍历所有可能的路径。

4）继续评估和搜索：每次选择搜索新位置时，重新评估所有可能的路径，继续优先搜索得分较高的路径。

5）找到目标或遍历完可能区域：如果在搜索过程中找到目标，搜索结束；如果所有可能的路径都被探索完但没有找到目标，返回未找到的结果。

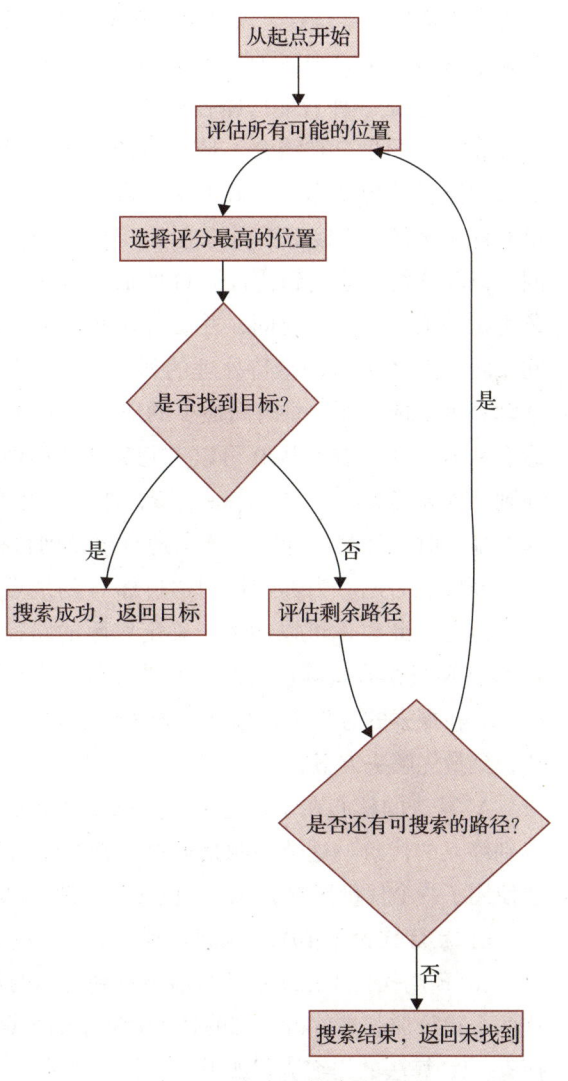

图 2-11 启发式搜索流程图

这个例子说明了启发式搜索如何通过利用已有的知识（如钥匙可能的放置地点）来提高搜索效率。通过这种方法，你可以更快找到钥匙，节省时间和精力。启发式搜索的关键在于，它能够通过合理地估计哪些路径可能更接近目标，大大减少需要探索的路径数目。这种方法在解决许多现实世界的问题时具有重要意义，例如：当使用地图应用寻找从一个地点到另一个地点的最短路径时，启发式搜索可以帮助快速找到最优路径；在棋类游戏中，启发式搜索算法能够帮助计算机选择最佳的下一步棋子；在设计和安排问题中，启发式搜索可以帮助找到接近最优的解决方案，例如工厂生产调度或旅行计划。

总之，启发式搜索通过运用额外的知识来提高搜索效率，能够在处理复杂问题时节省时间和计算资源。这种方法是许多高级搜索技术的基础，为解决各种实际问题提供了强有力的工具。在讨论启发式搜索的基本概念之后，我们可以进一步探讨一种非常强大且常用的启发式搜索算法——A*算法。A*算法结合了广度优先搜索和深度优先搜索的优点，并利用启发式函数来优化搜索过程，使其能够高效地找到从起点到目标的最短路径。接下来的内容将详细介绍A*算法的工作原理以及如何在不同的应用场景中利用A*算法来解决实际问题。

A*算法是一种智能的路径寻找方法，广泛应用于地图导航、游戏开发和其他需要寻找最优路径的场景。它结合了最短路径算法和智能搜索策略，能够高效地找到从起点到目标的最短路径。想象你正在城市中旅行，你的目标是从你所在的起点 A 到达目的地 G。城市里有许多道路，连接着不同的地点。你手里有一张地图，上面标记了每条道路的实际旅行时间，以及从每个地点到达目标 G 的估计时间。从起点 A 开始探索，你会计算从 A 开始的每条可走的道路的实际时间，并结合这些道路到达目标 G 的估计时间，得出每条道路的总时间。将起点 A 放入一个待处理的列表中，这个列表包含你需要继续探索的地点。你会从待处理列表中选择那个总时间最少的地点。假设选择了地点 B（这是当前总时间最少的地点），你会从 B 开始，查看从 B 可以走到哪些新的地点。计算每个新地点的总时间，并将它们添加到待处理列表中。重复这一步骤，选择待处理列表中总时间最少的地点进行探索。每次选择新地点时，你都会计算从这个地点出发到目标的估计时间，并将其与实际旅行时间相加，得到新的总时间。当你选择到达目标 G 的地点时，说明你已经找到了从起点到目标的最短时间路径。此时你可以回溯，确定实际的路径，并确定从起点 A 到达目标 G 的最快路线。A*算法通过结合实际旅行时间和估计的剩余时间，能够高效地找到从起点到目标的最短路径。它在探索的过程中，总是优先考虑总时间最少的路径，这样可以避免不必要的绕路，快速找到最优解决方案。

A*算法的核心在于，它不仅考虑了从起点到当前节点的实际代价，还预测了从当前节点到终点的代价。这个预测是通过一种叫作启发式函数的方法来完成的。具体来说，A*算法使用了一个代价函数 $f(n)$，它包含以下两个部分。

- **实际代价**（$g(n)$）：从起点到当前节点的实际花费。
- **预测代价**（$h(n)$）：从当前节点到目标的估计花费。

这两个代价加起来就得到总的估计代价 $f(n)$，算法会根据这个值来选择最有希望的路径进行探索。A*算法的详细流程如下。

1）初始化：创建两个列表——开放列表和关闭列表。开放列表用于存储待处理的节点，关闭列表用于存储已经处理过的节点。将起点添加到开放列表中。

2）处理节点。

- 从开放列表中选择代价 $f(n)$ 最低的节点作为当前节点。
- 将当前节点从开放列表中移除，并将其添加到关闭列表中。
- 对当前节点的每一个邻居节点进行处理。如果邻居节点已经在关闭列表中，忽略它。
- 如果邻居节点不在开放列表中，计算它的代价 $f(n)$ 并将其添加到开放列表中。
- 如果邻居节点已经在开放列表中，但通过当前路径能更优（即代价 $f(n)$ 更低），则更新它的代价并调整其路径。
- 如果邻居节点是目标节点，则说明找到了一条路径，从目标节点回溯到起点，得到最优路径。

3）重复：重复以上步骤，直到找到目标节点或者开放列表为空（表示无路径可达）。

4）路径构造：从目标节点回溯到起点，构造出最优路径。

为了更方便理解上述过程，假设有一个简单的网格地图，如图 2-12 所示，目标是从节点 A 到达目标节点 G。启发式函数 $h(n)$ 代表从节点 n 到目标节点 G 的估计成本。以下是节点的启发式代价的示例（假设这些值是预设的）：$h(A)=7$，$h(B)=6$，$h(C)=3$，$h(E)=4$，$h(F)=2$，$h(G)=0$（目标节点）。

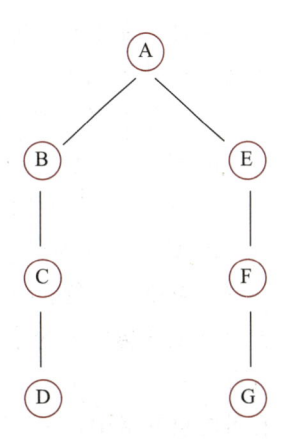

图 2-12 网格地图示意图

过程如下。

1）初始化：起点 A，开放列表为 [A]，关闭列表为 []。

2）处理节点 A。

- 选择节点 A（$f(A) = g(A) + h(A) = 0 + 7 = 7$）。
- 更新邻居 B 和 E。
  - 对 B：$g(B) = 1, h(B) = 6, f(B) = 1 + 6 = 7$。
  - 对 E：$g(E) = 1, h(E) = 4, f(E) = 1 + 4 = 5$。
- 将 B 和 E 添加到开放列表中。
- 移动 A 到关闭列表中。
- 开放列表为 [B, E]，关闭列表为 [A]。

3）处理节点 E（$f(E) = 5$ 是当前开放列表中最小的）。

- 更新邻居 F。
  - 对 F：$g(F) = 2, h(F) = 2, f(F) = 2 + 2 = 4$。
- 将 F 添加到开放列表中。
- 移动 E 到关闭列表中。
- 开放列表为 [B, F]，关闭列表为 [A, E]。

4）处理节点 F（$f(F) = 4$ 是当前开放列表中最小的）。

- 更新邻居 G（目标节点）。

- 对 G：$g(G) = 3, h(G) = 0, f(G) = 3 + 0 = 3$。
- 将 G 添加到开放列表中。
- 移动 F 到关闭列表中。
- 开放列表为 [B, G]，关闭列表为 [A, E, F]。

5）处理节点 G（$f(G) = 3$，是目标节点）。
- 找到路径，从 G 回溯到起点 A。
- 最终路径是 A -> E -> F -> G。

为了找到从起点到终点的最快路径，A*算法需要探索迷宫中的多个地点和路径。算法的时间复杂度大约是 $O(b^d)$，其中 b 代表每个节点的分支因子，即每个地点可以直接到达的相邻地点的数量，d 是从起点到目标的路径长度。换句话说，A*算法需要的时间随着迷宫的复杂度和规模而增加。如果迷宫非常大或者非常复杂，可能需要检查大量的地点和路径，这样就会耗费更多的时间来找到最快的路线。

另外，为了有效地进行搜索，A*算法维护两个主要的数据结构：待处理列表和已访问列表。待处理列表保存了所有待进一步探索的地点，而已访问列表记录了已经探索过的地点，以避免重复处理。空间复杂度同样大约是 $O(b^d)$，与时间复杂度类似，其中 b 是分支因子，d 是路径长度。这意味着在处理复杂的迷宫时，A*算法可能需要大量的内存来存储这些信息，因此在实际应用中需要考虑算法的内存消耗。

A*算法广泛用于需要找到最短路径或最优解的应用场景。它在计算地图上的最短行驶路线、游戏中角色的路径规划、机器人在环境中的导航以及网络数据包的路由等方面表现优异。在地图导航系统中，A*算法帮助用户从起点到终点找到最佳路线；在视频游戏中，它优化角色的行动路径以避开障碍；在机器人技术中，A*算法计算机器人行进的最佳路线；在计算机网络中，它确定数据包传输的最短路径。

尽管 A*算法在许多情况下表现出色，但它也有一些局限性。首先，它可能消耗大量内存，因为需要存储大量的节点信息，特别是在处理复杂或大型搜索空间时。其次，算法的效率很大程度上依赖于启发函数的设计，如果启发函数不够准确，可能导致算法性能下降。此外，A*算法假设环境是静态的，如果环境在搜索过程中发生变化，可能需要重新计算路径，影响效率。最后，在处理具有大量分支的复杂图形时，A*算法可能需要进行过度计算，导致计算量庞大。

2. 约束满足问题

约束满足问题（CSP）是一类广泛应用于计算机科学和人工智能领域的问题，其目标是在给定约束条件的情况下，找到所有可能的变量赋值组合。CSP 能够建模许多实际应用中的复杂问题，如调度、图着色和谜题解答等。

CSP 包括以下几个核心部分。

- 变量（Variable）：问题中的关键要素，代表需要求解的对象。每个变量都需要在某个范围内选择一个值。例如，在图着色问题中，变量可以是图中的每个节点。
- 域（Domain）：每个变量可以取的值的集合。域的大小和内容直接影响问题的复杂性。例如，在数独问题中，域是 1~9 的数字，每个空格（变量）必须从这个域中选择一个合适的值。

- **约束（Constraint）**：变量之间的限制条件，定义了变量的合法组合。约束可以是二元的（涉及两个变量），也可以是多元的（涉及多个变量）。例如，在数独中，约束包括每行、每列和每个 3×3 小方格内的数字不能重复。

CSP 的目标是找到一个满足所有约束条件的变量值组合。这些约束条件可能涉及变量之间的关系，因此问题解决的难度往往取决于约束的数量和复杂性。下面介绍 CSP 的详细流程，如图 2-13 所示，具体步骤如下。

1）定义问题：首先需要明确问题中的所有变量、域和约束条件。例如，在排班问题中，变量可能是每个员工的工作班次，域是可用的班次时间段，约束包括每个员工的工作时间限制和公司对班次的需求。

2）选择变量和值：选择一个变量并为其分配一个值。这通常涉及从变量的域中选择一个可能的值。选择策略可能会影响算法的效率，例如，可以使用最小剩余值启发式选择最有可能导致约束满足的变量。

3）检查约束：在给变量赋值后，需要检查所有相关的约束条件是否得到满足。如果当前赋值符合所有约束，则继续处理下一个变量。如果不符合约束条件，则需要进行回溯，即尝试其他可能的值。

4）回溯：当发现当前赋值无法满足约束时，需要回到上一步，重新选择上一个变量的值。这种方法被称为回溯算法，它通过不断尝试和修正来寻找解决方案。

5）重复过程：这个过程会一直重复，直到所有变量都被赋予合法的值，并且所有约束条件都被满足为止。最终结果是一个符合所有约束的变量值组合，或者确认没有满足所有约束的组合。

为了便于读者理解这类问题及相应的流程，这里首先以数独问题为例进行介绍。

1）定义问题：数独是一个 9×9 的网格，部分格子已经填入了数字。每个空格（变量）的值必须从 1~9 的数字中选择，且不能违反行、列和 3×3 小方格内的约束条件。

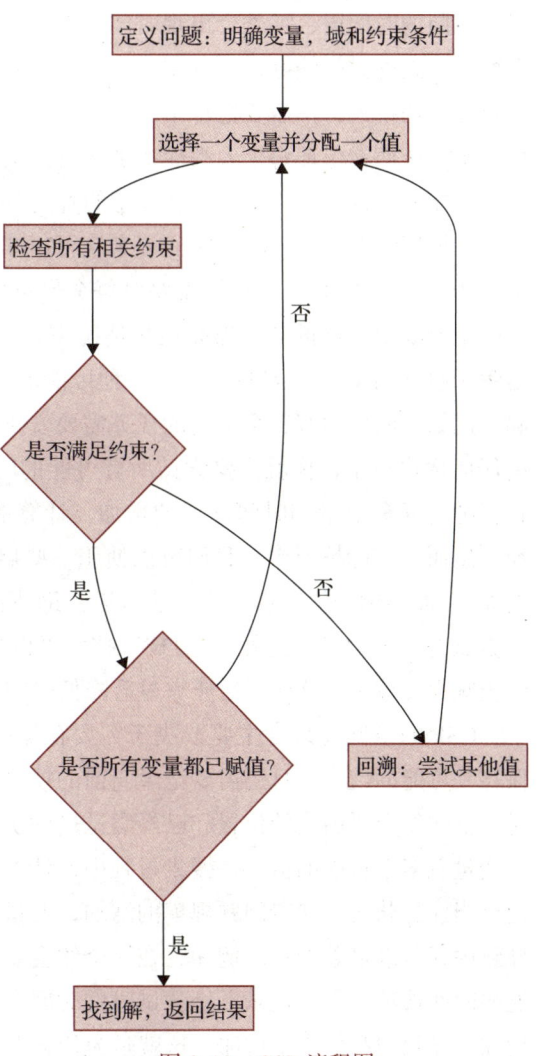

图 2-13 CSP 流程图

2）**选择变量和值**：从一个未填入的格子开始，尝试填入 1~9 中的一个数字。假设选择第一个空格，尝试填入 1。

3）**检查约束**：检查填入数字 1 后，当前行、列和 3×3 小方格内是否已经有重复的数字。如果没有重复，则继续处理下一个空格。

4）**回溯**：如果在某个空格中填入 1 后，后续步骤无法继续进行（比如遇到冲突），则需要回溯到上一个已填入的空格，尝试填入其他数字。

5）**重复过程**：这个过程会继续进行，直到所有空格都被填入正确的数字，并且满足所有约束条件。最终，得到一个完整的数独解。

我们在另一个场景下再形象化这个过程。设想你是一位活动策划者，需要为一组朋友安排一个晚宴。每个人都有不同的时间偏好，比如有些人希望在周五晚上，有些人则更喜欢周六晚上。你还需要确保没有时间上的冲突，因为只有一个餐厅可供选择。如果有两个人选择了相同的时间段，那就会出现时间冲突，导致无法同时到达。为了解决这个问题，你需要考虑每个人的时间偏好，并试图为每个人找到一个不与其他人冲突的时间段。这就像是在做一个复杂的拼图，你需要把每个人的时间安排放在一起，确保所有的拼图块都能够完美地匹配起来，从而在保证每个人都能参加晚宴的前提下，避免时间上的重叠和冲突。通过这种方式，你能够安排一个让所有人都满意的晚宴时间，满足大家的需求。

在最坏情况下，CSP 的时间复杂度可以非常高。具体来说，时间复杂度是指数级的。这是因为在解决 CSP 时，我们需要对每个变量尝试所有可能的值组合。假设有 n 个变量，每个变量有 d 个可能的值，那么最坏情况下，我们可能需要尝试 d^n 种不同的值组合。这就像是一个拼图游戏，你需要尝试每一种可能的拼法，以确保所有的拼图块都能正确地放在一起。例如，假设你有三个不同的任务需要安排，每个任务有五个不同的时间选项。如果不使用任何优化技术，你就需要尝试所有可能的时间安排组合，这将是 5^3=125 种可能的安排方式。随着任务数量和时间选项的增加，计算的复杂度会迅速增加，导致时间消耗也急剧增加。然而，实际情况中，我们可以使用一些启发式方法和优化技术来减少实际的运行时间。例如，"最小剩余值"启发式方法可以帮助我们优先考虑那些选择较少的变量，从而减少需要尝试的组合数量。此外，"剪枝"技术可以在搜索过程中排除一些不可能的选项，从而进一步减少计算量。这些方法能够显著降低时间复杂度，使得实际的计算时间变得更加可控。

CSP 的空间复杂度主要取决于需要存储的信息，包括变量、值和约束。每个变量需要保存其可能的值，并且还需要记录当前的搜索状态和历史。这就像你需要在解决拼图问题时，记住每个拼图块的位置和已经尝试过的拼法。假设你有一个由多个变量组成的问题，每个变量有多个可能的值。在搜索过程中，计算机需要为每个变量保存所有可能的值，并且要记录当前的状态。随着问题规模的增加，变量数量和每个变量的可能值数量都会增加，这会导致内存需求显著增加。例如，在一个约会安排的例子中，你可能需要存储每个人的所有可能的时间选项，同时记录已经尝试过的时间安排。对于大规模的问题，这种存储需求会迅速增加，导致内存使用量增加。这就是为什么在处理大规模 CSP 时需要特别注意内存的使用。

总结来说，CSP 的时间复杂度在最坏情况下是指数级的，因为需要尝试所有可能的值组合。空间复杂度则主要由变量、值和约束的存储需求决定。实际的计算时间和内存使用量会随着问题的规模和复杂性增加，但通过使用启发式方法和优化技术，可以有效地减少时间和空间的需求。

CSP在许多领域有广泛的应用。比如，在资源分配方面，CSP可以帮助在生产调度中合理分配机器和工人，确保生产过程中满足所有约束条件，如工人的工作时间和机器的维修周期。在谜题和游戏中，如数独、魔方和棋盘问题，CSP用于找到满足特定约束的解。例如，在数独游戏中，需要填写数字以满足行、列和子网格的唯一性约束。在图像处理和计算机视觉领域，CSP用于解决像素标记问题，确保图像的不同区域符合特定的视觉特征。在网络设计中，CSP用于配置网络设备和连接，确保网络的拓扑结构符合设计要求，并满足带宽、延迟和安全性等约束条件。

然而，CSP也有一些局限性。首先，时间复杂度在最坏情况下是指数级的，意味着随着问题规模的增加，计算需求也迅速增加，尤其是在变量很多或每个变量有多个可能值的情况下。其次，CSP对约束设置的敏感性很高，不合理的约束设计可能导致问题更加复杂，甚至无解。此外，CSP的空间复杂度也较高，需要存储所有变量的可能值和当前的搜索状态，处理大规模问题时内存需求可能非常高。最后，尽管CSP能够找到满足约束的解，但在某些情况下找到最优解可能非常困难和复杂，尤其是在没有明确目标函数的情况下。

3. 最优化搜索

最优化搜索是一种找到最佳解决方案的方法，它帮助我们在满足条件的情况下，找到最好的解决办法。简单来说，就是在所有可能的选择中，找到最符合需求的那个。无论是计划一次旅行，还是安排工作任务，最优化搜索都能帮助我们做出最合适的决策。

最优化搜索的目标是找到一个最好的解决方案。这个"最好"是相对于你的目标来说的，比如最便宜的旅行路线、最快的配送时间或者最高效的工作安排。为了实现这个目标，你需要：

- **确定要优化的目标**：首先，你需要知道你想要达到什么，比如节省金钱、节约时间或提高效率。这决定了你如何评估每个可能的解决方案。
- **设置条件**：你还需要考虑一些限制，比如预算、时间或资源。你要确保找到的解决方案不仅符合你的目标，还能满足这些条件。

最优化搜索的方法包括以下几种。

- **贪心算法**：这个方法的思想很简单，就是每次选择当前看起来最好的选项，然后继续前进。比如，在规划旅行时，可以每次选择费用最低的交通方式。这种方法并不总能找到最优解，但它通常比较快速和简单。
- **动态规划**：这个方法适合处理那些可以分解成小问题的复杂问题。比如，解决一个大问题时，你可以先解决一些小问题，然后将小问题的答案组合起来。比如，在安排工作任务时，你可以先安排每一天的任务，再将这些安排合并成一个整体的工作计划。
- **遗传算法**：这个方法模仿自然界的进化过程，通过不断"进化"来找到最优解。你先随机生成一些解决方案，然后对这些方案进行"交配"和"变异"，逐步改进。比如，在解决复杂的调度问题时，你可以用这种方法来找到最合适的工作安排。
- **模拟退火**：这个方法模拟了物理中的退火过程，通过让搜索过程有时候接受一些看似不太好的解，来避免陷入局部最优解。就像在烹饪时你不断调整火力来达到最佳效果一样，模拟退火帮助你找到更好的解决方案。
- **分支限界法**：这个方法通过系统地探索所有可能的解，但在探索时会排除那些明显不合适的选项。比如，在解决旅行商问题时，你可以排除那些明显不符合预算的旅行路线，从而提高搜索效率。

最优化搜索的基本流程可以分为以下几个步骤。

1）明确目标和条件：你需要知道你的最终目标是什么，并设定好需要遵守的条件。比如，你的目标是找出最低成本的旅行方案，而条件是预算必须在一定范围内。

2）选择方法：根据你的问题特点，选择合适的方法。例如，如果问题很复杂且可以分解成小问题，可以使用动态规划；如果问题有很多可能的解，可以尝试遗传算法。

3）执行搜索：使用你选择的方法，开始寻找解决方案。这一步可能需要进行很多计算和调整，以找到最佳的解。

4）检查结果：找到一个解决方案后，检查它是否满足所有条件，是否达到了你的目标。如果有需要，可以对方法或方案进行调整，以改进结果。

最优化搜索流程图如图 2-14 所示。

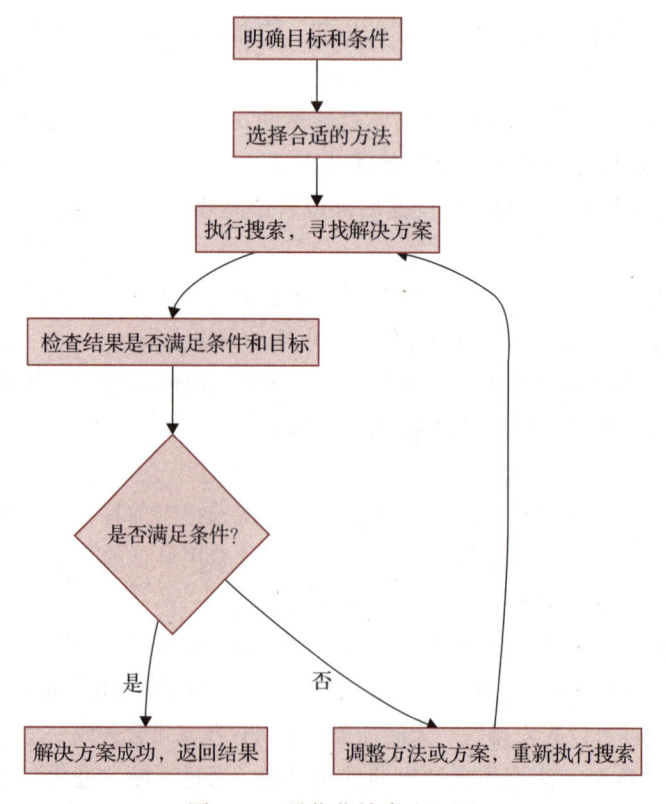

图 2-14 最优化搜索流程图

最优化搜索在日常生活和工作的很多场景中都发挥着重要作用。例如，在旅行规划中，最优化搜索可以帮助你找到最便宜或最方便的旅行路线。如果你和家人计划去多个城市旅游，你希望在有限的预算内游览尽可能多的景点，最优化搜索能够帮助你找到既满足预算又能最大限度享受旅行的方案。在工作安排方面，例如在安排一天的工作任务时，你可能有多个任务需要完成，并且每个任务都有不同的优先级和时间要求。最优化搜索可以帮助你找到一种最佳的任务安排顺序，从而提高工作效率，确保重要任务按时完成。在资源分配方面，例如企业在生产过程中需要分配机器和工人，确保所有生产任务都能在规定时间内完成，最优化搜索能够帮助企业找到一种最佳的资源分配方式，减少生产成本，提高生产效率。这些例子都说明了最优化搜索在现实生活中能够帮助我们做出更聪明、更有效的决策。

尽管最优化搜索在很多场合中非常有用，但它也有一些局限性。首先，计算复杂性是一个主要问题。当问题非常复杂时，可能需要进行大量的计算，这会消耗很多时间和计算资源。例如，如果你需要优化一个包含成千上万种可能性的问题，可能会发现计算的时间非常长，甚至需要强大的计算设备才能完成。其次，无法保证全局最优解。有些最优化方法只能找到一个接近最优的解，而不是绝对最优的解决方案。这意味着你得到的解决方案可能不是最好的，只是一个足够好的选择。此外，最优化搜索的效果往往依赖于问题的明确条件和方法的选择。如果目标设置不明确或者选择的方法不合适，可能会导致最终结果不符合预期。因此，在使用最优化搜索时，我们需要权衡计算成本和实际需求，选择最适合的方法来解决问题。

2.2　知识表示

想象一下，你走进一家医院，医生通过一系列问题迅速了解你的病情，结合各种医疗知识为你做出诊断。这个过程不仅依赖于医生的大量医学知识储备，还依赖于他们对这些知识的有效组织和快速应用。而在人工智能（AI）领域，知识表示扮演了"数字医生"的角色，它帮助计算机将复杂的知识存储为结构化的形式，使 AI 系统能够像医生一样，通过推理和决策解决问题。

知识表示的历史可以追溯到 20 世纪五六十年代，当时的科学家们开始探索如何将人类的知识转化为计算机能够理解的形式。随着人工智能的发展，知识表示逐渐成为 AI 领域的核心问题之一。最早的知识表示方法之一就是产生式表示，它通过"如果－那么"的规则形式来表示知识。例如，在医疗领域，产生式表示可以帮助 AI 系统通过推理做出诊断："如果病人有咳嗽和发烧，那么可能是感冒。"这种规则式描述让计算机能够像医生一样根据症状做出初步的判断。

随着 AI 系统处理信息能力的提升，知识图谱成为另一种强大的表示方法，它能够更好地展示事物之间的关系与结构。以医疗领域为例，知识图谱可以连接不同疾病、症状和治疗方案之间的复杂关系。例如，AI 可以通过知识图谱了解到"高血压"与"心脏病"有密切

知识的魔法语言：
AI 如何理解世界

关系，从而快速推理出相关的治疗建议。知识图谱不仅能帮助 AI 系统更智能地组织和检索信息，也为医生提供了辅助决策的工具。

知识表示在 AI 中的应用非常广泛，尤其是在医疗领域，通过有效存储和组织医学知识，AI 系统能够帮助医生高效处理复杂的医疗信息。例如，现代 AI 医疗诊断系统可以分析患者的症状和病史，结合实时数据，快速生成诊断建议。这种基于知识表示的系统大大提升了医疗效率，减少了人为错误。

接下来，本节将带你深入了解产生式表示和知识图谱这两种知识表示方法，并探讨它们如何在实际应用中帮助 AI 系统进行推理和决策。我们将分析每种方法的优缺点，并通过实例展示它们在现实世界中的应用场景，特别是在医疗领域的应用。通过本节的学习，你将掌握知识表示在人工智能中的核心作用，并了解它如何推动 AI 系统在不同领域的应用和发展。

2.2.1 知识表示的基本概念

在人工智能的发展过程中，知识表示作为核心技术之一，贯穿于从感知到决策的每一个环节。知识表示的目的是将人类对世界的理解形式化，使其能够被计算机存储、处理和应用。然而，要理解知识表示的基本概念，首先需要从知识本身入手，探讨它的定义、分类及其在计算领域的重要性。这不仅为知识表示奠定理论基础，还直接影响表示方法的选择和后续的技术实现。

1. 知识的定义与类型

在日常生活中，我们不断地获取和利用各种信息，这些信息不仅帮助我们做出决策，还能解决问题、提升效率或增加知识。在计算机科学中，这些信息被称为"知识"。知识是对世界的理解，它帮助我们知道"什么是""怎么做"以及"为什么这样做"。为了让计算机能够处理这些知识，需要将其编码成计算机可以理解的形式。知识的主要类型包括以下几种。

- **事实性知识**。事实性知识是关于世界的基本信息，通常是客观的、不争议的。例如，科学事实、历史事件等。这类知识告诉我们"什么是"。科学事实，如水在 100 ℃ 时会沸腾描述了水的物理特性，是一种客观存在的知识。历史事件，如二战结束于 1945 年，是关于过去发生的事件的知识。数学定理，如毕达哥拉斯定理指出直角三角形的两个直角边的平方和等于斜边的平方，提供了不随时间变化的客观真理。事实性知识通常是静态的，不会随着时间和条件的变化而改变。

- **程序性知识**。程序性知识涉及做某事的步骤和方法。这类知识包括操作过程、步骤顺序等，告诉我们如何完成一个任务。例如，制作蛋糕的步骤包括准备材料、搅拌、预热烤箱和烘烤。这种知识描述了一个具体的操作流程，帮助我们按照步骤完成任务。在编程中，程序性知识包括如何实现某个算法、如快速排序的具体步骤。维修技巧也属于程序性知识，例如更换汽车轮胎的步骤包括升起汽车、拆卸旧轮胎、安装新轮胎等。这种知识不仅需要明确的步骤，还要求理解每个步骤的目的和顺序。

- **语义知识**。语义知识涉及概念和词汇之间的关系，帮助我们理解不同事物之间的联系。例如，理解"苹果"是"水果"的一种，而"水果"则是"食品"的一种。这种知识帮助我们了解事物之间的分类和层级关系。在词汇理解方面，知道"红色"和"绿色"是颜色，而"红色"可以与"温暖的颜色"相关联，"绿色"可以与"冷静的颜色"相关联。语义知识还包括同义词和反义词的关系，例如理解"快乐"和"幸福"的相似性，或"高"和"矮"的对比。语义知识是动态的，可以通过语言学习和经验积累不断扩展和深化。

- **隐性知识**。隐性知识通常难以用语言表达或书面记录，它依赖于个人的经验和直觉。例如，某个经验丰富的工匠凭借多年经验判断木材的质量和适合的处理方法，这种知识往往难以完全传授给他人。医生在紧急情况下凭借直觉和经验迅速做出正确的诊断和处理，也是隐性知识的体现。隐性知识往往需要通过实践和经验积累来掌握，并在实际操作中逐渐显现其价值。
- **背景知识**。背景知识是指在理解某个具体知识时所需的附加信息。例如，在理解某些历史事件或文学作品时，需要了解相关的文化和历史背景。背景知识帮助我们更全面地理解和应用具体的知识。在学习高级数学时，掌握基础数学知识作为背景是非常重要的，因为它为理解更复杂的概念奠定了基础。背景知识不仅增强了人们对具体知识的理解，还有助于将这些知识应用于实际场景中。

2. 知识表示的目标

知识表示的核心目标是将知识以一种计算机可以理解和处理的方式进行编码。我们希望计算机能够"理解"这些知识，并用它来进行推理、回答问题或做出决策。

首先，准确性是知识表示的首要目标。知识表示必须确保所表达的信息真实可靠，这对于避免错误的推理和决策至关重要。例如，如果我们在系统中记录了"水在100℃时沸腾"的事实，这个描述必须准确无误地反映现实情况，以确保系统的推理和回答不会出错。准确的知识表示能够使系统做出正确的决策，并生成有效的结果。

其次，一致性是另一个重要目标。知识表示需要确保信息之间没有矛盾，系统中的所有知识必须互相兼容。例如，若系统中描述了"猫是动物"，则不能出现相互矛盾的描述，如"猫不是动物"。信息一致性可以避免产生误导，确保系统的逻辑推理是合理的，从而增强系统的可靠性。

最后，可操作性强调知识表示必须支持有效的推理和操作。计算机不仅需要理解所表示的知识，还应能够基于这些知识进行查询、推断和决策。例如，在一个智能搜索引擎中，当用户询问"世界最高峰"时，系统需要能够准确地找出"珠穆朗玛峰"作为答案。这要求知识表示方式支持计算机高效地处理和利用知识。通过设计具有良好可操作性的知识表示方法，系统能够在实际应用中展示出高效和智能的性能。

在人工智能领域，知识表示是构建智能系统的基石之一，是使计算机能够理解和处理人类知识的技术手段。有效的知识表示不仅有助于系统准确理解信息，还能提升决策和推理的能力，促进机器学习和智能决策的发展。为了将知识以计算机可以理解的方式进行编码，科学家和工程师们开发了多种知识表示方法和框架，如下面要着重介绍的一阶谓词逻辑、产生式、框架、语义网络等。知识表示通过形式化的结构将现实世界的复杂信息转换为计算机可以操作的数据，这对于实现深度推理、复杂问题解决及自动学习等智能任务至关重要。通过采用合适的表示方法，智能系统能更准确地处理不确定性信息，提高其对环境变化的适应能力。因此，设计和选择有效的知识表示策略，对于开发高效能和高智能的人工智能系统具有决定性的影响。

2.2.2 知识表示的方法

在明确知识的定义、类型和表示目标之后，接下来需要探讨具体的知识表示方法。知识表示方法是将理论概念转化为实际实现的关键，它决定了知识在系统中的组织形式和操作方式。在众多知识表示方法中，产生式表示法和知识图谱作为两种具有代表性的形式，各有其独特的适用场景和技术特点。本节将依次详细介绍这两种知识表示方法，探讨它们的基本概念、组成结构以及应用方式。

1. 产生式表示法

产生式表示法是一种用于知识表示和推理的形式化方法，最早源于计算机科学中的专家系统和生产系统。产生式表示法的核心思想是通过定义一组规则来描述知识，这些规则可以用来进行推理和决策。它将知识表示为一系列"条件-动作"对，每个规则的前提部分描述了需要满足什么条件，结论部分则定义了在条件满足时需要采取的动作。

产生式表示法在知识表示中的作用是至关重要的。它提供了一种清晰的方式来表达复杂的逻辑和决策过程，使得计算机能够模拟专家的推理过程，并在各种应用场景中进行有效的决策。例如，在医学诊断系统中，产生式规则可以帮助系统根据患者的症状进行诊断。

（1）产生式表示法的基本概念及主要组成

在产生式表示法中，规则的设计和实现是关键。这些规则是系统推理和决策的基础，能够帮助系统根据不同的输入数据自动生成相应的输出或操作。为了实现这一点，产生式表示法包括多个重要的组成部分，每一部分都在规则的定义和执行中发挥着独特的作用。下面将详细介绍这些主要组成部分，包括规则本身、条件、动作、工作记忆以及推理机制。

1）规则（Rule）是产生式表示法中的核心元素，用于描述系统在特定条件下需要执行的操作。每条规则通常由一个前提（条件部分）和一个结论（动作部分）组成。规则的定义不仅要准确描述条件，还要明确在条件满足时所需要执行的具体操作。

2）条件（Condition）是规则中描述需要满足的前提部分。它是规则的触发点，只有在条件满足时，规则才会被激活并执行相应的动作。条件通常由比较操作符和逻辑运算符组成，用于精确地定义规则生效的时机。

条件匹配是产生式系统中至关重要的部分。系统会逐条检查规则的条件，与当前的工作记忆中的数据进行比较，以确定哪些规则的条件被满足。条件匹配通常包括查找和比较操作，以确保系统能够正确地识别符合条件的规则。

示例：考虑一个简单的库存管理系统，规则如下。

IF stock < 10　THEN reorder_stock

在这个规则中，条件"stock < 10"检查库存是否低于10。如果当前库存量低于这一阈

值，系统将激活此规则，并执行"reorder_stock"动作，即重新订购库存。

3）**动作（Action）**是规则的结论部分，定义了当条件满足时需要执行的操作。动作的设计需要明确具体的操作指令，确保系统能够根据规则的条件执行相应的行为。当规则的条件被满足时，系统会执行定义好的动作。这些动作可以包括启动设备、修改变量值或触发其他操作。动作的执行通常涉及对系统状态的更新，从而实现规则的预期效果。

例如，在一个简单的自动化门禁系统中，规则如下：

IF authorized_person_detected THEN unlock_door

当系统检测到授权人员时，会执行"unlock_door"动作，即解锁门。这一动作使得系统能够根据人员的授权状态自动进行门禁控制。

4）**工作记忆（Working Memory）**是产生式系统中的一个关键组件，用于存储当前的知识状态和数据。它记录了系统的当前输入、状态信息和中间计算结果，是规则匹配和执行的基础。工作记忆在规则执行过程中会动态更新。当规则的条件被满足并执行动作后，系统会根据动作的结果更新工作记忆中的数据。这种动态更新使得系统能够适应变化的环境和数据。例如，在一个生产调度系统中，工作记忆可能包含当前的生产任务、设备状态和库存水平。当系统根据规则执行了某些操作（如启动新任务），工作记忆中的数据会被更新，以反映当前的生产状况。

5）**推理机制（Inference Mechanism）**：包含两种推理机制，前向链推理（Forward Chaining）和后向链推理（Backward Chaining）。

前向链推理是一种基于数据驱动的推理方法。它从当前的工作记忆出发，逐步应用满足条件的规则，以推导出新的结论。系统会不断地检查规则的前提部分，直到得到最终的结果或目标。后向链推理是一种基于目标驱动的推理方法。它从目标出发，逐步回溯，检查哪些规则的条件能够导致该目标。系统会验证目标是否能够通过满足前提条件的规则来实现。

例如，在一个决策支持系统中，前向链推理可以用于逐步推导出最终的决策，而后向链推理可以用于验证某个决策是否能够通过满足一系列条件来实现。

通过对这些主要组成部分的详细介绍，可以看到产生式表示法如何通过规则、条件、动作、工作记忆和推理机制，帮助系统进行自动化推理和决策。每个组成部分都在系统的整体运作中发挥着重要作用，确保系统能够有效地处理各种复杂的逻辑问题和决策任务。

（2）产生式表示法的语法与语义

产生式表示法的语法与语义是理解和应用规则系统的基础。语法定义了规则的结构和格式，语义则解释了规则的实际意义和执行过程。以下将分别对规则的构造、语法结构、和语义解释进行详细介绍。

产生式规则的构造涉及定义有效的规则，确保规则能够正确地描述条件和执行相应的动作。构造规则时，需要遵循一定的格式，使规则既具备逻辑性，又能有效地应用于系统中。有效的规则通常包括明确的前提条件和清晰的结论。构造规则的步骤包括确定条件和动作的具体内容，确保规则在实际应用中能够达到预期效果。下面是用于管理智能家居系统的温度控制的例子，规则如下：

IF temperature > 30　THEN turn_on_fan

这个规则的构造步骤包括：定义一个条件（temperature > 30），并确定在满足条件时需要执行的动作（turn_on_fan）。书写规则时，前提部分应使用清晰的逻辑表达式，而结论部分应明确具体的操作。

规则的语法定义了规则的书写格式和组成元素。产生式规则的基本语法结构包括前提（条件部分）和结论（动作部分）。前提部分用来描述规则生效的条件，通常包括比较操作符和逻辑运算符；结论部分则定义了当条件满足时需要执行的操作。语法还涉及规则的匹配和冲突解决机制，确保系统能够正确识别和执行满足条件的规则。

在规则的语法中，常见的格式包括：

IF [Condition] THEN [Action]

这里的"[Condition]"代表条件部分，"[Action]"代表动作部分。例如：

IF stock < 10 THEN reorder_stock

在这个格式中，"stock < 10"是条件，"reorder_stock"是动作。系统会根据这些语法规则来执行相应的操作。

产生式规则的语义解释涉及规则的实际执行过程和效果。语义解释关注于规则在系统中如何激活和执行。当规则的条件部分被满足时，系统会激活该规则，并执行结论部分定义的动作。语义解释还包括规则激活的条件和执行的效果，确保规则的执行符合预期的逻辑。

在规则执行过程中，系统会检查工作记忆中的数据，以判断规则的条件是否被满足。如果条件满足，系统会激活规则并执行相关的操作。例如管理智能家居系统的温度控制的例子中，当系统检测到温度超过30℃时，这条规则会被激活，系统将自动开启风扇。这一过程展示了规则的语义如何影响系统的实际操作。

通过对产生式表示法的语法与语义的详细介绍，可以看到规则的定义和执行如何结合起来，实现系统的自动化推理和决策。了解规则的构造、语法结构和语义解释，有助于更好地设计和应用产生式规则系统。

（3）产生式表示法的特点

产生式表示法的主要优点包括自然性、模块性、有效性和清晰性。产生式规则的自然性体现在其模拟了人类决策和推理的方式。规则的"如果……则……"形式符合我们日常思维的逻辑模式，使得规则的定义和理解都变得直观易懂。例如，生活中常用的规则"如果下雨，就带伞"，这类规则的表达方式符合自然语言的习惯，易于被人们接受和应用。

此外，产生式规则的模块性也为系统的设计和维护带来了便利。每条规则可以独立定义和修改，而不需要重新设计系统的其他部分。这种灵活性使得系统能够随着新知识的增加而进行扩展和更新。例如，在一个专家系统中，我们可以随时添加新的规则来处理不同的情境，而不会影响现有的规则。这种模块性使得知识表示系统具有较高的可维护性和适应性。

有效性是产生式表示法的另一个重要优点。产生式规则能够高效地处理复杂的决策问题。通过规则匹配和推理机制，系统能够快速找到适用的规则并执行相应的操作。例如，在生产调度系统中，产生式规则能够帮助系统迅速调整生产计划，以应对实时的需求变化，提高了系统的响应速度和适应能力。

产生式规则的清晰性使得规则的逻辑关系一目了然。规则的前提和结论分开，使得规则的逻辑结构简洁明了，便于理解和验证。例如，在医学诊断系统中，规则可以清晰地描述"如果症状 A 和症状 B 存在，则可能是疾病 X"，这种清晰的表达方式能够帮助医生快速做出诊断决策。

然而，产生式表示法也存在一些缺点。首先，产生式规则系统可能在效率方面表现不佳。规则的匹配和执行通常需要较多的计算资源，特别是当规则数量庞大时，系统的响应时间可能会显著增加。规则库中的大量规则需要逐一匹配，这可能导致系统处理速度变慢。

另一个主要缺点是产生式规则无法直接表达具有复杂结构的知识。产生式规则主要关注条件和动作的简单关系，对于那些具有复杂层次结构或内部关系的知识，产生式规则难以有效表示。例如，复杂的组织结构或自然现象中的层次关系无法通过简单的"如果……则……"规则完全描述，这限制了它在一些复杂应用场景中的有效性。

综上所述，产生式表示法的优点使其在许多实际应用中成为有效的知识表示工具，但在设计和使用时也需考虑其效率和表达能力的限制。

（4）产生式表示法的应用

产生式表示法广泛应用于各种实际场景，特别是在专家系统和决策支持系统中。以下是一些具体的应用示例，可以帮助我们更好地理解产生式表示法的实际应用。

1）专家系统。专家系统是产生式表示法的一个典型应用。专家系统旨在模拟人类专家的决策过程，用于解决特定领域的问题。专家系统通过大量的产生式规则来模拟专家的知识和经验，从而提供决策建议或解决方案。医学诊断系统是专家系统中的一个重要应用。医学诊断系统通过使用产生式规则来模拟医生的诊断过程。例如，一个医学专家系统可以通过规则来诊断疾病：如果症状 A 和症状 B 同时出现，且患者年龄在特定范围内，则可能是疾病 X。系统根据这些规则对患者的症状进行分析，给出可能的诊断结果。比如，假设我们要构建一个简单的诊断规则系统来识别流感，可以定义以下产生式规则。

- **规则 1**：如果患者有发热和咳嗽的症状，则可能是流感。
- **规则 2**：如果患者有喉咙痛和头痛的症状，则也可能是流感。

在实际应用中，系统会根据患者的症状匹配这些规则。假设一名患者表现出发热和咳嗽的症状，系统会根据规则 1 给出流感的诊断建议。如果症状不完全符合规则 1，系统还会检查规则 2，从而确保准确的诊断。

如何模拟专家的推理过程是另一个关键点。专家系统通过模拟专家的推理过程来解决问题。医生在给病人看病时，面对一组症状，他会运用自己的专业知识来判断疾病。专家系统通过产生式规则捕捉这种推理过程，例如使用规则来描述症状与疾病之间的关系，从而自动化医生的诊断过程。这种模拟使得系统能够在没有专家参与的情况下进行有效的推理和决策。

2）决策支持系统。决策支持系统则主要用于帮助用户在复杂的决策过程中做出更好的选择。这些系统通过产生式规则对各种可能的决策进行分析，从而提供优化建议。例如，在企业管理中，决策支持系统可以帮助公司选择最佳的市场策略：如果市场需求增加并且竞争对手的价格上涨，那么系统可能建议提高产品价格以增加利润。根据生产需求调整生产计划是产生式表示法在生产管理中的应用。生产调度系统通过规则来调整生产计划，以应对变化的市场需求。例如，系统可能使用如下规则。

- ❑ **规则1**：如果需求量增加且当前生产能力不足，则增加生产班次。
- ❑ **规则2**：如果原材料供应短缺，则调整生产计划以减少对这些材料的依赖。

这种规则的应用帮助生产管理人员快速做出决策，以确保生产线的有效运作和资源的优化使用。假设市场需求突增，生产调度系统会自动识别这一变化，并根据规则1调整生产计划，安排额外的生产班次。

产生式规则在生产调度和优化中的实际应用进一步展示了其实际效果。例如，在一个制造企业中，生产调度系统可以基于实时数据自动调整生产任务，系统通过监测生产进度和材料供应情况，应用一系列产生式规则来优化生产计划。如果生产进度滞后于计划，系统会根据规则调整生产速度或重新安排生产任务，从而提高整体生产效率。

这些示例展示了产生式表示法如何通过模拟人类专家的决策过程和动态调整生产计划，帮助解决实际问题。产生式规则的直观性和模块性使得这些应用能够高效地处理复杂的决策问题，并在实际场景中发挥重要作用。

2. 知识图谱

知识图谱（Knowledge Graph）是一种将现实世界中的事物（实体）及其关系（边）用图结构形式表示的技术。它不仅能够存储大量的知识信息，还可以通过图的形式帮助计算机理解实体之间的关联。知识图谱的目标是让机器不仅能够存储数据，还能够推理出新的知识。

（1）知识图谱的基本概念及主要组成

一个典型的知识图谱如图2-15所示，它由实体（节点）和它们之间的关系（边）组成。每个节点代表一个事物或概念，边则表示这些事物之间的关系。

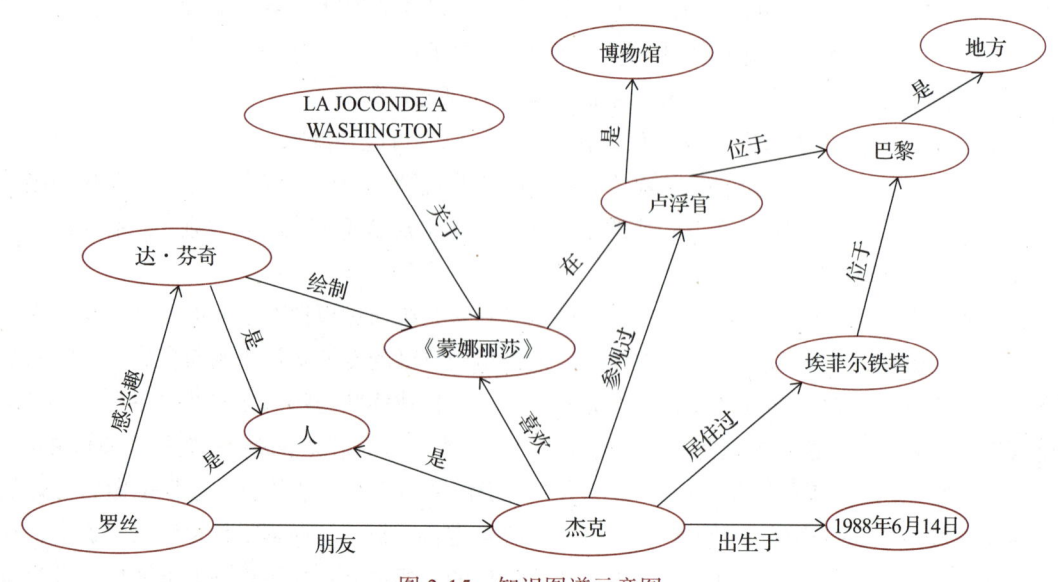

图2-15 知识图谱示意图

知识图谱包括以下组成部分。

- **实体（Entity）**：现实中的对象或概念，比如"人""地点""事物"。在一个音乐知识图谱中，实体可以是"歌手""专辑""歌曲"等。例如，歌手 Taylor Swift、专辑《1989》都是实体。
- **关系（Relationship）**：描述实体之间的关联。比如"Taylor Swift 发行了《1989》"，其中"发行了"就是实体 Taylor Swift 和专辑《1989》之间的关系。关系可以展示实体之间的多种复杂联系。
- **属性（Attribute）**：用于描述实体的特征。例如，歌手 Taylor Swift 的属性可以是"出生日期：1989 年""国籍：美国"等。属性为实体提供了更多的细节。
- **实例（Instance）**：是某个实体的具体化。例如，实体"电影"可以有多个实例，如《星球大战》《阿凡达》等。它们都是"电影"这一实体的实例。

（2）知识图谱的语法与语义

知识图谱的语法与语义是理解和应用知识图谱的关键所在。与产生式表示法类似，语法定义了知识图谱中如何表示实体及其关系的结构，语义则赋予这些结构以实际含义，使系统能够基于知识图谱进行推理和决策。下面将深入探讨知识图谱的语法结构、语义层次以及它们在实际应用中的重要性。

知识图谱的语法与产生式表示法中的"如果……则……"规则不同，它采用了三元组的结构形式，类似于自然语言中的句子结构。例如，语法可以定义"乔布斯创办了苹果公司"，其中"乔布斯"和"苹果公司"是实体，"创办了"是它们之间的关系。语义则关注如何解释这些关系，以及系统如何利用这些关系进行推理和应用。

知识图谱的语法和语义不仅仅是对知识的描述，它们更为复杂的问题解决过程提供了基础。通过理解知识图谱的语法与语义，系统可以从复杂的知识网络中获得新的信息，并基于已有的知识进行推理。

知识图谱的语法基于三元组（Subject, Predicate, Object）来描述知识中的实体及其关系。每一个三元组就像一个简短的句子，表示一个实体和另一个实体之间的关联。知识图谱的三元组结构类似于"主语-动词-宾语"的语言结构，这使得它能够直观地表达实体之间的关系，并为系统提供了一种结构化处理知识的方法。

- **主语（Subject）**：代表句子中的主体，也就是要描述的实体，例如"乔布斯"。
- **谓语（Predicate）**：表示主语与宾语之间的关系。谓语通常为动词或关系词，例如"创立了""属于"。
- **宾语（Object）**：代表与主语相关联的另一个实体，例如"苹果公司"。

考虑一个知识图谱中的语法三元组：（乔布斯,创立了,苹果公司）。在这个例子中，"乔布斯"是主语，"创立了"是谓语，"苹果公司"是宾语。这个三元组告诉我们乔布斯与苹果公司之间的关系，即乔布斯创立了苹果公司。

三元组的语法结构使得知识图谱可以扩展为一个庞大的网络，在这个网络中，实体通过关系相互连接，从而构建出复杂的知识网络。例如，另一个三元组(苹果公司,生产了,

iPhone）可以与上述三元组结合，进一步丰富我们对苹果公司的理解。

知识图谱的语法规则并不仅仅停留在单个三元组的构建上，它还包括对更复杂的语法关系的支持。知识图谱允许系统构建更复杂的多层次关系网络。例如，一个实体可以通过多个关系与其他实体相连，从而形成更复杂的网络结构。常见的语法规则如下。

- **嵌套关系**：知识图谱支持嵌套的关系网络。例如，"乔布斯创立了苹果公司，而苹果公司生产了 iPhone。"这两个三元组可以串联起来，形成"乔布斯创立的公司生产了 iPhone"这样的复杂关系。
- **多对多关系**：在知识图谱中，一个实体可以同时与多个实体产生不同的关系。例如，"乔布斯创立了苹果公司，同时乔布斯也是 iPhone 的设计者。"这就形成了一个多对多的复杂网络。

这种灵活的语法结构使得知识图谱能够描述现实世界中的复杂知识体系，尤其适合处理包含多种关系和上下文的信息。

与语法规则一起，知识图谱的语义解释是帮助系统理解三元组之间关系的基础。语义解释关注的是三元组背后的实际含义，以及它们在系统中的推理和应用。通过语义，系统能够理解并推理出新的知识。

- **语义匹配**：当系统读取知识图谱中的三元组时，它首先会尝试将其与已有的知识进行匹配。如果语义上存在相同或类似的关系，系统将能够进行合理的推断。例如，通过"乔布斯创立了苹果公司"和"苹果公司生产了 iPhone"这两个三元组，系统可以推断出"乔布斯与 iPhone 有直接关联"。
- **推理过程**：语义不仅限于直接关系，还可以通过推理生成新的知识。例如，如果我们知道"猫是一种宠物"，同时知道"宠物需要食物"，系统可以根据这些信息推理出"猫需要食物"。这种基于语义的推理使得知识图谱不仅仅是知识的存储工具，还成为推理引擎。

例如，在知识图谱中，语义解释可以通过以下三元组实现：

（太阳系，包含，地球）

（地球，旋转，太阳）

通过语义解释，系统可以推理出"太阳系包含了旋转绕太阳的地球"。这种语义层面的推理能力使得知识图谱能够从已有的知识中生成新的推断。

在知识图谱中，当存在多个可能的关系或语义解释时，系统需要通过某些机制来解决冲突。与产生式表示法中的冲突解决机制类似，知识图谱通过优先级和可信度机制来确定哪些关系更为重要。优先级机制是指当同一个实体同时与多个关系关联时，系统可以根据关系的重要性分配优先级。例如，系统可以判断"创立了"这一关系比"参与了"更重要。而可信度机制用于不同的数据源对同一个实体提供了冲突的信息的情况，系统可以根据数据源的可信度选择更为可靠的信息。例如，来源于官方文档的信息可能比用户生成内容更加可信。

通过对语法和语义的详细分析，可以看到知识图谱不仅仅是一个静态的知识存储系统，它通过语法规则构建实体和关系的网络，并通过语义解释赋予这些关系以推理和决策能力。

与产生式表示法相比，知识图谱更适合处理大规模、复杂的知识网络，尤其在语义推理和多层次关系表示上具有显著优势。

知识图谱的语法与语义不仅帮助系统组织和表示知识，还使得系统能够从已有的知识中推导出新的信息，从而提升了系统的智能化水平。

（3）知识图谱的特点

知识图谱作为一种结构化的知识表示方法，具有独特的优势，广泛应用于搜索引擎、推荐系统、自然语言处理等多个领域。知识图谱的特点使其在处理复杂知识网络时尤为有效，下面将详细介绍其优点和不足。

首先，自然性是知识图谱的一个显著特点。它与人类认知世界的方式非常接近，通过节点（实体）和边（关系）构建了一个类似于概念网络的结构。例如，当我们想到"苹果"时，我们可能会联想到"水果""健康"等概念。知识图谱正是利用这种关联性，帮助系统模拟人类的认知和推理过程。这种自然的表达方式使得知识图谱在诸如搜索引擎优化中显得尤为有效，谷歌的知识面板便是通过知识图谱，将用户查询的关键词与相关的实体和信息联系在一起，呈现更为直观的结果。

其次，知识图谱的模块性极大提升了其灵活性。每一个实体或关系都可以独立地作为模块加入图谱中，而不会影响已有的结构。例如，在电子商务领域，随着新产品的发布，只需要将该产品及其相关信息加入现有的知识图谱中，系统就能立即识别并关联相关产品或配件。这种模块化的设计使得知识图谱非常适合应用在需要频繁更新数据和知识的场景中，比如商品推荐系统或医疗知识图谱等。

有效性也是知识图谱的一个重要优势。知识图谱不仅能够存储复杂的知识，还能够通过语义推理生成新的知识。例如，如果系统已知"苹果是一种水果"和"水果对健康有益"，那么知识图谱可以推导出"苹果对健康有益"。这种基于已有知识推导新知识的能力，使得知识图谱在推荐系统、搜索引擎和智能助手等场景中展现出强大的潜力。例如，当用户在购物平台购买某个商品时，系统可以通过知识图谱推导出用户可能对其他相关商品感兴趣，从而生成个性化推荐。

知识图谱的清晰性同样非常突出。其图结构能够以可视化的方式展示实体及其关系，使得复杂的知识网络一目了然。这种可视化的能力在医疗领域尤为有用，医生可以通过知识图谱直观地查看疾病、症状和治疗方案之间的关系，从而快速做出诊断决策。对于系统开发者来说，知识图谱的清晰结构也使得其易于维护和扩展，特别是在图数据库中，用户可以通过直观的界面查看和操作知识图谱中的节点和关系。

可扩展性是知识图谱另一个重要的特点。随着知识的增长和变化，知识图谱能够动态扩展，而不影响已有的知识结构。例如，维基百科的知识图谱随着新词条的创建和编辑不断扩展，确保信息保持最新。这种高扩展性使得知识图谱非常适合应用在需要快速适应知识变化的行业中，如技术创新、医学研究和互联网服务。

然而，尽管知识图谱具有众多优点，它在实际应用中仍然面临一些挑战。首先，知识图谱的构建复杂性较高。构建一个大型且准确的知识图谱往往需要大量的数据采集、清洗和关系定义工作。例如，谷歌知识图谱背后需要大量的人工标注和数据整合，以确保实体之间的关系准确且合理。对于某些专业领域，如医学或金融，构建和维护一个高质量的知识图谱需要大量的专家参与和持续的数据更新。

此外，知识图谱的维护成本也很高。随着时间的推移，知识图谱中的信息可能会变得过时或失效，这需要系统不断更新和维护。例如，医疗知识图谱需要与最新的医学研究成果保持同步，以确保诊断和治疗建议的准确性和时效性。因此，构建一个高质量且长期维护的知识图谱是一项资源密集型任务。

另一个需要考虑的局限是知识图谱的推理复杂性。虽然知识图谱能够进行简单的推理，但在处理多步复杂推理时，它可能表现不足。例如，当系统需要跨领域或多层次地推导出结果时，知识图谱的推理能力可能无法达到预期效果。这也是知识图谱在某些高复杂度推理任务中受到限制的原因。

最后，数据不一致性也是知识图谱面临的一个重要问题。由于知识图谱中的数据通常有多个不同的来源，不同来源可能对同一实体有不同的描述。例如，一个数据源可能记载某个人物的出生日期为 1955 年，而另一个数据源可能记载为 1956 年。系统需要具备处理数据冲突的机制，以确保知识图谱中信息的一致性和准确性。

知识图谱通过自然的知识表达、模块化设计、推理能力和高效的可视化等特点，为现代人工智能系统提供了强大的知识管理和推理工具。然而，它也面临着构建复杂、维护成本高、推理能力有限以及数据一致性问题等挑战。只有在充分考虑这些优缺点的情况下，才能更好地应用知识图谱并发挥其最大潜力。

（4）知识图谱的应用

知识图谱凭借其强大的知识组织和推理能力，已经广泛应用于许多领域，从互联网搜索引擎到医疗诊断系统，知识图谱大大提升了信息管理和决策的智能化水平。以下是几个主要的应用场景，它们展示了知识图谱如何在不同领域发挥作用。

1）搜索引擎。知识图谱的最早也是最著名的应用场景就是搜索引擎。2012 年，谷歌首次引入了知识图谱技术，旨在改进搜索结果的质量。当用户输入查询时，谷歌不仅仅展示与查询相关的网页链接，还利用知识图谱展示更加丰富的上下文信息。例如，当用户搜索"乔布斯"时，除了提供网页链接，谷歌还会展示一个包含乔布斯生平、职业成就、相关公司（如苹果公司）、发明（如 iPhone）等的知识面板。这些数据来自知识图谱中对乔布斯的结构化表示，帮助用户迅速获取更多相关信息，而不仅仅是网页内容。

此外，知识图谱还提升了搜索引擎的语义理解能力。通过知识图谱，搜索引擎能够理解用户查询背后的意图。例如，用户在搜索"泰坦尼克号"时，系统可以根据上下文判断用户是指电影《泰坦尼克号》而不是指沉没的船只，从而提供更加精准的搜索结果。这种语义级别的理解使得搜索变得更加智能。

2）医疗诊断。在医疗领域，知识图谱为医生提供了一个强大的工具，用于整合海量的医学知识和患者信息。知识图谱可以将各种疾病、症状、诊断方法、药物以及治疗方案联系起来，帮助医生快速进行诊断。例如，某位患者的症状包括高烧、咳嗽和呼吸困难，系统可以根据这些症状通过知识图谱找到可能的疾病，如流感或肺炎，提示医生要做进一步检查或采取治疗措施。

医疗知识图谱不仅可以帮助医生快速诊断，还可以辅助决策。例如，对于某些罕见疾病，知识图谱能够根据现有的研究和案例提供治疗方案的建议。此外，知识图谱还可以通过不断更新的医学文献和临床数据为医生提供最新的治疗方案，从而提高诊疗的精准度和时效性。

3）**智能教育**。教育领域也开始广泛应用知识图谱来提高学习效率和个性化教学体验。例如，在线教育平台可以通过知识图谱构建一个包含课程、知识点、学生学习路径和习题关系的网络。当学生遇到某个知识点的困难时，系统可以通过知识图谱推荐相关的学习资源、练习题或辅导课程，帮助学生更好地掌握该知识点。

同时，知识图谱还可以帮助系统分析学生的学习行为，生成个性化的学习计划。例如，如果学生在某些数学知识点上表现较弱，系统可以通过知识图谱关联到与该知识点相关的其他内容，推荐合适的补充课程或资源。这种个性化推荐不仅提高了学生的学习效率，也帮助教师更好地跟踪学生的学习进度。

综上所述，知识图谱作为一种强大的工具，已经在许多领域展现了其巨大的应用潜力。无论是在搜索引擎、推荐系统、自然语言处理、医疗诊断、金融分析还是智能教育领域，知识图谱通过其强大的知识组织和推理能力，大大提升了系统的智能化水平和用户体验。随着知识图谱技术的不断发展，它在未来将会有更广泛的应用场景，并为更多行业提供创新的解决方案。

本章小结

本章通过详细的实例和理论讲解，系统介绍了逻辑演绎的核心方法，特别是搜索算法及其在实际问题中的应用。首先，章节开篇以日常生活中的例子形象地介绍了搜索算法的重要性，例如在迷宫中寻找出口，并通过迷宫的例子使读者能够直观理解搜索算法在数据"迷宫"中的导航作用。

基础搜索算法部分详细解释了几种常见的盲目搜索策略，包括线性搜索、二分搜索、深度优先搜索（DFS）和广度优先搜索（BFS）。其中，DFS模拟了沿着路径深入探索的过程，适用于需要遍历所有可能路径的场景，如迷宫问题。BFS则通过逐层扩展的方式，确保找到最短路径，适用于如社交网络中寻找最近连接的情况。书中通过详细的流程图和代码示例，帮助读者理解这些算法的工作机制及其优缺点。

高级搜索技术部分介绍了启发式搜索、约束满足问题（CSP）和最优化搜索等更为复杂的搜索方法。启发式搜索通过利用启发式函数有效引导搜索过程，使其在大型问题中表现出色，如A*算法能够在地图导航中快速找到最短路径，CSP则专注于在满足特定条件的情况下寻找解决方案，适用于排课问题或数独等场景。最优化搜索侧重于在给定条件下找到最佳解决方案，如遗传算法和模拟退火法常用于资源分配、路径规划等实际问题。

知识表示部分介绍了知识的不同类型及其在计算机系统中的表示方法，特别是产生式表示法和知识图谱。产生式表示法以"如果……则……"的规则形式呈现知识，非常适合用于专家系统，如医学诊断系统通过一系列产生式规则来模拟医生的诊断过程。知识图谱则通过图的形式展示事物之间的复杂关系，如在医疗领域连接疾病、症状和治疗方案的关联，帮助AI系统高效地组织和检索信息，辅助决策。

本章不仅系统阐述了搜索算法和知识表示的基本原理，还通过实际应用场景展现了这些方法在人工智能中的重要性和广泛应用。无论是日常生活中的搜索问题，还是复杂的科学研究，这些技术都提供了强大的工具，帮助我们更高效地解决问题、做出决策。

本章习题

1. 请简要描述深度优先搜索和广度优先搜索的区别及其适用场景。
2. 什么是启发式搜索？它在什么情况下比盲目搜索更为有效？
3. 产生式表示法的核心组成部分有哪些？请结合实例说明。
4. 八数码换数字问题：在3×3的方格内，有8个数码和1个空格，数码可以通过空格位置移动，目标是通过最少的步骤使得混乱的数字序列恢复为预定的顺序（如1～8）。请使用广度优先搜索绘制搜索树，并解释每一步的搜索过程。
5. 野人过河问题：在某个河边，有三个野人和三个传教士，他们需要乘一艘船过河，每次最多两人乘船，但无论在河的哪一岸，若野人数超过传教士数，传教士将被吃掉。请使用深度优先搜索或广度优先搜索解决该问题，给出问题的解答路径，并解释你的算法选择。
6. 简单的医疗诊断问题：假设有一个简单的医疗诊断系统，使用以下规则进行诊断。
   如果患者有发热和咳嗽的症状，则可能是流感；如果患者有头痛和高烧的症状，则可能是脑炎；如果患者有流鼻涕和喉咙痛的症状，则可能是感冒。请使用产生式表示法设计这些规则，并描述当患者同时有发热、咳嗽、喉咙痛和流鼻涕的症状时，系统的推理过程和最终诊断结果。
7. 知识图谱在医疗诊断系统中的作用是什么？结合具体场景，讨论它如何辅助医生进行决策。
8. 最优化搜索的优缺点分别是什么？举例说明在实际应用中可能遇到的问题及其解决方案。

第 3 章

归纳推理

归纳推理是一种基于有限数据进行概括性推导的推理方式,广泛应用于数据分析和人工智能领域。它通过从具体的样本中归纳出一般性的规律,为预测和决策提供依据。在实际应用中,归纳推理不仅需要高效的算法支持,还需要结合具体场景选择合适的技术手段。本章将围绕归纳推理的核心思想展开讨论,重点介绍分类预测和神经网络的应用。

3.1 分类预测

分类预测是归纳推理的一个重要分支,其目标是根据已有信息预测未知数据的类别。它广泛应用于图像识别、文本分类等领域,为实际问题的求解提供了智能化的工具。接下来,将详细探讨分类预测的概念和技术实现。

分类预测是一种数据分析技术,用于将数据分配到不同的类别或标签中。换句话说,它帮助我们根据已有的信息预测新的数据点属于哪个特定的类别。可以把分类预测想象成一个智能分类器,它的工作是把所有的数据分门别类,确保每个数据都能被准确地放到合适的类别里(如图 3-1 所示)。

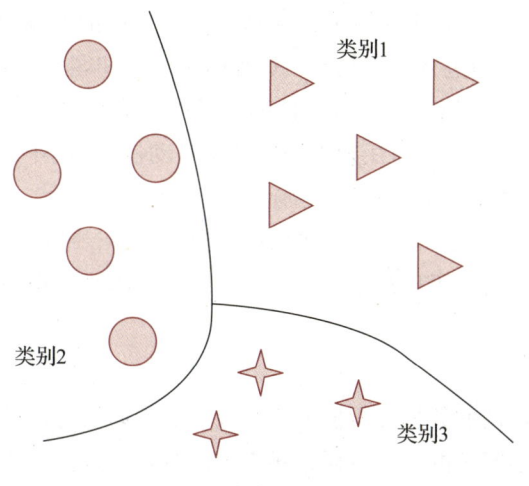

图 3-1 分类预测示意图

分类预测的核心任务是将数据点分配到预定义的类别中。例如,在一个分类模型中,可能有三个类别:苹果、香蕉和橙子。现在有一个新的水果,我们希望预测它属于哪个类别。

分类预测通过分析水果的特征（如颜色、大小、形状）来做出判断。

想象你在一家动物园工作，你的任务是根据动物的外观和特征（比如体型、颜色、食物习性等）来对动物进行分类。现在有一个新的动物到达动物园，你需要预测它是属于哪种动物，比如哺乳动物、鸟类还是爬行动物。分类预测技术就像一个聪明的助手，帮助你根据动物的特征来确定它的类别。

分类预测一般包括以下几个步骤。

1）**数据收集**：收集大量标记好的数据。例如，收集不同类型水果的照片以及它们的类别标签。

2）**特征提取**：从这些数据中提取特征。例如，对于水果，你可能会考虑颜色、大小和形状作为特征。

3）**模型训练**：使用这些特征和类别标签来训练一个分类模型。模型会学习如何根据特征来预测类别。

4）**预测**：当你有一个新的数据点（例如一个新的水果）时，可以使用训练好的模型来预测它的类别。

分类预测在现实世界的许多场景中都扮演着重要的角色。

- **医疗领域**：在医疗诊断中，分类预测可以帮助医生判断一个病人是否患有某种疾病。比如，通过分析病人的症状和体检数据，分类预测可以帮助判断病人是否有糖尿病。这种预测可以帮助医生及早采取干预措施，提高病人的治疗效果。
- **金融领域**：在金融行业，分类预测用于检测欺诈交易。例如，银行可以利用分类预测技术来判断一笔交易是否为欺诈行为。通过分析历史交易数据，分类预测可以帮助银行发现不寻常的交易模式，从而防止诈骗，保护客户的财产安全。
- **营销领域**：在市场营销中，分类预测帮助公司了解客户的偏好。比如，一家电商公司可以通过分析客户的购买历史，预测哪些客户可能对某个新产品感兴趣。这样，公司可以有针对性地进行广告投放，提高营销效果和客户满意度。
- **社交媒体**：在社交媒体平台，分类预测可以用来识别和分类用户的内容。例如，平台可以利用分类预测技术将用户发布的帖子自动标记为不同的主题，如体育、娱乐、科技等，从而帮助用户更轻松地找到他们感兴趣的内容。

分类预测不仅帮助我们从大量数据中提取有价值的信息，还能帮助我们做出更明智的决策。这种技术在各个领域的应用日益广泛，显著提升了工作效率和服务质量。

3.1.1 基本概念

分类作为一种广泛使用的数据分析任务，其核心在于如何将数据点正确地划分到预定义的类别中。通过理解分类问题的基本特征，我们可以更好地选择合适的算法和技术手段。分类问题的核心是如何将数据样本分配到特定的类别。这一过程看似简单，但在实际应用中可能涉及多种不同的场景。接下来，首先介绍分类问题的定义，并阐明其在机器学习任务中的重要作用。

1. 分类问题的定义

分类问题是一种常见的数据分析任务，旨在将数据样本分配到预定义的类别中。这种任务的目标是根据样本的特征，准确地决定它属于哪个类别。分类问题的实质是在已知类别的前提下，通过学习模型来预测新的样本属于哪个类别。下面详细介绍其中涉及的几个概念。

- **数据样本**：每个数据样本由多个特征组成，这些特征是描述样本的属性。例如，在医疗领域，特征可能包括病人的年龄、血压、体温等。
- **预定义的类别**：这些是希望将数据样本分类到的目标类别。例如，在诊断疾病时，类别可能包括"健康""感冒""流感"等。
- **学习模型**：分类模型通过分析大量的已标记数据样本，学习每个特征与类别之间的关系，这一过程称为训练。例如，通过学习大量病人的健康记录，模型可以识别出健康人群和病人的差异特征。

假设我们希望通过患者的检查数据（如血糖水平、心率等）来预测他们是否患有糖尿病。通过构建分类模型，我们可以根据患者的特征，预测他们是否属于糖尿病患者类别。又或者是常用的邮箱，电子邮件系统会通过分析邮件的内容和发件人等信息，将邮件分为正常邮件和垃圾邮件。系统会根据以往的邮件数据学习，判断新邮件是否属于垃圾邮件。

通过理解分类问题的定义和过程，可以更好地设计和应用分类算法，解决实际问题中的分类任务。

2. 分类与回归的区别

在数据分析和机器学习中，回归预测和分类预测是两种常见的任务。首先，让我们了解回归预测的含义。回归预测的目标是估计一个连续的数值，也就是说，它试图预测一个可以取任何数值的量。例如，可能希望预测明天的温度、房子的市场价格或者某个产品的销售量。这种预测任务的输出是一个连续的数值，不是离散的类别。

与回归预测不同，分类预测的目标是将数据样本分配到预定义的类别中。分类预测试图判断一个样本属于哪个特定的类别。例如，可以将电子邮件分为正常邮件和垃圾邮件，或者根据病人的体检数据判断是否患有某种疾病。分类预测的输出是一个类别标签，如"是"或"否"、"猫"或"狗"。

如图 3-2 所示，左图为分类预测，将数据分为两类，背景颜色表示不同的类别区域；右图为回归预测，显示数据点及拟合的直线，用于估计连续数值。分类预测输出离散标签，回归预测输出具体数值。

这两种预测方法在应用场景上有显著的区别。回归预测非常适合需要预测连续数值的情况。例如，房地产经纪人可能需要估算房子的价格，而这需要根据房子的面积、位置等多个因素来做出精确的预测。类似地，气象学家可能需要预测未来几天的温度，以便提前准备天气预报。回归预测帮助我们获得详细的数值信息，适用于需要具体数值的场合。

相反，分类预测适用于需要将数据分为不同类别的情况。例如，在电子邮件过滤中，需要判断邮件是正常邮件还是垃圾邮件，而在医疗诊断中，可能需要确定病人是否患有某种疾病。这些任务的关键在于将数据划分到正确的类别中，而不是预测具体的数值。分类预测帮助我们做出基于类别的决策，例如筛选出可能的垃圾邮件，或者识别出可能需要进一步检查的病人。理解分类和回归的区别，有助于我们根据实际需求选择合适的预测方法。分类预测帮助处理离散的分类问题，回归预测则专注于连续的数值预测。

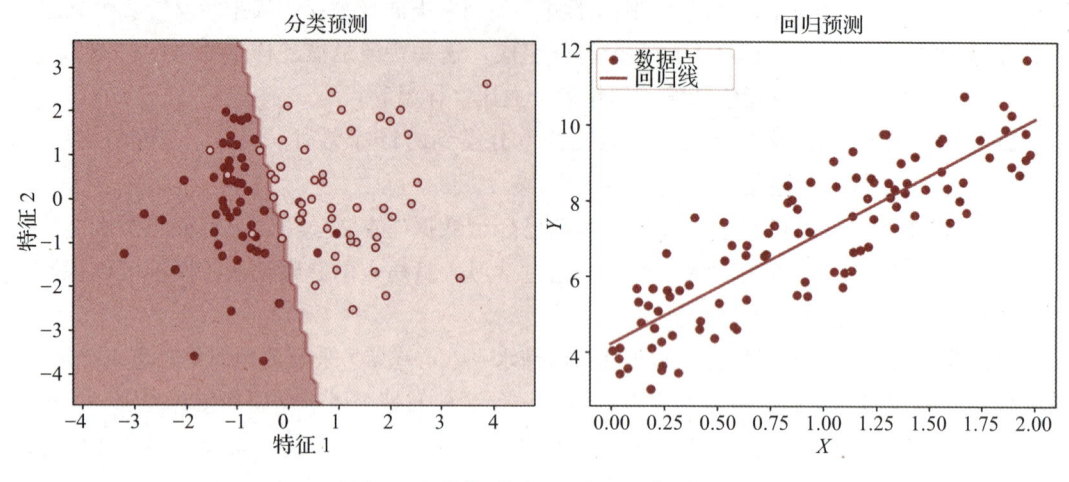

图 3-2 分类预测和回归预测的对比

了解了分类预测和回归预测的基本区别后，可以进一步探讨分类预测的具体方法。在实际应用中，处理分类问题通常需要采用特定的算法来实现。这些分类算法各有特点，适用于不同类型的数据和任务。接下来，将介绍一些常见的分类算法，包括它们的基本原理和应用场景。这些算法将帮助我们更好地理解如何将数据样本正确地分类到不同的类别中，以及如何在实际问题中选择和应用适合的分类方法。通过学习这些算法，我们能够更有效地解决各种分类问题，从而提升决策的准确性和效率。

3.1.2 常见的分类算法

在数据分析和机器学习中，分类算法扮演着至关重要的角色，它们帮助我们将数据分配到不同的类别或标签中。每种分类算法都有其独特的方法和优势，适用于不同的应用场景。为了全面了解分类预测的工具，下面将探讨一些常见的分类算法，包括逻辑回归、决策树、随机森林、支持向量机（SVM）和 k 近邻（kNN）算法。每一种算法都有其特定的工作原理和优缺点，这些算法不仅可以处理各种类型的数据问题，还可以根据实际需求进行选择和调整。

逻辑回归是一种简单而有效的分类方法，主要用于解决二分类问题。它通过估计数据点属于某一类别的概率来进行预测。决策树则通过构建一个类似于树的模型来对数据进行分类，其直观的结构使得结果易于解释。随机森林作为决策树的扩展，通过构建多个决策树并结合其结果来提高分类的准确性和鲁棒性。支持向量机则通过寻找最佳的分隔超平面来实现分类，适用于高维数据和复杂的分类问题。k 近邻算法通过测量数据点之间的距离来进行分类，其直观的思想适合处理多类别问题。

接下来，将详细介绍这些分类算法的工作原理、应用场景以及它们的优缺点，以帮助你在实际问题中选择合适的分类工具，并有效地进行数据分类。

1. 逻辑回归（Logistic Regression）

在分类任务中，逻辑回归作为一种经典而有效的算法，广泛应用于二分类和多分类问题。尽管其名字中带有"回归"一词，但实际上逻辑回归主要用于解决分类问题。通过构建概率模型，逻辑回归可以对事件发生的可能性进行预测，并为进一步决策提供支持。

（1）基本原理

逻辑回归是一种用于解决分类问题的算法，尽管名字里有"回归"二字，但实际上它是用来预测事件的概率，比如一个学生是否能通过考试。逻辑回归的目标是通过一个数学模型，将特征数据转换为一个 0 到 1 之间的概率值。根据这个概率值，可以做出分类决定：如果概率大于某个阈值（通常是 0.5），就预测这个事件发生。例如，可以用逻辑回归来预测一个人是否会购买某个产品（购买/不购买），或者学生是否会通过考试（通过/未通过）。这使得逻辑回归在许多实际应用中非常有用。

（2）公式与模型解释

逻辑回归使用 Sigmoid 函数来将线性组合的结果转化为概率值。具体的数学表达式为

$$P(Y=1|X) = \frac{1}{1+e^{-(b_0+b_1X_1+b_2X_2+\cdots+b_nX_n)}} \quad (3-1)$$

其中，$P(Y=1|X)$ 表示事件发生的概率，$b_0, b_1, b_2, \cdots, b_n$ 是模型的参数，b_0 是截距项，表示当所有特征值都为零时的基准概率，$b_1, b_2, \cdots, b_n$ 是每个特征的系数，这些系数表示每个特征对最终结果的影响。$X_1, X_2, \cdots, X_n$ 是输入的特征。假设我们在分析学生的考试情况，预测一个学生是否能通过考试。使用两个特征来建立逻辑回归模型：上课出勤率 X_1 和自学时间 X_2。假设训练出的模型参数如下。

- 截距 $b_0 = -3$。
- 上课出勤率的系数 $b_1 = 0.1$。
- 自学时间的系数 $b_2 = 0.05$。

对于一名学生，上课出勤率为 80%（即 $X_1 = 80$），自学时间为 10 小时（即 $X_1 = 10$），我们可以计算该学生通过考试的概率。首先计算逻辑函数的输入值：

$$z = b_0 + b_1 \times X_1 + b_2 \times X_2$$

将数据代入 $z = -3 + 0.1 \times 80 + 0.05 \times 10$，计算得到 $z = 5.5$。

接着，将这个值代入 Sigmoid 函数 $P(Y=1|X) = \frac{1}{1+e^{-z}}$。由于 $e^{-5.5}$ 是一个非常小的数字，接近于 0，因此 $P(Y=1|X) \approx \frac{1}{1+0.004} P(Y=1|X) \approx \frac{1}{1.004} \approx 0.996$。

图 3-3 展示了逻辑回归模型的 Sigmoid 函数曲线及其输出概率。实线表示 Sigmoid 函数，横轴为输入值 z，纵轴为事件发生的概率 $P(Y=1|X)$，虚线标记了计算得到的 $z = 5.5$，对应的点表示通过考试的概率为 0.996，接近于 1。这说明模型预测该学生几乎肯定能够通过考试，符合逻辑回归模型的输出特性，即概率范围在 0 到 1 之间。

图 3-3　Sigmoid 函数曲线

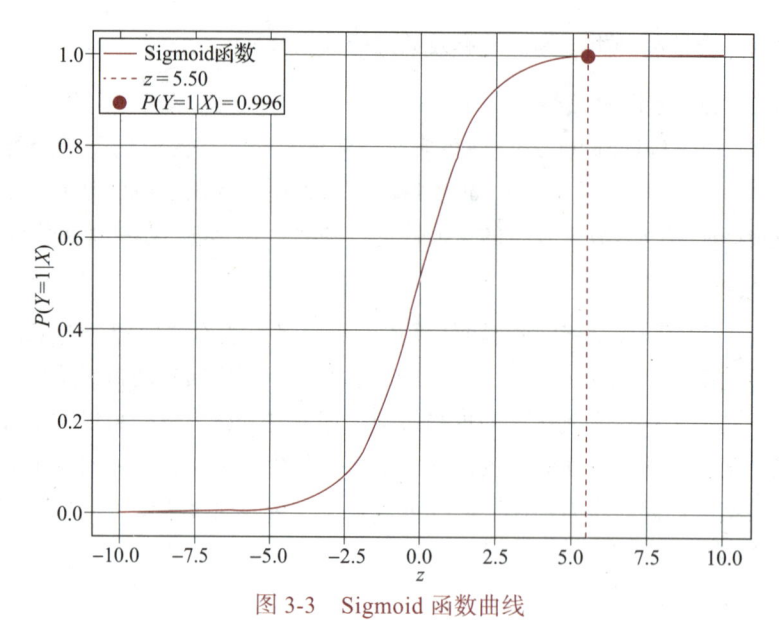

（3）优缺点与适用场景

逻辑回归是一种广泛使用的分类算法，其主要优点在于模型的简洁性和可解释性。由于逻辑回归基于线性模型，它的数学公式简单直观，这使得模型易于理解和实现。在实际应用中，逻辑回归能够处理二分类问题，并且可以通过其概率输出提供分类的置信度，这对于决策支持非常有用。此外，逻辑回归还具有较好的计算效率，尤其在处理大规模数据时，其训练过程通常比复杂的模型更快。

尽管逻辑回归具有很多优点，但它也有一些限制。首先，逻辑回归模型假设特征之间是线性关系，这可能导致在处理复杂数据时表现不佳，尤其是当数据的特征之间存在非线性关系时。其次，逻辑回归对于异常值和噪声数据较为敏感，异常值可能会影响模型的准确性。最后，当特征数量很多且数据稀疏时，逻辑回归可能会遭遇过拟合问题，即模型在训练数据上表现良好，但在测试数据上表现不佳。

逻辑回归适用于各种分类任务，特别是当数据集具有线性可分性时。例如，它广泛应用于医疗领域的疾病预测（如预测某人是否会患某种病）、金融领域的信用评分（如预测某人是否会违约）以及市场营销中的客户行为分析（如预测客户是否会购买某种产品）。逻辑回归的输出概率使得它在需要概率估计的场景中非常有用，能够为决策者提供更多的信息以做出更加明智的决策。

2. 决策树（Decision Tree）

在分类算法中，决策树作为一种直观且易于理解的方法，因其可解释性和灵活性而受到广泛关注。决策树通过模拟人类的决策过程，将数据分层划分，最终生成一个结构清晰的模型。与逻辑回归不同，决策树更侧重于通过构建一系列的规则来分类数据。

模式识别侦探社：分类算法破案记

(1）基本原理

决策树是一种用于决策和分类的工具，可以帮助我们按照特定的规则做出决策。它的工作原理类似于做选择时的"分支决策"：从一个起点开始，根据不同的条件逐步细分，最终得到一个明确的结论。想象一下，你在决定穿什么衣服时可能会考虑天气、场合等因素。如果是晴天，你可能选择穿短袖；如果下雨，你可能选择穿雨衣。决策树就是通过这种分支结构，帮助我们将数据分成不同的类别或做出具体决策的。

决策树的结构像一棵树，顶部是根节点，下面的分支表示不同的选择或条件，每个分支继续分裂，直到到达最底层的叶子节点。每个叶子节点代表最终的决策结果或分类。例如，在选择是否购买某款产品时，决策树可能首先询问产品是否符合预算，然后根据用户的需求和喜好进行进一步的分类，最后给出是否推荐购买的结论。

(2）决策树的构建过程

构建决策树的过程可以分为以下几个主要步骤。

1）选择最佳特征：首先需要选择一个特征（条件）来分裂数据。例如，如果我们在做家庭聚会的活动安排，可能首先考虑天气条件（晴天、阴天、雨天）。我们用信息增益或基尼指数来衡量每个特征的分裂效果。信息增益是指通过某个特征分裂数据后，数据中信息的不确定性减少的程度。基尼指数则衡量数据的不纯度。选择信息增益最大的特征或者基尼指数最小的特征，可以得到最有效的分裂。

2）分裂数据：根据选择的特征将数据分成不同的部分。例如，如果选择了天气作为特征，数据可能被分成晴天、阴天和雨天三部分。每一部分的数据将继续根据其他特征进一步分裂，例如考虑人数（少于10人、多于10人）。

3）递归分裂：对每一个分裂后的数据子集，重复以上过程。每个子集将继续根据其他特征进行分裂，直到达到预定的树深度或者每个节点的数据量非常少。最终，树的每个叶子节点会提供一个明确的分类结果或预测值。

假设你要组织一次家庭聚会，决定活动安排。你的决策树可以基于以下特征：天气（晴天、阴天、雨天）、活动类型（室内活动、户外活动）和人数（少于10人、多于10人）。构建决策树的过程如下。

- **根节点**：首先，根据"天气"特征进行分裂。如果今天是晴天，则数据分裂为"晴天"子树。
- **子节点**：在"晴天"子树中，根据"人数"特征进行进一步分裂。如果人数少于10人，则选择室外活动；如果人数多于10人，则选择园区聚会等。

最终，决策树将给出具体的活动安排方案。例如，如果今天晴天且人数少于10人，建议进行户外烧烤；如果人数多于10人，建议安排在公园进行集体活动。

(3）剪枝与复杂度控制

在决策树构建完成后，树的结构可能非常复杂，尤其是当树的深度增加时。复杂的决策树可能会出现"过拟合"的问题，即它在训练数据上表现很好，但在新数据上的表现可能较差。为了解决这个问题，使用剪枝技术来简化决策树，降低模型的复杂度。剪枝有以下两种主要策略。

- **预剪枝（Pre-Pruning）**：在决策树构建过程中，提前决定是否停止分裂。比如，如果当前节点的数据量很少，或者分裂后的增益不足，可以选择将当前节点作为叶子节点。这意味着在构建决策树时就避免了过度生长，从而控制了树的复杂度。
- **后剪枝（Post-Pruning）**：先构建出完整的决策树，然后对树的各个部分进行评估，去掉那些对模型预测贡献不大的分支。例如，如果某个分支的分裂没有显著提高模型的准确性，可以将其剪去。这样可以简化决策树，使得模型更具泛化能力。

假设你组织家庭聚会时构建的决策树非常复杂，包含了许多细节，例如细分到每种天气条件下的具体活动安排。经过评估发现，某些分支（比如细分到特定的天气条件下的具体活动安排）对实际的活动安排影响很小。这时，可以通过后剪枝将这些细枝末节的分支去掉，保留最重要的决策条件。例如，如果在晴天和阴天的条件下推荐的活动相同，可以将这两个条件合并为一个，减少树的复杂性。这种方式使决策树更简洁、更易于理解，同时也提高了模型在新数据上的表现。

（4）优缺点与适用场景

决策树是一种直观且易于理解的分类方法。它通过将数据划分成多个决策节点和叶子节点的形式，呈现出一个树状结构，使得决策过程清晰可视。在实际应用中，决策树能够处理复杂的非线性数据，因为它不依赖于特征之间的线性关系。决策树还具有较强的解释性，因为每个决策节点都反映了数据划分的依据，易于解释和沟通。它在许多领域表现良好，如医疗诊断和客户分类等。

决策树虽然优点明显，但也存在一些不足之处。首先，决策树容易过拟合，即模型在训练数据上表现很好，但在新数据上表现不佳。特别是当树的深度过大时，模型可能会记住训练数据中的噪声，而不是学习到数据的真正模式。其次，决策树对数据的细微变化非常敏感，一些小的变动可能导致树结构的显著改变，影响模型的稳定性。最后，决策树在处理高维数据时可能会变得复杂且计算量大，导致训练时间较长。

决策树在许多实际应用中非常有用，特别是在需要将数据划分成不同类别的场景中。例如，它在医疗领域用于疾病诊断，通过树状结构判断患者的症状和检查结果来预测疾病。在金融领域，决策树可以用来评估贷款申请者的信用风险，依据申请者的财务状况和信用历史进行决策。决策树还广泛应用于市场营销中，通过分析客户的行为特征来制订个性化的营销策略。由于决策树的结果易于解释，它特别适合那些需要清晰决策依据的领域。

3. 随机森林（Random Forest）

在分类算法中，随机森林是基于决策树的一种集成学习方法。相比于单一决策树，随机森林通过构建多个决策树模型并结合它们的预测结果，显著提高了分类的准确性和鲁棒性。它凭借高效、灵活且易于实现的特点，成为许多实际问题中的首选算法。

（1）基本原理

随机森林是一种集成学习方法，由多个决策树组成。简单来说，随机森林像是一个由许多小"树"组成的大"森林"。每棵决策树在进行预测时，都会根据自己的判断得出一个结果。然后，随机森林通过汇总这些树的预测结果来得到最终的答案，这种方法有效减少了单棵决策树可能出现的错误。

在构建每棵决策树时，随机森林使用了两个关键的随机化策略。首先，数据集会被随机抽取多个子集来训练不同的决策树，这个过程叫作"自助采样"(Bootstrap sampling)。这样，每棵树会看到不同的数据样本，从而增加了模型的多样性。其次，在构建每棵决策树时，随机森林在每个节点上选择分裂特征时，仅考虑部分特征而不是全部特征，这个过程叫作"随机特征选择"。这种方法可以确保每棵树都有一定的独立性，从而提高了模型的稳定性和预测准确性。

具体来说，假设有 N 个特征和 M 个样本数据。为了训练每棵树，随机森林会从这 M 个样本中随机选择一个子集，样本量为 B（通常 $B<M$）。同时，每个节点的分裂时，随机选择 k 个特征中的一个进行分裂，其中 $k<N$。自助采样就是从 M 个样本中随机抽取 B 个样本，得到训练集 $\{x_i, y_i\}_{i=1}^{B}$，其中 x_i 为特征，y_i 为目标值。随机特征选择则是在每个节点进行分裂时，从 N 个特征中随机选择 k 个特征，选择最优特征进行分裂。

（2）集成方法与特征重要性评估

随机森林的集成方法是通过结合多棵决策树的预测结果来得到最终的预测。每棵决策树在进行预测时都是独立的，然后随机森林会对所有决策树的预测结果进行汇总。对于分类问题，通常采用"多数投票"策略，即选择预测最多的类别作为最终结果。例如，如果随机森林中有 100 棵决策树，其中 70 棵树预测某个客户会购买产品，30 棵树预测不会购买，那么最终的预测结果是"会购买"。对于回归问题，通常计算所有树预测值的平均值来得到最终的结果。

随机森林还提供了特征重要性评估的功能，用来衡量各个特征对预测结果的贡献。具体来说，随机森林会通过计算每个特征在所有决策树中的影响力，来评估特征的重要性。例如，如果在训练过程中，某个特征的去除导致模型性能大幅下降，那么这个特征被认为是非常重要的。通过特征重要性评估，可以了解哪些特征对模型的预测最有帮助，并在数据预处理和特征选择时做出更有针对性的决策。

假设使用随机森林来预测学生是否会通过考试。我们有三个特征：学习时间、考试前的练习次数和睡眠时间。假设我们训练了一个包含 100 棵决策树的随机森林模型。

每棵决策树在训练时会从原始数据中随机抽取一个子集，例如某棵树可能看到的训练数据如下：

- 学习时间：2h
- 练习次数：3 次
- 睡眠时间：6h
- 结果：通过

在构建这棵树时，它会根据这些特征进行分裂，例如根据学习时间来判断是否通过考试。树的结构可能类似于这样：

- 如果学习时间 > 1h，那么预测"通过"。
- 如果学习时间 ≤ 1h，继续根据其他特征判断。

随机森林中的其他树可能会使用不同的特征或数据子集来做出预测，从而确保多样性。最终，当用这个随机森林模型来预测一个新学生是否会通过考试时，模型会汇总所有 100 棵决策树的预测结果。例如，70 棵树预测"通过"，30 棵树预测"不通过"，那么最终的预测结果是"通过"。

此外，通过计算每个特征的重要性，我们发现学习时间对预测结果的影响最大，而睡眠时间对预测结果的影响较小。这样的评估可以帮助我们了解哪些特征对模型的预测最重要，从而可以在未来的数据分析和决策中更加关注这些关键特征。

（3）优缺点与适用场景

随机森林的主要优势之一是其高准确性。由于它结合了多棵决策树的预测结果，能够有效减少单棵树的误差。例如，在预测是否会下雨的情况下，单棵决策树可能因为某些异常天气情况而做出错误预测，但随机森林通过多棵树的"投票"来决定最终结果，从而降低了预测错误的概率。随机森林的错误率 E 通常可以表示为 $E \approx e - \dfrac{e^2}{T}$，其中 T 是树的数量。随着树的数量增加，错误率会显著降低。此外，随机森林对数据中的噪声和异常值具有较好的鲁棒性，因为异常值只会影响到部分树，而不是整个模型的预测结果。

尽管随机森林具有许多优点，但它也有一些局限性。首先，由于随机森林包含大量的决策树，因此计算和存储开销较大。在处理非常大规模的数据时，模型可能需要较多的计算资源和时间。其次，尽管随机森林可以提高预测准确性，但其模型的解释性较差。对于非专业人士来说，理解每棵树如何做出决策以及整个森林的预测过程可能比较复杂。最后，在处理高维度的数据时，虽然随机森林表现较好，但特征冗余仍可能影响模型性能，因此在特征选择时需要谨慎。

随机森林在各种实际应用中表现出色，尤其是在处理具有大量特征和复杂数据的任务中。例如，在金融领域，它可以用于信用评分，通过分析客户的财务状况和交易记录来预测违约风险。在医疗领域，随机森林能够帮助进行疾病预测和分类，比如通过分析患者的多种生理指标来诊断疾病。在市场营销中，随机森林被用于客户细分和营销策略优化，通过分析客户的行为数据来制定个性化的营销方案。由于其强大的处理能力和稳定性，随机森林适用于需要高精度和可靠性的数据分析任务。

4. 支持向量机（Support Vector Machine, SVM）

在分类问题的解决方法中，支持向量机（SVM）凭借其优雅的数学原理和强大的分类性能，成为经典的机器学习算法之一。SVM 擅长处理高维数据，尤其是在样本分布复杂且特征空间线性不可分的情况下，展现出极强的适应性。

（1）基本原理

SVM 是一种用于分类问题的强大工具，它的目的是找到一个最佳的"分隔线"来将不同类别的数据点分开。想象一下，在一个平面上有红色和蓝色两种不同颜色的球，SVM 的任务就是找出一条直线（或一个平面，如果是多维数据），使得这条直线将红色球和蓝色球分开，并且这条直线与两类球的距离尽可能远。这个直线叫作"决策边界"。

在二维平面上，这条直线可以用以下公式表示：

$$w^T x + b = 0 \tag{3-2}$$

其中，w 是权重向量，决定了直线的方向，x 是数据点的位置，b 是偏置项，决定了直线的具体位置。SVM 会选择那些离直线最近的点，这些点被称为支持向量。支持向量是决定决策边界位置的关键点。SVM 分类示意图如图 3-4 所示，图中"〇"和"×"为样本点。

在训练过程中，SVM 的目标是最大化决策边界的"边距"（即决策边界到最近的数据点的距离），边距可以通过下面的公式计算：

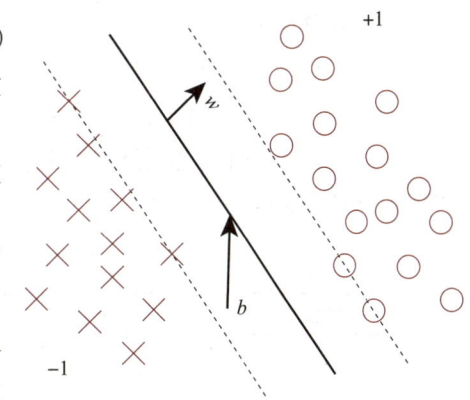

图 3-4　SVM 分类示意图

$$边距 = \frac{2}{\|w\|} \tag{3-3}$$

其中 $\|w\|$ 是权重向量的范数（即长度）。通过最大化边距，可以得到一个分类性能较好的模型。

(2) 核函数与决策边界

在很多实际情况中，数据不能用一条直线分开，这时 SVM 通过引入核函数来解决这个问题。核函数的作用是将数据从低维空间映射到高维空间，使得在高维空间中数据可以用直线分开。

简单来说，核函数是一种数学工具，它可以将数据转化为高维空间，而不需要实际进行复杂的计算。例如，可以使用一个高斯核函数（RBF），这样的数据转化可以使数据在高维空间中变得线性可分。常见的核函数有以下两种。

1）**线性核函数**。当数据本身已经线性可分时，可以使用线性核函数。线性核函数的公式为

$$K(x_i, x_j) = x_i^T x_j \tag{3-4}$$

这里 x_i 和 x_j 是两个数据点，$x_i^T x_j$ 表示它们的内积。

2）**高斯核函数（RBF）**。高斯核函数适用于数据具有复杂非线性关系的情况，公式为

$$K(x_i, x_j) = \exp\left(-\frac{\|x_i - x_j\|^2}{2\sigma^2}\right) \tag{3-5}$$

其中 σ 是控制函数宽度的参数，决定了数据点对决策边界的影响范围。RBF 可以将数据映射到更高维的空间，使得即使数据在原始空间中复杂难分，也能够在新空间中线性可分。

假设有一个数据集，其中包含两类点（例如，圆圈和星号），这些点在平面上以复杂的形状分布。使用高斯核函数可以将这些点映射到更高维的空间，使得在高维空间中可以用一

条平面（或者高维的超平面）将它们分开，从而实现准确的分类。

下面用一个简单的示例解释如何利用 SVM 进行具体计算。

假设有表 3-1 中所示的训练数据点，下面使用线性核函数来训练 SVM 模型。首先，构造一个线性超平面：$w^T x + b = 0$。通过最优化算法，找到权重 w 和偏置 b 使得边距最大化，并且确保所有点正确分类。假设训练得到的超平面是 $x_1 - 2x_2 + 1 = 0$。可以通过将新的数据点（例如 (2.5, 2.5)）代入这个公式来进行分类。如果结果大于 0，则分类为 +1；如果结果小于 0，则分类为 −1。通过这些公式和例子，可以更清楚地理解支持向量机的基本原理、核函数的作用及其在实际中的应用。

表 3-1　训练数据点示例

编号	特征 1（x_1）	特征 2（x_2）	类别（y）
1	4	1	+1
2	5	1.5	+1
3	2	2	−1
4	3	3	−1

（3）优缺点与适用场景

支持向量机的一个主要优点是它能够处理高维数据并且效果良好。例如，在文本分类中，SVM 可以通过处理大量的单词特征来进行有效的分类。SVM 还具有强大的泛化能力，特别是在使用合适的核函数时，能够处理复杂的数据模式。它能够在数据量有限的情况下保持较高的分类准确率，特别是当数据具有复杂的非线性关系时，表现尤其出色。

然而，SVM 也有一些缺点。首先，训练 SVM 需要解决一个复杂的优化问题，计算开销较大，对于数据量非常大的情况，训练时间可能会非常长。其次，选择合适的核函数及其参数调整对于模型的性能非常重要，这通常需要大量的试验和经验。对于非常大的数据集，SVM 的计算复杂度和内存消耗可能会成为限制因素。

支持向量机在多个领域有广泛的应用。例如，在文本分类中，SVM 可以被用来判断一封电子邮件是不是垃圾邮件，这需要处理大量的文本特征。在图像识别中，SVM 可以用于识别手写数字或进行人脸识别，通过提取图像特征并在高维空间中进行分类来实现高准确率的识别。在医疗领域，SVM 也可以用于疾病诊断，通过分析患者的各种医疗指标来预测疾病的可能性。通过这些应用，可以看到支持向量机在处理复杂和高维数据时的强大能力。

5. K 近邻（K-Nearest Neighbor, KNN）算法

在分类算法中，K 近邻（KNN）算法是一种简单高效的非参数方法，以直观思想和低模型假设著称。作为一种基于实例的学习方法，KNN 算法通过分析邻近数据点的特性来进行分类或回归。

（1）基本原理

K 近邻（KNN）算法是一种简单直观的分类算法，其基本思想是通过查看数据点的"邻居"来决定该数据点的类别。可以把 KNN 算法想象成一个热心的邻居投票系统：当遇到一

个新问题（新数据点）时，我们会去找出其周围最近的 k 个"邻居"，然后根据这些邻居的类别来决定这个新问题的类别。

下面举个简单的例子。想象你刚搬到一个新社区，你想知道附近的邻居大多喜欢什么口味的冰淇淋。你可以去问附近的几位（比如 5 位或 10 位）邻居，看看他们的回答是什么。如果大多数邻居喜欢巧克力口味，那么你也可能会认为巧克力是大家普遍喜欢的口味。在 KNN 算法中，这个"调查邻居"的过程类似于分类新数据点的过程。你选择的 k 值（邻居数量）会影响最终的分类结果。

（2）距离度量与分类过程

在 KNN 算法中，分类的关键在于如何测量数据点之间的"距离"。最常见的距离度量是欧氏距离（Euclidean Distance），它计算两个点之间的直线距离。假设有两个点 $A(x_1, y_1)$ 和 $B(x_2, y_2)$，它们的欧氏距离计算公式是

$$距离 = \sqrt{(x_2 - x_1)^2 + (y_2 - y_1)^2} \tag{3-6}$$

例如，如果有一个新数据点 C，需要分类，我们会计算 C 与所有其他数据点的距离，然后选择距离 C 最近的 k 个点。假设 $k=3$，C 的三个最近邻居中，有两个是类别 A，另一个是类别 B。那么，C 将被分类为 A，因为类别 A 的邻居数量更多。KNN 算法的分类过程包括以下几个步骤。

1）**选择 k 值**：确定要考虑的邻居数量（例如，$k=3$）。
2）**计算距离**：测量新数据点与所有训练数据点之间的距离。
3）**选择邻居**：找出距离新数据点最近的 k 个邻居。
4）**投票分类**：根据这 k 个邻居的类别进行投票，决定新数据点的类别。

为了更形象地解释，假设有以下训练数据点（二维坐标和类别）。

数据点	x	y	类别
A	2	3	红色
B	4	7	蓝色
C	5	4	红色
D	6	6	蓝色
E	8	1	红色

现在，有一个新数据点 F，坐标为 (5, 5)，我们想用 KNN 算法来预测 F 的类别。选择 $k=3$，即要找到离 F 最近的 3 个邻居。

1）**计算距离**：使用欧氏距离公式计算新数据点 F 与每个训练数据点的距离。

- F 到 A 的距离，$距离_{FA} = \sqrt{(5-2)^2 + (5-3)^2} = \sqrt{3^2 + 2^2} = \sqrt{9+4} = \sqrt{13} \approx 3.61$。
- F 到 B 的距离，$距离_{FB} = \sqrt{(5-4)^2 + (5-7)^2} = \sqrt{1^2 + (-2)^2} = \sqrt{1+4} = \sqrt{5} \approx 2.24$。
- F 到 C 的距离，$距离_{FC} = \sqrt{(5-5)^2 + (5-4)^2} = \sqrt{0^2 + 1^2} = \sqrt{1} = 1$。
- F 到 D 的距离，$距离_{FD} = \sqrt{(5-6)^2 + (5-6)^2} = \sqrt{(-1)^2 + (-1)^2} = \sqrt{1+1} = \sqrt{2} \approx 1.41$。

- F 到 E 的距离，距离 $_{FE}=\sqrt{(5-8)^2+(5-1)^2}=\sqrt{(-3)^2+4^2}=\sqrt{9+16}=\sqrt{25}=5$。

2）**选择邻居**：找到距离 F 最近的 3 个数据点。这些点是 C、D 和 B。

3）**投票分类**：检查这 3 个邻居的类别。
- C：红色。
- D：蓝色。
- B：蓝色。

其中，蓝色的邻居有 2 个，红色的邻居有 1 个。

4）**分类结果**：根据投票结果，新数据点 F 的预测类别是蓝色，因为蓝色邻居的数量更多，如图 3-5 所示。

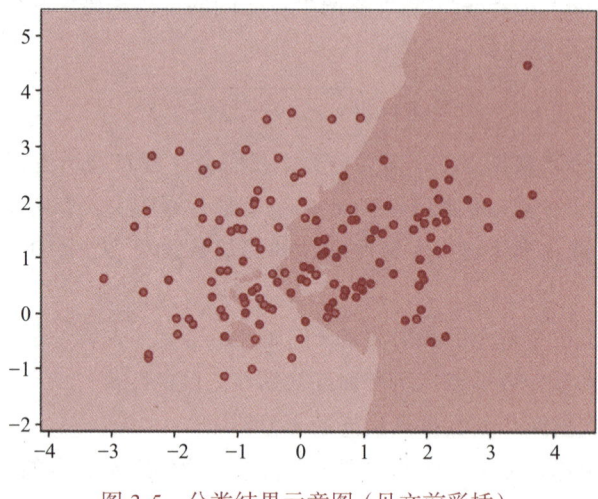

图 3-5　分类结果示意图（见文前彩插）

（3）优缺点与适用场景

K 近邻（KNN）算法的主要优点是易于实现和理解。KNN 算法不需要复杂的模型训练过程，算法的实现非常直接：只需要计算新数据点与已有数据点之间的距离，并根据最近的 k 个邻居进行分类。这种方法非常适合于不需要事先训练模型的数据场景。此外，由于 KNN 不依赖于特定的训练过程，它对数据的分布没有严格的假设，因此可以广泛应用于各种不同类型的数据问题中。

尽管 K 近邻算法简单易用，但它也存在一些明显的缺点。首先，在处理大规模数据集时，KNN 算法的计算开销较大，因为每次分类都需要计算新数据点与所有训练数据点的距离，这会导致算法的效率低下。其次，KNN 算法需要存储整个训练数据集，这在存储资源有限的情况下可能成为一个问题。此外，KNN 算法对数据中的噪声非常敏感，噪声点可能会影响邻居的选择，从而导致分类结果的不准确。

K 近邻算法非常适合数据量较小的场景，例如在医疗诊断、图像识别和推荐系统中。当数据集规模较小或中等时，KNN 算法能够提供有效的分类结果，并且其直观的分类机制使得它在实际应用中具有很高的实用价值。在医疗诊断中，KNN 算法可以用来根据病人的症状和体检数据进行疾病预测；在图像识别中，KNN 算法可以根据图像的特征进行分类；在推荐系统中，KNN 算法可以用来推荐类似的产品或服务。

此外，神经网络在分类问题中也发挥了重要作用。神经网络是一种模拟人脑神经元连接的计算模型，通过多个层次的神经元处理和转换输入数据，使其能够在分类任务中实现高效和精准的预测。它通过学习数据中的复杂模式和特征，能够处理各种类型的分类问题，如图像识别、文本分类等。每个神经元与前一层的神经元相连接，并通过激活函数进行非线性变换，使得神经网络能够捕捉到数据中的深层次特征。由于神经网络的结构复杂且涉及大量的计算细节，我们将在后续内容中详细探讨神经网络在分类问题中的应用，包括其基本原理、模型结构以及如何利用神经网络解决实际分类问题。

3.1.3 评估分类模型

在设计和训练分类模型之后，下一步至关重要的任务就是评估这些模型的表现。想象一下，如果你正在挑选一辆车，你不会仅仅依赖销售人员的推荐，而是会查看车辆的性能测试报告、燃油效率、可靠性等数据来做出明智的决定。同样地，为了确保我们的分类模型能够在实际应用中表现出色，我们需要对其进行全面的评估。评估不仅帮助我们了解模型的预测准确性，还揭示了模型在不同情况下的表现强项和短板。

接下来的部分将深入探讨几个关键的性能指标，它们就像用来测试分类模型"性能"的工具。这些指标包括准确率、精确率、召回率和 F1 分数，它们各自从不同的角度衡量模型的表现。然后还会介绍混淆矩阵，它是一个能直观展示模型预测结果的图表，使我们可以清晰地看到哪些预测是正确的，哪些预测是错误的。最后，将讨论交叉验证，这是一种评估模型稳定性和泛化能力的技术，确保我们的模型不仅在训练数据上表现良好，在新数据上也能保持优异的表现。通过这些评估方法，我们能够更全面地理解模型的性能，做出更有依据的改进和选择。

1. 性能指标

在评估分类模型的性能时，通常使用几个关键的指标来量化模型的表现。这些指标可以帮助我们了解模型在分类任务中的准确性、可靠性和全面性。下面是对主要性能指标的详细介绍。

（1）准确率（Accuracy）

准确率是最基本的性能指标，它表示模型正确预测的样本占总样本的比例。公式如下：

$$准确率 = \frac{正确预测的样本数}{总样本数} \tag{3-7}$$

假设有一个疾病筛查模型对 100 个患者进行预测。模型正确地将 85 个患者标记为有病或无病，错误地标记了 15 个患者。准确率的计算方法如下：

$$准确率 = \frac{85}{100} = 0.85 \tag{3-8}$$

在这个例子中，准确率为 85% 意味着模型在这 100 个样本中的预测正确率为 85%。这是一个基本的指标，适用于整体了解模型的预测效果，但在类别不平衡的情况下，它可能无法完全反映模型的表现。

（2）精确率（Precision）

精确率关注的是模型在预测为正类的样本中实际为正类的比例。公式如下：

$$精确率 = \frac{真正例数}{真正例数 + 假正例数} \tag{3-9}$$

继续以疾病筛查模型为例，如果模型预测了 50 个样本为有病，其中 30 个样本确实为有病（真正例），20 个样本实际为无病（假正例）。精确率的计算方法如下：

$$精确率 = \frac{30}{30+20} = \frac{30}{50} = 0.60 \tag{3-10}$$

精确率为 60%，说明在所有被标记为有病的患者中，只有 60% 实际上确实为有病。这个指标特别重要，当我们关注模型预测的准确性时，它能够告诉我们模型的假阳性（误诊为有病）的比例。

（3）召回率（Recall）

召回率衡量的是模型识别出所有实际正类样本的能力，即在所有真实正类样本中，模型能够正确预测为正类的比例。公式如下：

$$召回率 = \frac{真正例数}{真正例数 + 假负例数} \tag{3-11}$$

继续以疾病筛查模型为例，假设总共有 50 个实际有病的患者，其中模型成功识别了 30 个为有病（真正例），其余 20 个被错误地预测为无病（假负例）。召回率的计算如下：

$$召回率 = \frac{30}{30+20} = \frac{30}{50} = 0.60 \tag{3-12}$$

召回率为 60%，说明模型识别了 60% 的实际有病患者。这个指标在我们希望识别尽可能多的正类样本时非常重要，比如在疾病筛查中，我们希望尽可能少地漏掉实际有病的患者，即使这样可能会引入一些误诊。

在选择和应用分类模型时，不同的性能指标可以帮助我们从不同的角度理解模型的效果。每个指标都有其侧重点和适用场景，下面详细介绍这些指标的侧重点以及它们的实际应用。

准确率是最直观的指标，它关注的是模型在所有样本中的正确预测比例。准确率适合用于样本类别分布相对均衡的任务，比如大多数分类问题（例如识别猫和狗的图像）。但是，当样本类别不平衡时，准确率可能会给出误导性的结果。例如，在疾病筛查中，如果 90% 的患者没有疾病，而模型将所有人都预测为没有疾病，那么准确率将非常高（90%），但实际上模型并没有有效地识别任何有病的患者。

精确率主要关注模型预测为正类的样本中，实际正类样本的比例。它强调减少假阳性（误判为正类的负类样本）的发生。精确率在关注减少误报的场景中尤为重要。例如，在垃圾邮件过滤中，精确率高的模型能够减少将正常邮件错误标记为垃圾邮件的情况，从而避免重要邮件的丢失。在这种情况下，精确率越高，用户体验越好，因为用户不容易错过重要信息。

召回率关注模型对所有实际正类样本的识别能力。它强调减少假阴性（漏检正类样本的负类样本）的发生。召回率在关注捕捉所有可能的正类样本的场景中非常重要。例如，在疾病筛查中，我们希望尽可能多地识别出所有真正有病的患者，即使这可能会引入一些误诊。高召回率确保我们不会漏掉任何真正的病人，从而提高了筛查的全面性。

选择合适的性能指标取决于具体的应用需求和目标，有时候需要结合多个指标来全面评估模型的表现。

2. 交叉验证

在机器学习模型的构建过程中，模型的性能评估是一个至关重要的环节。交叉验证作为一种经典的性能评估技术，通过将数据集划分为训练集和测试集，能够有效地衡量模型的泛化能力和可靠性。相比于简单的训练-测试划分，交叉验证提供了一种更加全面的模型验证方法。

（1）方法与实现

交叉验证（Cross-Validation）是一种评估模型性能的技术，用于确保模型的可靠性和稳定性。在机器学习中，通过将数据集划分为多个子集，确保模型在不同的训练和测试集上进行评估，从而提供更可靠的性能指标。交叉验证主要包括以下方法。

1）k 折交叉验证。将数据集平均分成 k 个子集，其中 $k-1$ 个子集用于训练模型，剩余的 1 个子集用于测试模型。这个过程重复 k 次，每个子集都作为一次测试集，其余子集作为训练集。最终模型的性能指标是 k 次测试结果的平均值。k 折交叉验证的优点在于可以充分利用数据，并且减少了模型评估的偏差，但计算开销较大。

假设我们有一个包含 100 个样本的数据集，并选择 5 折交叉验证。我们将数据集划分为 5 个子集，每次用 4 个子集作为训练集，剩下的 1 个子集作为测试集。这个过程重复 5 次，每个子集都作为测试集一次，最终将 5 次测试的结果取平均，以评估模型的整体性能。

2）留出法（Hold-Out）。将数据集随机分成两个部分：训练集和测试集。常见的分割比例为 70% 训练集和 30% 测试集或者 80% 训练集和 20% 测试集。留出法的优点是计算效率高，但易受单一划分的影响，导致模型评估结果稳定性欠佳。

假设我们有一个包含 1000 个样本的数据集。如果采用 70% 留出法，我们会随机选取 700 个样本作为训练集，剩下的 300 个样本作为测试集。我们在 700 个样本上训练模型，并在 300 个样本上测试模型性能。

3）自助法（Bootstrap）。通过从原始数据集中有放回地随机抽样生成多个训练集和测试集。每次抽样生成的训练集包含数据集的重复样本，而测试集则包含那些未被抽中的样本。自助法可以用来估计模型的性能和评估数据集的变异性。

假设我们有一个包含 100 个样本的数据集。通过自助法，我们可能从中抽取 70 个样本作为训练集（其中可能有重复样本），剩下的 30 个样本作为测试集。这个过程可以重复多次（例如 100 次），每次都生成不同的训练集和测试集，从而获得对模型性能的全面估计。

4）留一法交叉验证（Leave-One-Out Cross-Validation，LOOCV）。每次训练时只用一个样本作为测试集，其余样本作为训练集。LOOCV 特别适用于小数据集，因为它能最大化训练数据的利用，但计算开销较大。

如果我们有一个包含 10 个样本的数据集，在留一法中，我们会进行 10 次模型训练和测试。在每一次迭代中，从 10 个样本中选择 1 个作为测试集，其余 9 个样本作为训练集。

5）分层交叉验证（Stratified Cross-Validation）。对 k 折交叉验证的一种改进，尤其适用于类别不平衡的数据集。在每个折中确保各类别样本的比例与原始数据集保持一致。

假设我们有一个数据集，其中类别 A 占 60%，类别 B 占 40%。在进行 5 折分层交叉验证时，每个折中的训练集和测试集都将保留这 60% 和 40% 的类别比例，确保模型评估的稳定性。

（2）优势与局限

交叉验证的主要优势在于能充分利用数据集中的样本，通过多次训练和测试提供更可靠的模型性能评估。尤其是 k 折交叉验证，它将数据集划分为多个子集，确保模型在不同的数据子集上进行训练和测试，从而减少了由于单一数据划分带来的偏差。这种方法不仅提高了性能评估的稳定性，还能够更好地捕捉到模型在不同数据条件下的表现。此外，交叉验证适用于各种规模的数据集，并能够评估不同模型的效果，是一种广泛应用的评估技术。

尽管交叉验证具有很多优势，但它也存在一些局限性。首先，交叉验证特别是 k 折交叉验证需要进行多次训练和测试，这会显著增加计算时间和资源消耗。在数据集较大或需要进行多次交叉验证的情况下，这种计算开销可能成为一个重要问题。其次，交叉验证的结果可能会因为数据的划分方式不同而有所差异，因此在选择交叉验证方法时需要谨慎，以确保评估结果的可靠性。此外，交叉验证不能完全解决数据集中的所有问题，比如数据不平衡或者噪声数据等。

总体而言，交叉验证是一种有效的模型评估技术，通过将数据集划分为不同的训练集和测试集，多次进行训练和测试，从而减少了模型评估的偏差。它能够充分利用数据，提供稳定的性能指标，并适用于各种规模的数据集。然而，交叉验证也存在计算开销较大和评估结果可能因数据划分方式不同而有所差异的问题。因此，在实际应用中，需要根据数据集的特点和计算资源的条件来选择合适的交叉验证方法，以便充分发挥其优势，提升模型的评估质量。

3.1.4 应用场景

分类预测不仅在理论研究中扮演了重要角色，其实际应用也涵盖了各个领域。通过对数据进行分类预测，可以从中提取有价值的信息，帮助决策和优化业务流程。本节将探讨分类预测在医疗诊断、金融风控和营销与广告中的具体应用，了解它如何在这些领域中发挥作用，提升生活质量和商业效益。

1. 医疗诊断

在医疗诊断领域，分类预测技术能够帮助医生更准确地诊断疾病。举个例子，假设有一个用于检测糖尿病的分类模型。该模型会根据患者的各种健康指标，如血糖水平、体重、年龄等，预测患者是否患有糖尿病。将这些健康指标输入模型，可获得"糖尿病"或"非糖尿病"的预测结果。

例如，考虑一个具有三个特征的数据集：血糖水平（200mg/dL）、体重（80kg）和年龄（45岁）。该分类模型可以训练出一个规则，比如血糖水平超过150mg/dL，并且体重大于70kg的患者，可能有较高的糖尿病风险。基于这些规则，可以预测该患者是否需要进一步的检查或治疗。通过这种方式，分类预测不仅提高了诊断的准确性，还能及时识别潜在的健康问题，从而为患者提供早期干预。

2. 金融风控

在金融领域，分类预测常用于检测欺诈交易和评估信用风险。以信用卡欺诈检测为例，金融机构可以利用分类模型来识别不寻常的交易模式，从而发现潜在的欺诈行为。模型会根据历史交易数据，学习到正常交易和欺诈交易的特征，并利用这些特征对新交易进行分类。

例如，如果一个客户通常在某个地区进行小额交易，但突然在一个不熟悉的国家进行了一笔大额交易，分类模型可以通过分析交易的地理位置、金额、时间等特征，判断这笔交易是否可能是欺诈。模型的输出可以是"正常交易"或"可疑交易"，帮助银行自动筛选出需要进一步审核的交易，减少人工审核的工作量。

3. 营销与广告

在营销与广告领域，分类预测可以帮助企业进行客户分类和市场细分，从而优化营销策略。企业可以利用分类模型来预测客户的购买行为或兴趣，进而制订个性化的广告策略。例如，考虑一个电商平台希望向潜在的高价值客户推送广告。通过分析客户的历史购买数据、浏览记录和人口统计信息，分类模型可以将客户分为"高价值客户""中价值客户"和"低价值客户"三类。

具体来说，如果一个客户经常购买高端商品，并且浏览了大量相关产品页面，模型可能会将其分类为"高价值客户"。企业可以针对这一类客户提供专属优惠和定制广告，提高营销效果和客户满意度。通过这种方式，分类预测帮助企业更好地了解客户需求，优化广告投放策略，提升销售业绩。

想象一下，你和你的朋友们参加了一个美食品鉴会，桌子上摆满了各种各样的点心：有甜的、有咸的、有辣的。你们的任务是为每一道点心打分，然后挑选出最喜欢的那几道。品尝第一口点心时，你立刻感觉到了甜味。你的大脑迅速做出反应："这道点心是甜的！"你可能会想，这个过程不过是吃一口、判断它的味道，然后做出选择，对吧？但实际上，这背后有一个非常复杂的决策过程。你的大脑中有无数个神经元，它们像小小的评委一样，根据输入的信息（如味觉、气味、质地）进行判断。每个神经元都贡献了一点点信息，最终你的大脑综合这些信息，得出了对这道点心的整体评价。而更神奇的是，如果你多次尝试不同的点心，你的品味甚至会发生微妙的变化：或许一开始你喜欢甜的，后来却更偏爱辣的。这正是因为你的大脑在"学习"！每一次新的体验都会影响你的判断方式。

这个看似平常的故事，实则是神经网络运作原理的一个生动缩影。神经网络是受我们大脑神经元的启发设计出来的计算模型。就像你在品尝点心时会根据不同的输入信息做出综合判断，神经网络也通过模拟这种信息处理的过程，来解决诸如图像识别、语音识别等复杂问题。接下来，将深入探讨神经网络的构造、它是如何学习的，以及它在现实世界中如何应用。正如你在美食品鉴会上不断品尝和调整判断一样，神经网络也在不断优化自己的"判断标准"，从而完成各种任务。

3.2 神经网络

3.2.1 神经网络的灵感来源——大脑中的神经元

大脑是极其复杂神奇的器官，控制着我们的行为、感觉和思考。大脑的工作原理主要依赖于神经元的协作。神经元是大脑的基本工作单位，是一种特殊的细胞，它们负责接收和传递信息，如图 3-6 所示。

会学习的电子大脑：神经网络初体验

你可以把每一个神经元想象成一个小小的处理器。每当我们看到某个物体、听到某个声音、闻到某种气味时，这些外界刺激都会通过感官传递到大脑中的神经元。神经元接收这些信号后，会迅速对其进行处理，并将信息传递给相邻的神经元。通过神经元之间的连接，信息在大脑中进行传递和处理，最终让我们做出正确的判断和反应。

每个神经元并不是孤立工作的，而是与许多其他神经元相互连接。这些神经元通过一种叫作突触的结构互相通信。信号从一个神经元传递到另一个神经元时，就像接力棒一样，完成一系列的信息处理。例如，当你看到一只猫时，视觉信息会通过眼睛传递到大脑中的视觉区域，那里的神经元负责分析和理解这只猫的形状、颜色等特征，最终让你认出"这是一只猫"。

大脑的这种复杂结构与协调工作，使我们能够快速处理日常生活中的各种信息。从识别一个熟悉的面孔到做出某个决策，甚至是回忆过去的某些场景，这些都离不开神经元之间的紧密合作。

通过模拟这种信息处理的方式，科学家们开发出了神经网络，让计算机也能够"学习"并做出复杂的判断。虽然计算机中的神经元与大脑中的神经元并不完全相同，但它们在信息处理方式上有着惊人的相似之处。这种模仿大脑的设计，使得神经网络成为人工智能领域强大和广泛应用的技术。

3.2.2 感知机

感知机（Perceptron）是由弗兰克·罗森布拉特（Frank Rosenblatt）在 1957 年提出的。罗森布拉特受到生物学习机制研究的启发，试图通过数学模型实现自动化的学习和分类。他提出的感知机是用于二分类问题的线性分类器，通过学习算法调整参数以适应不同的输入数据。这一概念的提出被认为是人工智能和机器学习领域的重要里程碑，为后续更复杂的学习算法提供了理论基础。尽管早期的感知机能力有限，但它展示了通过简单数学规则实现自动分类的可能性，为人工智能的进一步发展指明了方向。

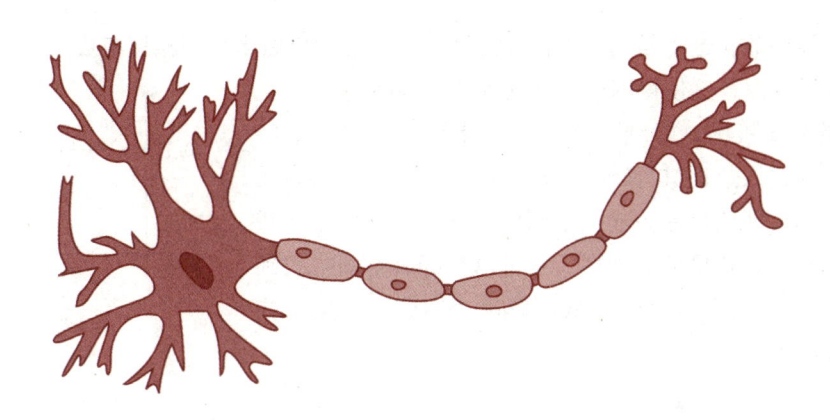

图 3-6 神经元示意图

感知机的结构相对简单,包括输入、参数(权重和偏置)和输出。在输入阶段,感知机接收一组数据特征作为输入,每个特征与一个权重相乘,权重是模型通过训练学习得出的,用于衡量该特征对分类的影响。这些乘积的结果相加后,加上一个偏置值形成一个加权和。接着,通过一个函数(通常是阶跃函数)对加权和进行处理,最终将结果映射为二元输出(例如 0 或 1)。这种简单而高效的设计,使得感知机能够实现从输入数据到分类结果的直接映射。

感知机可以用于实现基本的逻辑运算,如"与"(AND)、"或"(OR)和"非"(NOT)。感知机能够通过调整权重和偏置值来实现这些运算,因为它们都是线性可分的,如图 3-7 所示。

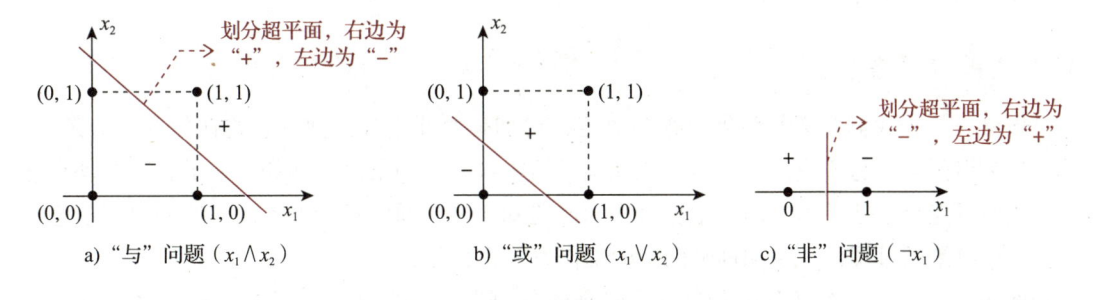

a) "与"问题($x_1 \wedge x_2$) b) "或"问题($x_1 \vee x_2$) c) "非"问题($\neg x_1$)

图 3-7 基于感知机实现的基本逻辑运算

- **"与"逻辑**($x_1 \wedge x_2$):令权重 $w_1 = w_2 = 1$,阈值 $\theta = 2$,则输出 y 的计算为 $y = f(1 \cdot x_1 + 1 \cdot x_2 - 2)$。在 $x_1 = 1$ 且 $x_2 = 1$ 时,$y = 1$。
- **"或"逻辑**($x_1 \vee x_2$):令权重 $w_1 = w_2 = 1$,阈值 $\theta = 0.5$,则输出 y 的计算为 $y = f(1 \cdot x_1 + 1 \cdot x_2 - 0.5)$。当 $x_1 = 1$ 或 $x_2 = 1$ 时,$y = 1$。
- **"非"逻辑**($\neg x_1$):令权重 $w_1 = -0.2$,$w_2 = 0$,阈值 $\theta = -0.3$,则输出 y 的计算为 $y = f(-0.2 \cdot x_1 + 0 \cdot x_2 + 0.3)$。当 $x_1 = 1$ 时,$y = 0$;当 $x_1 = 0$ 时,$y = 1$。

虽然单层感知机无法解决"异或"问题(如图 3-8 所示),但通过引入**多层感知机**(MLP)

和非线性激活函数,这个问题可以得到解决。多层感知机由多个隐藏层组成,每层都可以应用**非线性激活函数**,这使得网络能够处理非线性问题。

在多层感知机中,隐藏层的神经元能够学习并提取特征,将原始的输入数据进行转换,从而在高维空间中实现线性可分。因此,即使在原始输入空间中"异或"问题是非线性的,通过多层感知机的处理后,它可以在高维空间中找到一个合适的超平面进行分类,从而解决"异或"问题,如图 3-9 所示。

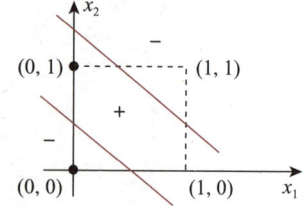

图 3-8 "异或"问题 ($x_1 \oplus x_2$)

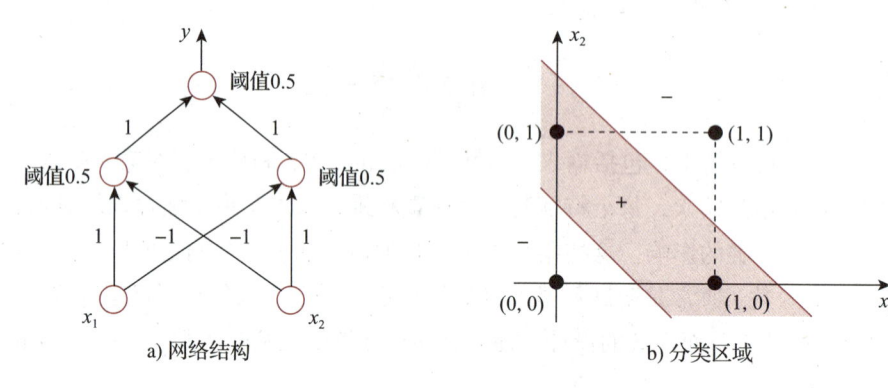

a) 网络结构　　　　b) 分类区域

图 3-9 可以解决"异或"问题的两层感知机

总结来说,单个感知机由于其线性性质,无法处理"异或"问题。但通过多层结构和非线性激活函数,现代神经网络能够轻松解决这类非线性任务。这也是神经网络逐渐从感知机模型发展到多层和深层结构的重要原因。

3.2.3　神经网络概述

想象一下,我们每天都会做出很多决定,比如是否要去公园散步、选择什么样的午餐、是否带伞出门等。这些决定通常基于从周围环境中收集到的信息。例如,如果看到窗外有乌云,我们可能会决定带伞,因为根据过去的经验知道乌云通常意味着下雨。这种根据信息和经验做出决策的过程,其实和神经网络的工作方式很相似。

现在,假设有一个任务:帮助一个智能系统判断是否要在某天带伞。这个系统需要观察天气状况,比如是否有乌云、气温高低以及风速大小。观察到的每一个信息就像我们生活中的线索,系统会根据这些信息进行判断。这里,我们可以把这个智能系统想象成一个神经网络,它有一组"神经元"来处理信息。这些神经元会接收信息,并根据以前学到的经验(类似于我们在生活中积累的经验)对信息进行处理,最终给出"是否带伞"的决策。

在神经网络中,这些"神经元"会对输入的信息进行处理,逐层传递和分析,它会根据每一层的判断进行综合,最终输出一个结果。比如,如果系统检测到乌云很密集且风速很大,那么这些信息会被传递到下一层神经元进行分析,最终得出带伞的决策。

1. 神经网络的启发

神经网络的设计灵感源于人类大脑神经元的工作方式。大脑中的神经元通过复杂的网络结构相互连接,协同工作以处理各种复杂的信息。每个神经元都接收来自其他神经元的信号,并根据接收到的信息进行处理,最终做出判断或者发出信号。这种合作机制使得大脑能够执行从简单反应到复杂思维的各种任务,比如识别物体、记住信息甚至学习新技能。

科学家们从这种机制中得到了启发,提出了一个设想:是否可以通过计算机来模拟大脑的神经元工作方式,使得机器也能够像大脑一样处理信息、做出决策?于是,神经网络技术逐渐发展起来。

在神经网络中,**人工神经元**并不是生物细胞,而是通过数学模型来模仿生物神经元的功能。每个人工神经元接收一系列的输入,进行简单的数学计算,然后将结果传递给其他神经元。这个过程类似于大脑神经元之间的信号传递。

2. 人工神经元(M-P 神经元)

人工神经元(Artificial Neuron)是神经网络中的基本计算单元,它模拟了人脑中生物神经元的工作方式。尽管它在复杂性上无法与生物神经元完全相提并论,但它的设计和功能是基于对生物神经元行为的简化与抽象。人工神经元的工作原理如图 3-10 所示。

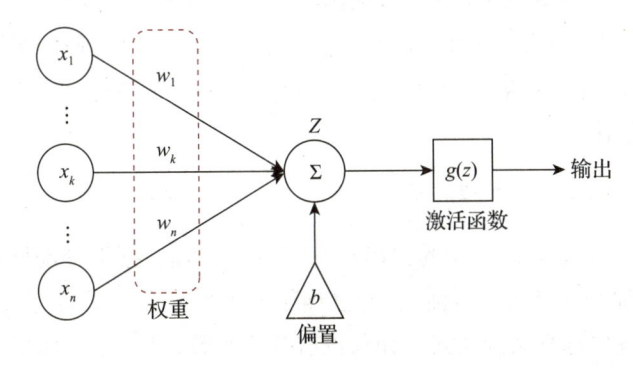

图 3-10 人工神经元的工作原理

以下步骤可直观概括人工神经元的工作流程。

1)**接收输入 x**:神经元的第一步是接收输入信号 $x = \{x_1, \cdots, x_k, \cdots, x_n\}$。这些输入可以来自不同的来源,具体取决于网络的结构。在最简单的情况下,输入信号可以来自外部世界的原始数据,例如图像的每个像素值、语音信号中的音频特征、文本中的词向量。在神经网络的更深层次中,输入信号也可以来自前一层神经元的输出结果。无论来源如何,神经元始终会接收多个输入信号,通常以数值的形式表示。每个输入都是一个影响神经元判断的因素。例如,在图像识别任务中,如果要识别一只猫,输入信号可能是图片中每个像素的灰度值或者颜色值。每个神经元都会接收到这些像素信息,并根据它们的数值进行计算。

2)**应用权重 w**:接收到输入信号后,神经元的下一个任务是对每个输入应用一个权重 $w = \{w_1, \cdots, w_k, \cdots, w_n\}$。权重 w 是一个可调整的参数,表示每个输入对神经元最终输出的重要性。不同的权重 w 能够改变输入的影响力:如果权重 w 很大,那么该输入对神经元的影响就更显著；如果权重 w 较小，那么该输入的影响力就较弱，甚至可能被忽略。在神经网络的训练过程中，权重 w 会不断调整，以使网络能够更好地拟合数据并提高其预测准确性。通过调整 w 权重，神经网络学会哪些输入特征更重要，哪些特征可以忽略。例如，在识别猫的过程中，某个神经元可能更加关注耳朵的形状，而不是猫的颜色。如果耳朵形状的特征更有助于识别猫，那么这个特征的权重会比其他特征更大。

3）计算加权和 z：当每个输入信号都被赋予了一个权重后，神经元会将每个输入与其对应的权重相乘，并将所有乘积加起来，得到一个加权和 $\sum_{i=1}^{n} w_i x_i$。加权和是对所有输入信号的总结，是神经元对收到的所有信息进行的综合性判断。加权和的值代表了神经元"感觉到"的信号强度，它将在之后被用来判断是否应该激活神经元。例如，如果神经元接收到多个像素值，并根据每个像素的重要性分配了不同的权重，所有这些像素值和权重相乘后，加起来的结果就是加权和。这一结果反映了神经元对输入图片做出的初步判断。

4）添加偏置 b：在计算完加权和之后，神经元通常会添加一个额外的值，叫作偏置。偏置 b 是一种用于进一步调整输出的参数，它有助于网络在没有输入信号时也能有一定的输出。偏置的作用是让神经元具有更大的灵活性，尤其是在处理复杂问题时，偏置可以帮助网络做出更细致的调整。偏置 b 可以被认为是网络的"初始设定"，让神经元在某些情况下不依赖输入信号也能做出判断。例如，如果神经元在处理图像时，某个像素的数值接近 0（很暗），那么加权和可能也接近 0。添加偏置可以确保即使输入信号较弱，网络也能够在某些场景下生成有意义的输出。

5）通过激活函数 $g(z)$：加权和与偏置相加后，神经元将结果 $z = \sum_{i=1}^{n} w_i x_i + b$ 传递给激活函数。激活函数的作用是对神经元的输出进行非线性处理，帮助神经网络处理复杂的非线性问题。它决定了神经元是否"激活"，并且确保输出信号在合适的范围内。激活函数的引入使得网络能够处理更加复杂的模式。如果没有激活函数，神经元的输出只是输入的线性组合，这会使网络难以解决复杂的非线性问题。例如，在识别猫的任务中，经过前面的步骤，神经元可能得到了一个加权和值，比如 5.6。此时，激活函数会对这个值进行处理，决定是否将其作为输出传递给下一个神经元。

下面是常见的激活函数，其图像如图 3-11 所示。

ReLU（Rectified Linear Unit）函数：

$$f(z) = \max(0, z) \tag{3-13}$$

如果加权和 z 大于 0，ReLU 输出 z，否则输出 0。ReLU 是深度学习中最常用的激活函数，计算效率高，并且能够有效避免梯度消失问题。

Sigmoid 函数：

$$f(z) = \frac{1}{1 + e^{-z}} \tag{3-14}$$

Sigmoid 函数将输出压缩到 0～1 之间，通常用于处理二分类问题。

Tanh 函数：

$$f(z) = \frac{e^z - e^{-z}}{e^z + e^{-z}} \tag{3-15}$$

Tanh 函数将输出压缩在 –1~1 之间，适用于有正负信号的处理场景。

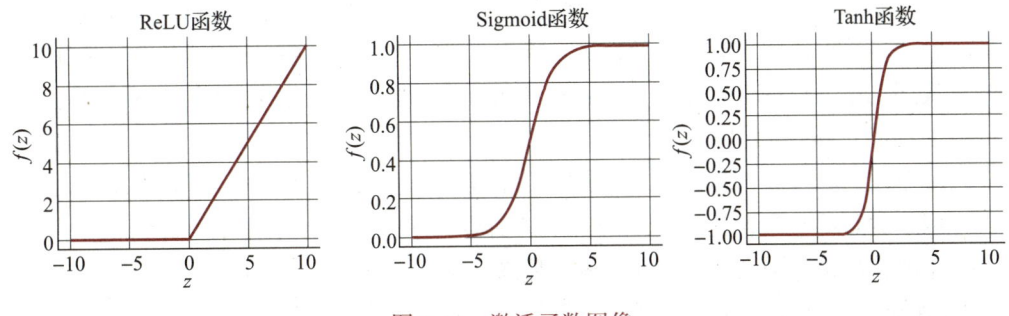

图 3-11 激活函数图像

6）输出结果：最后，经过激活函数处理后的结果将成为神经元的输出。该输出可以有多种用途：如果神经元位于网络的中间层，该输出将作为下一个神经元的输入，继续传递和处理；如果神经元位于输出层，那么该输出将是神经网络的最终预测结果，比如在图像分类中，输出可能是图像属于某个类别的概率。输出的值决定了神经元的判断结果，这个结果在下一层或最终的输出中发挥重要作用。例如，在图像分类任务中，如果网络的输出是一个概率分布，表示图像属于某个类别的可能性，网络最终会选择概率最大的类别作为识别结果。

人工神经元是神经网络的基本组成部分，它通过接收输入、加权处理、应用激活函数来做出判断。尽管单个神经元的功能相对简单，但当大量人工神经元组合在一起时，它们能够形成强大的神经网络，解决复杂的计算任务。通过调整权重和偏置，人工神经元能够"学习"并逐步优化其表现，这也是神经网络成功的核心原理。

3. 神经网络的构成

神经网络是由许多层人工神经元组成的，每一层都有其特定的功能。通常，神经网络由三类主要的层组成，即**输入层**、**隐藏层**和**输出层**，如图 3-12 所示。

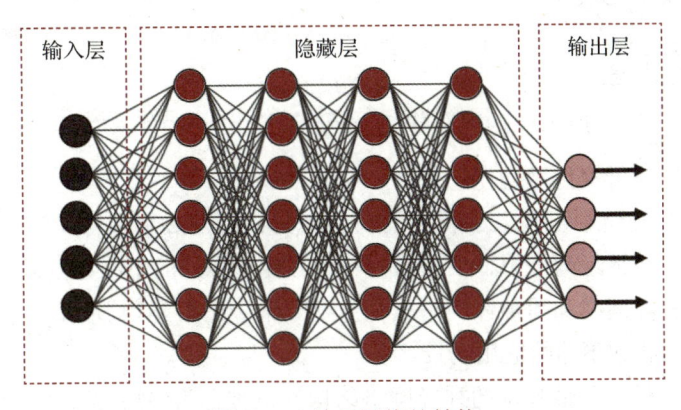

图 3-12 神经网络的结构

❏ **输入层**：这是神经网络接收信息的起点。输入层中的神经元接收外界数据，例如图像、文本或声音，将其转化为网络能够处理的数值形式。这个过程就像我们用眼睛看东西或者用耳朵听声音，输入层相当于我们的感官。

❏ **隐藏层**：隐藏层是神经网络进行信息处理的"工作区"。在这个过程中，隐藏层逐步分析信息、提取特征，并进行复杂的计算。隐藏层中的神经元通过计算加权和、激活函数等步骤，对输入数据进行逐步处理。每个隐藏层可以提取不同层次的特征：浅层网络提取的通常是简单的特征（如边缘、形状），而深层网络能够提取更加复杂的特征（如物体、场景）。

❏ **输出层**：在经过隐藏层的处理后，信息最终到达输出层。输出层中的神经元会给出网络的最终结果，比如识别图像中的内容、翻译一段文本或者预测某个结果。输出层的结果是整个网络计算和分析的最终结论。

整个神经网络的工作流程不同于单个神经元的工作流程，因为它涉及多个神经元的协同工作，以及输入数据如何在网络中传递、处理和反馈。神经网络是由多层人工神经元组成的复杂系统，它通过多个神经元之间的连接和交互来处理复杂任务。神经网络的工作始于输入层，这一层的神经元直接接收外部的数据。输入数据的类型取决于具体任务：对于图像识别来说，输入的是图片的像素值，通常是一组数值矩阵；对于语音识别来说，输入的是音频信号的频率特征或振幅值；对于自然语言处理来说，输入的是文本的词向量，表示为数值向量。这些输入数据以数值的形式被送入网络，代表的是问题中的原始信息。

图像被识别成数字 1 的工作流程如图 3-13 所示。

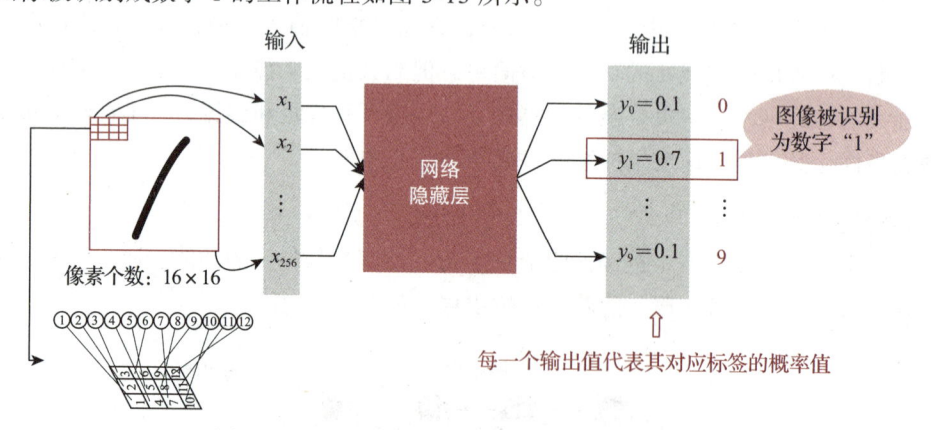

图 3-13　图像被识别成数字 1 的工作流程示意图

4. 神经网络的主要类型及应用

神经网络作为机器学习和人工智能的核心工具，已发展出多种类型以适应不同的数据类型和任务需求。在神经网络中，根据结构和信号传递方式的不同，可以将其大致分为前馈神经网络、反馈神经网络和图神经网络三种主要类型，如图 3-14 所示。这些类型各有特点，适合解决不同的问题和不同的应用场景。

前馈神经网络是一种最基础的神经网络结构，也被称为多层感知机（MLP）。它由输入层、一个或多个隐藏层以及输出层组成，每一层的神经元之间通过全连接的方式传递信息。

信号从输入层传递到输出层，始终是单向的，中间没有反馈或循环的连接。这个特点使得前馈神经网络适合处理静态数据，例如模式识别和图像分类任务。它通过输入数据逐层处理并最终输出结果的方式，完成对数据的分类或预测，是最简单且广泛应用的神经网络模型。

反馈神经网络则是一种具有反馈机制的神经网络。与前馈神经网络不同，反馈神经网络的神经元之间有着有向的循环连接，这使得它能够将之前的输入和输出结果保留并应用到当前的计算中。因为这种结构，网络能够记忆过去的信息并在输出时综合当前和之前的数据，从而在时间序列数据或语言数据处理上有显著优势。反馈神经网络的设计使它能够处理具有时间依赖性和连续性的任务，因此在自然语言处理、语音识别以及时间序列预测中被广泛使用，通过保留和利用过去的状态信息，它可以更加精准地进行预测和分类。

图神经网络是一种基于图结构的神经网络。图结构由节点和边组成，节点代表数据实体，边则表示节点之间的关系。图神经网络能够处理和学习这些节点特征和边特征之间的关系，通过在拓扑结构的基础上组织和推理信息来实现对图数据的分析。这种网络特别适合处理复杂的非欧几里得数据，如社交网络、交通网络、生物网络以及知识图谱等。在应用上，图神经网络广泛用于图数据的分类、回归和预测任务。例如，它可以预测社交网络中节点之间的联系，进行实体关系的推理，或是帮助进行药物发现。其在复杂数据结构中的表现和应用广度使其成为当前神经网络研究和应用的一个重要方向。

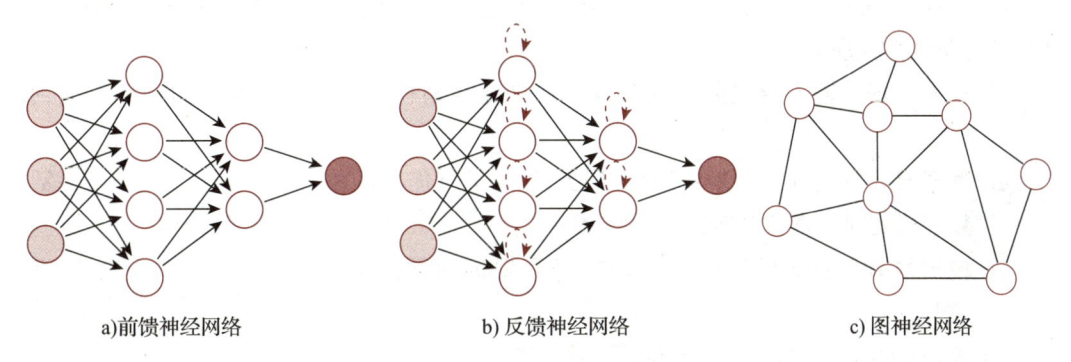

a) 前馈神经网络　　　　b) 反馈神经网络　　　　c) 图神经网络

图 3-14　神经网络的主要类型

3.2.4　BP 神经网络

BP 神经网络，即反向传播神经网络（Back-propagation Neural Network），是神经网络领域中的一个重要里程碑。它的核心是通过**反向传播算法**来优化网络参数，使得神经网络能够高效地学习复杂的任务。BP 神经网络的发展从 20 世纪 80 年代开始，是人工神经网络研究的一个重大突破。

在 20 世纪五六十年代，早期的神经网络模型（如感知机）在简单分类任务上取得了一些成功，但由于它们只能处理线性可分的问题（例如感知机无法解决异或问题），神经网络的发展一度陷入停滞。直到 20 世纪 80 年代，David E. Rumelhart、Geoffrey Hinton 等人提出了**反向传播算法**，才使得神经网络重新焕发活力。这种算法允许多层神经网络（即多层感知机）进行训练，解决了之前感知机无法解决的非线性问题。因此，BP 神经网络成为现代深度学习的基础，并广泛应用于语音识别、图像分类和自然语言处理等领域。

1. 反向传播算法的重要性

反向传播算法的核心思想是通过计算误差的梯度来更新网络的权重，从而逐渐减小误差。可以通过一个例子来理解它的重要性：假设有一个神经网络模型，想要基于学习时间和作业完成情况预测一个学生的考试成绩（分数）。如果网络初始的权重和偏置值是随机的，可能预测结果与实际分数有很大偏差。这时，可以通过计算预测值和真实值之间的误差（比如均方误差）来衡量网络的准确性。

反向传播算法在这个过程中发挥了重要作用。它通过计算误差相对于每个权重的导数（梯度），帮助网络找到需要调整的方向和幅度。每次迭代，网络都会根据这些梯度调整权重，使得预测结果越来越接近实际分数。这就像我们在黑暗中寻找目标，通过感知周围的环境（误差）来调整自己的方向（权重），最终找到目标。这种反复调整和优化的过程使得神经网络能够逐渐学习和改善其预测性能。

2. BP 神经网络的运行步骤

BP 神经网络的运行过程分为前向传播、误差计算和反向传播三大步骤。

1）前向传播：BP 神经网络首先通过前馈神经网络的方式，从输入层将数据传递到隐藏层，最终到达输出层。这一过程中，每一层的神经元都会对输入进行加权求和，并通过激活函数进行非线性处理。

- **输入数据**：输入层接收输入数据，数据通过加权求和和激活函数的处理传递到隐藏层。
- **隐藏层计算**：每个隐藏层的神经元对输入进行加权求和，加上偏置，并通过激活函数进行处理，将结果传递到下一层。
- **输出层计算**：最终，输出层的神经元根据前面隐藏层的输出进行处理，生成预测值。

2）误差计算：在输出层计算出结果后，将预测值与实际值（真实标签）进行比较，计算出误差（也叫损失）。误差的大小反映了网络的预测效果。BP 神经网络会计算输出值与真实值之间的误差，常用的误差函数包括：均方误差（MSE），常用于回归任务；交叉熵损失（Cross-Entropy Loss），常用于分类任务。误差函数的输出值（即损失值）表示了预测值与实际值之间的差异。

3）反向传播：根据误差值，BP 神经网络会反向传播这一误差，计算每个神经元权重对误差的影响（即误差的梯度）。通过梯度下降算法调整每一层的权重和偏置，最终使误差逐渐减小，网络性能逐渐提高。反向传播是 BP 神经网络的核心步骤，通过以下过程实现。

- **计算梯度**：首先，反向传播从输出层开始，根据损失函数计算输出层神经元的梯度，即误差相对于每个神经元输出的偏导数。接着，将这些梯度信息逐层传回前面的隐藏层，通过链式法则计算每一层的梯度。
- **更新权重**：使用梯度下降算法（例如随机梯度下降），网络根据每个权重的梯度调整权重值，以减少误差。更新公式为

$$w_i = w_i - \eta \times \frac{\partial E}{\partial w_i}$$

$$b = b - \eta \times \frac{\partial E}{\partial b}$$

其中，η 是学习率，决定了每次更新的步长大小。通过多次迭代，误差会逐渐减小，网络的预测结果会越来越准确。

BP 神经网络在训练过程中会不断重复正向传播、误差计算和反向传播的过程。每次迭代后，权重值和偏置都会有所调整，直到网络的误差达到预期的水平或训练达到设定的迭代次数。这种迭代的过程使得 BP 神经网络能够逐渐学习到数据中的模式，并改善其性能。

3.2.5 神经网络的应用领域

神经网络作为人工智能的核心技术之一，在各个领域得到了广泛应用。强大的学习能力和自动调整的特性，使其能够处理大量复杂的数据，并从中提取有用的信息。以下是神经网络的典型应用领域。

1. 图像识别

图像识别是神经网络最早也是最广泛应用的领域之一。通过对图像中的像素值进行分析，神经网络能够识别出图像中的内容，例如人脸、物体、文字等。其背后的原理是通过卷积神经网络（CNN）对图像进行逐层处理，从简单的边缘特征开始，逐步提取到更复杂的高层次特征，最终实现对整个图像的理解。

- **人脸识别**：在社交媒体、手机解锁等场景中，人脸识别已经成为人们生活中的一部分。通过分析面部的关键特征点，神经网络可以准确识别出个人的身份。
- **物体检测**：在自动驾驶场景中，神经网络被用于识别路上的行人、车辆、交通标志等，帮助车辆做出正确的驾驶决策。通过实时处理车载摄像头捕获的图像，神经网络能够快速响应路况变化。
- **医学影像分析**：在医疗领域，神经网络用于分析 X 光片、CT 扫描等医学影像，帮助医生快速发现疾病。例如，神经网络可以通过对肺部 CT 图像的分析，自动检测肺癌病灶，辅助医生进行诊断。

2. 语音识别

语音识别是指将语音信号转换为文本或指令的过程，神经网络在其中扮演了关键角色。通过分析声音的频率特征，网络能够理解人类的语言，并将其转化为计算机能够处理的指令。这一技术已经应用于多种日常工具和设备中。

- **虚拟助手**：语音识别技术使得 Siri、Alexa、Google Assistant 等虚拟助手能够理解人们的语音命令，并执行相应的操作。无论是播放音乐、设置提醒，还是查询天气，神经网络都在背后提供强大的支持。
- **语音转文字**：自动语音识别（ASR）系统可以将语音信号转换为文字，广泛应用于字幕生成、会议记录等场景。现代语音识别系统基于深度神经网络，能够在嘈杂环境下准确识别语音内容。
- **实时翻译**：结合语音识别和自然语言处理，神经网络使得实时语言翻译成为可能。例如，谷歌翻译不仅能将输入的文本翻译为另一种语言，还可以实时翻译语音并生成对应的文字或语音输出。

3. 自然语言处理

自然语言处理是指计算机理解和生成人类语言的技术，神经网络在这方面的表现尤为突出。通过对大量文本数据的学习，网络能够理解语言中的语法、上下文、情感等，帮助计算机与人类进行自然的交互。

- **机器翻译**：神经网络已经在机器翻译中取得了显著的进展。通过学习海量的双语数据，网络可以自动将一段文本从一种语言翻译为另一种语言。神经机器翻译（NMT）系统已经成为现代翻译工具的核心技术，谷歌翻译和 DeepL 等服务都依赖于这种技术。
- **情感分析**：通过分析社交媒体、产品评论等文本数据，神经网络能够识别出文本中隐含的情感倾向。这在市场分析、用户反馈等领域有着广泛的应用。例如，电商平台可以通过情感分析来了解用户对商品的真实看法，从而优化推荐和销售策略。
- **智能对话系统**：神经网络使得智能聊天机器人能够与用户进行自然对话。这些对话系统可以应用于客户服务、教育、娱乐等多个领域。例如 OpenAI 的 GPT 模型，正是基于神经网络，通过学习大量的文本数据，能够生成几乎与人类对话无法区分的回应。

4. 推荐系统

推荐系统是电商网站、视频平台、社交媒体等应用中常见的技术，通过分析用户的行为数据，神经网络可以预测用户的兴趣，并为其推荐相关内容。

- **电商网站**：亚马逊、淘宝等电商网站通过分析用户的购买历史、浏览记录等，向用户推荐他们可能感兴趣的商品。神经网络能够从大量的用户行为中挖掘出隐藏的购买倾向，从而提升推荐的精准度。
- **视频平台**：YouTube、Netflix 等视频平台通过分析用户的观看历史、点赞行为等，神经网络能够为用户推荐更符合他们口味的视频内容。精准的推荐不仅提高了用户的观看体验，也增加了平台的用户黏性。
- **社交媒体**：在社交媒体中，神经网络可以根据用户的互动历史，推荐相关的帖子、朋友或话题。通过挖掘用户兴趣，推荐系统帮助社交媒体平台更好地留住用户，并让他们发现更多感兴趣的内容。

5. 金融领域

在金融领域，神经网络同样有着广泛的应用。通过对大量历史数据的学习，神经网络能够帮助金融机构进行风险预测、欺诈检测等。

- **股票市场预测**：神经网络能够分析股票市场中的历史数据和趋势，从而预测未来的价格走向。尽管股票市场有很强的不确定性，但通过大数据和神经网络的结合，能够提供有价值的投资建议。
- **欺诈检测**：在支付和交易系统中，神经网络被用来检测异常行为，识别潜在的欺诈活动。通过学习正常交易和异常交易的特征，网络可以迅速发现可疑的交易活动并发出警报。
- **信用评分**：银行和贷款机构通过神经网络分析用户的信用历史、收入情况等，给出更准确的信用评分。相比传统的评分模型，神经网络能够考虑更多的复杂因素，从而做出更可靠的决策。

6. 自动驾驶

在自动驾驶技术中，神经网络被用于多个关键任务。通过对车辆传感器（如摄像头、雷达、激光雷达等）采集的数据进行处理，神经网络可以帮助自动驾驶汽车感知环境、规划路线，并做出驾驶决策。

- **道路检测**：神经网络可以实时分析车载摄像头捕捉的图像，识别出道路、车道线、交通信号灯等关键信息，帮助车辆在复杂的交通环境中进行导航。
- **行人检测**：在驾驶过程中，检测行人和其他道路使用者（如自行车、摩托车等）是自动驾驶技术中的一项重要任务。神经网络能够识别这些目标并预测它们的运动轨迹，从而避免碰撞。
- **驾驶决策**：结合从传感器中获取的环境信息，神经网络帮助自动驾驶汽车做出正确的决策，比如转弯、加速、刹车等。

神经网络在各个领域都有广泛应用，不仅在技术创新中发挥了重要作用，也深刻影响了人们的日常生活。从图像识别到语音处理，从自然语言处理到推荐系统，神经网络已经成为推动人工智能技术发展的核心力量。随着技术的不断进步，神经网络的应用范围还将进一步扩大，并带来更多的变革与创新。

3.2.6　神经网络的挑战

神经网络是人工智能领域最核心的技术之一，它模仿人脑的神经元结构，能像人类一样"学习"和"思考"。通过神经网络，计算机能够从海量数据中提取规律、识别模式，并做出智能的决策。例如，当人们使用手机拍照时，神经网络可以帮助识别照片中的人物或物体，甚至能够自动美化照片。再比如，当人们和智能语音助手（如 Siri 或 Alexa）对话时，背后的技术同样依赖神经网络来理解语音并生成合适的回复。

神经网络在各行各业都有广泛的应用：从自动驾驶、医疗影像分析，到语音识别、图像生成，几乎每个领域的智能化应用背后都有神经网络的影子。它已经成为推动现代人工智能发展的核心力量。尽管神经网络在各个领域表现出色，并且解决了许多复杂的问题，它在实际应用中仍然面临一些不可忽视的挑战。

1. 数据依赖与数据问题

神经网络的强大功能离不开大量数据的支持。在学习如何完成任务时，神经网络依赖于从大量历史数据中提取规律，因此数据的数量、质量和结构对于神经网络的成功至关重要。然而，在实际应用中，数据方面的挑战是影响神经网络表现的关键因素。可以从数据规模、数据均衡性和数据质量三个角度来理解这些问题。

（1）对大规模数据的依赖

神经网络需要大量的训练数据来提高它的准确性。简单来说，神经网络就像一个学生，它通过反复练习才能掌握知识。如果数据不够多，神经网络就像缺乏足够练习的学生，学习效果会打折扣。举个例子，如果想训练一个神经网络来识别水果的图片，该网络需要成千上万张标注了"苹果""香蕉""橙子"等标签的图片来学习不同水果的特征。如果数据量不足，该网络可能无法很好地辨别不同的水果。

尽管人们知道大量数据能提升神经网络的性能，但收集和标注数据的过程并不简单。首先，获取足够的高质量数据本身需要投入大量时间和成本。例如，要收集交通视频数据来训练自动驾驶系统，可能需要部署摄像头、记录大量不同场景下的行车数据，然后还需要有人手动为这些视频数据标注出"行人""红绿灯"等信息。这种人工标注的数据不仅昂贵，还可能难以规模化。

此外，随着人工智能的普及，隐私和数据安全问题变得越来越突出。很多神经网络应用都需要用户的个人数据来进行训练，比如智能语音助手需要收集用户的语音数据，推荐系统需要分析用户的浏览习惯。然而，这些数据的收集可能侵犯用户隐私，甚至可能被滥用。因此，在数据依赖的同时，也必须关注如何在保护隐私的前提下使用数据。例如，在医疗领域，患者的病历数据是非常私密的信息，如何安全地使用这些数据来训练疾病诊断模型是一个重要的问题。

（2）数据不均衡

另一个常见的问题是数据不均衡，即某些类别的数据量远远超过其他类别。这会导致神经网络在训练时更倾向于表现好的类别，而忽略那些数据较少的类别。举个例子，如果想训练一个识别动物的神经网络，假设有1000张狗的图片，却只有100张猫的图片。结果，神经网络可能会更容易识别狗，对猫的识别效果很差，因为它从猫的图片中学到的信息不够多。

这种情况在医学图像分析中也很常见。例如，在训练癌症检测模型时，阳性样本（即有癌症的病例）往往远少于阴性样本（没有癌症的病例），导致模型容易忽略癌症的信号。为了应对这个问题，研究人员通常会采用一些技术，比如对少数类别的数据进行"增强"，即通过各种手段增加这些类别的样本量，或者在模型训练过程中给少数类别更多的"权重"，以平衡各类别的影响。

某些类别的数据特别少的情况称为小样本问题。在这种情况下，神经网络很难从少量数据中学习到有效的特征。为了解决这一问题，常用的方法如下。

- **数据增强**：通过对现有的数据进行变换（如旋转、缩放、裁剪等）来生成新的样本，增加数据量。例如，可以对有限的猫的图片进行旋转和翻转，生成更多的"猫"的训练数据。

- **迁移学习**：这是一种先使用大量数据在一个相关任务上训练网络，再将学到的知识应用于当前小样本任务的方法。比如，先在一个大规模的动物图片数据集上训练一个神经网络，然后再用少量猫的图片进行微调，使网络能更好地识别猫。

（3）数据质量问题

即便拥有大量数据，若数据质量不佳，神经网络的表现仍然会受到影响。以下是常见的数据质量问题。

- **噪声**：一些数据可能包含不必要或有害的信息，例如在图像中有一些随机的斑点或干扰，这些都会影响神经网络的学习效果。
- **错误标注**：有时数据被错误地标注。例如，在水果识别任务中，如果一些橙子被误标为苹果，神经网络会学到错误的信息，导致它对水果的识别准确性下降。
- **数据缺失**：在一些场景中，数据可能不完整，比如用户在填写问卷时跳过了某些问题，这种缺失的数据也会影响模型的学习。

2. 计算资源与效率问题

神经网络尤其是深度神经网络，虽然在解决复杂问题方面表现出色，但其背后需要大量的计算资源和时间支持。对于非计算机专业的读者来说，了解神经网络的计算需求及其面临的挑战，可以帮助我们更好地理解为什么这些技术在应用中会遇到瓶颈。下面将通过几个简单的例子，详细介绍神经网络的计算资源与效率问题。

（1）高计算成本

神经网络，尤其是深度神经网络，包含多个层次，每一层都由成千上万个神经元组成，每个神经元之间相互连接，负责处理大量复杂的计算。举个简单的例子，假设有一个任务，想让计算机识别不同水果的照片，那么训练神经网络的过程相当于让计算机"看"上万张水果的图片，并学习它们之间的差异。对于每一张图片，神经网络要进行成千上万次的计算，才能识别出图像中的模式，比如某个水果的形状或颜色。随着任务的复杂度增加（比如让神经网络识别复杂的物体或进行自然语言处理），网络的层数和神经元的数量也会相应增加，这导致计算的需求成倍增长。例如，自动驾驶汽车中的图像识别系统不仅要识别前方的路况，还需要判断行人、车辆等信息，这需要海量的计算资源。

除计算资源之外，神经网络的训练还需要大量的时间。深度神经网络的训练就像一个学生反复学习和调整自己的知识结构，需要不断地调整参数。这个过程可能需要几个小时、几天甚至几周的时间来完成。例如，像 GPT-3 这样的大型语言模型，其训练需要耗费数百个小时的计算时间。再加上复杂的模型和大规模的数据，计算量会显著增加。

此外，神经网络的训练过程还伴随着高能耗。大型数据中心为了支持这些计算，消耗的电力往往相当可观。比如，训练一个像 GPT-3 这样的大型模型，其能耗可能相当于一辆普通家用汽车一年所消耗的能源。这也引发了关于环境和可持续发展的讨论，如何减少神经网络的能源消耗成为一个重要的研究方向。

（2）模型复杂性

神经网络的复杂性不仅体现在层数的增加，还体现在每一层的宽度。假设想让神经网络解决一个非常复杂的任务，例如自动驾驶中的场景识别，这时需要更深（更多层）和更宽（更多神经元）的网络来处理这些复杂的数据。这就好比增加了更多的学生来共同解决问题，每个学生都要做自己那部分的工作，这样就会消耗更多的时间和资源。

但是，随着网络深度和宽度的增加，计算复杂度也会呈指数级增长。每一层之间的计算依赖于前一层的结果，因此，计算的传递会越来越复杂。这意味着，训练一个大型的神经网络需要非常高的计算能力，而且随着任务复杂度的增加，计算需求增长得非常快。

随着神经网络复杂度的增加，传统的 CPU（中央处理器）难以满足其计算需求。因此，许多神经网络的训练和推理任务依赖于 GPU（图形处理器）或 TPU（张量处理器）。GPU 最早是为图像渲染设计的，但由于它能够并行处理大量数据，逐渐成为神经网络训练的"加速器"。TPU 是专门为深度学习设计的硬件，能更高效地处理深度神经网络的计算任务。

使用这些硬件加速器，能够显著提高神经网络的计算速度。例如，一台装有多个 GPU 的服务器可以同时处理成千上万个计算任务，让复杂的神经网络训练时间从几周缩短到几天。然而，GPU 和 TPU 的高成本也是一个问题，许多研究机构和小型企业可能难以承受购买和维护这些设备的费用。

3. 模型可解释性

神经网络在执行复杂任务时表现出色，例如图像分类、语音识别等，但其"黑箱"特性使得人们很难理解它们是如何做出这些决策的。对于非计算机专业的读者来说，了解神经网络的可解释性问题可以帮助我们更好地理解和信任这些技术，尤其是在医疗、金融等需要高度透明的领域。

神经网络被形象地比喻为"**黑箱模型**"，这意味着人们知道输入和输出的结果，但很难理解它是如何在内部进行处理和做出决策的。举个简单的例子，假设一个神经网络能够根据一张人的照片判断这个人是否微笑。可以看到输入的是一张图片，输出的是"微笑"或"不微笑"，但人们并不知道它是根据哪些特征做出的判断——是眼角的上扬、嘴角的弯曲还是其他因素？这些判断过程隐藏在复杂的数学计算和层层神经元连接中，导致人们难以解释网络做出决策的依据。

这种不可解释性在某些领域可能会带来问题。例如，在金融领域，神经网络被用于信用评分或贷款审批。如果模型对某个申请人拒绝贷款，但无法解释模型的决策依据，这不仅会引发客户的不满，也可能违反相关的法律法规。同样，在医疗领域，如果神经网络做出诊断，也希望能够理解它为何得出这样的结论，以便医生参考或进行二次确认。

4. 模型的鲁棒性与安全性

在人工智能领域，神经网络的鲁棒性与安全性问题变得越来越重要。鲁棒性指的是模型在面对意外或不完整数据时仍然能够做出合理判断的能力，安全性则涉及模型在面对恶意攻击时的防御能力。对于非计算机专业的读者来说，理解这些问题可以帮助我们认识到，在享受智能技术便利的同时，还需要考虑到它的局限性和风险。以下将详细介绍模型的鲁棒性和安全性问题，并通过简单易懂的例子进行解释。例如，一个用于识别交通标志的神经网络在正常情况下能够准确判断"停车"标志。但如果标志上被贴了几张贴纸或出现了污渍，模型仍然需要判断出它是否为"停车"标志，这就是鲁棒性的问题。如果攻击者有意修改图像中的像素，使其在人眼看起来仍然是"停车"标志，但模型却被误导为"限速"，这就是一种对模型的攻击，即安全性问题。这类攻击被称为"对抗攻击"，它通过制造细微但具有欺骗性的扰动来干扰模型的判断。此外，鲁棒性和安全性并不是单独存在的，它们之间往往是相互关联的。一个模型如果在面对异常情况时表现良好，往往也更不容易受到恶意干扰。为了提升模型的鲁棒性和安全性，研究人员提出了许多技术手段，比如数据增强、对抗训练、模型正则化等。这些方法的目标都是让神经网络在现实世界中更加可靠，避免因为一些微小的变化或攻击而导致严重的判断错误。

5. 泛化能力不足

泛化能力指模型面对新数据时的表现，即能否在训练数据和未见数据上都保持高准确性。一个具有良好泛化能力的神经网络能够处理新环境中的变化，而不是只记住训练时看到的具体样本。然而，许多神经网络在新环境或不同分布的数据上表现不佳。举个例子，假设训练了一个图像识别模型，能够非常准确地识别室内的狗和猫。然而，如果让同样的模型在户外的照片中识别狗和猫，它的表现可能会大幅下降。这是因为训练过程中模型只见过室内的图像，而户外环境中的光线、背景和动物的姿态都与训练数据不同，这就导致模型的泛化能力不足，难以适应新环境。这种问题在现实应用中非常普遍，尤其是在医学、自动驾驶等领域。例如，一个经过城市交通数据训练的自动驾驶系统，可能在农村的道路上表现较差，因为两者的环境有很大的不同。

6. 伦理与社会挑战

神经网络和人工智能技术的发展不仅改变了人们的生活方式，还引发了许多伦理和社会问题。尤其在算法偏见和自动化对就业的冲击方面，神经网络技术的广泛应用带来了一系列的挑战。对于非计算机专业的读者来说，了解这些问题有助于更全面地考量技术进步对社会的影响，从而为未来发展制定合理规划。

（1）神经网络模型在训练数据中的偏见问题

算法偏见是指当神经网络模型在训练过程中学到的数据带有偏见时，模型的决策结果也会受到影响。这种偏见可能来自训练数据中某些群体或类别存在过度代表或代表不足的情况。例如，如果用于训练面部识别系统的图片数据中，主要是白人面孔而缺乏其他种族的图片，那么该系统可能在识别非白人面孔时表现较差。这并不是模型本身有偏见，而是它"学会"了数据中的偏见，进而影响了它的决策。举一个简单的例子，假设有一个自动招聘系统，它通过神经网络筛选简历。如果这个系统被训练的数据集中，过去的招聘记录显示男性申请者获得更多的职位，那么模型在学习这些数据时，可能会无意识地偏向于男性求职者，而忽略女性求职者的能力。这种偏见可能进一步加剧了性别不平等。

（2）偏见对社会公平性和伦理的影响

算法偏见对社会的公平性产生了深远影响。首先，神经网络应用于许多重要的决策领域，例如招聘、贷款审批、医疗诊断等，如果这些领域的模型带有偏见，那么特定群体可能会因此受到不公平的对待。例如，在金融领域，如果神经网络模型更倾向于拒绝来自某些种族或收入群体的贷款申请，这将加剧社会不平等。

更严重的是，这种偏见可能在无意中被进一步放大。例如，某个群体因为算法偏见而在招聘中受到不公平待遇，随着时间推移，该群体的机会将越来越少，而模型会不断从这些不平衡的数据中"学习"，导致偏见越来越深。

因此，解决算法偏见问题不仅是技术问题，更是一个涉及社会公平性和伦理的重要挑战。应确保神经网络的训练数据更具多样性，代表不同群体的利益，从而避免技术加剧社会不公平。

本章小结

本章首先介绍了分类预测的基本概念和常见算法，包括逻辑回归、决策树、随机森林、支持向量机（SVM）和 K 近邻（KNN）算法。这些算法各自具有不同的应用场景和优缺点，如逻辑回归适合二分类问题、决策树易于解释但容易过拟合、随机森林则通过集成多个决策树提升预测准确性。此外，还讨论了如何评估分类模型的性能，并通过实际案例展示了分类预测在医疗、金融、市场营销等领域的应用。然后详细介绍了神经网络的基本概念及其工作原理。通过模拟生物神经元的信息处理方式，人工神经元成为构建神经网络的核心单元。我们深入探讨了感知机及其局限性，并分析了通过引入多层结构和非线性激活函数，现代神经网络如何解决非线性问题。此外，BP 神经网络的反向传播算法作为一个重要突破，使得复杂任务的学习和优化成为可能。最后，本章还展示了神经网络在图像识别、语音识别、自然语言处理等领域的广泛应用，以及它在数据、计算资源、模型可解释性等方面面临的挑战。

本章习题

1. 请解释逻辑回归在分类问题中的应用原理，并说明其主要优点和缺点。
2. 什么是决策树的剪枝技术？简述其作用及常见的方法。
3. 在 KNN 算法中，k 值的选择对分类结果有何影响？如何优化 k 值？
4. 请简述人工神经元的基本工作流程，包括接收输入、应用权重、加权和、添加偏置以及通过激活函数的过程。
5. 为什么单层感知机无法解决异或问题？如何通过多层感知机解决这一问题？
6. BP 神经网络的反向传播算法在训练过程中起到了什么作用？请结合误差计算和梯度更新进行说明。

第 4 章

强化学习

AlphaGo 的成功是强化学习历史上的一个里程碑，也是人工智能领域的标志性事件之一。2016 年，AlphaGo 与世界围棋冠军李世石的对决引起了全球的关注。作为一款通过人工智能学习围棋策略的程序，AlphaGo 以 4 比 1 的压倒性胜利击败李世石，让人们第一次见证了人工智能在复杂决策问题上的非凡能力。尽管围棋有着极为广阔的状态空间，但 AlphaGo 成功展示了深度强化学习在解决复杂问题中的潜力。

要理解 AlphaGo 的运作原理，就要从强化学习的核心概念入手，探究强化学习的基本结构和算法设计，理解它如何帮助 AlphaGo 找到不同棋局状态下的最优策略，从而使得获胜的概率最大化。本章第 1 节是强化学习概述，第 2~4 节将详细介绍三种经典算法，即策略梯度算法、深度 Q 网络算法和演员–评论员算法，第 5 和 6 节将分别介绍在稀疏奖励和无奖励环境下的强化学习算法。

4.1 概述

本节将介绍强化学习的发展历史、基本结构和算法分类，使读者对强化学习这个概念有一个整体的把握，为后续深入学习各种强化学习算法奠定基础。

围棋人机对弈大战：AlphaGo 揭秘

4.1.1 强化学习的发展历史

强化学习的核心目标是通过与环境交互，逐步学习如何采取最佳行动以最大化长期回报。马尔可夫决策过程为强化学习提供了一个明确的数学框架，它假设智能体在一系列状态之间进行转移，而这些转移只依赖于当前状态和所采取的动作，与之前的状态无关。这种称为马尔可夫性的假设帮助简化了决策问题，使得智能体能够根据当前环境做出最优决策。马尔可夫决策过程的目标是找到一种策略，使智能体在长期内获得的累积奖励最大化。

试错中成长：强化学习训练营

随着理论的进一步发展，动态规划成为解决多步决策问题的有效工具。20 世纪 50 年代，数学家贝尔曼提出了贝尔曼方程，用来递归地求解最优策略。贝尔曼方程描述了当前状态的价值，它等于该状态下获得的即时奖励加上未来状态的折扣价值。这一框架帮助强化学习中的智能体通过递归地分解问题来求解复杂的决策任务。然而，动态规划方法虽然强大，但依赖于对环境的完全建模。在实际应用中，很多环境是未知的，因此这一点限制了它在实际中的广泛使用。

为了应对环境模型未知的情况，1989 年，计算机科学家沃特金斯提出了 Q 学习。Q 学习的核心是维护一个价值函数 Q，用来评估在某一状态下采取某个动作的长期回报。智能体通过反复试验更新 Q 值，并逐步优化决策。最终，Q 学习算法帮助智能体找到了一种策略，使它在每个状态下都能选择能够实现最大化长期回报的动作。这个过程不需要事先知道环境如何变化，因此 Q 学习在很多复杂任务中得到了广泛应用。

随着计算能力的提升，深度学习开始在强化学习领域崭露头角。2013 年，DeepMind 团队提出了深度 Q 网络，将深度学习与 Q 学习结合以解决高维状态空间的问题，并通过经验回放和固定目标网络等技巧，大幅提升了强化学习的稳定性和性能。深度 Q 网络展示了深度强化学习在处理复杂任务中的潜力，标志着强化学习进入了新的发展阶段。

尽管 Q 学习和深度 Q 网络在处理离散动作空间时表现优异，但它们在面对连续动作空间时却显得力不从心。为了解决这一问题，策略梯度方法应运而生。策略梯度方法的核心思想是维护一个策略，智能体根据策略选择动作，再根据与环境互动的结果使用梯度上升法逐步调整策略参数，从而最大化长期回报。这一方法特别适合处理连续动作空间的问题，因为它不需要像 Q 学习那样枚举所有可能的动作，而是能够直接在连续空间中选择最优动作。

演员－评论员方法是结合策略梯度和值函数的强化学习算法。演员－评论员方法同时包含两个组件：演员负责根据策略选择动作，评论员则通过估计值函数来评估当前策略的表现。评论员为演员提供反馈，指导策略的更新。通过这种结合，演员－评论员方法既能保持策略梯度的灵活性，又利用值函数提供的估值提高了训练的稳定性和效率。这使得智能体在复杂环境和连续动作空间中能够更快地找到最优策略。

近年来，强化学习已经开始在工业界大显身手。在自动驾驶领域，强化学习智能体通过与模拟环境的交互不断优化驾驶策略，最终可以应对复杂的交通状况；在金融领域，强化学习算法可以根据市场动态调整投资组合，实现利润最大化。

4.1.2 强化学习的基本结构

强化学习的基本结构是由智能体、环境以及两者之间的交互序列构成的，如图 4-1 所示。

1. 智能体与环境

智能体（agent） 负责观察环境并根据观察结果采取行动。智能体的目标是通过采取合适的行动，在与环境的交互中最大化总奖励。

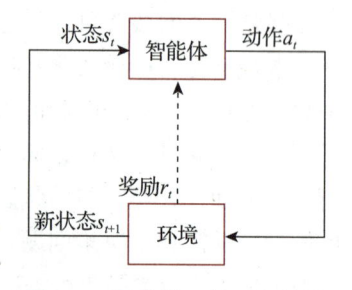

环境（environment） 接收并执行智能体输出的行动，转移到新状态，同时给智能体发送一个奖励信号。环境的状态转移概率和奖励信号由内部机制所确定，不是智能体所能改变的。

图 4-1 强化学习的基本结构

以 AlphaGo 为例，下棋机器人是智能体，围棋棋盘是环境，下棋机器人不断观察当前棋局，确定下一步棋子的落子位置，从而确保取得最终的胜利。

2. 交互序列

智能体与环境的一次交互中包含以下三个要素。

- **状态（state）**：是指某一时刻对环境的完整观测，一般记为 s_t。所有状态组成的集合称为状态集合，记为 S。AlphaGo 中状态就是当前棋局。强化学习中状态用一个实值向量、矩阵甚至更高阶的张量来表示。

- **动作（action）**：是指智能体在接收到环境状态后所采取的行动，一般记为 a_t。所有的动作组成了智能体的动作空间 A。强化学习中动作空间分为离散型和连续型，离散型动作空间中智能体的动作数量是有限的，而连续型动作空间中智能体的动作是连续无限的。在 AlphaGo 中下棋机器人可以落子的位置是离散且有限的，其动作空间为离散型动作空间。如果让一个自动驾驶机器人旋转汽车方向盘，调节角度可以是 0~360° 间的任意实数，其动作空间是连续型动作空间。在强化学习中动作用一个实值向量来表示。

- **奖励（reward）**：是环境给予智能体的反馈，用来评价智能体在状态 s_t 采取动作 a_t 的好坏程度，记为 r_t。在 AlphaGo 中，下棋机器人赢得一局棋便会获得正奖励，失败则会得到负奖励。这个奖励帮助它判断每一步棋的好坏，从而不断优化它的策略。

此外，强化学习中还涉及以下概念。

- **回合（eposide）**：是指智能体与环境的一场完整交互过程。在一个回合中，首先智能体根据环境的状态 s_t 采取动作 a_t，而后环境向智能体反馈奖励 r_t 以及新状态 s_{t+1}，智能体再根据新状态 s_{t+1} 采取新的动作，循环往复，直至达到终止条件。在 AlphaGo 中，一个回合就是下棋机器人与对手的一次较量。

- **轨迹（trajectory）**：把一个回合中每次交互对应的状态、动作和奖励三者组成的序列称为该回合的轨迹，可以表示为 $\tau = (s_1, a_1, r_1, s_2, a_2, r_2, \cdots, s_T, a_T, r_T)$，其中 T 是该回合的长度。

- **决策序列（decision sequence）**：是指智能体的在每次交互中的决策历史组成的集合，即 $\boldsymbol{a} = (a_1, a_2, \cdots, a_T)$。强化学习的目标就是找到最优的决策序列 $\boldsymbol{a}^*$，以最大化整个回合的奖励。

4.1.3 强化学习的分类

强化学习中智能体的学习方法一般可以分为基于模型的方法、基于策略的方法和基于价值的方法三类，下面分别进行介绍。

1. 模型和基于模型的强化学习

模型是整个环境的运行规则的详细信息，在强化学习中，模型由两部分组成：环境的状态转移概率和环境的奖励函数。状态转移概率 $p(s_{t+1} \mid s_t, a_t)$ 是指智能体在状态 s_t 执行动作 a_t 后转移到新状态 s_{t+1} 的概率值，而奖励函数 $r(s_t, a_t)$ 是指智能体在状态 s_t 执行动作 a_t 后环境反馈的奖励大小。

基于模型的强化学习是指智能体掌握环境模型，也就是知道环境的状态转移概率和奖励函数，进而知道在某个状态下执行某个动作后能带来的奖励以及环境的下一状态。这样智能体就不需要与真实环境互动，只需依据模型学习和规划出最优决策序列即可。这类算法的典型代表是动态规划（DP）算法和蒙特卡罗树搜索（MCTS）算法。在 AlphaGo 中使用了蒙特卡罗树搜索来模拟未来可能的棋局变化。它在每一步落子前都会通过模拟未来几步棋的走法来判断不同选择的效果，从而帮助 AlphaGo 找到最佳的落子位置。

需要强调的是，并不是所有的环境都能轻易获取到其状态转移概率和奖励函数，在这种情况下，智能体就没有模型，也就不能采用基于模型的强化学习算法。这时就必须采用基于策略或者基于价值函数的强化学习算法，这两种算法并不需要提前知道环境的状态转移概率和奖励函数。事实上，基于策略和基于价值的强化学习算法在实际应用中更加广泛。

2. 策略和基于策略的强化学习

策略是一个神经网络，通常记为 π_θ，其中 θ 是神经网络的参数。策略 π_θ 输入状态 s，输出所有动作 a 的概率分布。在基于策略的智能体中，核心是学习一个策略，然后通过策略来选择概率值最大的动作，交给环境执行。

在实际应用中，策略分为确定性策略和随机性策略。确定性策略是指智能体直接执行概率值最大的动作，即 $a^* = \arg\max_a \pi_\theta(a|s)$。而在随机性策略中，由于输出的是对应动作的概率值，也就是所有动作的概率分布，智能体通过对这个概率分布采样来确定最终要执行的动作，这种情况下就有概率选择到所有动作。相比较而言，随机性策略可以在学习的过程中引入随机性，从而更充分地探索环境，提高策略的学习效率。

常见的基于策略的强化学习算法有策略梯度算法、Sara 算法等。在 AlphaGo 中，策略就是智能体如何决定在棋盘上落子的位置。AlphaGo 使用策略梯度方法，逐步学习和优化其策略，最终能够在不同的局面下选择最优的落子点。

3. 价值函数和基于价值函数的强化学习

价值函数的本质是表格或者神经网络，输入状态动作对 (s, a)，输出一个标量，代表智能体在状态 s 选择动作 a 时，对未来还能够获得的累积奖励的估计值。估计值越大，代表在状态 s 选择动作 a 越有利。在基于价值函数的智能体中，核心是学习一个价值函数，后面智能体接收到状态 s 时，会对所有可能的动作打分，选出打分最高的动作来执行。

基于价值函数的强化学习算法有 Q 学习、深度 Q 网络等。在 AlphaGo 的训练中，价值函数被用来估算在某一局面下采取某一步棋的潜在价值，这有助于 AlphaGo 选择那些有更高胜率的动作。

4. 同时基于策略和价值函数的强化学习

基于策略的强化学习实现简单，适用于连续动作空间及随机策略处理，但存在策略更新不稳定、样本效率低的问题。而基于价值函数的强化学习训练更稳定，样本效率更高，但不适用于连续动作空间的问题。

因而有人提出了同时基于模型和价值函数的智能体，即通过同时学习策略和价值函数，根据策略执行动作,根据价值函数对做出的动作给出价值,这样可以在原有的策略梯度算法的基础上使得策略更新更加稳定,同时也能够使得原有的深度 Q 网络算法适用于连续动作空间的情景。

这类算法包括演员-评论员算法、路径衍生策略梯度算法等。

4.2 策略梯度算法

《Pong》是一款经典的乒乓球模拟游戏,玩家控制屏幕上的板子上下移动,反弹不断来回的球,防止球进入自己的区域。游戏的目标是让对手无法接住球,从而得分。球从屏幕中央开始运动,碰到上下边界会反弹,但如果球碰到左右边界且对手未能接住,则对方得分。游戏通常以率先达到一定分数(如 11 分)为胜。

在强化学习中,智能体通过观察球和板子的位置,选择上下移动以接住球。当成功得分时,智能体获得正向奖励;错失接球时则收到负向奖励。智能体通过不断调整策略,学习如何最大化得分。

如图 4-2 所示,本节将会以《Pong》游戏为例讲解策略梯度算法。策略梯度算法是一种基于策略的强化学习方法,策略相当于智能体的大脑,告诉智能体在什么状态该选择什么动作。接下来首先将介绍策略梯度算法的基本流程,然后介绍常见的优化技巧,最后给出完整的实现代码。

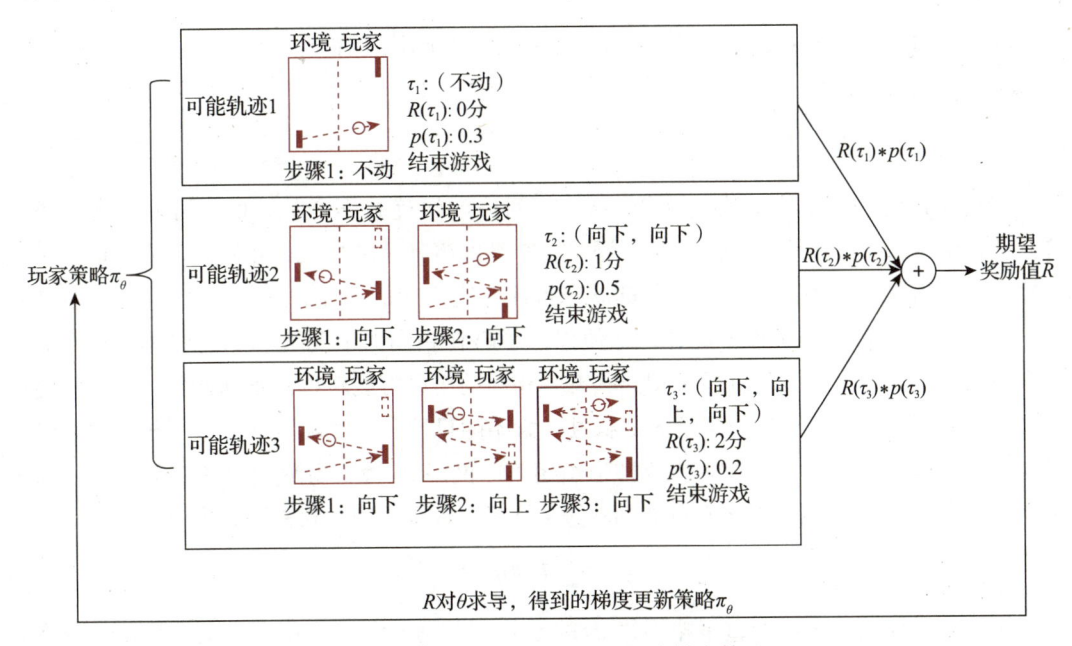

图 4-2 《Pong》游戏中使用策略梯度算法

4.2.1 标准的策略梯度算法

前文提到,策略梯度(Policy Gradient)算法是基于策略的方法,也就是智能体利用策略来决定自己下一步的动作。记策略为 π_θ，其中 θ 是神经网络的参数，则强化学习的目标就是学习到一个好的策略，从而最大化整个游戏的总奖励。策略梯度算法就是使用深度学习中常见的梯度下降法来对策略做优化。在深度学习神经网络中，首先初始化网络参数 θ，然后利用神经网络去做分类任务，将得到的结果与正确答案进行对比求损失值，再利用损失值梯度更新网络参数 θ，让 θ 沿着损失值下降最快的方向前进，如此重复迭代，直至达到精度要求或者最大迭代次数。策略梯度算法的基本思想与之类似，不同之处在于对游戏总奖励函数求梯度，再用梯度上升的方式更新策略参数 θ，让 θ 沿着游戏总奖励上升最快的方向前进。

具体而言，在一场游戏中，把环境输出的状态 s 和智能体执行的动作 a 全部组合起来，就能得到该场游戏的轨迹，即 $\tau = (s_1, a_1, s_2, a_2, \cdots, s_T, a_T)$。如果给定策略的参数 θ，可以计算出某条轨迹 τ 发生的概率为

$$p_\theta(\tau) = p(s_1)p_\theta(a_1|s_1)p(s_2|s_1,a_1)p_\theta(a_2|s_2)\cdots$$

可以这样理解 $p_\theta(\tau)$：首先，环境输出初始状态 s_1 的概率为 $p(s_1)$，而后智能体在状态 s_1 的条件下执行 a_1 的概率是 $p_\theta(a_1|s_1)$，这个概率受到策略 θ 的影响。接下来环境在动作 a_1 的作用下由状态 s_1 转移到状态 s_2，概率为 $p(s_2|s_1,a_1)$。反复执行，就可以得到这条轨迹 τ 发生的概率。值得说明的是，环境的状态转移概率 $p(s_{t+1}|s_t,a_t)$ 由客观环境本身的内部机制决定，策略 π_θ 无法改变。但对于动作概率 $p_\theta(a_t,s_t)$，若给定 s_t，智能体选择动作 a_t 的概率取决于自身策略 π_θ。因而，可以通过控制自身策略 π_θ 来控制 $p_\theta(a_t|s_t)$，进而控制轨迹 τ 发生的概率 $p(\tau)$。

此外，对于给定的轨迹 τ，都可以找到它所对应奖励值，比如环境对智能体在状态 s_1 时采取动作 a_1 的奖励为 r_1，对智能体在状态 s_2 时采取动作 a_2 的奖励为 r_2。以此类推，则该轨迹上的总奖励可以表示为 $R(\tau) = \sum_{t=1}^{T} r_t$。

需要知道的是，给定策略网络的参数 θ，对应的轨迹并不是唯一的，可能存在多条轨迹。这是由于采用的策略本质上是神经网络，神经网络具有随机性，相同的输入可能有不同的输出，也就是说策略网络面对相同的状态可能对应不同的动作，这就会造成轨迹的不同，这种情况称作**策略的随机性**。此外，即使保证策略在相同的情况下总是能够执行相同的动作，但是由于环境本身的随机性，相同状态、相同动作也可能转移到不同的新状态，也会造成轨迹的不同，这种情况称作**环境的随机性**。策略随机性和环境随机性导致了相同的策略可能走出不同的轨迹，因此，如果想要知道给定策略网络 π_θ 后一场游戏的总奖励 $\overline{R}_\theta$，可以采用期望的形式，将 π_θ 控制下所有可能的轨迹 τ 按照出现概率做加权平均，即

$$\overline{R}_\theta = \sum_\tau R(\tau)p_\theta(\tau)$$

我们的目标就是通过调整策略网络 π_θ 的参数 θ 来最大化 $\overline{R}_\theta$。这本质上就是神经网络的参数优化问题，可以使用神经网络中常用的梯度上升法优化网络参数。要进行梯度上升，就要计算期望奖励 $\overline{R}_\theta$ 的梯度，对 $\overline{R}_\theta$ 求导得到

$$\nabla \overline{R}_\theta \approx \frac{1}{N}\sum_{n=1}^{N}\sum_{t=1}^{T} R(\tau^n)\nabla \log p_\theta(a_t^n|s_t^n)$$

求导的过程在此省略，直接给出最终结果。通过观察该公式，有以下几点思考。

- $R(\tau^n)$ 只与轨迹 τ 有关，当 τ 确定时，这条轨迹的总奖励 $R(\tau)$ 也就确定了，并不受参数 θ 的影响，参数 θ 真正影响的是轨迹 τ 出现的概率 $p_\theta(\tau)$，所以 $\bar{R}_\theta$ 求导时只对 $p_\theta(\tau)$ 求导，把 $R(\tau)$ 视为常数即可。这就意味着，哪怕 $R(\tau)$ 是不可微分的甚至是无法表达出来的，也不影响求导过程和最终结果，这就能把策略梯度算法推广到轨迹奖励无法微分或不可表达的场景中。

- 可以定性分析策略梯度公式。如果某条轨迹 τ 的总奖励 $R(\tau^n)>0$，也就是轨迹 τ^n 的奖励是正的，则 $\nabla \bar{R}_\theta$ 与 $\nabla \log p_\theta(\tau)$ 方向相同，那么智能体在沿着 $\nabla \bar{R}_\theta$ 前进最大化总奖励 $\bar{R}_\theta$ 的过程中也会增加 $\log p_\theta(a_t|s_t)$ 的值，也就是在状态 s_t 执行动作 a_t 的概率。反之，如果 $R(\tau^n)<0$，那么 $\nabla \bar{R}_\theta$ 与 $\nabla \log p_\theta(\tau)$ 方向相反，则智能体在最大化 $\bar{R}_\theta$ 的过程中就会降低智能体在状态 s_t 执行动作 a_t 的概率，这是合理的。

- 观察到公式中的梯度表达式是近似相等的，这是因为在实际应用中，无法遍历到策略 π_θ 下所有可能的轨迹，因而使用采样法，使用 π_θ 与环境交互 N 次，得到 N 条轨迹，再用这 N 条轨迹上获取到的数据代替所有可能的轨迹来计算梯度值，这是一个近似算法。N 越大，越接近真实值。

有了策略梯度以后，就可以使用梯度上升法更新策略参数 θ，即

$$\theta \leftarrow \theta + \eta \nabla \bar{R}_\theta$$

需要注意，神经网络的训练目标是最小化损失函数，因而采用梯度下降法，而强化学习的训练目标是最大化总奖励，因而采用梯度上升法。

策略梯度算法的整体流程如图 4-3 所示。首先智能体利用当前策略 π_θ 与环境做互动，进行 N 场完整的游戏，在每场游戏中记录对应的轨迹 τ^n 和获得的总奖励 $R(\tau^n)$，这个过程是数据收集过程。随后，智能体根据每场游戏的轨迹和总奖励计算总奖励的梯度，再用梯度更新策略 π 的参数，然后进入下一轮迭代并重新收集数据，如此循环往复。

4.2.2 策略梯度算法的两种优化方法

本小节将介绍策略梯度算法的两种优化方法，分别是添加基线法和调整权重法。

1. 添加基线法

从对策略梯度公式的分析可知，如果某条轨迹的奖励为正，则这条轨迹发生的概率就会增大。但有时会遇到不管何种情况所有奖励均为正的游戏场景，比如玩乒乓球游戏时，分数为 0~21 分，总是正的。根据前面的分析，$R(\tau)>0$ 总成立，智能体在状态 s_t 执行任意动作的概率都会升高。然而 $R(\tau)$ 有大有小，$R(\tau)$ 越大，执行该动作的概率就提高得多，$R(\tau)$ 越小，执行该动作的概率就提高得少，其实可以把 $R(\tau)$ 视作一种权重。在概率和为 1 的条件的约束下，如果执行某个动作的概率提升得少，其概率就会相对下降。但在实际操作中，某一次采样中智能体与环境互动 N 次，生成 N 条轨迹，这就可能造成在某个状态 s 执行某个动作 a 的情况不会出现在本次采样到的 N 条轨迹当中。如果碰到奖励完全为正的游戏情景，凡是被采样到

的动作概率都会提高，而未被采样到的动作概率保持不变，这样就会导致未被采样到的动作概率相对下降。而事实上该动作只是未被采样而已，不一定是不好的动作，这就出现了问题。

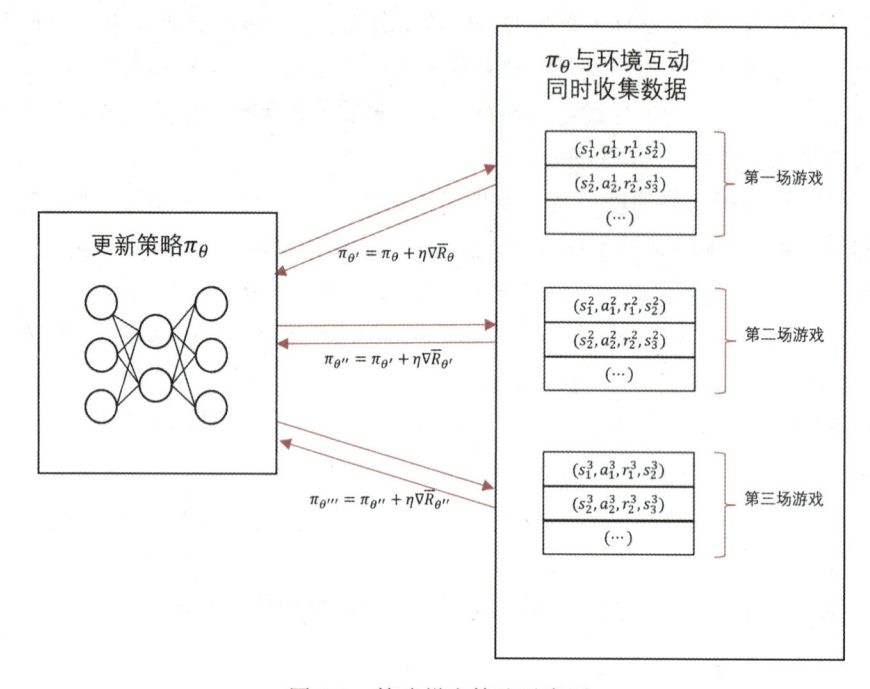

图 4-3　策略梯度算法示意图

为了解决这个问题，可以把游戏的奖励调整为不总是正的，这样被采样到的动作中，好的动作出现的概率上升，不好的动作出现的概率下降，而未被采样到的动作出现的概率相对来说保持不变。具体而言，可以引入基线 b，让每条轨迹的奖励 $R(\tau)$ 减去 b 来达到有正有负的目的。那么，修正后的策略梯度表达式就可以写成

$$\nabla \bar{R}_\theta \approx \frac{1}{N} \sum_{n=1}^{N} \sum_{t=1}^{T_n} (R(\tau^n) - b) \nabla \log p_\theta(a_t^n \mid s_t^n)$$

当 $R(\tau^n) > b$ 时，在状态 s_t 执行动作 a_t 的概率就会升高；当 $R(\tau^n) < b$ 时，在 s_t 执行动作 a_t 的概率就会下降。b 的取值方法多种多样，一般而言，可以将 b 值设置为采样到的轨迹的奖励的均值，也就是 $b = E[R(\tau^n)]$。

2. 调整权重法

针对策略梯度算法的另一种优化方法是调整权重法。在梯度公式中，可以发现，对于同一条轨迹的所有的状态动作对，其发生概率都使用相同的奖励项 $R(\tau)$ 进行加权。然而实际上，在一场游戏（一条轨迹）上执行的动作有好有坏，整场游戏的结果是好的并不意味着这场游戏的过程中执行的每个动作都是好的。因而，更合理的方式应该是每个动作应该根据自己带来的实际影响分配权重，权重能够准确评价执行这个动作的好坏。

如何衡量一个动作对这场游戏产生的实际影响呢？不难发现，在整个游戏过程当中，某一时刻 t 执行的动作只会对当下及以后时刻的收益产生影响，而 t 时刻之前的收益与这一时刻

执行的动作是没有关系的。因而，在衡量执行该动作对本场游戏带来的贡献时，只需计算从 t 时刻开始一直到游戏结束的总奖励即可。

此外，还需要考虑的一个问题是，虽然某一时刻执行的动作会对未来所有时刻造成影响，但随着时间的延长，该时刻的动作造成的影响也会逐渐变小。比如在游戏的初始时刻，得到的奖励全部归功于初始时刻智能体执行的动作，在第二个时刻得到的奖励虽然也受到初始时刻动作的影响，但是也有可能要归功于第二个时刻智能体执行的动作，直到游戏的后期，初始时刻执行的动作对此时获得的奖励的影响可能早就被稀释掉。因而，在该时刻及以后得到的奖励 $r_{t'}^n$ 前引入折损因子 γ，这是一个介于 0 到 1 之间的数。越远期的奖励，叠加的折损因子越多，代表当前时刻执行的动作对远期奖励的影响越小。如果 $\gamma = 0$，则代表只关注动作对当前奖励的影响，如果 $\gamma = 1$，则代表把当前奖励和远期奖励视作同等重要的。

这样，调整权重后的策略梯度的表达式为

$$\nabla \bar{R}_\theta \approx \frac{1}{N} \sum_{n=1}^{N} \sum_{t=1}^{T_n} \left(\sum_{t'=t}^{T_n} \gamma^{t'-t} r_{t'}^n - b \right) \nabla \log p_\theta(a_t^n \mid s_t^n)$$

记 $G_t = \sum_{t'=t}^{T_n} \gamma^{t'-t} r_{t'}^n - b$，需要理解以下两点。

- G_t 本质上仍然是一种奖励。初始策略梯度函数中的 $R(\tau)$ 代表一场游戏的总奖励，而 G_t 代表的是智能体在状态 s_t 时执行动作 a_t，然后继续使用策略 π_θ 与环境交互，直至游戏结束最终能获得的**未来总奖励**。
- G_t 能够用来评价智能体面对状态 s_t 时执行动作 a_t 的好坏，G_t 越大，评价越高，在训练过程中就越会增加在状态 s_t 执行动作 a_t 的概率。

4.2.3 策略梯度算法的实现过程

要理解策略梯度算法的实现过程，首先需要了解蒙特卡罗方法。蒙特卡罗方法采用回合更新的方式训练目标，也就是说，智能体先与环境交互，直至完成一个完整的回合，在交互的过程中收集各项数据，事后再利用收集到的数据去训练和更新目标。与之对应的是时序差分方法，时序差分方法不等回合结束，而是智能体与环境每交互一次，就利用本次的数据去训练和更新一次目标。蒙特卡罗方法属于"先交互再更新"，时序差分方法属于"边交互边更新"，显然时序差分的更新频率更高。在将要讲解的三大算法当中，策略梯度算法采用的是蒙特卡罗方法，深度 Q 网络算法和演员–评论员算法则多使用时序差分方法。

策略梯度算法如图 4-4 所示。首先初始化策略参数 π_θ 和学习率 η，然后智能体利用策略与环境互动 N 个回合，在第 n 个回合中记录数据，即状态 s_t^n、动作 a_t^n、反馈 r_t^n 和新状态 s_{t+1}^n 组成的四元组 $(s_t^n, a_t^n, r_t^n, s_{t+1}^n)$。等到该回合结束后，利用记录的数据计算 t 时刻的未来总奖励 G_t^n，从策略网络中获取概率对数梯度 $\nabla \log p_\theta(a_t^n \mid s_t^n)$，计算策略梯度 $\nabla \bar{R}_\theta$，再利用梯度上升法更新策略的参数 θ。

```
算法1：策略梯度算法
1  初始化：策略参数 $\pi_\theta$，学习率 $\eta$
2  for $n = 1$ to $N$ do
3  | 智能体利用策略 $\pi_\theta$ 与环境交互直至本场游戏结束，同时收集数
   | 据 $(s_1^n, a_1^n, r_1^n, \cdots, s_T^n, a_T^n, r_T^n)$
4  | 初始化 $\nabla \overline{R}_\theta = 0$
5  | for $t = 1$ to $T$ do
6  |   | 计算未来总奖励 $G_t^n \leftarrow \sum_{t'=t}^{T} \gamma^{t'-t} r_{t'}^n$
7  |   | 计算概率的对数梯度 $\nabla \log p_\theta(a_t^n | s_t^n)$
8  |   | 累计策略梯度 $\nabla \overline{R}_\theta \leftarrow \overline{R}_\theta + G_t^n \nabla \log p_\theta(a_t^n | s_t^n)$
9  | end
10 | 更新策略参数 $\theta \leftarrow \theta + \eta \nabla \overline{R}_\theta$
11 end
```

图 4-4　策略梯度算法

4.3　深度 Q 网络算法

《太空侵略者》是一款经典的街机游戏，玩家控制飞船左右移动并射击降落的外星敌人，同时避开敌人的子弹。游戏目标是消灭所有敌人，避免被击中或让敌人到达屏幕底部。在强化学习中，智能体通过观察游戏画面来决定动作，如左右移动、发射子弹等。智能体通过消灭敌人获得正向奖励，而被击中或让敌人到达底部则得到负向奖励。随着训练的增多，智能体逐渐学会如何有效避开攻击并消灭敌人，提升得分表现。

本节将通过这款游戏来讲解深度 Q 网络算法。深度 Q 网络算法是基于价值的算法，在基于价值的算法中，需要学习的对象不是策略，而是价值函数。相比于策略的作用是输入一个状态即输出一个动作，价值函数的作用则是评判策略输出的动作的好坏，而衡量好坏的标准，就是该动作能否给整个回合带来更多的奖励。接下来将先介绍两种价值函数以及深度 Q 网络基础算法，然后介绍常见的优化技巧，还会探讨在连续空间下的深度 Q 网络算法，最后给出深度 Q 网络的完整算法。

4.3.1　价值函数

强化学习领域的价值函数有两种，分别是状态价值函数和状态动作价值函数，下面分别进行介绍。

1. 状态价值函数

一种价值函数是状态价值函数，即 $V_\pi(s)$。$V_\pi(s)$ 输入状态 s，输出一个标量，这个标量代表当环境状态为 s 时，使用策略 π 与环境交互直至回合结束，对**未来总奖励的估计值**。其实就是当 V 函数看到状态 s 时，估计一下未来还能获得多少奖励。

V 函数的值受到输入状态 s 和策略 π 的影响。比如在《太空侵略者》游戏当中，初始状态 s_1 的怪兽很多，那么 $V_\pi(s_1)$ 应该会很大，因为未来还有很多怪兽可以击杀，每次击杀怪兽都能带来分数，预期未来还有很多分数可以获得。而在游戏后期状态 s_T，剩下的怪兽不多了，预期未来得到的奖励也变少了，所以此时 $V_\pi(s_T)$ 就会变小。此外，如果玩家的策略比较强大，可以击杀很多的怪兽，未来能够获得的分数应该会很多，对应的 V 函数值就会很大；如果游

戏玩家是初学者，策略很弱，击杀不了几只怪兽，那大概率未来总奖励也不会高，V函数的值就会很小。

如何学习到一个准确的V函数呢？一般可以采用两种方法来学习这个函数，分别是基于蒙特卡罗的方法和基于时序差分的方法。基于蒙特卡罗的方法的基本原理是：假定刚开始有一个不那么准确的V函数，首先让策略π与环境做互动，每交互一次就会得到一个新的状态，V函数会针对这个新的状态预测未来总奖励，注意这只是一个预测值。等到交互结束后，智能体根据整个回合中收集到的真实奖励$(r_1, r_2, \cdots, r_T)$回头去计算每个状态s_t的真实的未来总奖励$G_t = \sum_{t'=t}^{T} \gamma^{t'-t} r_{t'}$。最终希望预测值$V_\pi(s)$与真实值$G_t$越接近越好，这就变成了一个回归问题，可使用回归算法调整V的参数，让$V_\pi(s)$逼近G_t，通过多次迭代调整，就能得到一个比较准确的V函数。

但是基于蒙特卡罗的方法必须要等到整个回合结束，拿到每个时刻的真实奖励以后，才能回头计算每个时刻的真实未来总奖励G_t，才能进行学习。有些回合时间比较长，比如《太空侵略者》游戏，如果等到每次游戏结束才更新网络，花费的时间就会比较多。此外，还可以使用基于时序差分的方法学习状态价值函数，该方法不需要等到游戏结束，只需要每次得到当前时刻的奖励r_t和下一时刻的环境状态s_t，就能学习一次V函数。具体流程如图4-5所示，假设有一个初始的待学习的V函数，在t时刻的环境状态为s_t，当策略π执行动作a_t后，环境反馈奖励r_t和新状态s_{t+1}，即(s_t, a_t, r_t, s_{t+1})。此时价值函数分别对状态s_t和新状态s_{t+1}做预测，结果为$V_\pi(s_t)$和$V_\pi(s_{t+1})$。事实上，s_t状态下未来的真实总奖励G_t与s_{t+1}状态下未来的真实总奖励G_{t+1}之间相差r_t，那么如果V函数足够准确，应该也要满足$V_\pi(s_t) = r_t + V_\pi(s_{t+1})$。在学习$V$函数的过程中，就是希望$V_\pi(s_t)$不断逼近$r_t + V_\pi(s_{t+1})$，这本质上也是一个回归问题。策略$\pi$与环境交互一次，$V_\pi(s)$就做一次回归，这样就能学习到一个比较好的状态价值函数。

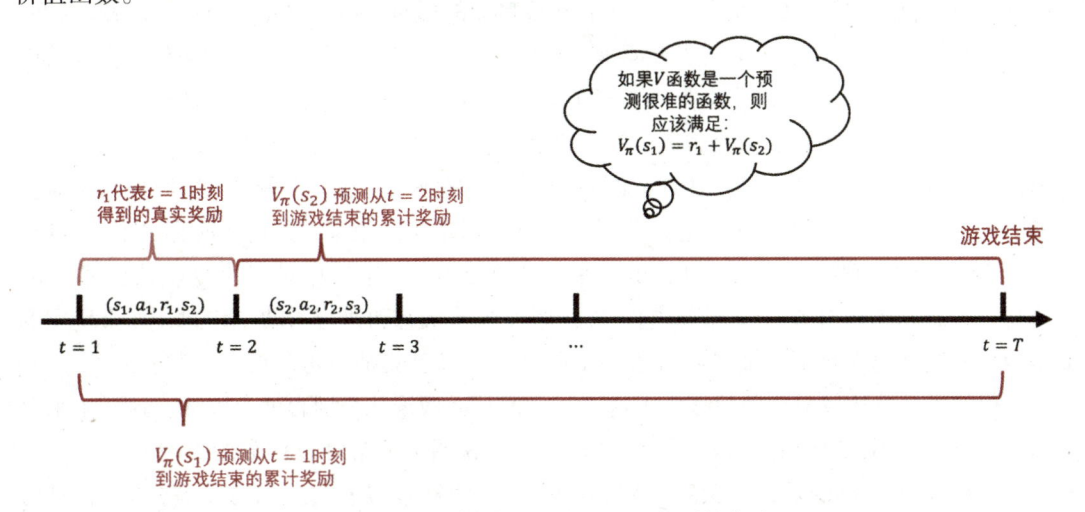

图4-5 基于时序差分方法的价值函数估计

基于蒙特卡罗的方法和基于时序差分的方法各有优劣。首先需要知道，r具有随机性，这是由于采用的策略本质上是神经网络，神经网络具有随机性，相同的输入可能有不同的输出。策略随机性和环境随机性导致 r 是一个随机变量。随机变量的特点是会存在方差，在基于时序差分的方法中，学习的目标就是单步奖励 r_t，方差记为 $\text{Var}(r_t)$，在基于蒙特卡罗的方法中，学习的目标则是未来总奖励 G_t，它是多步奖励的加和，它的方差记为 $\text{Var}(G_t)$。可以粗略地计算 $\text{Var}(G_t) = \text{Var}(\sum_{t'} r_{t'}) = \sum_{t'} \text{Var}(r_{t'})$，即未来总奖励的方差大于任意单步奖励的方差。较大的方差会导致 G_t 的不稳定，进而影响价值函数 $V_\pi(s)$ 训练效果，这是基于蒙特卡罗方法的劣势。

基于时序差分的方法会存在 $V_\pi(s)$ 前后串连的问题。在基于时序差分的方法中 $V_\pi(s_t)$ 需要逼近 $r_t + V_\pi(s_{t+1})$。但如果后一个时刻的估计值 $V_\pi(s_{t+1})$ 是不准确的，那么根据 $r_t + V_\pi(s_{t+1})$ 训练得到的 $V_\pi(s_t)$ 也会是不准确的，这是基于时序差分方法的劣势。

总而言之，基于蒙特卡罗方法的问题是目标方差大，而且必须等一个完整的回合结束后才能更新。而基于时序差分方法的问题是 $V_\pi(s_{t+1})$ 前后串连。两者各有优劣，但在实际场景当中，基于时序差分方法比较常用。

2. 状态动作价值函数

另一种价值函数是状态动作价值函数，即 $Q_\pi(s, a)$。相比于函数 $V_\pi(s)$ 输入一个状态 s，输出策略 π 下对未来总奖励的估计值，$Q_\pi(s, a)$ 则输入一个状态动作对 (s, a)，输出一个标量，这个标量代表在状态 s 执行动作 a，此后时刻使用策略 π 与环境做交互，得到的未来总奖励的估计值。

需要说明的是，策略 π 看到状态 s 时采取的动作不一定是 a，但状态动作价值函数 $Q_\pi(s, a)$ 假设在状态 s 强制采取行动 a，接下来使用 π 继续与环境交互，直到回合结束，这种情况下对未来总奖励的估计值才是 $Q_\pi(s, a)$。而状态价值函数 $V_\pi(s)$ 则是给定状态 s 后直接使用策略 π 与环境做交互，直到回合结束。这是 $Q_\pi(s, a)$ 与 $V_\pi(s)$ 这两种价值函数的差别。

$Q_\pi(s, a)$ 的输出同时受到状态 s、动作 a 和策略 π 的影响。以《Pong》乒乓球游戏为例，玩家的动作操控球拍向上、向下或者原地不动，每接到一次球就加一分，没有接住就结束游戏。假设现在的状态是乒乓球在距离球拍向上不远的位置，如果此时玩家向上操纵球拍就能够得分，未来预期总奖励会很大，这种动作对应的 $Q_\pi(s, a)$ 就会很大，而如果玩家向下操纵球拍或者原地不动就会接不住球，游戏结束，未来预期总奖励就是 0，这两种动作对应的 $Q_\pi(s, a)$ 也是 0。如果换一种状态，假设乒乓球离球拍距离很远，无论如何都来不及接球，这一局必然失败，则执行这三个动作的未来收益都是 0，三个动作对应的 Q 函数也都是 0。这体现了状态和动作对 $Q_\pi(s, a)$ 的影响。现在假设当前状态和执行的动作相同，如果玩家的策略很强，接住这一球后还能继续打很多个回合，未来总奖励还是会很大，对应的 $Q_\pi(s, a)$ 也大，但如果策略比较弱，即使接住了这一球，但是后面没几个回合就会失败，这样未来总奖励就可能会很小，对应的 $Q_\pi(s, a)$ 也会比较小。这说明了策略对 Q 函数的影响。

对于如何学习 Q 函数，有蒙特卡罗和时序差分两种学习方法。以时序差分方法为例，具体流程是：假设有一个初始的待学习的 Q 函数，在 t 时刻的环境状态为 s_t，策略采取的行动是 a_t，收获到的奖励是 r_t，环境的新状态是 s_{t+1}，也就是 (s_t, a_t, r_t, s_{t+1})，此时价值函数预测 t

时刻的未来总奖励为 $Q_\pi(s_t, a_t)$，预测 $t+1$ 时刻的未来总奖励为 $Q_\pi(s_{t+1}, \pi(s_{t+1}))$。事实上，$s_t$ 状态下真实的未来总奖励 G_t 与 s_{t+1} 状态下未来的真实总奖励 G_{t+1} 之间相差 r_t，那么如果 Q 函数足够准确，应该也要满足 $Q_\pi(s_t, a_t)$ 与 $Q_\pi(s_{t+1}, \pi(s_{t+1}))$ 之间相差 r_t。在学习 Q 函数的过程中，也要让 $Q_\pi(s_t, a_t)$ 不断逼近 $r_t + Q_\pi(s_{t+1}, \pi(s_{t+1}))$，这与 V 函数大致相同，最终也转化成了一个回归问题，策略 π 与环境交互一次，$Q_\pi(s,a)$ 就做一次回归，最终学习到一个比较好的 Q 函数。

4.3.2 深度 Q 网络算法的基本流程

本节介绍如何使用学习好的 Q 函数来进行强化学习。具体过程如图 4-6 所示。首先智能体初始化策略 π，利用策略 π 与环境做交互并收集数据 (s_t, a_t, r_t, s_{t+1})；然后利用蒙特卡罗或者时序差分方法学习一个 Q 函数；有了新学习到的 Q 函数，就可以通过使用 $\pi'(s) = \arg\max_a Q_\pi(s,a)$ 生成一个新策略 π'，这个新策略能够保证每次都执行对应 $Q_\pi(s,a)$ 值最高的那个动作，也就是执行能使得未来总奖励最大的那个动作；得到新策略后，就可以使用 π' 再次与环境进行交互并收集新数据，学习新的价值函数，如此循环往复。

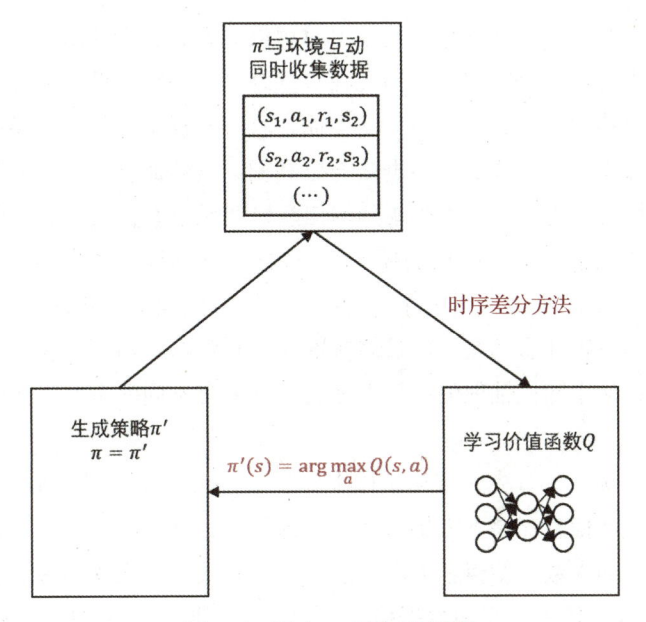

图 4-6　深度 Q 网络示意图

4.3.3 常见的优化方法

这里介绍深度 Q 网络算法中常用的三个优化技巧，即目标网络、经验回放和探索机制。

1. 目标网络

在学习 Q 函数时会遇到一些问题。假设现在环境状态为 s_t，执行动作 a_t 后得到的奖励是 r_t，同时状态转移到 s_{t+1}。想要学习的目标是 $Q_\pi(s_t, a_t) = r_t + Q_\pi(s_{t+1}, \pi(s_{t+1}))$。

这看似是一个回归问题，通过更新 Q 函数，使得等式左侧逼近等式右侧。但实际上，等式的右侧并不是一个固定值，它的值也受到 Q 函数的影响，一旦 Q 函数更新，等式右侧的值也会随之发生变化，也就是说，回归的目标不是固定的，这就会大大增加估计值接近目标值的难度。可以用猫追毛球和猫追老鼠的例子解释这个问题。猫相当于预测值，毛球或老鼠相当于回归目标。猫追毛球非常容易，因为目标是固定的，只要调节自己的前进方向和前进速度即可。而猫追老鼠非常困难，因为老鼠也会逃跑，自己的位置并不固定，猫想追上老鼠的难度就会大大提升。

为了解决这个问题，我们会为等式左侧的 Q 函数和等式右侧的 Q 函数分别维护两个网络，刚开始这两个网络是相同的，在训练的过程中，先把右侧 Q 函数的网络固定住，$r_t+Q_\pi(s_{t+1}, \pi(s_{t+1}))$ 也固定，回归目标就固定了。然后只需要更新左侧 Q 函数的网络，让等式左侧拟合等式右侧，这就成了一个传统的回归问题。等到更新若干次之后，再把左侧 Q 函数的网络同步到右侧 Q 函数的网络上，这时回归目标就发生了变化，然后等式左侧重新拟合等式右侧，如此迭代。仍以猫追老鼠为例，在追逐过程中，设定老鼠每 5 步动一次，设定猫每步都动一次，这样猫就能够更快、更容易地捉住老鼠了。

2. 经验回放

第二个技巧是经验回放。在进行强化学习时可以观察到，最花时间的步骤往往是与环境的交互，训练网络本身反而是很快的。而现在每训练一次网络，就要与环境交互一次以收集数据，收集的数据只能用一次，效率很低。因而，就有人提出了使用经验回放实现多次复用交互过程中收集的数据，让采样到的数据被充分利用。具体而言，经验回放会构建一个缓冲池，每次策略与环境交互时，需要把收集到的信息以四元组 (s_t, a_t, r_t, s_{t+1}) 的形式存放入缓冲区中，如果缓冲区被装满，就会随机扔掉一些旧数据。在把自己的信息存放到缓冲区以后，智能体就会从缓冲区中随机抽取出一个（一批）四元组数据，使用时序差分方法学习 Q 函数，如此循环往复。值得注意的是，经过多次的交互和策略更新后，缓冲区内存放着来自不同策略的数据信息，从中随机抽取的一批数据就可能来自不同的策略，所以该算法就变成了异策略算法。

经验回放有以下优势。首先，相比于原来每学习一次 Q 函数就需要与环境做一次互动，回放缓冲池能够把互动信息存储下来供后面的训练复用，这样能够显著提高收集数据的利用率，减少与环境交互的次数，使得整个训练过程更加高效。其次，随着训练的推进，缓冲池内存放的是不同策略与环境交互的数据信息，那么从中抽取出来的一批数据也来自不同的策略，这保持了样本多样性，有利于价值函数的训练。如果一个批次中的数据都来自同一个策略，都具有同样的性质，那么训练出来的网络性能就会比较差，可能不会具备良好的泛化能力。

3. 探索机制

最后一个技巧是探索。在使用深度 Q 网络进行强化学习时，智能体的策略完全取决于学习到的 Q 函数，也就是之前说的 $\pi' = \arg\max_a Q(s, a)$。但这是一种确定性策略，也就是说，一旦训练完 Q 函数，后面只要给定状态 s，策略就会穷举所有可能的动作，直到找到那个能够使得 Q 函数最大的动作执行。这种确定性的策略是存在问题的，举个例子，给定一

个状态 s 和三种可能情景的动作 a_1、a_2、a_3，在游戏的初始时刻，它们的 Q 函数值 $Q_\pi(s, a_1)$、$Q_\pi(s, a_2)$、$Q_\pi(s, a_3)$ 均为 0，这种情况下执行哪个动作都一样。不妨假设最终选择了动作 a_1 并且收到了环境的正反馈，再更新 Q 函数后，就会发现 $Q_\pi(s, a_1)$ 增大。而后每次只要遇到状态 s，都只会执行动作 a_1，其他两个动作永远都不会被采用，这是不合理的。以《贪吃蛇》游戏为例，一条蛇在环境中游走，吃到一个宝物就加分。在游戏的初始时刻，贪吃蛇随机选一个方向前进，并且吃到一个宝物，得到了一个正反馈，它就会记住向上走有正反馈，接下来再也不会探索除了向上走之外的动作。所以需要探索机制让智能体知道除了选择看起来最好、评分最高的动作，也要有一定的概率去尝试其他动作，说不定带来的收益更好。常见的探索机制有 ε-贪心和玻尔兹曼探索。ε-贪心是指智能体以 $1-\varepsilon$ 的概率选择 Q 函数值最高的动作，以 ε 的概率随机选择动作，即

$$a = \begin{cases} \underset{a}{\operatorname{argmax}}\, Q(s, a), & \text{以}\ 1-\varepsilon\ \text{的概率} \\ \text{随机}, & \text{以}\ \varepsilon\ \text{的概率} \end{cases}$$

通常将 ε 设置为一个较小的值，如 0.1 或者 0.01，也就是有 0.9 的概率会根据 Q 函数选择动作，还有 0.1 或 0.01 的概率随机选取动作。然而在实际中会将 ε 设置成随时间逐级递减的量，这是因为在刚开始训练的时候不知道哪个动作是好的，会花较多的时间来探索，而到训练后期，已经能够确定哪个动作比较好，就会减少探索，主要依靠 Q 函数决定动作。这就是 ε-贪心算法。

还有一个方法，即玻尔兹曼探索，其机制如下：

$$\pi(a\,|\,s) = \frac{\mathrm{e}^{\frac{Q_\pi(s, a)}{T}}}{\sum_{a' \in A} \mathrm{e}^{\frac{Q_\pi(s, a)}{T}}}$$

其中 T 是大于 0 的系数。T 越大，越倾向于等概率选择每个动作；T 越小，则越倾向于依靠 Q_π 函数来决定动作；T 趋于 0，则只选 Q 函数下的最优动作。

4.3.4 深度 Q 网络算法的实现过程

深度 Q 网络的完整算法如图 4-7 所示。首先初始化 Q 函数，令目标函数 $\hat{Q} = Q$。先根据 Q 生成策略 π。然后策略与环境做交互，在每一次交互过程中，策略 π 接收到一个状态 s_t^n 并执行动作 a_t^n，同时要有探索机制，比如上文中提到的 ε-贪心算法。执行动作后会得到环境的奖励 r_t^n 和新的状态 s_{t+1}^n。此时并不直接用得到的数据学习 Q 函数，而是将数据以四元组 $(s_t^n, a_t^n, r_t^n, s_{t+1}^n)$ 的形式存入回放缓冲区，如果缓冲区已满，则随机丢弃掉一些旧数据。紧接着，智能体就会从回放缓冲区中随机抽取出一条来自先前回合的交互数据 $(s_i^m, a_i^m, r_i^m, s_{i+1}^m)$。

得到数据以后学习 Q 函数，首先计算 $Q_\pi(s_i^m, a_i^m)$ 需要拟合的目标，也就是 $y = r_i^m + Q_\pi(s_{i+1}^m, \pi(s_{i+1}^m))$，由于 $\pi(s_{i+1}^m) = \operatorname{argmax} Q_\pi(s_{i+1}^m, a)$，即 π 是完全取决于 Q 的，所以目标可以直接写为 $y = r_i^m + \underset{a}{\max}\, Q_\pi(s_{i+1}^m, a)$，此外，由于使用了固定目标函数的优化方法，所以要用 $\hat{Q}_\pi(s_{i+1}^m, a)$ 代替 $Q(s_{i+1}^m, a)$，于是目标写为 $y = r_i^m + \underset{a}{\max}\, \hat{Q}_\pi(s_{i+1}^m, a)$。接下来用回归算法更新 Q 函数，使得

$Q_\pi(s_i^m, a_i^m)$ 的值能够接近目标值 y。每经过若干次更新，就把 Q 函数的网络同步更新到 $\hat{Q}$ 函数的网络上。

算法2：深度 Q 网络算法

1 初始化：价值函数 Q，目标函数 $\hat{Q} = Q$
2 **for** $n = 0$ **to** N **do**
3   **for** $t = 0$ **to** T **do**
4   根据 $\pi'(s) = \arg\max_a Q_\pi(s, a)$ 生成新策略 π'
5       $\pi = \pi'$
6   对于给定状态 s_t^n，根据策略 π 和 ε-贪心算法执行动作 a_t^n
7   获得反馈 r_t^n 和新状态 s_{t+1}^n
8   将四元组 $(s_t^n, a_t^n, r_t^n, s_{t+1}^n)$ 存放到缓冲区
9   从缓冲区中随机抽取一条数据 $(s_i^m, a_i^m, r_i^m, s_{i+1}^m)$
10   计算目标值 $y = r_i^m + \hat{Q}(s_{i+1}^m, \pi(s_{i+1}^m)) = r_i^m + \max_a \hat{Q}(s_{i+1}^m, a^m)$
11   更新价值函数 Q 的参数使得 $Q_\pi(s_i^m, a_i^m)$ 逼近 y
12   每隔固定次同步目标函数 $\hat{Q} = Q$
13   **end**
14 **end**

图 4-7 深度 Q 网络算法

4.3.5 连续动作空间下的深度 Q 网络

传统的深度 Q 网络很难处理连续动作空间的情景。回顾深度 Q 网络算法，训练得到 Q 函数后，需要使用 $\pi(s) = \arg\max_a Q_\pi(s, a)$ 遍历所有可能的动作，选择能够使 Q 值最大的动作来生成新的策略 π'。这种生成方式在离散动作空间的情境下是可行的，比如在《太空侵略者》游戏中，玩家能够执行的只有向左、向右和开火三种操作，在《Pong》游戏当中，玩家能执行的动作也只有向上、向下和原地不动，遍历所有可能的动作很容易做到。然而现实情境中连续动作空间的例子也很多。比如在自动驾驶领域，智能体操控方向盘的时候，它需要执行的动作是方向盘向左或者向右旋转几度，是一个介于 0～360° 之间的任意实数。再比如智能体是一个机器人，它具有多个关节，它的动作就是所有关节的旋转角度组成的一个实数向量，它的动作空间也是连续的，这种情况下不可能通过遍历所有可能的动作的方式找到能够使得 Q 函数值最大的动作。一般来说，可以通过以下三种方法来解决这个问题。

1. 采样法

采样法是处理连续值时非常常见的一种方法，它从连续值中采样若干个点，这些点代表整个连续值参与到后续的训练。在这里，可以从连续的动作空间中采样 N 个可能的动作 $(a_1, a_2, \cdots, a_N)$，将它们分别代入已经训练好的 Q 函数中，找到能够使得 $Q_\pi(s, a)$ 值最大的动作。这样做的缺点是最终结果可能不准确，因为在实际中采样的数量是有限的，所以最后要执行的动作可能是不准确的。

2. 梯度上升法

可以把 $\pi'(s) = \arg\max_a Q_\pi(s, a)$ 看作一个最优化问题，其中决策变量是动作 a，目标函数是价值函数 $Q_\pi(s, a)$，任务是找到最优的动作 a 去最大化目标 $Q_\pi(s, a)$。既然是最优化问题，就可以用优化领域内的算法，比如梯度上升法来找最优解。但是这样做有两个问题：首先是运

算量巨大，如果智能体的动作空间较大，就代表着搜索空间巨大，想要找到最优解就需要花费大量的时间和计算资源；其次使用梯度上升法有可能陷入局部最优解的问题，这也是不可避免的情况。

3. 与策略梯度算法结合

最后一种方法是将深度 Q 网络算法与之前学过的策略梯度算法结合起来。不再用训练好的 Q 函数直接生成新策略，而是用 Q 函数代替策略梯度公式中的真实未来总奖励 G_t，作为每个状态动作对发生概率 $p_\theta(a_t, s_t)$ 的权重，Q 函数值越大，权重越大，策略 π 在状态 s 选择动作 a 的可能性就越高。这种方法有个专门的名称，叫作演员－评论员算法，其中的**演员就是策略**，而**评论员就是价值函数**，这是一个将策略梯度算法和深度 Q 网络算法结合起来的算法，如图 4-8 所示。

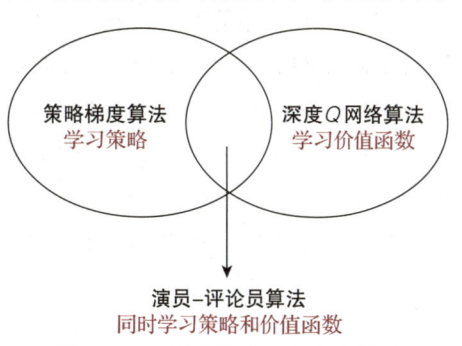

图 4-8 三种强化学习方法的关系

4.4 演员－评论员算法

如前文所述，策略梯度算法中只学习一个策略，深度 Q 网络算法中只学习一个价值函数。接下来介绍的演员－评论员算法是结合策略和价值函数的强化学习方法，在这个算法中，策略 π_θ 被称为演员，负责选择动作，而价值函数 V 和 Q 被称为评论员，负责评估当前策略的表现，提供反馈以改进策略。

演员－评论员算法的经典例子是倒立摆平衡游戏，这个游戏需要玩家控制小车左右移动，保持竖杆的平衡。如果使用演员－评论员算法玩这个游戏，那么演员负责决定小车该往哪个方向移动，而评论员评估这个动作是否有效，并给演员反馈。如果竖杆保持平衡，智能体获得正向奖励，竖杆倒下则得到负向反馈。通过演员－评论员的协作，智能体逐渐学会如何做出最佳决策，延长竖杆保持平衡的时间。

接下来首先简单回顾策略梯度算法和深度 Q 网络算法，然后介绍演员－评论员算法。

4.4.1 策略梯度算法的简单回顾

策略梯度算法的基本步骤是：先给定一个初始的策略 π_θ，智能体利用该策略与环境进行交互，同时收集交互信息 (s_t, a_t, r_t, s_{t+1})；等到游戏结束后，再回过头去计算 t 时刻的未来总奖励 G_t，进而计算策略梯度 $\nabla \bar{R}_\theta$

$$\nabla \bar{R}_\theta \approx \frac{1}{N} \sum_{n=1}^{N} \sum_{t=1}^{T^n} (G_t^n - b) \nabla \log p_\theta(a_t^n \mid s_t^n)$$

并根据 $\nabla \bar{R}_\theta$ 更新策略 π，如此循环往复。

策略梯度算法的优势是实现过程简单，适用于连续动作空间，也更易于学习随机策略。它的问题在于策略更新的不稳定性。因为策略和环境具有随机性，未来总奖励 G_t 实际上是一个随机变量，每次取得的 G_t 值实际上是对 G_t 做的采样。但是随机变量具有方差，可能会采样到一些非常极端的 G_t，如果用它们去更新 π_θ，可能会导致策略更新的不稳定性，使得训练结果变差。此外，样本效率低也是一个问题。

4.4.2 深度 Q 网络算法的简单回顾

在深度 Q 网络算法中，我们介绍了两种价值函数，分别是状态价值函数 $V_\pi(s)$ 和状态动作价值函数 $Q_\pi(s,a)$。$V_\pi(s)$ 的输出值是使用策略 π 与环境交互，当智能体看到状态 s 时对未来总奖励的期望值。$Q_\pi(s,a)$ 的输出值是指当智能体观察到状态 s 时采取动作 a，接下来用策略 π 与环境交互，对未来总奖励的期望值。$V_\pi(s)$ 接收一个状态 s，输出一个标量，而 $Q_\pi(s,a)$ 接收一个状态 s，会给每个动作 a 都分配一个 Q 值。

相比于策略梯度算法，深度 Q 网络算法比较稳定，因为训练 Q 函数采用时序差分方法，使用到的是单步奖励 r_t。虽然 r_t 也是一个随机变量，但相比于策略梯度中的未来总奖励 G_t 而言，方差要小很多，训练也就能稳定很多。其实，算法稳不稳定的根源在于采用蒙特卡罗方法还是时序差分方法，蒙特卡罗方法的缺陷就是方差大导致训练不稳定，而时序差分方法就会好很多，但是它存在估计不准确的问题。此外，深度 Q 网络的优化技巧丰富，其中的经验回放机制能够有效提高样本效率。

深度 Q 网络算法的主要问题是不适用于连续动作空间的情景，因为给定状态 s，无法通过遍历的方式找到对应 Q 函数值最大的动作 a。此外，深度 Q 网络算法学习的是价值函数，得到的是确定性策略，因而需要额外设计良好的探索机制，否则容易陷入局部最优。

4.4.3 演员 – 评论员算法的基本流程

既然 G_t 不稳定，可以使用 G_t 的期望值来代替 G_t，这个期望值就是价值函数 $Q_\pi(s_t,a_t)$。$Q_\pi(s_t,a_t)$ 的定义是在状态 s_t 执行动作 a_t，再继续用策略 π 与环境进行交互所能得到的未来总奖励的期望值，而 G_t 是在状态 s_t 执行动作 a_t，再继续用策略 π 与环境进行交互所能得到的真实的未来总奖励，从定义上来看，$Q_\pi(s_t,a_t)=E[G_t]$。用 $Q_\pi(s_t,a_t)$ 代替策略梯度中的 G_t，用期望值代替随机变量本身，能够有效缓解策略梯度算法中的不稳定性问题。

至于基线 b，在策略梯度算法中曾经提到，一般将 b 值设为在相同状态下采取所有动作所得到的未来总奖励的期望，也就是 $E[Q_\pi(s_t,a_t)]$，这个期望值又正是价值函数 $V_\pi(s_t)$。$V_\pi(s_t)$ 的定义是在状态 s_t 一直使用策略函数 π_θ 与环境交互所能得到的未来总奖励。$V_\pi(s_t)$ 没有涉及动作，而 $Q_\pi(s_t,a_t)$ 涉及动作，$V_\pi(s_t)$ 正是给定状态 s 下所有动作对应的 $Q_\pi(s_t,a_t)$ 值的期望，即 $V_\pi(s_t,a_t)=E[Q_\pi(s_t,a_t)]$。因而把基线 b 设为 $V_\pi(s_t)$ 是合理的。

用 $Q_\pi(s_t,a_t)-V_\pi(s_t)$ 代替 G_t-b 后，策略梯度的表达式为

$$\nabla \bar{R}_\theta \approx \frac{1}{N}\sum_{n=1}^{N}\sum_{t=1}^{T^n}(Q_\pi(s_t,a_t)-V_\pi(s_t))\nabla \log p_\theta(a_t^n|s_t^n)$$

在演员 – 评论员算法中，首先演员 π_θ 与环境交互并收集数据 (s_t,a_t,r_t,s_{t+1})，并通过时序差分的方式分别学习两个评论员 Q 和 V，然后让这两个评论员分别做出评价 $Q_\pi(s_t,a_t)$ 和 $V_\pi(s_t)$

并代入新的梯度公式计算梯度 $\nabla \bar{R}_\theta$，最后再用梯度更新演员 π_θ，如此循环往复，这就是初始的演员-评论员算法，如图 4-9 所示。

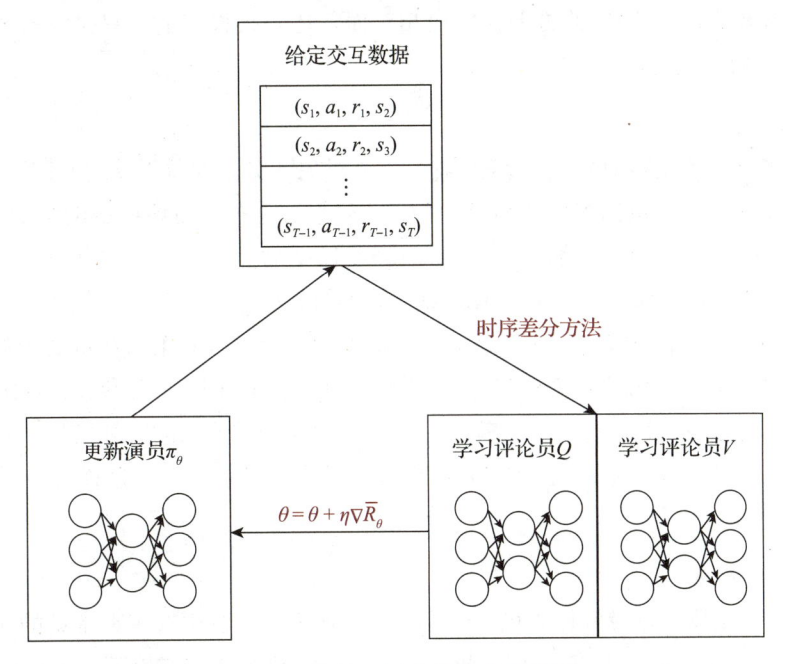

图 4-9　演员-评论员算法示意图

4.4.4　常见的优化技巧

针对演员-评论员算法的常用优化技巧有三种，分别是合并评论员、共享网络和设置探索机制。

1. 合并评论员

初始的演员-评论员算法在训练过程中需要同时学习两个评论员：Q 和 V。我们知道，如果使用时序差分方法学习评论员，估计不准的风险可能会被放大两倍，所以我们思考能否只学习一个评论员。实际上有人提出可以只估计 V，再利用 V 的值表示 Q 的值。这样做是因为 V 和 Q 之间还存在一种联系，即 t 时刻的 Q 值与 $t+1$ 时刻的 V 值相差 r_t，可以写成

$$Q_\pi(s_t, a_t) = E[r_t + V_\pi(s_{t+1})]$$

这是显而易见的。但值得注意的是，由于策略和环境的随机性，最终能得到什么样的奖励 r_t、进入什么样的状态 s_{t+1}，这件事本身具有随机性，所以要把 $r_t + V_\pi(s_{t+1})$ 取期望值才会等于等式左侧。但是在实际使用中却要把期望去掉，这样做是为了简化计算。有人可能会质疑直接去掉期望这种做法的合理性，但是在这里只能说，提出这个方法的论文通过实验证明了直接去掉期望这个步骤是可行的。这样初始的演员-评论员算法中的 $Q_\pi(s, a) - V_\pi(s)$ 就可以重写为 $r_t + V_\pi(s_{t+1}) - V_\pi(s_t)$，相比于初始需要同时学习两个评论员 Q 和 V，现在只需要学习一个评论员 V 即可，这是一个非常重要的优化技巧。

值得强调的是，改进后的演员－评论员算法的表达式中会引入 r_t，而 r_t 是一个随机变量，有方差，会为训练过程带来不稳定性，但是与策略梯度算法中的 G_t 比较，r_t 只是单步奖励，其方差要远远小于 G_t 的方差，因而相对而言还是很稳定的，只是没有同时学习两个评论员 Q 和 V 的方式稳定。

2. 共享网络

在执行演员－评论员算法时，需要训练两个对象，分别是演员 π_θ 和评论员 V，它们的本质都是神经网络。演员网络输入状态 s，输出动作的分布，而评论员网络输入状态 s，输出一个标量。既然它们的输入都是状态 s，这两个网络的前几层是可以共享的。以《太空侵略者》游戏为例，每个状态 s 都是一幅图像，输入的图像非常复杂，往往在前期需要用卷积神经网络来处理，从中提取出一些高级的特征信息，这个过程对策略和价值函数来说是通用的，所以通常会让演员 π_θ 和评论员 V 共享前几层网络，共用同一组参数，这组参数大多是卷积神经网络部分的参数。这样分工就变为首先把图像变成高级的特征信息，其次让演员决定要采取什么样的动作，最后让价值函数计算期望的未来总奖励。这样做有助于提高训练效率。

3. 设置探索机制

最后一个优化技巧是设置探索机制。在演员－评论员算法中有一种常见的探索方法，即对演员 π_θ 输出的动作分布设置一个约束，其作用是使动作分布的熵不要太小，也就是说希望不同的动作被采用的概率平均一些。这样在测试时，智能体才会去尝试各种不同的动作，对环境进行充分探索，从而得到比较好的结果。

4.4.5 演员－评论员算法的实现过程

演员－评论员算法包含学习评论员 V 的环节，因此深度 Q 网络领域介绍的经验回放、目标网络和探索机制等优化技巧也可以在这里使用。完整的演员－评论员算法的实现过程如图 4-10 所示。

首先初始化演员 π_θ、目标演员 $\hat{\pi}_\theta$、评论员 V 和目标评论员 $\hat{V}$，这是为了后面固定回归目标 y。需要说明的是，深度 Q 网络算法中只学习价值函数 Q 一个量，策略 π_θ 完全取决于 Q，因此只需要设置目标函数 $\hat{Q}$ 就能固定 $Q_\pi(s)$，进而固定回归目标 y；而在演员－评论员算法中，π_θ 和 V 都是可学习的量，都会不断更新，所以只有同时设置目标演员 $\hat{\pi}_\theta$ 和目标评论员 $\hat{V}$，才能固定 $V_\pi(s)$ 和回归目标 y。

接下来用演员 π_θ 与环境进行交互，每次交互都能收集到数据 $(s_t^n, a_t^n, r_t^n, s_{t+1}^n)$ 并存入缓冲区。紧接着智能体从缓冲区中随机取出一条数据 $(s_t^m, a_t^m, r_t^m, s_{t+1}^m)$ 并利用这条数据训练评论员 V，训练方式与深度 Q 网络中训练价值函数的方法类似，也被看作一个回归问题。

学习好的评论员 V 后，就能得到 $V_\pi(s_{t+1}^m)$ 和 $V_\pi(s_t^m)$，把它们代入梯度公式中求得 $\nabla \bar{R}_\theta$，最后利用 $\nabla \bar{R}_\theta$ 更新演员 π，这样就完成了一轮迭代。再用更新后的演员 π 与环境进行交互并收集数据，如此循环往复，每间隔 C 步就同步一次目标演员和目标评论员。

```
算法3：演员-评论员算法
1  初始化：演员 $\pi_\theta$，目标演员 $\hat\pi_\theta = \pi_\theta$，评论员 $V$，目标评论员 $\hat V = V_\pi$
2  for $n = 0$ to $N$ do
3      for $t = 0$ to $T$ do
4          对于给定状态 $s_t$，根据策略 $\pi$ 和 $\varepsilon$-贪心算法执行动作 $a_t$
5          获得反馈 $r_t$ 和新状态 $s_{t+1}$
6          将四元组 $(s_t^n, a_t^n, r_t^n, s_{t+1}^n)$ 存放到缓冲区
7          从缓冲区中随机抽取一条数据 $(s_i^m, a_i^m, r_i^m, s_{i+1}^m)$
8          计算目标值 $y = r_i^m + \hat V_{\hat\pi}(s_{i+1}^m)$
9          更新评论员 $V_\pi$ 的参数使得 $V_\pi(s_i^m)$ 逼近 $y$
10         $V_\pi$ 做出评论 $V_\pi(s_i^m)$ 和 $V_\pi(s_{i+1}^m)$
11         计算梯度 $\nabla \overline R_\theta = (r_i^m + V_\pi(s_i^m) - V_\pi(s_{i+1}^m)) \nabla \log p_\theta(a_t^m|s_t^m)$
12         更新演员 $\theta = \theta + \eta \nabla \overline R_\theta$
13         每隔 $C$ 步同步目标演员 $\hat\pi_\theta = \pi_\theta$
14         每隔 $C$ 步同步目标评论员 $\hat V = V$
15     end
16 end
```

图 4-10　演员–评论员算法

4.4.6　异步演员–评论员算法

强化学习的问题是训练速度慢。想要提高训练速度，可以使用分布式并行的思想。联邦学习是一种分布式计算范式，在联邦学习中，一台服务器想要训练模型，它会召集多个客户端，每次训练前服务器将待训练的模型分发给各个客户端，客户端利用本地数据训练本地模型，最终将本地模型上传给服务器。多个模型同时并行训练，能够大大加快训练速度。异步演员–评论员算法就是同时使用多个进程，每个进程分别与环境进行交互，更新策略，最后再把训练好的策略进行聚合。

该算法的具体运作流程如下。开始有一个全局网络，该全局网络包括演员网络和评论员网络，这两个网络绑定在一起，它们共用前几层。假设初始的全局网络的参数是 θ_1，使用多个进程，每个进程在工作前都会接收中央服务器下发的全局网络参数 θ_1，然后基于接收到的策略网络与环境进行交互并收集数据。等到交互完成以后，每个进程就能计算出梯度，然后把梯度上传到中央服务器，中央服务器就会用这些梯度依次更新原来的全局网络参数。等到所有的进程都上传梯度后，中央服务器也得到了最终的新的全局网络参数 θ_2，然后进入下一轮，把 θ_2 重新分发到各个进程，由各个进程重新与环境交互。注意，有以下两点需要说明。

❑ 要求每个进程尽量收集多样的数据，因为多样的数据代表了对环境的充分探索，训练得到的演员和评论员就能更好地应对这个环境。比如在走迷宫游戏中，可以设定每个进程玩游戏的初始位置不一样。

❑ 异步演员–评论员算法本质上是一种同策略算法，因为异步演员–评论员算法中只使用当前演员（策略）采样的数据来计算梯度，没有用到历史演员（策略）的决策数据，因而不属于异策略算法。

异步演员–评论员算法通过分布式并行运算大大加快了训练效率，是强化学习领域广泛使用的算法之一。

4.5 稀疏奖励环境下的强化学习

在强化学习中，智能体通过与环境互动来学习如何做出决策，目标是最大化其累积的奖励。然而，在许多实际问题中，奖励信号可能是稀疏的，这意味着智能体在执行大多数动作时得不到奖励，无法判断哪些行为是正确的。这种情况会带来学习速度缓慢和探索困难的问题。以机器人收集垃圾任务为例，在这个任务中，机器人需要在一个复杂的室内环境中寻找并收集所有分散的垃圾，每捡起一块垃圾就能得到一个正反馈。但是由于垃圾数量少且分布广泛，机器人很难在短时间内找到所有垃圾，此时仅依靠原始奖励（即成功收集垃圾时的奖励）来指导策略学习显得远远不够。为了应对稀疏奖励场景下强化学习困难的问题，可以使用设计奖励、课程学习和分层强化学习三种方法。

4.5.1 设计奖励

本节将介绍两种设计奖励的常用方法，分别是预设奖励和自适应奖励。

1. 预设奖励

预设奖励的核心思想是在智能体探索的过程中提供更多的反馈。以机器人收集垃圾任务为例，假设机器人在没有发现垃圾的情况下移动，那么它的所有行为都得不到奖励，这会极大地打击它的积极性。为此，可以设计一种**接近奖励**，当机器人距离垃圾越来越近时，即使还没有收集到，也给予一定的奖励。具体来说，可以将垃圾的位置坐标存储起来，当机器人每次向垃圾方向移动时，根据它与垃圾的距离变化计算奖励值。例如，假设机器人每接近垃圾 1m，则给予它 1 分奖励；如果它远离垃圾，则扣 1 分。这种奖励机制可以帮助机器人更好地理解垃圾的位置，并朝着正确的方向前进。

此外，在复杂的环境中移动时，机器人很容易被障碍物困住，或者在某些区域反复徘徊。还可以引入**路径奖励机制**，通过为高效的移动路径提供奖励，来帮助机器人学会高效移动。比如，当机器人沿着一条不重复的路径走到目标区域时，可以获得额外的奖励，这样即使它暂时找不到垃圾，也能学会如何在复杂环境中更高效地移动。

最后，考虑到环境的复杂性，还可以设计**多阶段奖励**。例如，机器人可以在不同区域分别完成垃圾收集任务。将任务分解为多个子目标，每完成一个目标都会有相应的奖励。这种多阶段奖励可以帮助机器人逐步完成整体任务，而不是在复杂环境中盲目探索。

2. 自适应奖励

虽然预设奖励能够为机器人提供更多反馈，但在一些情况下，环境复杂多变，提前预设的奖励可能难以应对。为此，自适应奖励机制应运而生，它可以根据智能体的实际表现和环境变化来动态调整奖励信号。

首先可以想到的就是**动态调整奖励强度**。假设在收集垃圾的过程中，机器人长时间没有获得奖励，这时它的学习进程会变得缓慢。可以设计一种动态调整机制：如果机器人在一定时间内未能找到垃圾，就逐渐增加接近奖励的强度，比如将奖励值从 1 分提升到 2 分，以鼓励它更积极地探索；反之，如果它在短时间内成功收集多个垃圾，则可以降低奖励强度，让它面对更大的挑战。这种动态调整方式可以确保机器人在不同学习阶段始终保持适当的挑战性。

其次，智能体在探索环境时，往往会形成特定的行为模式，例如反复选择某条固定路径进行探索。可以根据这些行为模式动态调整奖励系统。例如，系统检测到机器人多次重复选择同一条路径时，可以削弱该路径的奖励值，从而促使机器人去尝试其他路径。这种反模式奖励策略能够有效避免智能体陷入局部最优解，促进它对整个环境的充分探索。这种自适应调整方式称为**基于行为模式的奖励调整**。

最后，还可以使用**生成模型增强奖励信号**。生成模型可以帮助智能体预测未来的奖励。例如，可以训练一个模型，让机器人根据当前状态和行为预测下一步可能的奖励。即使当前没有直接的奖励反馈，机器人也可以通过预测的奖励信号判断行为的优劣，从而优化策略。这种基于预测的奖励增强机制，能够在稀疏奖励环境中有效提升智能体的学习效率。

4.5.2 课程学习

课程学习的目标是通过将复杂任务分解为多个难度递增的子任务，让智能体像学生一样逐步掌握每个技能，最终解决最初难以完成的复杂任务。在此介绍两种常用的课程学习方式。

1. 课程分级

以机器人收集垃圾任务为例，课程分级是指可以设计一个循序渐进的课程计划，让机器人逐步掌握从简单到复杂的环境探索与垃圾收集技能。在这个例子中，可以为机器人设计以下三个阶段的训练计划。

- **初级课程**：简单环境中的垃圾收集。在初级课程中，我们设计了一个简单、障碍物较少的房间，机器人只需在这个房间中完成垃圾收集任务。由于环境简单，机器人可以快速学习如何接近并收集垃圾。这一阶段的目标是让机器人熟悉垃圾收集的基本流程，包括如何识别垃圾、如何规划路径接近垃圾以及如何避免简单的障碍物。
- **中级课程**：复杂环境中的垃圾收集。当机器人能够在简单环境中稳定完成任务后，将环境的复杂度提升。例如，增加更多的障碍物，将垃圾分布在不同的房间中，并且每个房间的布局有所不同。这一阶段，机器人需要学习如何在复杂的环境中进行有效探索，并且要学会在不同的房间之间切换，找到所有分散的垃圾。此时，机器人不仅要考虑如何收集单个垃圾，还要考虑如何在全局层面上规划路径以最小化总的行走距离。
- **高级课程**：动态环境中的垃圾收集。在高级课程中，引入了动态变化的元素。例如，房间中的某些障碍物会随机移动，或者垃圾的位置会不定期变化。这意味着机器人需要具备实时调整策略的能力。当它发现某条通路被堵住时，需要迅速重新规划路径；当它发现垃圾位置发生变化时，需要重新调整收集顺序。这一阶段的目标是让机器人学会在动态变化的环境中灵活应对各种突发情况，始终保持高效的任务执行能力。

2. 动态课程生成与调整

在固定课程之外，还可以采用动态课程生成方法，根据机器人的表现实时调整课程的难度。例如，当机器人在初级课程中表现出色时，可以直接跳过部分中级课程，让它提前进入高级课程的训练。这样能够避免机器人在过于简单的任务中浪费时间，从而更快速地提升能力。

动态课程生成的关键是评估机器人的学习进度。可以通过设定一系列评估指标来判断机器人是否掌握了当前课程的内容。比如，在简单环境垃圾收集任务中，可以统计机器人成功收集垃圾的次数、平均收集时间以及在不同环境中是否具有稳定表现。当这些指标达到预设标准时，就可以认为机器人已经准备好进入下一个更复杂的课程。

除了评估学习进度，还可以根据机器人的表现动态调整当前课程的难度。例如，当机器人在复杂环境垃圾收集任务中表现出色时，可以逐步增加障碍物的数量，或者增加房间的复杂度；如果它遇到较大困难，则可以适当降低难度，如减少障碍物或减少垃圾数量。这样一来，机器人始终处于一个合适的挑战水平，不会因为课程难度过低而感到无聊，也不会因为难度过高而丧失动力。这种动态调整机制能够最大限度地提高机器人的学习效率，使其始终在一个最佳状态下进行训练。

4.5.3 分层强化学习

面对复杂任务时，智能体如果尝试一次性解决所有问题，往往会陷入困境。分层强化学习通过将任务划分为多个层次，由不同的策略分别解决不同层次的任务，从而有效降低了任务复杂度。仍然以机器人收集垃圾任务为例，将任务分为高层策略和低层策略两部分。高层策略相当于任务总指挥，它不直接执行具体操作，而是制订全局任务的计划。例如，高层策略决定机器人首先应该前往哪个房间收集垃圾，接着去哪个房间。它关注的是整个任务的全局规划和调度。低层策略则负责具体执行高层策略制订的子任务。例如，当高层策略指示机器人进入某个房间后，低层策略负责在房间内具体寻找和收集垃圾，包括避开障碍物、接近垃圾、执行抓取等动作。低层策略关注的是局部问题的解决。

此外，还可以对分层策略进行优化，主要包括基于子任务的奖励系统、子任务的动态分解分配以及跨层策略共享与学习。

基于子任务的奖励系统是指在多层策略中，为了让高层和低层策略更好地协同工作，可以为每个子任务设计独立的奖励系统。在这个例子中，当低层策略成功收集一个垃圾时，可以给高层策略提供额外的奖励。这样不仅能够让高层策略获得更多的正向反馈，还能激励它制订出更有效的全局策略。

子任务动态分解分配是指在实际任务中，机器人可能会遇到某些子任务难以完成的情况。为了避免浪费时间，高层策略可以动态分配任务。例如，当机器人在某个房间中多次尝试却无法收集到垃圾时，高层策略可以指示它暂时放弃该房间，转而去完成其他房间的任务。这样可以最大限度地利用资源，避免因单个子任务而影响整体任务进度。

跨层策略共享与学习是指在分层策略中，不同层次的策略其实可以共享某些特征表示或策略参数。比如，在机器人收集垃圾任务中，无论是高层策略的全局导航还是低层策略的局部移动，都需要对环境的整体布局有一定的理解。因此，可以在高层和低层策略之间共享一部分表示特征，使得不同层次的策略能够更好地协同工作。

4.6 无奖励环境下的强化学习

在传统的强化学习中，智能体通过与环境的交互学习到最优策略，从而最大化获得的奖励。然而，在许多现实场景中，往往缺乏明确的奖励信号。例如在智能家居系统中，如何调整家庭的照明、温度和设备使用以实现最优的舒适度和节能效果，并没有简单的数值可供衡量。

在这种无奖励的环境下，智能家居系统需要找到其他方法来学习用户的偏好和习惯。具体来说，可以通过模仿学习、逆强化学习和自适应控制等方法，帮助智能家居系统在没有明确奖励的情况下，逐步理解用户的需求并做出合理的决策。本节将围绕智能家居系统的学习过程，详细探讨这几种方法的应用和效果。

4.6.1 行为克隆

行为克隆是一种通过模仿专家行为进行学习的方法。在智能家居系统中，用户的日常行为记录可以作为专家示范，帮助系统理解何时如何调整设备以满足用户需求。

行为克隆的过程主要包含两个步骤，分别是**数据收集和预处理**，以及**模型训练和策略学习**。首先，需要收集用户在智能家居中的行为数据。这些数据可能包括：

- **设备状态**：如灯光亮度、空调温度、音响音量等。
- **环境信息**：如室内外温度、湿度、时间、季节等。
- **用户行为**：如晚上观看电视、早晨起床等。

数据的收集可以通过智能家居系统的传感器和设备自动完成。当用户在家时，系统记录下每个时刻的设备状态及用户的活动。为了确保数据的可靠性，可以进行数据预处理，剔除异常值，并填补缺失值，以便模型可以学习到更稳定的用户模式。

有了高质量的用户数据后，智能家居系统可以使用监督学习的方式进行行为克隆。模型的输入为用户的活动数据和环境信息，输出为相应的设备状态调整。例如，模型可以学习到当用户晚上8点在客厅看电视时，灯光应该调暗而音响音量适中。

尽管行为克隆能够让智能家居系统迅速学习用户的偏好，但它存在明显的局限性。最主要的问题是分布偏移。在实际使用中，用户的行为可能会发生变化，例如在某些特定的日子里，用户可能会有不同的作息或活动。这时模型可能无法处理新的状态，导致表现不佳。为了解决这一问题，智能家居系统可以通过数据增强来扩展训练集。例如，通过在原始用户数据的基础上引入一些噪声或变化，增强模型的鲁棒性。此外，持续收集用户的最新数据，并定期更新模型，也是提升其适应性的有效方式。

4.6.2 逆强化学习

与行为克隆不同，逆强化学习的核心理念是通过观察用户在不同情境下的选择，推测出能够使其行为最优的奖励函数。在智能家居的场景中，用户的每一次设备调整行为都可以视为对某种目标的追求。例如，用户在夏季将空调温度设置为 22℃，可能是他们希望在保证舒适的同时节省能源。

逆强化学习的过程主要包含 4 个步骤。首先是**用户行为收集**，需要收集用户在智能家居系统中的行为数据。其次是**建模奖励函数**，需要建立一个模型，使得用户的行为在该模型下是最优的。奖励函数可以基于舒适度、能源消耗等多种因素进行建模。再次是**学习奖励函数**，通过最优化算法来学习出合适的奖励函数，以便在该奖励函数下，用户的行为能够获得最大化的累积奖励。最后是**策略优化**，一旦获得了奖励函数，就可以使用强化学习方法来优化智能家居系统的策略，使其能够在不同的环境中做出最优决策。

在智能家居场景中，逆强化学习能够帮助系统识别出用户在不同情况下的真正需求。例如，如果用户在某些时段偏爱更高的室内温度，而在另一些时段偏爱较低的温度，系统可以根据这些偏好推测出用户的具体目标——如舒适度和节能。通过逆强化学习，智能家居系统能够为每种行为分配奖励。例如，打开窗帘以利用自然光照射会被认为是积极的选择，而关闭窗帘则可能是出于隐私需求。当系统能够理解这些需求后，它就能够在用户到家之前主动调整设备，提供最优的居住体验。

逆强化学习也面临一些挑战，比如奖励函数的不唯一性，这是指在许多情况下，不同的奖励函数可能都能解释用户的行为，所以建模奖励函数时不知道应该采用哪种解释模型。其次逆强化学习的训练时间通常都比较长，尤其是在高维空间中搜索奖励函数时，计算复杂度会显著增加。为了解决这些问题，研究者提出了一些改进方法，如**基于最大熵的逆强化学习**，它通过引入随机性来提高策略的稳定性，避免对单一奖励函数的过度依赖，这里不再展开叙述。

本章小结

本章系统地阐述了强化学习的核心框架与主要算法。

4.1 节回顾了强化学习的发展历史。此外，还介绍了强化学习的基本结构由智能体和环境组成，智能体负责根据环境状态执行最优动作，环境根据动作转移到新状态并给智能体反馈奖励，强化学习的核心任务是智能体找到最优决策，从而在与环境的交互中最大化长期累计奖励。

4.2 节首先介绍了基本的策略梯度算法，它通过策略决定最优决策，从而最大化长期累计奖励。随后介绍了添加基线法和调整权重法等优化方法，有效提高了算法的效率。这种算法特别适合处理连续动作空间，但存在策略更新不稳定和样本效率低的问题。

4.3 节首先介绍了基本的深度 Q 网络算法，该算法的核心是维护一个价值函数 Q，用来评估在某一状态下采取某个动作的长期回报，根据给出的评估值做最优决策。随后介绍了经验回放和目标网络等技巧，大幅提升了强化学习的性能和稳定性。最后探讨了深度 Q 网络在连续动作空间面临的挑战及其解决方案。

4.4 节简单回顾和对比了策略梯度算法和深度 Q 网络算法的优缺点和各自的使用场景，在此基础上引入了演员 – 评论员算法。演员 – 评论员算法结合策略梯度和价值函数，利用演员负责动作决策，利用评论员负责评估反馈，既提升了稳定性，也扩展了算法在复杂任务中的适用性。本节还简单介绍了实际应用中较为广泛的异步演员 – 评论员算法作为拓展补充。

4.5 节和 4.6 节分别探讨了针对稀疏奖励和无奖励环境中的强化学习。在稀疏奖励的环境下，介绍了奖励设计、课程学习和分层强化学习等方法，显著提升了智能体在复杂任务中的表现。行为克隆和逆强化学习则为无奖励场景提供了解决方案，它们能够帮助智能体通过模仿或推断奖励机制优化行为。

本章习题

1. 请介绍强化学习中的基础概念：智能体、环境、状态、动作、奖励。
2. 请简单描述强化学习的基本流程以及优化目标。
3. 请谈一谈常见的强化学习的类型及对应的算法。
4. 动态规划算法在数学和计算机领域具有广泛的应用，常用来解决能够完全建模的环境下的多步决策问题，属于基于模型的强化学习。请通过查阅课外资料了解动态规划算法，并尝试解决下面的问题。

> Hello Kitty 想摘点花生送给她喜欢的米老鼠。她来到一片有网格状道路的矩形花生地（如下所示），从西北角进去，从东南角出来。地里每个道路的交叉点上都有种着一株花生苗，上面有若干颗花生，经过一株花生苗就能摘走它上面所有的花生。Hello Kitty 只能向东或向南走，不能向西或向北走。设起始点坐标为 (1，1)，终点坐标为 (m, n)，问 Hello Kitty 最多能够摘到多少颗花生。

5. 请解释为什么一场游戏中使用同一个策略可能会有不同的过程和结局。
6. 请结合自己的理解谈一谈策略梯度的公式。
7. 请谈一谈策略梯度算法中常见的两种优化技巧：它们是什么，要解决什么问题，具体是如何做的。

8. 请描述策略梯度算法的实现流程。
9. 请介绍两种价值函数的定义、物理意义以及如何训练价值函数。
10. 请介绍使用深度 Q 网络算法的主要流程。
11. 请介绍深度 Q 网络算法常见的优化方法,以及这些方法分别解决的问题和具体实施步骤。
12. 请介绍策略梯度算法和深度 Q 网络存在的问题。
13. 请介绍演员–评论员算法中演员和评论员的基本概念。
14. 请介绍演员–评论员算法的学习目标、基本流程和优化技巧,以及它是如何缓解前述两种算法带来的问题的。
15. 请简单说明异步演员–评论员算法的设计思想。
16. 请简述解决稀疏奖励问题的方法。
17. 在课程学习中,如何设置评估标准以判断智能体是否准备好进入下一阶段。请结合实例详细描述。
18. 请结合具体任务解释如何通过动态课程调整机制来避免智能体在稀疏奖励环境中陷入局部最优解。
19. 请简述解决无奖励问题的方法。
20. 请介绍行为克隆方法的过程、存在的问题和对应的解决办法。
21. 请介绍逆强化学习方法的过程、存在的问题和对应的解决办法。

第三部分

对你爱（AI）不完

第 5 章

专家系统

专家系统是人工智能领域的重要组成部分，它通过模拟人类专家的知识和推理过程，帮助解决复杂问题并做出高质量的决策。简单来说，专家系统是一种计算机程序，旨在模拟专业领域内专家的决策和判断过程，通常依赖于大量的专业知识和特定的推理规则。它通过输入的数据进行推理，生成与专家意见相似的结论或建议，在许多领域提供决策支持。

专家系统的发展起源于 20 世纪 60 年代，它在人工智能的早期阶段就开始展现出巨大的应用潜力。随着计算机技术的飞速发展，专家系统的应用范围逐渐扩大，特别是在医疗、金融、工程、农业等领域，专家系统的使用成为提升效率、降低风险和提高决策质量的重要手段。它的核心功能之一是将领域专家的知识转化为计算机可操作的规则和数据，并通过推理机制解决实际问题。通过这种方式，专家系统能够使没有专业背景的用户获得类似专家的决策支持，极大地扩展了知识的可达性和应用范围。

随着计算机硬件和人工智能技术的发展，专家系统在多个行业的应用也逐渐成熟，尤其是在解决复杂的判断和决策问题上。无论是在医疗诊断中帮助医生制订治疗方案，还是在金融领域分析投资风险，专家系统都能够提供快速、准确的支持。然而，尽管如此，专家系统也面临着知识更新和灵活性不足的挑战，如何克服这些局限性，推动专家系统的进一步发展，是当前研究和应用中的重要课题。

本章将深入探讨专家系统的工作原理和应用实例，旨在帮助读者全面理解这一技术的核心概念和实际操作。

5.1 什么是专家系统

专家系统是一种基于人工智能技术的计算机系统，它模拟人类专家在特定领域内的知识和推理过程，以解决复杂问题或提供专业建议。通过集成大量的专业知识、规则和经验，专家系统能够分析数据、进行逻辑推理，并给出与领域专家水平相当或更高的决策和解答。

专家系统广泛应用于医疗诊断、金融风险评估、故障诊断、教育辅导、法律咨询等多个领域，它通过模拟人类专家在特定领域的决策过程，利用专业知识和推理规则，为用户提供专业级的建议、决策支持或解决方案，极大地提高了问题解决的效率和准确性。

5.1.1 专家系统的定义

专家系统是人工智能领域一个重要的分支，旨在模仿人类专家在特定领域内的决策过程。它是一类专门设计的计算机程序，具有处理高度复杂问题的能力，尤其是在那些通常需要专业知识和经验才能解决的场景下。专家系统的出现不仅改变了人们处理信息的方式，还极大地扩展了计算机在决策支持、问题解决和数据分析中的应用范围。

为了直观地理解专家系统的工作方式，先来看一个简单的专家系统示例。假设我们正在使用一个医疗诊断的专家系统，目的是诊断用户是否可能患有流感。该系统通过一系列问题来引导用户，并根据用户的回答进行推理，最终得出结论。

专家系统：请问您是否有发烧症状？
用户：是的，我发烧。
专家系统：您是否有咳嗽或喉咙痛的症状？
用户：是的，我喉咙痛，但没有咳嗽。
专家系统：您是否感到疲倦或肌肉酸痛？
用户：是的，我感到非常疲倦，肌肉也有些酸痛。
专家系统：您是否有流鼻涕或鼻塞？
用户：没有，我没有这些症状。
专家系统：根据您的症状，您可能患有轻度流感。建议多休息、保持水分充足，并考虑使用非处方药来缓解症状。如果症状加重，请咨询医生。

在这个简单的例子中，可以看到，专家系统通过一系列问题收集用户的症状数据，然后将这些数据与其知识库中的医学规则进行匹配。专家系统根据已知的规则进行推导，并通过排除不符合条件的疾病（如普通感冒、支气管炎等），逐步缩小可能的诊断范围。专家系统的推理方式与人类专家的思考过程相似。医生在诊断病人时，通常会根据病人的描述逐步排除不太可能的疾病，并最终集中在一个或几个可能的病因上。专家系统通过编码这些专家的思维过程，实现了类似的功能。

与传统的计算机程序不同，专家系统的核心在于其能够在面对复杂性、不确定性或模糊性较高的问题时，通过模仿专家的思维过程进行推理和决策。传统计算机程序只能处理清晰、结构化的任务，通常只能执行预先设定的明确指令，无法应对涉及判断、推理或专业知识的问题。专家系统则是一种能够"思考"的程序，它可以根据事先存储的知识和规则，对各种输入条件进行分析，生成解决方案或提供建议。

专家系统的核心功能在于将人类专家的知识和经验转化为计算机可以处理的形式，这通常通过构建一个称为**知识库**的组件来实现。这是专家系统的核心部分，存储了大量来自领域专家的知识、规则和经验。这个知识库通常是经过专家精心设计的，反映了他们在特定领域的专业判断。知识库是一个动态的专业数据库，系统可以根据输入条件动态地从中提取相关的信息，用以辅助决策。

除了知识库，专家系统的另一个关键组件是**推理机**，推理机是专家系统的"思维中心"。它根据知识库中的知识，对给定的问题进行推理，得出结论或建议。推理机会分析输入的数据，判断哪些规则适用，然后根据这些规则逐步推导出可能的解决方案。不同于传统程序执行预定的指令，推理机可以灵活处理复杂、不确定的情境。在现实世界中，很多问题往往无法通过单一的预定指令来解决，因为它们充满了不确定性，需要根据不同的情境做出灵活的调整。专家系统可以通过其推理能力，运用知识库中的规则和经验，动态地适应问题的变化，从而为用户提供更为精确和个性化的解决方案。

用户接口是专家系统中的另一个关键组成部分，它是专家系统与用户之间交互的桥梁，直接影响到用户的使用体验和系统的有效性。用户接口的主要功能是接收用户提供的输入数据，并以清晰、简洁的方式呈现系统的输出结果。一个设计良好的用户接口不仅能够提高系统的易用性，还可以帮助用户更好地理解系统的推理过程和结果。

专家系统具有持续学习和更新的能力，能够根据新信息不断扩展其知识库，并提高推理的准确性。专家系统可以通过专家的持续反馈和学习机制，不断调整自身的知识库和推理规则。比如，在一个金融投资的专家系统中，随着市场行情的变化，系统可以根据新出现的市场数据调整其决策规则，从而为投资者提供更准确的市场预测。

专家系统的核心优势在于它能够模拟人类专家的思维过程，结合大量的知识和规则，提供准确、高效的解决方案。它特别适合处理那些需要大量信息分析和复杂推理的任务，不仅可以提高工作效率，还可以大大减少人类在复杂任务中的错误率。鉴于此，专家系统已经在众多专业领域得到了广泛应用，包括医疗诊断、法律推理、金融预测以及工业故障诊断等领域。

5.1.2 专家系统的发展历史

专家系统的起源可以追溯到 20 世纪 60 年代末和 70 年代初，它是人工智能研究领域的重要突破之一。那个时代的计算机程序主要通过执行预设的明确指令来完成任务，无法处理需要复杂推理和专业判断的问题。然而，随着科技的发展，研究者开始设想，能否通过将专家的知识和经验编码为计算机可以理解和操作的规则，从而让机器具备模拟人类专家推理过程的能力。这一设想逐渐促成了专家系统的诞生，并推动了人工智能的早期发展。

最早且最为著名的专家系统之一是 DENDRAL，它是 20 世纪 60 年代由斯坦福大学的研究人员开发的，专门用于化学分子结构分析。DENDRAL 系统通过对化学家在分子分析中使用的规则进行编码，帮助科学家更有效地识别和分析复杂的分子结构。在此之前，科学家需要手工处理和推断这些复杂的化学数据，而 DENDRAL 通过自动化这一过程，大大提高了效率。该专家系统的成功证明了计算机能够在专业领域进行推理和决策，从而减少人为错误，推动了整个科学界对专家系统潜力的关注。

接下来，20 世纪 70 年代的 MYCIN 系统成为医疗领域专家系统的先驱。MYCIN 也由斯坦福大学开发，最初用于帮助医生诊断细菌感染并建议抗生素治疗。与 DENDRAL 不同，MYCIN 的目标是解决临床医疗中的实际问题，尤其是在细菌感染的诊断过程中，医生需要根据患者的症状、病史以及实验室数据快速做出判断。MYCIN 系统将医学专家的知识和经验转化为一套推理规则，当医生输入患者的症状和实验结果时，系统会自动根据这些规则进行推理，提供可能的诊断结果和治疗建议。MYCIN 的创新不仅体现在它的诊断准确性上，还在于它能够解释自己的推理过程。MYCIN 不仅给出诊断结果，还能清晰地解释它是如何得出这一结论的。例如，系统可以解释某个患者为什么更可能感染特定的细菌，以及为什么某种抗生素比其他药物更适合。

随着 DENDRAL 和 MYCIN 的成功，专家系统的应用开始从科学研究扩展到其他领域。20 世纪 80 年代被称为专家系统的黄金时代，大量的企业和机构开始采用专家系统技术来解决实际问题。在工业界，专家系统被应用于设备故障诊断、产品设计优化和制造流程控制。例如，XCON 是一个被广泛应用于计算机配置的专家系统，它帮助大型计算机公司简化了复杂的硬件配置过程。通过将计算机工程师的知识转化为系统规则，XCON 能够自动化处理硬件选择、兼容性检测以及配置优化等任务，从而大大降低了配置错误的发生率并提升了效率。

进入 21 世纪，随着计算能力的提升以及数据处理技术的进步，专家系统开始融合其他人工智能技术，如机器学习和大数据分析，从而克服了早期的一些局限性。例如，机器学习技术允许系统自动从数据中学习新知识，减少了对人工编码规则的依赖。这种技术的融合使得专家系统能够更加灵活地适应变化的环境，扩大了其应用范围。如今，专家系统已经成为众多行业的重要工具，广泛应用于医疗、金融、法律、制造、能源等领域。

5.2 专家系统的组成部分

专家系统是一种高度专业化的智能软件系统，其核心构成通常包括以下几个关键部分。

- 知识库：这是专家系统存储领域专家知识和经验的地方，包含大量的规则、事实、概念以及它们之间的关系。知识库的内容是专家系统做出决策和推理的基础，其质量和完整性直接影响到系统的性能。
- 推理机：推理机是专家系统的"大脑"，负责根据知识库中的知识，通过逻辑推理、模式匹配、规则应用等方法，对输入的问题或数据进行处理，从而得出结论或建议。推理机制的设计决定了系统如何有效地利用知识库中的信息来解决问题。
- 用户接口（或解释器／人机交互界面）：这是用户与专家系统交互的桥梁，负责接收用户的输入（如问题、数据等），并将系统的输出（如答案、建议、解释等）以用户易于理解的方式呈现出来。良好的用户接口设计能够提升用户体验，使系统更加友好和易用。
- 数据库：虽然有时与知识库有所重叠，但数据库更侧重于存储系统在运行过程中产生的临时数据、中间结果或工作记忆，这些数据对于推理过程至关重要，但不一定构成领域知识的核心。
- 知识获取模块：这是专家系统的一个特殊组成部分，负责从领域专家或其他知识源中收集、整理、验证和格式化知识，以便将其纳入知识库。知识获取是构建专家系统的挑战之一，因为它要求有效地将人类专家的知识转化为计算机可理解和处理的形式。

专家系统通过整合这些组成部分，实现了对特定领域问题的智能化处理，为用户提供了高效、准确的决策支持和解决方案。

5.2.1 知识库

1. 知识库的组成

知识库是专家系统的核心部分，它存储了系统进行推理和决策所需的所有知识和信息。知识库作用是将人类专家的专业知识以结构化的方式保存下来，供推理机在面对不同问题时调用。知识库中的信息通常包括事实、规则、经验、假设、概念模型等，这些信息通过特定的形式表示，便于系统进行操作和推理。

知识库主要由两大类知识组成：事实和规则。

事实是指那些已知的、确定的信息，它们构成了专家系统的基础数据。在许多应用中，事实可能包括与问题相关的具体数据或背景信息。例如，在医疗诊断系统中，事实可以是患者的症状、体检结果、过敏史等；在工业控制系统中，事实可能是传感器的读数、环境条件等。

规则是知识库中最为关键的部分，它决定了系统如何将事实转换为结论。通常，规则采用"if-then"的形式来表达，这意味着当某些条件（if 部分）被满足时，系统将应用相应的行动或结论（then 部分）。例如，在医疗诊断中，规则可能是"如果患者发烧超过38℃且咳嗽，那么有可能患有流感"。通过这种方式，系统能够根据输入的事实进行推理。

规则不仅限于简单的"if-then"形式，有时它们可以更加复杂，涉及多层次的条件或概率。例如，一个复杂的医疗诊断系统可能需要多条规则交互作用才能准确判断患者的疾病。发烧、咳嗽和呼吸急促可能提示呼吸道感染，而结合血液检测中的白细胞计数升高，系统可能进一步推测为细菌性感染。系统随后会根据患者的病史（如是否有过敏史）来调整治疗建议，最终提供个性化的治疗方案。

规则的编写通常依赖于领域专家的输入。专家会根据其多年积累的经验来定义规则，确保系统能够尽可能准确地模拟他们的推理过程。在一些系统中，规则也可以通过机器学习或数据挖掘技术自动生成，特别是在拥有大量历史数据的领域。

2. 知识表示

知识表示是将领域专家的知识以计算机可操作形式存储的过程，它直接影响了专家系统推理的效率、灵活性以及系统的可扩展性。为了让系统能够理解、处理并推理复杂的领域知识，知识必须以一种结构化的方式存储在知识库中。这一过程并非简单的数据存储，而涉及如何有效组织、连接和应用知识，使其能够灵活应对各种输入和推理需求。因此，选择合适的知识表示方法至关重要。不同的知识表示方法有其各自的优缺点，适用于不同的领域和问题类型。以下是几种常见的知识表示方法。

（1）*规则表示*

规则表示是广泛使用的知识表示方法之一，特别适用于可以明确定义规则和条件的领域。规则表示使用"if-then"结构来表达因果关系或条件判断，这种形式直观且易于理解。

规则表示特别适合逻辑清晰的任务，例如诊断问题、问题解决等。

在规则表示中，知识以一组规则的形式存储，每个规则都包含一个条件部分和一个结论部分。规则的基本格式为

IF 条件 THEN 结论

例如，在医疗专家系统中，规则可能表示如下

IF 患者发烧超过 38℃ AND 咳嗽 THEN 可能患有流感

这种形式简洁、直观，非常适合模拟人类专家的推理过程。规则表示的优点包括：结构非常直观，易于理解和维护；推理过程清晰，系统可以清晰地解释为何得出某个结论；适应性强，易于添加和修改规则来更新知识库。

然而，规则表示也有一定的缺点，包括：当规则库变得庞大时，可能会出现不同规则之间的冲突，系统需要具备解决冲突的机制，否则可能导致推理的混乱和错误；扩展性差，当知识库变得非常庞大时，规则管理和推理效率可能会大幅下降；在面对模糊、不确定的信息时，规则表示处理起来相对困难。

规则表示在多个领域的应用非常广泛，尤其适用于那些逻辑清晰、条件明确的任务。在医疗诊断领域，规则表示被广泛用于构建专家系统，帮助医生根据患者的症状和体征做出诊断。例如，当患者输入发热、咳嗽等症状时，系统可以根据预先定义的规则判断患者可能患有流感或其他呼吸道疾病。

规则表示也被广泛应用于法律推理领域，特别是在法律法规的自动化处理和案件分析中。例如，系统可以通过将法律条文转化为一系列规则，帮助分析具体案件是否违反了相关法律，并提供相应的处罚建议。工业故障诊断是另一个规则表示发挥重要作用的领域。在复杂的工业设备中，故障可能源于多个因素。通过预设的诊断规则，系统能够根据传感器数据判断是否存在特定类型的设备故障，并向操作员提供建议。例如，系统可以根据温度过高和压力下降的组合，推断冷却系统可能存在故障。

（2）语义网络

语义网络是一种基于图结构的知识表示方法，用来描述概念或实体之间的关系。它通过节点和连线的方式，将知识以图的形式组织起来，节点代表概念或对象，连线代表这些概念之间的语义关联。这种表示方法非常适合表达复杂的概念体系，因为它不仅能够捕捉知识的基本内容，还能够展示这些知识之间的层次关系和相互关联，从而为专家系统提供一种直观且功能强大的知识结构。

在医疗诊断系统的语义网络中，节点代表不同的医学概念或实体，如"肺炎""细菌感染""抗生素"等，每个节点描述一个独立的医学信息。节点之间通过"is-a"和"has-a"等关系连接起来，表示它们之间的层次和属性关系。图 5-1 展示了一个简单的语义网络例子。图中"肺炎"节点通过"is-a"连线连接到"呼吸道感染"节点，表示"肺炎是一种呼吸道感染"。同时，"肺炎"节点可能通过"has-a"连线连接到"咳嗽症状"或"发烧症状"

节点，表示"肺炎具有咳嗽症状和发烧症状"。这种语义网络结构使得系统能够有效地表示复杂的医学知识，在诊断时快速推理出疾病与症状之间的关系，从而帮助医生做出更精确的诊断。

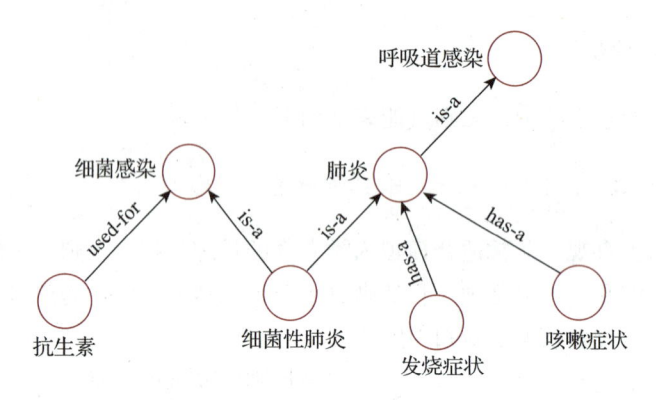

图 5-1　语义网络例子

语义网络的一大优势在于其直观性和可视化能力。由于它采用图形结构来组织知识，因此特别适合用于表示概念的继承关系、层次结构和属性关系。在可视化应用中，语义网络提供了一种非常有效的方式来帮助用户理解知识的组织形式。通过浏览网络的图形结构，用户可以轻松地理解一个概念与其他相关概念之间的相互关联。例如，在教育系统中，语义网络可以帮助学生理解学科中各个知识点之间的层次关系，并形成一个更加清晰的知识结构图。

除了展示概念之间的关联，语义网络还具有推理功能。在一个语义网络中，系统不仅可以通过已有的节点和连线表示已知的事实，还可以通过推理生成新的知识。例如，假设语义网络中已有"细菌性肺炎是一种肺炎"和"肺炎可能导致发烧"这两个已知事实，系统可以推理得出"细菌性肺炎可能导致发烧"这一结论。再进一步，网络中有"抗生素用于细菌性感染"的知识，系统可以基于上述推理结果建议为"细菌性肺炎患者需要使用抗生素"。通过这种推理能力，语义网络能够帮助医疗专家系统自动发现新的诊断思路，或从现有知识中生成更深入的治疗建议。这种推理机制使得语义网络在复杂的医学诊断中表现出色，帮助医生更快速地处理多维度的临床信息。

语义网络的应用范围非常广泛，尤其在自然语言处理领域，它被广泛用于处理语义理解和信息检索任务。在自然语言处理中，语义网络能够表示词汇之间的语义关联，帮助系统理解文本中的含义。例如，系统可以利用语义网络来分析句子中词汇的语义结构，从而更好地理解句子所表达的意思，并生成符合语义的回应或分析结果。此外，语义网络还可以用于词义消歧，当一个词语有多种含义时，系统可以根据其语境在语义网络中找到最适合的意义。

在知识管理系统中，语义网络同样扮演了重要角色。通过构建企业或学术领域的知识图谱，语义网络能够帮助组织高效地组织和管理大规模知识。例如，在企业中，语义网络可以将不同部门、项目和知识点之间的关系表示出来，帮助员工快速找到所需的信息，并了解它们与其他知识的关联。这种结构化的知识表示方式提高了知识管理的效率，也为知识的共享和重用提供了坚实的基础。

尽管语义网络有许多优点,但它在大规模应用时也面临一些挑战。首先,随着网络规模的增大,节点和连线的数量会迅速膨胀,导致搜索和推理效率下降。因此,大规模的语义网络需要设计高效的存储和检索机制,以避免系统性能的下降。其次,语义网络通常用于表示静态的知识结构,对于那些需要频繁更新和调整的领域,其灵活性相对较低。这就要求系统设计者在使用语义网络时,考虑如何处理动态知识的更新和扩展,以确保系统的可持续性和适应性。

(3)框架表示

框架表示是一种面向对象的知识表示方法,广泛应用于需要处理复杂对象结构的专家系统中。它将知识组织为一系列框架,每个框架代表一个概念或实体,并包含相关的属性和关系。框架的设计思想基于认知科学中关于人类如何组织和存储知识的理论,即通过将某个事物的各个方面或特性集中在一个框架中,使知识的组织更加结构化和直观化。这种表示方法在需要处理大量对象及其属性的应用场景中非常有效,特别适用于复杂的决策、推理和问题解决任务。

每个框架可视为一种数据结构,包含实体或概念的基本信息和特性。这些信息存储在槽位中,槽位是框架的核心部分,用于描述实体的属性。每个槽位可以包含不同类型的值,如具体数据、默认值、继承的值,甚至可以是与其他框架相关联的链接。框架的结构灵活且多样化,既可以表示单个对象的属性,也可以表示对象之间的复杂关系。

以一个"疾病"框架为例,它可以包含多个槽位,用来描述疾病的相关属性,如"名称""症状""病因""推荐治疗"等。每个槽位中存储具体的值,例如,"名称"槽位可以是"细菌性肺炎","症状"槽位可以包括"发烧""咳嗽","病因"槽位可能是"细菌感染",而"治疗方案"槽位则可能包括"抗生素"。这种结构化的知识表示方式使得系统能够轻松处理与某种疾病相关的多种属性,并在诊断和治疗建议时快速进行检索或推理。

框架:疾病
   槽位:
      名称:细菌性肺炎
      症状:发烧、咳嗽
      病因:细菌感染
      治疗方案:抗生素

框架还具有灵活性,槽位可以存储复杂的数据,如一个槽位可以引用另一个框架。例如,细菌性肺炎的"病因"槽位可以链接到一个"细菌"框架,该框架进一步包含细菌的具体属性,如"菌种""对抗生素的敏感性"等。这种嵌套结构让系统能够更细致地表示疾病与病因之间的层次结构和关联关系,从而帮助医生在诊断时获得更精确的分析和建议。

框架表示的一个核心特点是继承机制。继承机制允许某个框架从其他框架继承属性和槽位的值,从而减少重复信息的输入,并有助于知识的模块化管理。在医疗诊断系统中,假设有一个通用的"呼吸道疾病"框架,包含"症状""病因""治疗方案"等槽位。具体的疾病类型如"细菌性肺炎"和"支气管炎"可以继承这些通用属性，同时在各自的框架中添加或修改特定的值。例如，"细菌性肺炎"框架可以继承"呼吸道疾病"中的"症状：咳嗽、呼吸急促"等信息，并在其自身框架中添加"病因：细菌感染"以及"治疗方案：抗生素"。这种继承机制确保了框架表示能够有效处理相似疾病之间的共性和差异性，使系统在管理医疗知识时具有高度的灵活性和可扩展性。

框架表示不仅是一种存储知识的方式，还具备强大的推理功能。通过推理，系统能够根据框架中的已有信息生成新的知识或推断出结论。推理机制主要依赖于继承和槽位填充的动态特性。首先，系统可以通过继承机制进行推理。如果一个具体疾病框架缺少某些信息，系统会自动向上查找其继承的更广泛的框架来填补空白。例如，在一个医疗诊断系统中，"肺炎"框架可能没有明确标注是否有呼吸急促的症状。系统会向上查找其继承的"呼吸道疾病"框架，发现该框架中标注了"呼吸急促"作为常见症状，从而推测"肺炎患者也可能出现呼吸急促"。通过这种方式，系统能够快速从广泛的医疗知识中提取相关信息，减少重复输入，并提高诊断效率。其次，系统可以根据框架中定义的槽位和规则，结合患者输入的数据进行推理。例如，在医疗诊断系统中，一个"肺炎"框架可能包含"症状：咳嗽、发烧"等槽位。当患者报告出现高烧和咳嗽的症状时，系统会匹配这些槽位的值，并推断出"肺炎"或其他相关呼吸道感染的可能性。如果患者还报告了胸部不适，系统可能进一步确认诊断结果，并建议进行 X 光检查以确认病情。通过这种规则匹配和推理，专家系统能够为医生提供快速的初步诊断和治疗建议。

框架表示的优点是其直观性和结构化。通过将复杂的知识分解为易于管理的框架和槽位，系统能够有效地组织、存储和检索知识。此外，框架的继承机制大大简化了知识的管理，使得知识可以模块化存储和复用，减少了系统的冗余性。然而，框架表示也有其局限性。首先，框架表示主要用于处理结构化的知识，对于高度动态或模糊的知识表示，框架可能显得不够灵活。其次，在构建复杂系统时，如何有效地定义和管理成百上千的框架也是难点之一。

接下来，举一个具体的框架表示的例子来说明它的运作方式。下面以"疾病"的框架表示的具体例子，说明其在医疗诊断系统中的运作方式。我们将以"呼吸道疾病"作为主框架，并逐步扩展到具体的"肺炎"和"支气管炎"框架，展示如何通过继承机制和槽位来表示和组织知识。

首先，"呼吸道疾病"是一个通用的框架，它包含了一些基本的槽位，如"症状""常见病因""推荐检查"和"常见治疗方法"。这些槽位可以存储通用信息，例如：

框架：呼吸道疾病
 槽位：
  症状：咳嗽、呼吸急促、发烧
  病因：病毒感染、细菌感染
  推荐检查：胸部 X 光、血液检测
  治疗方案：对症治疗、抗生素

接下来，可以在此基础上创建更具体的疾病框架，比如"细菌性肺炎"和"支气管炎"。这些具体的框架将从"呼吸道疾病"框架继承通用属性，同时添加或修改特定的信息：

框架：细菌性肺炎
    继承自：呼吸道疾病
    槽位：
        症状：咳嗽、呼吸急促、发烧
        特定症状：胸部疼痛、咳痰
        病因：细菌感染
        推荐检查：胸部 X 光、血液检测
        治疗方案：抗生素

框架：支气管炎
    继承自：呼吸道疾病
    槽位：
        症状：咳嗽、呼吸急促
        特定症状：咳嗽加重，常在夜间更严重
        病因：病毒感染
        推荐检查：胸部 X 光、肺部听诊
        治疗方案：止咳药

通过这种框架表示，当医生输入患者的症状和病史时，系统可以自动匹配相应的框架。例如，假设医生输入的患者症状为"咳嗽、发烧、呼吸急促、胸部疼痛"，系统首先从"呼吸道疾病"框架开始，逐步匹配到"细菌性肺炎"框架，因为它具有所有符合的症状和相关病因。然后，系统可以建议医生进行胸部 X 光检查来确认细菌性肺炎的诊断，并推荐适当的抗生素治疗方案。

5.2.2 推理机

推理机是专家系统的核心组件之一，负责执行推理操作，基于知识库中的规则和事实进行决策。推理机的工作机制类似于人类专家的思考和决策过程：它通过分析输入的信息，调用知识库中的规则，逐步推导出合适的解决方案。推理机的效率和准确性决定了专家系统能否成功模拟人类专家的推理过程，因此其设计和实现是专家系统的关键。

推理机的核心任务是从知识库中检索相关知识，并根据输入的条件选择合适的推理策略，推导出最终的结论。推理过程的基础是"规则"的应用，这些规则通常以"if-then"语句的形式表达。例如，医疗诊断系统中的规则可能是"如果病人发烧并且喉咙疼痛，那么可能患有咽炎"。

推理机的工作原理是通过执行一系列逻辑推理步骤，利用知识库中的规则和事实来得出

结论。这个过程类似于人类专家在面对复杂问题时的思考和决策。推理机的总体工作流程是通过逐步分析输入的信息、匹配知识库中的规则、按照特定的推理方式执行推理、将最终推导出的结论反馈给用户。

接下来，我们重点介绍推理机执行推理的方式。

推理方式是推理机工作的核心部分，决定了系统如何从输入的信息中提取知识并逐步推导出结论。不同的推理方式适用于不同类型的问题和应用场景。专家系统中最常见的推理方式包括前向推理和后向推理，接下来详细介绍这两种推理方式的工作原理。

1. 前向推理

前向推理是一种数据驱动的推理方式，从已知的事实或输入数据开始，逐步应用知识库中的"if-then"规则，推导出最终的结论或动作。推理过程从初始数据开始，依次匹配知识库中的规则，得出可能的结果。前向推理特别适合那些需要处理大量数据并从中逐步推导出结论的场景。前向推理常用于需要实时处理大量数据的任务，比如监控系统、自动控制系统等。

前向推理的过程可以分为以下几个步骤。

1）**确定初始事实**：系统首先将用户输入的初始事实加入事实库中。

2）**规则匹配**：推理机会将这些初始事实与知识库中的规则进行匹配，检查哪些规则的前提条件（if 部分）与这些初始事实相符。

3）**应用规则**：一旦规则匹配成功，推理机会触发这些规则，得出新的事实或中间结论（then 部分）。

4）**更新事实库**：系统将新的结论添加到事实库中，作为进一步推理的基础。

5）**迭代推理**：推理过程会重复上述步骤，持续匹配新的规则，直到没有更多规则被触发或系统到达目标状态。

以下是一个简单的例子。

考虑一个医疗诊断专家系统，该系统的任务是自动分析患者的症状和实验室数据，并为医生提供诊断建议。该系统的初始输入来自医生的记录和患者的检测数据，包括体温、血液检测结果和症状描述。推理过程如下。

初始事实：患者体温为 39℃，白细胞计数偏高，症状包括咳嗽和呼吸急促。

规则 1：如果体温高于 38℃，且白细胞计数偏高，则可能存在细菌感染。

规则 2：如果患者咳嗽且呼吸急促，则可能为呼吸道感染。

规则 3：如果存在细菌感染且可能为呼吸道感染，则建议进行胸部 X 光检查以排除肺炎。

规则 4：如果胸部 X 光显示肺部有炎症迹象，则确诊为肺炎，并推荐使用抗生素治疗。

推理机会首先根据输入的体温和白细胞计数匹配规则 1，推导出"可能存在细菌感染"的结论。接下来，系统会根据患者的咳嗽和呼吸急促症状应用规则 2，进一步推导出"可能为呼吸道感染"。基于前两条推理结果，系统匹配规则 3，建议医生安排胸部 X 光检查，以确认是否为肺炎。如果 X 光检查结果显示肺部有炎症迹象，系统依据规则 4 给出"确诊为肺炎，并推荐使用抗生素治疗"的诊断和治疗方案。通过逐步应用规则，系统从初始数据出发，最终推导出具体的诊断建议，辅助医生进行决策。

2. 后向推理

后向推理是一种目标驱动的推理方式，从一个假设或目标出发，逐步回溯寻找能够支持这一假设的条件。推理过程的起点是某个目标结论，系统通过验证相关条件来推导出支持这一结论的事实。后向推理特别适用于有明确目标或诊断任务的场景。

后向推理的过程可以分为以下几个步骤。

1）确定推理目标：系统首先确定一个目标，即需要验证的结论或假设。

2）回溯验证条件：推理机会在知识库中找到与该目标相关的规则，回溯检查这些规则的前提条件（if 部分）。

3）验证事实：如果条件部分的事实存在于已知事实库中，系统确认这些条件成立；如果条件不满足，系统会继续回溯，寻找支持这些条件的更多事实或证据。

4）推导结论：当所有条件都被满足时，系统确认目标成立，推理结束并得出最终结论。

以下是一个简单的例子。

假设有一个医疗诊断系统，患者报告症状为"持续高烧不退"，系统需要通过后向推理找到可能的病因。推理过程如下。

目标：找出"持续高烧不退"的原因。
规则 1：如果患者有细菌感染，则可能导致持续高烧不退。
规则 2：如果患者有病毒感染（如流感），则也可能导致持续高烧不退。
规则 3：如果白细胞计数偏高，且患者有呼吸急促症状，则患者可能有细菌感染。
规则 4：如果患者出现流感症状（如全身酸痛、咳嗽），且近期接触过流感患者，则可能为病毒感染。

系统从目标"找出'持续高烧不退'的原因"出发，通过后向推理来逐步查找可能的病因。假设系统首先尝试验证"细菌感染"的可能性，它会回溯到规则 3，检查白细胞计数和呼吸急促症状。如果发现患者的白细胞计数确实偏高且有呼吸急促，系统会得出"细菌感染"是高烧原因的结论。如果没有找到这些条件，系统会继续回溯到规则 4，检查患者是否有流感症状以及是否有接触流感患者的病史。如果这些条件成立，系统则推断出"病毒感染"可能是导致高烧的原因。通过这种后向推理的方式，系统逐步排除不可能的原因，最终确定最可能的诊断，帮助医生做出治疗决策。

5.2.3 用户接口

用户接口也是专家系统中一个重要的组成部分，它是用户与系统之间的交互桥梁。一个设计良好的用户接口能够有效地将系统的复杂推理过程转化为用户可以理解和操作的形式，从而提高系统的易用性和用户体验。无论专家系统的推理能力多么强大，如果用户无法轻松使用该系统并从中获取有用的信息，系统的实用价值将大打折扣。因此，用户接口的设计不仅需要符合系统的功能需求，还应考虑用户的理解能力、知识背景和实际操作需求。

用户接口承担着多项关键任务，其主要功能可以归纳为以下几点。

- **数据输入**：用户接口为用户提供一个友好且直观的方式，输入与问题或任务相关的数据或信息。例如，在医疗诊断专家系统中，医生需要通过用户接口输入患者的症状、病史、体检结果等数据。
- **结果输出**：用户接口展示系统的推理结果，输出内容简洁、清晰。
- **反馈与提示**：良好的用户接口还应提供反馈机制。当用户输入的数据不完整或错误时，系统应及时提示用户，确保输入数据的准确性和有效性。
- **解释与引导**：用户接口不仅仅是显示结果的界面，它还需要解释系统的推理过程，帮助用户理解系统是如何得出结论的。

5.2.4　知识获取模块

知识获取模块也是专家系统中的重要组成部分，其主要任务是将领域专家的知识和经验提取并转化为计算机可处理的规则或数据。该模块的工作直接影响到系统知识库的质量和完整性。知识获取被认为是专家系统开发中最具挑战性和耗时的步骤之一，因为专家的知识往往是隐性和非结构化的，需要通过特殊的方法将其转化为系统能够使用的显性知识。一个成功的知识获取过程不仅要高效提取专家的知识，还要确保这些知识的准确性、完整性和可操作性。

知识获取是指将人类专家的隐性知识、经验和决策策略转化为系统能够理解、处理和存储的显性规则或事实的过程。知识获取模块在这一过程中起到了桥梁的作用，连接领域专家与系统开发人员，确保知识库中的内容能够反映真实的专业知识。知识获取的目标是将专家丰富的经验和判断逻辑系统化，转换为形式化的规则、数据或模型，以供推理机在推理过程中使用。

知识获取模块的作用不仅在于提取已有的知识，还需要不断维护和更新系统的知识库。由于各个领域的知识都在不断发展，新的技术、经验或理论不断涌现，知识库必须动态更新，以保持专家系统的有效性和实用性。

知识获取是专家系统开发中最复杂的部分之一，主要面临以下几个挑战。

- **隐性知识难以提取**：领域专家的很多知识是隐性的，即他们在日常决策和问题解决中应用的知识和经验并不是显式的规则。这种隐性知识通常很难通过简单的问答或文档分析提取出来。
- **知识结构化困难**：专家的知识往往是非结构化的，可能存在于大脑中或分散于书籍、文档、会议记录和其他形式中。如何将这些非结构化知识转化为系统可以理解的形式是知识获取的另一大挑战。
- **知识不断变化**：许多领域的知识是动态的，随着时间的推移会发生变化。知识获取模块不仅要关注如何最初从专家那里提取知识，还要确保系统在其生命周期内能够定期更新和扩展知识库，以跟上领域知识的最新进展。
- **专家与系统开发人员的沟通障碍**：领域专家通常没有计算机科学背景，而系统开发人员可能缺乏对特定领域的深入理解。这就导致了沟通的挑战，即如何确保领域专家能够清晰地传递知识，而系统开发人员能够准确地将这些知识转化为可操作的系统规则。

知识获取模块要获取领域专家的知识，主要包括以下几种方法。

1. 访谈法

访谈法是最直接的知识获取方法之一，系统开发人员或知识工程师通过与领域专家进行深入访谈，逐步挖掘专家的知识、经验和决策策略。在访谈过程中，开发人员会提出具体的问题，帮助专家解释其决策过程、判断依据和潜在的推理路径。访谈法通常分为两种类型：结构化访谈和非结构化访谈。结构化访谈预先设定了一组问题，开发人员按部就班地提问；非结构化访谈则更加灵活，开发人员可以根据专家的回答进行追问和探讨。

2. 案例分析法

案例分析法通过分析领域中的典型案例，推导出专家在处理这些案例时的决策过程和推理逻辑。通过研究一系列成功或失败的案例，系统可以逐步构建知识库中的规则。案例分析通常涉及实际问题的描述、解决方案、应用的规则以及推理路径的详细说明。例如，在一个医学专家系统中，案例分析法可能通过分析患者的诊断和治疗记录，挖掘医生在不同症状组合下的诊断决策。每个案例都为系统提供了具体的规则和推理路径。

3. 实验法

实验法是一种通过设计特定的实验或情境，观察领域专家如何处理问题并作出决策的方法。在实验过程中，专家需要应对各种模拟问题，知识工程师通过观察专家的操作和决策步骤，逐步提取其中的隐性知识。实验法特别适合那些难以通过访谈或文献获得的隐性知识。例如，在工业控制系统中，实验法可以通过模拟设备故障，观察工程师如何逐步排查和修复问题，并提取相关的诊断规则。

4. 文献分析法

文献分析法通过研究和分析领域内的文献、技术报告、书籍和其他资料来获取知识。这种方法适用于那些已有大量结构化或半结构化文档的领域，例如法律、医学、工程等。通过文献分析，系统开发人员可以提取出领域的通用知识和规则，尤其是涉及行业标准、法规或指导性文档的知识内容。

5. 自动化知识获取

随着机器学习和数据挖掘技术的发展，越来越多的专家系统采用自动化知识获取技术。这些技术通过分析大量数据集、记录和历史案例，自动提取知识并生成规则。自动化知识获取特别适合那些拥有大量数据的领域，例如金融、零售、医疗等。数据挖掘技术可以通过识别数据中的模式和规律，将其转换为系统可以操作的规则。例如，在医疗领域，自动化知识获取可以从患者的历史病历中发现特定症状与疾病之间的关联，从而生成新的诊断规则。

5.2.5 解释模块

解释模块是专家系统中不可或缺的组成部分之一，负责为用户提供系统推理过程的透明性和可理解性。通过解释模块，系统能够向用户展示其推理过程、规则应用和结论的生成路径，从而使用户理解系统的推理逻辑，增强对系统输出结果的信任。尤其在高度复杂或高风险的领域，如医疗诊断、法律咨询和金融决策等领域，解释模块对系统的有效性和用户的接受度有着至关重要的影响。例如，用户在医疗专家系统中希望理解为什么系统推荐某种治疗方案时，解释模块可以显示出该方案的推理依据以及系统如何结合不同症状得出结论。通过清晰、结构化的解释，用户不仅能更好地理解系统的输出，还能在必要时做出不同的决策。

解释模块的主要功能包括以下几个方面。

1. 推理路径解释

推理路径解释用于展示系统是如何一步步通过规则和事实推导出最终结论的。通过解释推理路径，用户能够清晰了解系统在得出结论的过程中使用了哪些规则、如何验证条件以及每一步推导的中间结果。这种透明的推理过程对于用户理解系统的逻辑具有重要意义。

例如，在一个医疗诊断专家系统中，系统的推理路径可能如下。

输入信息：患者有发烧、咳嗽和头痛的症状。
规则 1：如果患者发烧且咳嗽，则可能是呼吸道感染。
规则 2：如果呼吸道感染且头痛，则可能为流感。
结论：根据患者的症状，系统推导出可能为流感。

2. 中间结论展示

在专家系统的推理过程中，系统往往会生成多个中间结论，这些结论在最终结果形成之前起着关键的过渡作用。解释模块能够将这些中间结论展示给用户，使用户可以查看系统在推理路径中每一步的推导过程。通过展示中间结论，用户可以评估推理过程中的每个步骤是否合理，并在必要时介入修改或重新评估。例如，在一个医疗诊断系统中，系统可能通过以下中间结论逐步推导出最终的诊断建议。

输入数据：患者持续发烧、咳嗽加重、胸部疼痛。
中间结论 1：高烧和咳嗽表明可能存在呼吸道感染。
中间结论 2：胸部疼痛和持续高烧提示可能是肺部感染。
中间结论 3：进一步的血液检测显示白细胞计数升高，提示细菌性感染的可能性较高。
最终结论：系统建议进行胸部 X 光检查以确认肺炎，并推荐使用适当的抗生素治疗。

3. 用户反馈与调整

解释模块的另一个重要功能是允许用户基于系统提供的解释对推理过程进行反馈或调整。在某些情况下，系统可能依赖于不完整或错误的输入数据，导致推理过程出现偏差。解释模块可以帮助用户识别这些偏差，并允许用户修改输入信息或调整规则，以重新运行推理过程。

例如，在医疗系统中，医生在查看系统的解释后，可能发现系统没有考虑到患者的过敏史，这一关键信息可能会影响诊断结果。通过解释模块，医生可以反馈这一问题，并调整输入数据以重新推导出新的诊断结果。

4. 溯源功能

溯源功能允许用户查看系统中的推理结果是如何基于知识库中的某些数据或规则生成的。通过这一功能，用户可以追踪到每个结论的来源，确保这些结论是基于可信的知识和逻辑推导出来的。这对于系统透明度的提升尤其重要，特别是在监管严格的领域（如医疗和法律）中，系统必须能够展示其每个推理结果的来源和依据。

例如，在法律专家系统中，溯源功能可以展示每个判决建议所依据的具体法律条文、判例或法规。这种溯源功能使得系统的每个输出都具备可追溯性，确保其在法律适用中的严谨性。

5.3 专家系统的应用场景

专家系统作为一种模拟人类专家思维和推理过程的人工智能系统，广泛应用于多个领域。它们的强大之处在于能够利用专业知识和复杂的推理机制来解决特定领域中的复杂问题。通过不断扩展的知识库和高效的推理引擎，专家系统已被应用于医疗诊断、金融分析、法律咨询、工业故障诊断、农业管理等多个领域，极大地提升了这些行业的决策效率和精度。以下将详细介绍专家系统在不同应用场景中的具体应用。

5.3.1 医疗诊断

医疗诊断是专家系统最早也是最广泛应用的领域之一。在医疗领域，医生面临复杂的决策环境，需要综合考虑患者的病史、症状、检验结果等各种因素，做出诊断和治疗决策。专家系统通过将医学知识和临床经验转化为计算机可处理的规则，为医生提供决策支持，从而提高诊断的准确性、减少误诊风险，尤其在复杂或模糊的病例中尤为有用。

早期的医疗专家系统之一专门用于帮助医生诊断和治疗细菌感染。该系统的知识库包含了大量医学规则，特别是关于细菌感染的知识，如各种病菌类型、抗生素的作用机制等。系统根据患者的实验室数据（如血液、痰液培养结果等）推断可能的病原体，并建议适当的治疗方案。

例如，医生输入的信息可能包括：

患者的体温：39℃（发烧）
实验室报告：革兰氏阴性菌
患者症状：咳嗽、呼吸困难

系统会通过匹配这些信息来推断最可能的细菌感染类型（例如肺炎链球菌），然后建议最合适的抗生素治疗（如青霉素或红霉素），并给出具体的剂量方案。这不仅提高了诊断的准确性，还帮助医生在紧急情况下快速做出治疗决策。

另一种现代医疗专家系统可以处理大量的医学文献、临床试验数据和患者记录，帮助医生进行癌症诊断和治疗规划。它的独特之处在于强大的数据处理能力，能够基于全球最新的医学研究结果和患者的个性化病情，提供精准的治疗建议。例如，患者可能患有一种罕见的癌症，医生在临床上对该病症的治疗方案没有足够的经验，可以将患者的病历、基因检测结果和实验室数据输入系统，系统会结合全球最新的医学文献和研究数据，分析可能的治疗方案，并推荐个性化的治疗方法，如最适合该患者的化疗药物组合或基于基因特征的靶向治疗。

为更好地理解医疗专家系统的推理过程，下面展示一个具体的推理实例。假设有一个现代的医疗专家系统，医生输入了以下患者信息：

症状：发烧（39℃）、咳嗽、呼吸急促、疲倦
实验室报告：血液样本检测结果表明白细胞计数高（表明感染）
病史：患者最近接触过呼吸道感染患者

专家系统会根据以下规则进行推理。

规则 1：如果患者发烧且咳嗽，则可能为呼吸道感染。
- 输入：患者报告发烧和咳嗽。
- 推理：系统匹配到规则 1，推导出患者可能有呼吸道感染。

规则 2：如果患者有呼吸道感染并且白细胞计数高，则可能是细菌性肺炎。
- 输入：患者的实验室报告显示白细胞计数高。
- 推理：系统匹配到规则 2，进一步推导出可能为细菌性肺炎。

规则 3：如果患者可能有细菌性肺炎，则建议做胸部 X 光检查以确认诊断。
- 输入：患者可能有细菌性肺炎。
- 输出：系统建议医生安排胸部 X 光检查。

规则 4：如果患者被确诊为细菌性肺炎且对青霉素不过敏，则推荐使用青霉素进行治疗。
- 输入：X 光检查结果显示肺部感染，对青霉素不过敏。
- 输出：系统确认患者患有细菌性肺炎，并建议使用青霉素进行治疗。

规则 5：如果患者有青霉素过敏史，则推荐使用红霉素作为替代治疗。
- 输入：患者有青霉素过敏史。
- 输出：建议使用红霉素进行治疗。

5.3.2 金融分析

专家系统在金融领域也扮演了重要的角色，特别是在投资分析、风险管理、贷款审批和信用评级等方面。金融专家系统可以通过整合市场数据、历史趋势、经济指标等信息，帮助

金融机构和投资者做出更明智的决策。这些系统不仅能够快速处理海量数据，还能在实时波动的市场环境中提供及时的建议，从而最大限度地降低风险、优化决策。

例如，信用风险评估是金融领域应用专家系统的一个经典案例。通过该系统，金融机构可以基于公司的财务数据、历史评级、行业趋势等信息，评估企业的信用风险。系统对金融指标的深入分析帮助生成详细的信用评级报告，从而为投资者提供关键决策支持。这类系统能够帮助投资者有效降低风险，同时也使银行在贷款审批过程中做出更加科学的信用评估。

为了更好理解金融专家系统的推理过程，下面展示一个具体的推理实例。在这个案例中，假设有一个金融专家系统，它的任务是帮助银行评估一个中小企业的贷款申请。银行需要根据企业的财务状况、信用历史、市场风险等因素，决定是否批准贷款。系统会根据输入的企业信息进行推理，给出建议。

1. 输入信息

假设系统接收到以下输入信息。

企业财务状况：年度收入为 500 万美元，负债为 300 万美元，利润率为 5%。
信用历史：企业有 5 年良好信用记录，过去未发生过违约行为。
市场风险：企业所在行业的市场风险中等，近期经济状况稳定。

2. 系统的推理规则

系统的知识库中包含一系列预先定义的规则，用于评估贷款申请的风险。例如：

- **规则 1**：如果企业的负债超过收入的 60%，则其负债风险较高。
- **规则 2**：如果企业的信用记录良好且没有违约历史，则信用风险较低。
- **规则 3**：如果企业所在行业的市场风险为中等，则市场风险为可控。
- **规则 4**：如果负债风险高且市场风险中等，则建议降低贷款额度。
- **规则 5**：如果信用风险低且市场风险可控，则可以考虑批准贷款。

3. 推理过程

规则 1：如果企业的负债超过收入的 60%，则其负债风险较高。
- **输入**：企业的负债为 300 万美元，占年度收入的 60%（300/500 = 60%）。
- **推理**：系统匹配到规则 1，推导出企业的负债风险较高。

规则 2：如果企业的信用记录良好且没有违约历史，则信用风险较低。
- **输入**：企业有 5 年良好的信用记录且没有违约行为。
- **推理**：系统匹配到规则 2，推导出企业的信用风险较低。

规则 3：如果企业所在行业的市场风险为中等，则市场风险为可控。
- **输入**：企业所在行业的市场风险为中等。
- **推理**：系统匹配到规则 3，推导出市场风险是可控的。

规则 4：如果负债风险高且市场风险中等，则建议降低贷款额度。
- **输入**：企业的负债风险较高，且市场风险为中等。

- 推理：系统匹配到规则 4，推导出建议降低贷款额度以控制风险。

规则 5：如果信用风险低且市场风险可控，则可以考虑批准贷款。
- 输入：企业的信用风险较低，且市场风险可控。
- 推理：系统匹配到规则 5，推导出可以考虑批准贷款。

4. 结果输出

- 建议：批准企业的贷款申请，但建议降低贷款额度。
- 理由：尽管企业的负债风险较高，但由于信用记录良好且市场风险可控，银行可以在降低贷款额度的前提下批准贷款，减少潜在的违约风险。

5.3.3 法律咨询

法律咨询是一个极其复杂的领域，涉及庞大的法律条文、法规、判例和法律解释。传统的法律分析依赖于律师、法官等专业人士的知识和经验，但随着案件数量的增加和法律体系的不断发展，人工分析越来越显得力不从心。为了解决这些问题，法律专家系统被广泛应用于法律咨询、合同审查、案件分析和判决支持等领域。专家系统可以迅速分析庞大的法律文档，提取相关法律信息，帮助律师或法官进行法律推理和决策。

为了更好理解法律专家系统的推理过程，以下展示一个具体的法律专家系统推理实例。该系统的任务是帮助律师审查和分析合同中的违约条款，并给出法律建议。

1. 输入信息

假设系统接收到以下输入信息。

合同条款：合同中规定，如果一方未能按时交付货物，另一方可以要求损害赔偿或解除合同。
事实：供应商未能在合同规定的日期内交付货物，客户提出损害赔偿要求。

2. 系统的推理规则

法律专家系统的知识库中包含与合同法相关的规则。例如：
- **规则 1**：如果合同明确规定交付期限，则合同当事方应严格按照该期限履行义务。
- **规则 2**：如果一方未能按时履行义务，另一方有权根据合同条款要求损害赔偿。
- **规则 3**：如果违约行为严重影响合同履行，且不可补救，另一方可以选择解除合同。
- **规则 4**：如果当事方选择解除合同，需提供证据证明违约行为不可补救。

3. 推理过程

规则 1：如果合同明确规定交付期限，则合同当事方应严格按照该期限履行义务。
- 输入：合同条款中明确规定了交付期限，供应商未能按时交付货物。
- 推理：系统匹配到规则 1，确认供应商未按时履行义务构成违约。

规则 2：如果一方未能按时履行义务，另一方有权根据合同条款要求损害赔偿。
- 输入：客户提出赔偿要求，因供应商未按时履行义务导致经济损失。

- ❏ **推理**：系统匹配到规则 2，推导出客户的赔偿要求符合合同条款并具有法律依据。

规则 3：如果违约行为严重影响合同履行，且不可补救，另一方可以选择解除合同。
- ❏ **输入**：交付延迟属于合同履行的核心问题，供应商无法在合理期限内完成交付。
- ❏ **推理**：系统匹配到规则 3，推导出客户有可能依据合同条款选择解除合同。

规则 4：如果当事方选择解除合同，需提供证据证明违约行为不可补救。
- ❏ **输入**：客户希望解除合同，需证明供应商的违约行为导致合同目的无法实现，且无法补救。
- ❏ **推理**：系统匹配到规则 4，建议客户收集并提供证据支持合同解除。

4. 结果输出

- ❏ **法律建议**：客户可以依据合同中的违约条款要求损害赔偿。如果供应商无法在合理期限内补救违约行为，客户也可以选择解除合同。
- ❏ **理由**：合同明确规定了交付期限，供应商未按时履行合同义务构成违约。客户可以选择要求赔偿或解除合同，但需提供违约行为不可补救的证据以支持合同解除。

5.3.4 工业故障诊断

在工业领域，设备的正常运转对生产效率和产品质量至关重要，任何设备故障或停机都会给企业带来巨大的经济损失。工业故障诊断系统通过监测设备状态、分析实时数据、检测异常和预测故障，帮助企业及早发现潜在问题，及时采取维修措施，减少设备故障带来的停机时间。专家系统在工业控制和故障诊断中的应用极为广泛，涵盖了从设备监控、自动化操作到故障预测和维护规划等多个方面。

一个典型的工业应用是专门用于工业设备的预测性维护系统。该系统通过监控设备的运行状态，实时分析温度、压力、振动等传感器数据，提前发现设备可能出现的故障，并为操作员提供维护建议。例如，在电力生产中，系统能够分析涡轮机的转速和振动情况，预测设备的寿命，优化维修计划，避免突发故障导致的生产中断。通过这种方式，工业专家系统不仅能够提高设备的可靠性，还能大大降低因设备故障造成的生产停机时间和维修成本。

为了更好地理解工业专家系统的推理过程，以下展示一个用于设备故障诊断的具体推理实例。假设有一个工业设备专家系统，任务是监控一个大型发电机的运行状态，并在设备出现异常时诊断可能的故障原因，提供维修建议。

1. 输入信息

假设系统从传感器中收集了以下输入信息。

设备运行温度：设备的工作温度为 105℃，超过了正常工作范围（60℃～90℃）。
设备振动数据：振动传感器显示设备的振动幅度超标。
历史维护记录：设备最近一次维护是在 6 个月前，通常每 4 个月进行一次例行维护。

2. 系统的推理规则

系统的知识库中存储了与设备故障诊断相关的规则，例如：
- **规则 1**：如果设备温度超过 100℃，则可能存在冷却系统故障。
- **规则 2**：如果设备振动超标且温度异常，则可能是轴承磨损或润滑不足。
- **规则 3**：如果设备的上次维护时间超过了规定的 4 个月维护周期，则可能需要进行全面维护检查。
- **规则 4**：如果轴承磨损或润滑不足，则建议关闭设备并更换轴承或添加润滑油。

3. 推理过程

规则 1：如果设备温度超过 100℃，则可能是冷却系统故障。
- **输入**：设备温度为 105℃。
- **推理**：系统匹配到规则 1，推导出"可能存在冷却系统故障"。

规则 2：如果设备振动异常且温度异常，则可能是轴承磨损或润滑不足。
- **输入**：设备振动幅度超标，且温度异常。
- **推理**：系统匹配到规则 2，推导出"轴承磨损或润滑不足"。

规则 3：如果设备维护周期超过 4 个月，则可能需要全面维护检查。
- **输入**：设备最近一次维护是在 6 个月前，超过常规的 4 个月维护周期。
- **推理**：系统匹配到规则 3，推导出设备需要进行全面的维护检查。

规则 4：如果设备存在轴承磨损或润滑不足，则建议关闭设备并更换轴承或添加润滑油。
- **输入**：设备存在轴承磨损或润滑不足，且冷却系统可能故障。
- **推理**：系统匹配到规则 4，生成维修建议："关闭设备并更换轴承或添加润滑油"。

4. 结果输出

- **初步诊断**：冷却系统可能存在故障，导致设备温度过高。振动异常可能由于轴承磨损或润滑不足。
- **维修建议**：建议立即关闭设备，检查冷却系统，更换轴承或添加润滑油。进行全面维护检查，以确保设备正常运行。

5.3.5 农业管理

在农业领域，农民面临着复杂的决策挑战，包括作物种植规划、灌溉管理、施肥方案、病虫害防治以及气候变化的应对等。专家系统通过将农业领域的专家知识与数据结合，为农民和农业专家提供智能化的决策支持，帮助他们优化农业生产流程，提高作物产量和质量，减少资源浪费。专家系统在农业中的应用范围广泛，从田间管理到精准农业，再到农产品市场预测，帮助农户在复杂、多变的环境中做出明智的决策。

农业专家系统正在为全球各地的农民提供作物管理决策支持。系统通过整合土壤类型、天气条件、作物种类、施肥方案等信息，帮助农民选择最佳的种植时间、灌溉量和施肥计划，从而优化农作物生产，显著提高了粮食产量并有效减少了资源浪费。这类专家系统不仅提升了农业生产的效率,也在一定程度上帮助农民应对气候变化带来的挑战。

为了更好地理解农业专家系统的推理过程,以下展示一个具体的推理实例。假设有一个农业专家系统,它的任务是帮助农民管理作物的灌溉和施肥,系统需要根据土壤湿度、天气预报和作物生长周期提供建议。

1. 输入信息

系统从农民和传感器中收集了以下输入信息。

作物类型:小麦。
当前土壤湿度:40%。
天气预报:未来三天有降雨,但降雨量不确定。
作物生长阶段:生长初期。
土壤类型:壤土,中等保水能力。

2. 系统的推理规则

系统的知识库中包含与灌溉和施肥相关的规则,例如:

- **规则 1**:如果土壤湿度低于 50%,且作物处于生长初期,则建议增加灌溉量。
- **规则 2**:如果未来三天有降雨预报,但降雨量不确定,则建议减少灌溉量,以防止过度灌溉。
- **规则 3**:如果作物处于生长初期,且土壤类型为壤土,则建议适量施肥以促进根系生长。
- **规则 4**:如果土壤湿度适中,且降雨充足,则暂停灌溉。

3. 推理过程

规则 1:如果土壤湿度低于 50%,且作物处于生长初期,则建议增加灌溉量。

- 输入:当前土壤湿度为 40%,低于 50%,且作物处于生长初期。
- 推理:系统匹配到规则 1,推导出需要增加灌溉量。

规则 2:如果未来三天有降雨预报,但降雨量不确定,则建议适量灌溉以避免土壤过湿。

- 输入:未来三天有降雨预报,但降雨量不确定。
- 推理:系统匹配到规则 2,推导出建议适量灌溉,既保证水分充足,又防止过度灌溉导致土壤过湿。

规则 3:如果作物处于生长初期,且土壤类型为壤土,则需要适量施肥以促进根系生长。

- 输入:作物处于生长初期,土壤类型为壤土。
- 推理:系统匹配到规则 3,推导出需要适量施肥,以提供根系生长所需的养分。

4. 结果输出

- **灌溉建议**:当前土壤湿度偏低,建议根据未来降雨预报适量灌溉,以避免土壤过湿。
- **施肥建议**:根据作物生长阶段和土壤类型,建议进行适量施肥,促进根系发育和作物健康生长。

本章小结

  本章介绍了专家系统，强调了它在模拟人类专家决策过程中的独特作用。专家系统通过使用大量专业知识和推理规则，帮助解决复杂的实际问题，并为各个行业提供决策支持。无论是医疗领域的疾病诊断，还是金融领域的风险评估，专家系统都发挥着巨大的作用，能够提升决策的效率和准确性。在许多应用场景中，专家系统能够模拟专家的推理过程，即使是没有相关背景知识的用户，也能通过系统的辅助做出接近专家水平的决策。专家系统不仅能够提高工作效率、降低决策错误率，还能帮助企业和个人在复杂、多变的环境中做出科学的决策。

  本章还详细阐述了专家系统的工作原理，重点介绍了其核心组件，包括知识库、推理机、用户接口等。知识库是专家系统的核心，存储了领域专家的经验、规则和相关信息，推理机则通过规则和事实进行推理，得出结论或建议。推理机通过不同的推理方式，如前向推理和后向推理，帮助系统根据输入信息逐步推导出解决方案或结论。用户接口则负责与用户的交互，它提供了输入和输出的方式，使得用户能够通过简单的操作获得系统的诊断或决策结果。这些组件共同作用，使得专家系统能够在复杂的环境中为用户提供高效、可靠的决策支持。

  通过本章的介绍可以看到，专家系统的应用不仅仅限于传统的领域专家辅助工具，它已经逐步扩展到医疗、金融、工程、农业等多个行业，并在这些行业中实现了智能化的决策支持。随着技术的不断发展，尤其是计算机硬件和人工智能技术的飞速进步，专家系统正在变得更加智能、灵活和自适应。尤其是在面对复杂问题和不确定性时，专家系统能够结合大量的数据进行高效处理，并提供基于专业知识的科学建议，这使得它在未来的应用中具有极大的发展潜力。

  总之，本章通过介绍专家系统的定义、工作原理和应用领域，帮助读者全面了解这一技术的基本概念和重要性。专家系统不仅在提高工作效率、减少人为错误、帮助解决复杂问题方面发挥着重要作用，还能通过其独特的推理过程，为各行业带来更多智能化的解决方案。随着人工智能技术的不断发展，专家系统将在更广泛的领域得到应用，为更多行业的智能化转型提供支持。

本章习题

1. 什么是专家系统？它在人工智能领域中的作用是什么？
2. 简要描述专家系统的基本结构，并说明包括哪些主要组件。
3. 什么是知识库？有哪些知识表示方法？
4. 什么是推理机？在专家系统中，推理机如何帮助生成决策或诊断结果？
5. 什么是前向推理和后向推理？
6. 简要说明语义网络和框架表示在专家系统中的区别。
7. 讨论专家系统在医疗诊断中的应用，并简要说明其工作原理。
8. 讨论专家系统在金融分析中的应用，并简要说明其工作原理。

第 6 章
计算机视觉

　　计算机视觉是人工智能领域的一个重要分支,旨在通过模拟和理解人类视觉系统,使计算机能够"看见"并"理解"图像与视频。这一技术的最终目标是让机器能够像人类一样,不仅仅能识别图像中的物体,还能理解它们的含义和背景。人类的视觉系统在处理视觉信息时具备强大的能力,能够迅速从复杂的图像中提取出关键特征,并对图像中的对象进行分类、检测和理解。计算机要完成这一任务则面临着巨大的挑战。

　　计算机视觉的核心任务包括图像分类、目标检测、图像分割等。通过这些任务,计算机能够从图像中提取有意义的信息,例如识别物体、检测目标位置或者将图像中的各个部分分割成具有不同语义的区域。然而,要做到这一点并非易事。计算机必须处理大量的数据,理解图像中复杂的层级特征,甚至需要根据上下文来推测图像的意义。这些问题都对计算机视觉技术提出了极高的要求。

　　随着深度学习的兴起,尤其是卷积神经网络在图像分类、目标检测等任务中的成功应用,计算机视觉技术在近年来取得了显著的进展。深度学习方法使得计算机能够通过自动学习从图像数据中提取特征,而无须人工设计复杂的特征提取算法。这使得计算机视觉技术可以更加精确和高效地进行图像识别和理解。

　　从图像分类到目标检测,再到图像分割,计算机视觉的应用场景越来越广泛。今天,计算机视觉已渗透到人们日常生活的各个领域。智能手机上的面部识别、自动驾驶中的环境感知、智能安防中的监控和报警系统,都依赖于计算机视觉技术的支持。随着技术的不断进步,计算机视觉的应用范围也在不断扩展,未来在医疗诊断、机器人技术、虚拟现实等领域的应用前景广阔。

　　本章将深入探讨计算机视觉技术的基本原理,重点介绍图像分类、目标检测、图像分割等任务的工作原理与应用。此外,还将特别关注人脸检测与识别技术,展示其如何从计算机视觉的基本方法中发展而来,并广泛应用于现实生活中。通过本章的学习,读者将能够对计算机视觉技术有一个全面的理解,并了解其在现代科技中的实际应用。

6.1　图像理解:计算机视觉的核心目标

　　人类拥有天生的视觉能力,能够通过眼睛捕捉周围的视觉信息,并通过大脑分析这些信息来理解世界。例如,我们看一张图片时,几乎不用思考就能辨认出图片中的人物、物体、颜色和背景,大脑会自然而然地将这些视觉信息整理并与过往的经验相结合,让我们可以立即理解这张图片的含义。我们也可以轻松地推断出一张图像拍摄的场景,比如这是一张在公园里拍摄的合影还是一个热闹的街景。当我们看到一张合影图片时,也能够轻松地数出合影中人的数量,甚至推断出合影中人物的情绪。

这种理解过程对我们来说轻而易举,似乎毫不费力。但对计算机而言,理解一张图片的内容却是一个非常复杂的挑战。计算机并不像人类一样有着自然的视觉系统,它所"看到"的图像仅仅是由数以百万计的像素组成的数字矩阵。每一个像素都只是一个颜色值或亮度值,这些像素并不会自动转化为有意义的物体、形状或背景。为了让计算机理解图像中的内容,需要对这些像素进行复杂的建模,或者通过大量数据进行机器学习来提取出有意义的特征。然而,这个过程非常困难,因为计算机无法像人类一样直观地将这些像素与实际物体关联起来,必须通过算法推导出物体的形状、纹理和边界等。

计算机视觉是一个研究如何让计算机像人类一样"看见"和"理解"图像内容的领域。计算机视觉的核心目标就是让计算机能够从大量的像素数据中提取有用的信息,并通过这些信息进行进一步的分析和决策。这涉及一系列复杂的技术和算法,从简单的图像处理到高级的机器学习模型,计算机通过这些技术逐步学习如何"看"世界。

计算机视觉的应用不仅限于让机器识别图像中的物体,更进一步,它希望赋予计算机对图像内容的深度理解。例如,不仅要识别一只猫或一辆车,还要知道它们的相对位置、动作,甚至推测出图像中不同物体之间的关系。通过不断学习和优化算法,计算机视觉的终极目标是让机器拥有自动分析和解释图像、视频的能力,类似于人类从视觉中获取信息并进行思考的过程。简而言之,计算机视觉的目标是赋予计算机"看"的能力,但这不仅仅是"看见",还包括对图像内容的深层次理解。

计算机视觉已经在许多领域得到了广泛应用。随着技术的发展,这些应用不仅提升了自动化的水平,还在许多行业中带来了前所未有的创新。以下是一些具有代表性的计算机视觉应用场景。

- **人脸识别**:这可能是最广为人知的计算机视觉应用。如今,许多智能手机通过人脸识别技术解锁设备,增强了安全性和用户体验。在安防领域,人脸识别技术也被广泛应用于身份验证和监控系统,帮助政府部门追踪犯罪嫌疑人或管理公共安全。
- **自动驾驶**:计算机视觉是自动驾驶汽车的核心技术之一。自动驾驶汽车通过摄像头和传感器获取周围环境的视觉信息,然后通过视觉算法分析道路状况、识别交通标志、行人、车辆等,以做出驾驶决策。这项技术的发展不仅提高了交通安全性,也有望在未来彻底改变人们的出行方式。
- **医疗影像分析**:在医疗领域,计算机视觉正在帮助医生更早、更精确地诊断疾病。比如,通过分析 X 光片、MRI 和 CT 扫描等医学影像,计算机视觉系统可以自动检测出癌症、心脏病等疾病的早期症状。这不仅提高了诊断的准确性,还为医生节省了医生大量的时间,让他们能够专注于更复杂的医疗决策。
- **工业制造**:在制造业中,计算机视觉被广泛用于质量检测和自动化生产线。通过对产品外观的实时检测,计算机视觉可以发现制造过程中出现的瑕疵或问题,确保产品符合标准。这种自动化检测不仅提高了生产效率，还降低了人力成本。
- **农业**：智能农业利用计算机视觉来监控作物的生长情况，检测病虫害，并自动化管理农田。例如，利用无人机拍摄的高分辨率图像，计算机视觉系统可以分析作物的健康状况，并提供精准的农药喷洒方案，极大提升了农业的精确度和效率。
- **零售**：许多零售商已经开始使用计算机视觉技术提升购物体验。例如，亚马逊的无人商店 Amazon Go 利用摄像头和传感器跟踪顾客的购物行为，顾客可以拿起商品并离开，系统会自动识别并完成结账。
- **娱乐与媒体**：在电影制作和视频游戏中，计算机视觉被用来实现逼真的特效和虚拟场景。此外，计算机视觉还被用于视频内容编辑，例如使演员的外貌看起来更年轻或者更老。
- **增强现实（AR）和虚拟现实（VR）**：计算机视觉为增强现实和虚拟现实应用提供了基础支持。例如，AR 应用可以通过摄像头识别现实世界中的物体，并将虚拟元素叠加在现实场景中，增强用户体验。

这些例子展示了计算机视觉在多个行业的应用，它不仅推动了技术进步，还深刻影响了我们的日常生活。随着技术的不断发展，计算机视觉的应用领域还将进一步扩大，从自动化到个性化服务，它正在改变着我们与世界互动的方式。

6.2 计算机如何"看"图像

从本质上来讲，计算机看图像的过程是一个复杂而精细的数字解析与处理流程。这一过程的核心在于对数字图像数据的深入理解和高效操作。数字图像，作为计算机视觉领域的基石，是由无数个微小的点，即像素，按照特定的排列方式构成的二维数组。每一个像素，都承载着图像的颜色与亮度信息，这些信息是图像呈现丰富多彩视觉效果的关键所在。

开启图像理解之旅：计算机视觉基础入门

在数字图像的表示中，红、绿、蓝（RGB）三原色模型占据了主导地位。通过精确量化这三种颜色的强度，可以精准地描述出任何一个像素的颜色特征。在计算机内部，这些颜色强度被进一步量化为 0～255 之间的整数，形成了一个庞大的色彩空间。每一个整数值都对应着一种特定的颜色强度，从而实现了对图像色彩的细腻描绘。

当计算机接收到一幅数字图像时，它会首先读取这些存储在硬盘或内存中的 RGB 数值，并将它们转化为计算机能够直接处理的二进制代码。这一过程看似简单，实则涉及大量的数据转换和存储操作。一旦这些数值被成功转化为二进制代码，计算机就可以开始利用专门的图像处理算法对它们进行深入的分析和处理了。

无论是进行简单的图像显示和编辑操作，还是执行复杂的图像识别、分类和检测等高级任务，计算机都是基于对这些数值信息的精确运算和深入理解来实现的。通过运用各种先进的算法和技术，计算机能够快速地识别出图像中的关键特征和信息，从而为人们提供更加智能化和个性化的图像处理服务。这一过程不仅展现了计算机技术的强大实力,也为人们的日常生活和工作带来了极大的便利和乐趣。

6.2.1 什么是数字图像

当我们提到图像时,通常想到的是手机相册中的照片或是计算机屏幕上的图片。然而,在计算机视觉领域,图像并不像我们肉眼看到的那样简单。与人类通过眼睛直接"看到"物体不同,计算机无法"看到"我们所看到的物体,而是通过数字的方式来处理这些图像信息。那么,什么是数字图像呢?

简单来说,数字图像是通过数值表示的图像。如图 6-1 所示,它由一个个称为像素的小方块组成,每个像素代表图像中的一个小点。图像质量的高低取决于这些像素的数量和密度。当一张图像包含更多的像素时,图像的细节和清晰度就越高;当像素数量减少时,图像会变得模糊和粗糙。

每个像素都拥有一个或多个数值,这些数值代表了该像素的颜色或亮度。例如,在黑白图像中,每个像素可能只有一个数值,表示从黑到白的不同灰度等级;而在彩色图像中,每个像素可能有多个数值,分别表示红、绿、蓝三种颜色的强度。计算机通过处理这些数值来"重建"图像的视觉效果。

图 6-1 数字图像的例子

6.2.2 数字图像的表示方式

为了让计算机处理图像,我们需要将图像数据以特定的方式表示为数字矩阵。每个像素的数值对应着矩阵中的一个元素,这些数值形成一个二维矩阵(对于灰度图像)或多个二维矩阵(对于彩色图像)。这里介绍两种最常见的图像表示方式。

- **灰度图像**:灰度图像是一种最简单的图像表示方式,它不包含颜色信息,只表示图像的亮度变化。每个像素的值通常在 0~255 之间,表示从纯黑到纯白的不同灰度等级。值越大,像素就越亮,值越小,像素就越暗。灰度图像在计算机中以二维矩阵的形式存储,每个矩阵元素代表一个像素的亮度值。灰度图像常用于边缘检测、物体轮廓提取等任务中,在这些任务中,灰度图像能够去除颜色干扰,更有效地对任务进行处理。
- **RGB 图像**:RGB 图像是最常见的彩色图像表示方式。它使用红(Red)、绿(Green)、蓝(Blue)三种基本颜色的组合来表示每个像素的颜色。每个颜色通道都有一个数值范围(通常为 0~255),通过这三种颜色的不同组合,计算机可以生成成千上万种不同的颜色。例如,当红、绿、蓝三种颜色的值都为 255 时,像素显示白色;而当它们的值都为 0 时,像素显示黑色。RGB 图像在计算机中是通过三个独立的二维矩阵来存储的,分别对应红、绿、蓝三个颜色通道,每个矩阵中的元素表示该颜色通道上对应像素的强度值。

每一张数字图像都可以被视为由大量像素组成的矩阵，图像的质量和清晰度由这些像素的数量决定，这就是分辨率的概念。图像的分辨率通常用"宽度 × 高度"的形式表示，代表图像中包含的像素数量。例如，1920×1080 分辨率的图像表示宽度方向上有 1920 个像素，高度方向上有 1080 个像素，因此该图像共有 2 073 600 个像素。

分辨率不仅影响图像的清晰度，还直接影响图像的文件大小。高分辨率图像包含更多像素，因此需要更多的存储空间。在某些应用中，如高清显示、医学影像或卫星图像，高分辨率非常重要，因为它能够提供更多细节；而在其他应用场景下，如网络图片或社交媒体，较低的分辨率已经足够，因为这些图像通常不需要极高的细节。

6.3 计算机如何"认识"图像

计算机"认识"图像的过程是一个复杂的技术实现，它涉及多个关键步骤和技术。首先，图像通过预处理被转化为计算机可解读的数字形式。在图像分类任务中，计算机利用特定的算法，如线性分类器，将图像划分到预定义的类别中。线性分类器计算输入图像特征与权重向量的线性组合，并基于结果判断图像类别。然而，对于更复杂的图像识别任务，全连接网络（FCN）和卷积神经网络（CNN）更为常用。全连接网络通过多层神经元连接，能够学习图像的高级特征，但参数众多且计算量大。相比之下，卷积神经网络通过卷积层和池化层有效提取图像局部特征，并通过权值共享减少参数数量，更适合处理大规模图像数据。CNN 的这种结构使其在处理图像数据时具有更高的效率和准确性，成为计算机"认识"图像的重要手段。

6.3.1 什么是图像分类

图像分类是计算机视觉的核心任务，它指的是让计算机能够自动识别图像中的内容。对人类来说，看一张图片，识别其中的物体或场景是一件非常自然的事情。例如，看到一张动物的照片时，我们可以轻松判断它是一只猫还是一只狗。然而，对于计算机而言，图像分类是一项相当复杂的任务，因为计算机所"看到"的图像仅仅是由数以百万计的像素组成的数字矩阵。为了让计算机理解图像中的内容，需要对这些像素进行复杂的建模，或者通过大量数据进行机器学习来提取出有意义的特征。

图像分类的目标是将图像数据映射到预定义的类别标签的集合中。例如，给定一张包含动物的图像，模型的任务是根据图像中的特征确定它属于"猫""狗"还是"鸟"类别。图像分类问题的数学定义如下。

假设有一个图像数据集，包含 n 张图像，每张图像可以表示为一个特征向量 $\boldsymbol{x}_i$（其中 $i = 1, 2, \cdots, n$），并且每张图像都有一个对应的标签 y_i，该标签属于预定义的类别集合 $\{C_1, C_2, \cdots, C_K\}$，其中 K 是类别的种数。图像分类任务可以形式化为一个映射函数 $f: \boldsymbol{X} \to \boldsymbol{C}$，其中 $\boldsymbol{X}$ 是输入图像的特征空间，$\boldsymbol{C}$ 是类别集合。最终，模型的目标是找到一个最优的映射函数 f^*，使得给定一个新的输入图像 $\boldsymbol{x}_{\text{new}}$，能够准确预测其类别标签 y_{new}。

一种常见的实现方法是对每个类别学习一个映射函数 $f_k: X \rightarrow S_k$，其中 f_k 和 S_k 分别表示第 k 个类别的映射函数和分数，这个分数反映了图像属于该类别的可能性。对于每一个输入图像 x_i，计算每个类别 k 的分数 S_k，然后选择得分最高的类别作为最终分类结果，即

$$y_i = \underset{k}{\mathrm{argmax}}\, f_k(x_i)$$

6.3.2 线性分类器

本节介绍如何利用简单的线性分类器对图像进行分类。图像分类的任务是将输入的图像 x_i 映射到某个类别 k。如 6.2 节中所述，图像 x_i 通常表示为多个像素矩阵。比如一张分辨率为 $m \times n$ 的 RGB 彩色图像包含 $m \times n \times 3$ 个像素。对于线性分类器，将上述 $m \times n$ 的 RGB 彩色图像展平为一个长度是 $m \times n \times 3$ 的向量 x_i，其中每个元素对应图像中的一个像素值。

线性分类器是一种简单而直观的分类模型，它的基本思想是根据输入图像的像素值，构建一个线性函数来预测图像所属的类别。对于图像分类问题，可以定义线性分类器的形式为

$$f_k(x_i) = w_k \cdot x_i + b_k$$

其中：

- x_i 是展平后的图像像素向量。
- w_k 是对应于类别 k 的权重向量，长度与 x_i 相同。
- b_k 是一个偏置项，长度为 1 的标量。
- $f_k(x_i)$ 是图像属于类别 k 的分数。

在线性分类器中，权重向量 w_k 和偏置项 b_k 共同决定了分类的结果。线性分类器会计算每个类别的分数 $f_k(x_i)$，然后选择分数最高的类别作为图像 x_i 的类别。模型通过调整这些参数来找到最优的分类模型，将不同类别的图像分开。例如，对于类别集合是"猫"（类别 1）、"狗"（类别 2）、"鸟"（类别 3）的图像分类任务，我们的目标是找到一组参数（$w_1, b_1, w_2, b_2, w_3, b_3$）。当图像 x_i 属于"猫"时，$f_1(x_i)$ 的值应最大；当图像 x_i 属于"狗"时，$f_2(x_i)$ 的值应最大；当图像 x_i 属于"鸟"时，$f_3(x_i)$ 的值应最大。

下面以一个简单的二分类问题为例，来更好地解释线性分类器的工作原理。假设想区分两类图像：蓝天和绿地。在这个例子中，每张图像要么是蓝天的图片，要么是绿地的图片。如图 6-2 所示，对于蓝天图像，蓝色通道的像素值较高，而红色和绿色通道的像素值大部分接近 0。同样，绿地图像的绿色通道像素值较高，而红色和蓝色通道的像素值大部分接近 0。

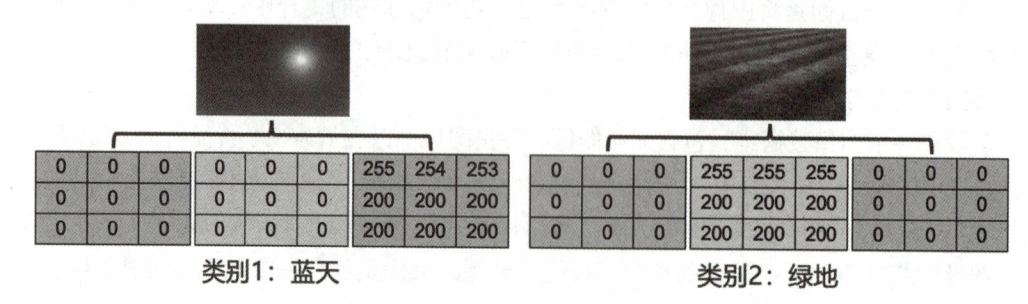

图 6-2 图像分类的例子：蓝天和绿地（见文前彩插）

定义线性分类器的映射函数为

$$f_{蓝天}(\boldsymbol{x}_i) = \boldsymbol{w}_{蓝天} \cdot \boldsymbol{x}_i + b_{蓝天}$$

$$f_{绿地}(\boldsymbol{x}_i) = \boldsymbol{w}_{绿地} \cdot \boldsymbol{x}_i + b_{绿地}$$

其中，$\boldsymbol{w}_{蓝天}$ 和 $\boldsymbol{w}_{绿地}$ 分别是对应蓝天和绿地的权重向量，$b_{蓝天}$ 和 $b_{绿地}$ 是对应的偏置项。权重 $\boldsymbol{w}$ 反映了每个像素对于分类决策的重要性，当 $\boldsymbol{w}$ 的某一维度是正数时，表示对应像素值对该类别的得分是正向的贡献，反之，像素值会降低该类别的得分。

接下来思考一个问题：什么样的参数 $\boldsymbol{w}_{蓝天}$ 可以使得蓝天图像的得分 $f_{蓝天}(\boldsymbol{x}_i)$ 更高？由于蓝天图像的蓝色通道像素值通常较高，我们希望蓝色通道的像素对蓝天图像的得分 $f_{蓝天}(\boldsymbol{x}_i)$ 做出正面的贡献。为此，可以将蓝色通道对应的权重 $\boldsymbol{w}_{蓝天}$ 设为一个正数。这样，当蓝色通道的像素值较高时，蓝天得分 $f_{蓝天}(\boldsymbol{x}_i)$ 就会相应增大。相反，对于蓝天图像中的红色和绿色通道，像素值大部分接近 0，因此它们对蓝天的分类没有正面贡献。当这些通道的像素值也较高时，图像展现出的颜色并不是蓝色（例如，当 3 个通道的像素值都较大时，展现出的是白色）。因此，需要将红色和绿色通道的权重 $\boldsymbol{w}_{蓝天}$ 设为负数。这样，当红色和绿色通道的像素值较大时，蓝天得分 $f_{蓝天}(\boldsymbol{x}_i)$ 就会相应减小。因此，如图 6-3 所示，可以构建如下的权重策略来分类蓝天图像。

- 蓝色通道的权重为正，这样当蓝色像素值较高时，蓝天得分也较高。
- 红色和绿色通道的权重为负，这样当红色和绿色像素值较高时，蓝天得分会较低。

类似地，如图 6-4 所示，针对绿地图像的分类器参数 $\boldsymbol{w}_{绿地}$ 可以做相反的设置。

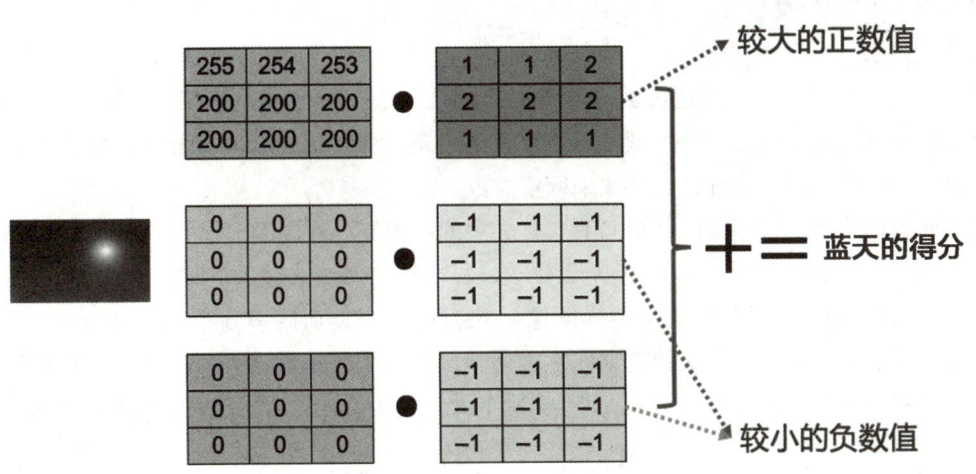

图 6-3 蓝天图像的参数设置（见文前彩插）

- 绿色通道的权重为正，这样当绿色像素值较高时，绿地得分也较高。
- 红色和蓝色通道的权重为负，这样当红色和蓝色像素值较高时，绿地得分会较低。

通过这样的权重设置，线性分类器能够准确地区分蓝天图像和绿地图像。

1. 概率分数：Softmax 函数

在实践中，通常使用概率作为分数，以便更好地解释模型的输出。分类器输出的是每个

类别的概率值 $p(y=k|\boldsymbol{x}_i)$。此时，模型将选择概率最高的类别作为最终的分类结果，即

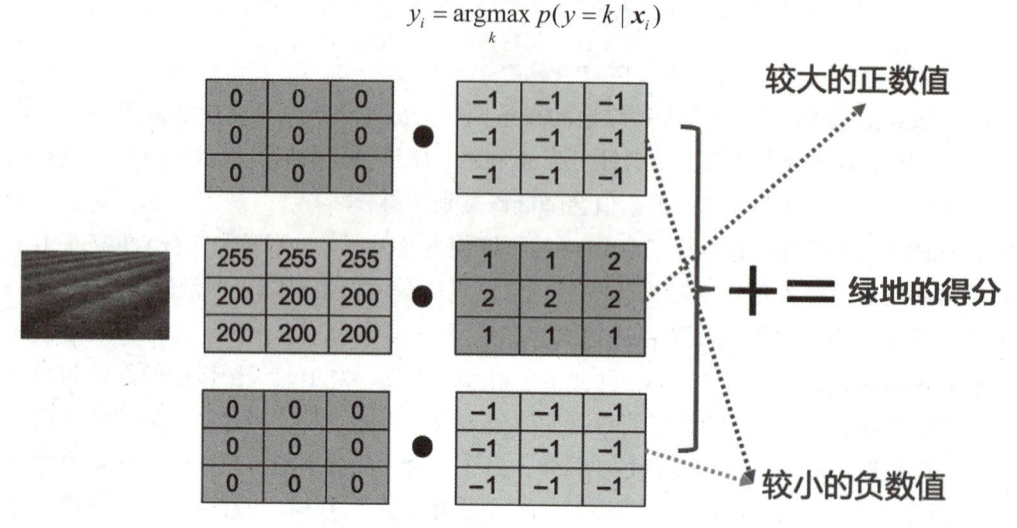

$$y_i = \underset{k}{\mathrm{argmax}}\, p(y=k|\boldsymbol{x}_i)$$

图 6-4　绿地图像的参数设置（见文前彩插）

可以使用 Softmax 函数将类别 k 的得分 $f_k(\boldsymbol{x}_i)$ 转换为属于类别 k 的概率值 $P(y=k|\boldsymbol{x}_i)$。Softmax 函数能够确保输出的所有概率值在 0～1 之间，并且它们的总和为 1。通过这种方式，分类器不仅能够预测图像所属的类别，还能够为每个类别提供相应的概率值，以反映分类器对分类结果的置信度。

2. 损失函数

接下来介绍如何寻找合适的参数 w_k 和 b_k，以满足上述目标，该过程即为模型训练。模型训练的目标就是通过优化这些参数来最小化分类错误。通常，通过损失函数来衡量模型的分类效果，并使用梯度下降等优化算法来调整参数。

损失函数用于衡量模型预测结果与真实标签之间的差异。在图像分类任务中，最常见的损失函数是交叉熵损失函数。假设有 N 个样本，每个样本属于 K 个类别之一。模型利用映射函数 $f_k(\boldsymbol{x}_i)$ 和 Softmax 函数将每个输入图像 $\boldsymbol{x}_i$ 映射成一个类别概率分布 $P(y=k|\boldsymbol{x}_i)$，表示该图像属于类别 k 的概率。真实的类别标签 y_i 通常以独热编码的形式表示，即一个长度为 K 的向量，其中正确类别的元素值为 1，其余类别的元素值为 0。交叉熵损失函数的定义为

$$L = -\frac{1}{N}\sum_{i=1}^{N}\sum_{k=1}^{K} y_{i,k}\log P(y=k|\boldsymbol{x}_i)$$

其中：
- $y_{i,k}$ 是真实标签的独热编码表示，若图像 $\boldsymbol{x}_i$ 属于类别 k，则 $y_{i,k}=1$，$y_{i,j\neq k}=0$。
- $P(y=k|\boldsymbol{x}_i)$ 是模型预测图像 $\boldsymbol{x}_i$ 属于类别 k 的概率。
- K 是类别的数量，N 是训练样本的数量。

基于交叉熵损失函数，可以利用第 3 章中介绍的梯度下降算法来对该模型进行训练。通过模型训练，模型将最终找到最优的参数 w_k 和 b_k，使得损失函数最小化，从而能够正确地

对输入图像进行分类。

6.3.3 全连接网络

在图像分类任务中，线性分类器是最简单的模型之一。它将输入图像的像素矩阵展平为一个向量，然后使用一个线性函数来计算输入图像属于各个类别的得分。线性分类器的优势是简单并且模型易于解释，有利于读者理解模型如何进行图像分类。然而，线性分类器只有在某些简单的任务上才可以达到较高的准确率，对于较复杂的图像数据，线性分类器的表达能力不足，难以区分不同类别的图像。可以使用全连接网络来对线性分类器进行扩展，从而使模型具有学习数据中的复杂模式和非线性特征的能力。

全连接网络通过引入非线性激活函数和多层结构，使模型能够学习到更复杂的特征关系。

1. 从单层结构到多层结构

在线性分类器中，模型的结构非常简单：输入层接收展平后的图像像素数据，与权重向量 w_k 相乘并加上偏置项 b_k，然后直接输出一个类别得分。如图 6-5 所示，可以将线性分类器看作只有输入层和输出层的神经网络。

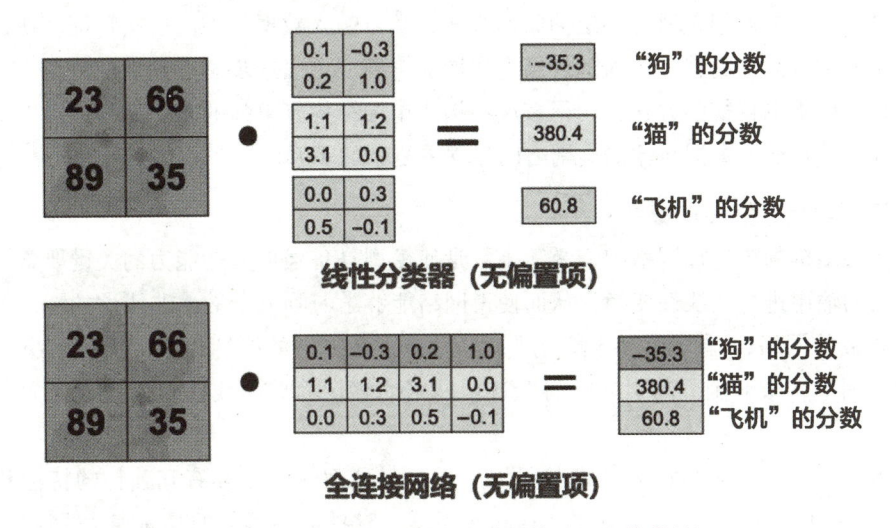

图 6-5　从线性分类器到全连接网络（见文前彩插）

为了提高模型对复杂模式的表达能力，全连接网络引入了多层结构，也就是在输入层和输出层之间增加了一到多个隐藏层。每一层都能够逐步提取出更加抽象的特征，从而使模型能够处理更加复杂的分类任务。

如图 6-6 所示，全连接网络通过在输入层和输出层之间增加一个或多个隐藏层来形成多层结构。每个隐藏层的神经元都与前一层的所有神经元相连，这种全连接的设计使得每一层都能组合前一层学到的特征。第一个隐藏层首先接收输入层传递过来的图像像素数据，将其进行加权求和，并通过激活函数进行非线性变换。这个过程能够初步提取出一些基础特征，例如简单的边缘和纹理。后续隐藏层继续对上一层输出的特征进行处理。每一层的输出都可以被看作对输入数据的一个新的表示。随着隐藏层数量的增加,特征的表达能力也逐步增强。每一层都在前一层的基础上学习到更加复杂的特征,例如特定形状、局部区域的对比度等。

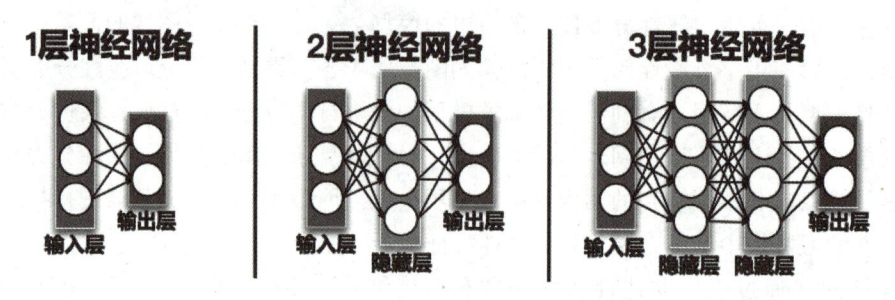

图 6-6 从单层结构到多层结构

举个例子,假设在图像分类任务中识别手写数字 1 与 2。在第一个隐藏层,模型可能识别出一些简单的边缘信息,如曲线和直线。到了第二个隐藏层,模型可能会识别出更复杂的形状组合,例如部分的环形。最后的隐藏层则综合这些信息来确定输入图像中的数字是 1 还是 2。

隐藏层的主要作用是通过逐层抽象的方式,学习输入数据的不同层次特征。初始层处理的往往是简单、局部的特征,而随着层数的增加,模型可以逐步学习到更加复杂、全局的特征。这种逐层提取特征的方式,使得多层结构比单层结构有更强的表达能力,可以学习到非线性特征,并在输入数据与输出类别之间建立更复杂的关系。

2. 激活函数:引入非线性

在多层结构的全连接网络中,激活函数是使模型具备强大表达能力的关键要素。它将每个神经元的输出进行非线性变换,从而使得网络能够学习到复杂的、非线性的特征关系。没有激活函数的网络,哪怕拥有再多的层,也只是一种复杂的线性组合,无法解决复杂的分类问题。因此,激活函数的引入使得全连接网络能够从简单的线性模型变成强大的非线性模型。

在神经网络中,有多种激活函数可以选择,每种激活函数都有其独特的特性和适用场景,比如 ReLU 函数、Sigmoid 函数、Tanh 函数等。这些激活函数的具体表达式详见第 3 章。

激活函数通常应用在每一层的输出之后。例如,在全连接层之后,将输出通过 ReLU 激活函数进行变换,得到该层的输出特征。这些经过激活函数处理的输出将作为下一层的输入。通过这种逐层的非线性变换,神经网络能够不断对输入数据进行复杂的特征提取,使得最终的输出结果可以适应更复杂的数据。

6.3.4 卷积神经网络

卷积神经网络(CNN)是计算机视觉领域最常用的一类深度学习模型,它在图像分类、目标检测等任务中取得了显著的成功。CNN 的核心优势在于能够有效处理图像中的局部特征,并大幅减少模型的参数量。为了更好地理解卷积神经网络,首先介绍传统的全连接网络存在的问题,然后讨论 CNN 如何通过其独特的结构改善这些问题。

1. 全连接网络的问题

全连接网络是深度学习中最基础的模型之一,广泛应用于各种任务。然而,当它被用于图像处理时,往往会暴露出许多问题。这些问题导致全连接网络在处理图像数据时效率不高,难以达到理想的效果。以下是全连接网络在图像处理中存在的几个主要问题。

(1) 参数数量过多

全连接网络的一个显著问题是参数数量过多。在全连接网络中,每一层的每个神经元都与上一层的所有神经元相连。因此,随着输入图像的大小和层数的增加,参数数量会急剧增长。例如,假设输入图像的大小为 $224\times 224\times 3$,展平后输入向量的长度为 150 528。如果使用一个包含 1000 个神经元的全连接层,那么这一层的参数数量将达到

$$150\ 528 \times 1000 = 150\ 528\ 000 \text{个}$$

如此庞大的参数量不仅增加了存储和计算的负担,也会带来过拟合问题。过拟合是指模型在训练集上表现非常好,但在验证集或测试集上表现较差的现象。换句话说,模型可能记住了训练数据中的特定模式,而不是学习到了能够泛化到新数据的通用特征。参数数量过多导致模型具有非常高的自由度,这意味着模型可以记住训练集中的所有细节(包括噪声数据)。然而,当面对新的数据时,这些记住的细节可能并不适用,导致模型无法泛化。因此,虽然全连接网络在小规模训练集上可能表现良好,但在大型、复杂的图像数据集上容易陷入过拟合。

(2) 缺乏空间不变性

全连接网络对图像数据缺乏空间不变性,无法有效处理图像中的位移、旋转或缩放等变化。每个像素位置都被当作独立的输入单元,因此即使图像中某一部分内容发生了微小的移动,模型可能需要重新学习该区域的特征。对于图像分类任务,无论物体处于图像的哪个位置,模型都应能识别出来。然而,全连接网络要求图像的特征必须出现在特定的像素位置,否则很难进行有效分类。因此,全连接网络对输入图像的空间结构缺乏鲁棒性,无法实现平移、旋转不变性。

(3) 无法有效捕捉局部特征和层级特征

图像数据具有明显的局部特征和层级特征。例如,图像中的边缘、角点、颜色块等都是局部特征,它们在图像理解中起着关键作用。同时,图像的不同部分可以构成更高级的模式或物体,比如多个边缘构成一个物体的轮廓。全连接网络将输入图像展平为一个一维向量,从而丧失了图像的空间结构。例如,全连接网络在处理图像时,对位于图像不同位置的像素一视同仁,而忽略了像素之间的邻域关系。

2. 卷积神经网络

卷积神经网络通过引入卷积层解决了全连接网络在图像处理中的不足。与全连接层不同,卷积神经网络的核心思想是利用图像的局部特征,不需要每个神经元与所有像素相连。

（1）卷积操作与局部感知

卷积神经网络的核心组件是卷积层。如图 6-7 所示，在卷积层，模型会通过一个称为卷积核的小窗口在图像上滑动，执行局部运算。这种操作能够高效提取图像中的局部特征，例如边缘、角点、纹理等。每个卷积核的参数是共享的，也就是说，同一个卷积核在图像的不同位置上使用相同的参数，这显著减少了模型的参数数量。卷积操作的数学表示为

$$卷积输出 = (x * w) + b$$

其中：

- x 是输入图像的局部区域（通常称为感受野）。
- w 称为卷积核。
- b 是偏置项。
- $*$ 表示卷积操作，其定义为

$$(x * w)(i, j) = \sum_{m=-a}^{a} \sum_{n=-b}^{b} x(i+m, j+n) \cdot w(m, n)$$

其中，(i, j) 是输出图像的坐标，(m, n) 是卷积核的坐标，a 和 b 分别是卷积核的半宽和半高。

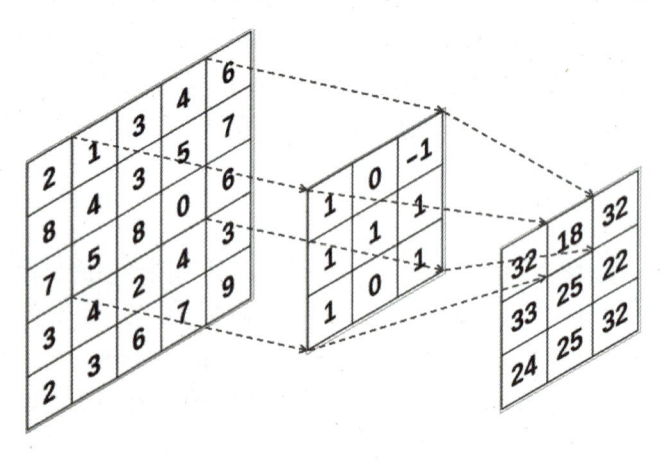

图 6-7　卷积操作示意图

（2）权重共享与参数量减少

卷积神经网络显著减少了模型的参数量，主要原因在于它采用了权重共享机制。在全连接网络中，每个神经元都有自己的权重，而在卷积网络中，一个卷积核在图像的不同区域上滑动时使用的是相同的权重。也就是说，同一个卷积核在图像的所有位置共享同一组权重，这使得卷积网络的参数数量大大减少。假设使用一个 3×3×3 的卷积核来处理 224×224×3 的 RGB 彩色图像。这个卷积核的参数数量仅为 3×3×3 = 27。而全连接网络在处理同样大小的图像时，需要为每个像素分配独立的权重，参数数量远远大于卷积网络。

（3）空间不变性

卷积神经网络通过卷积核在图像上滑动，能够自然地处理图像中的空间变化，具备空间不变性。例如，当图像中的某个特征出现在不同位置时，卷积操作能够在不同位置上检测到

相同的特征。无论物体在图像中的具体位置如何，卷积神经网络都可以识别出这些特征。

这种平移不变性使得卷积神经网络比全连接网络更具鲁棒性。全连接网络要求特征出现在特定的像素位置，否则会导致分类错误。卷积神经网络则通过滑动窗口和局部感知机制，不论特征出现在图像的哪个位置，模型都能够识别出来。这对于图像分类、目标检测等任务至关重要，因为图像中的物体往往并不是严格居中或以固定大小和姿态出现的。

（4）卷积神经网络的总体结构

卷积神经网络用于图像分类任务时，通常由以下几个核心模块组成。

- **卷积层**：这是卷积神经网络的核心部分，通过滑动一个卷积核在图像上执行局部运算，提取图像的局部特征，捕捉边缘、角点等信息。
- **池化层**：用于对卷积层的输出进行降采样，减少特征图的尺寸，降低计算复杂度。最常见的池化操作是最大池化，其输出是感受野内的最大值，提取显著特征。
- **激活函数**：用于引入非线性，使模型能够处理复杂的特征。常用的激活函数是ReLU，它将负值截断为零，正值保持不变。
- **全连接层**：在经过卷积层和池化层后，特征图会展平成一维向量，输入全连接层。全连接层用于将提取到的特征进行整合，并通过Softmax函数输出分类结果。全连接层的输出维度与分类类别数相同，每个输出神经元代表模型对该类别的预测概率。

如图6-8所示，这些模块通常是层叠排列的，卷积层和池化层交替出现，最后通过全连接层或其他分类层完成图像的分类任务。通过这种结构，卷积神经网络能够从输入图像中逐步提取不同层次的特征，从而实现对图像的高效理解。

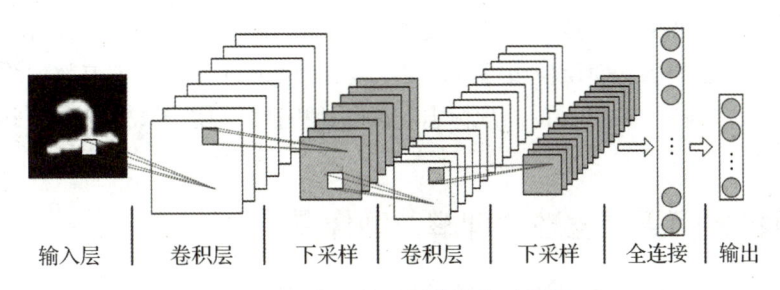

图6-8 卷积神经网络的常见结构

（5）卷积神经网络的发展历史

1）早期研究与启蒙（20世纪80年代）：卷积神经网络的概念最早可以追溯到1980年由日本科学家福岛邦彦（Kunihiko Fukushima）提出的Neocognitron模型。这是第一个引入局部感受野和层次化特征提取概念的神经网络模型。Neocognitron模型通过层层递进的网络结构，模仿了人类视觉皮层中简单细胞和复杂细胞的工作方式，用于图像识别任务。尽管Neocognitron模型引入了许多CNN的基本思想，如局部连接和逐层提取特征，但由于计算能力和数据量不足，它在当时未能大规模应用。

2）LeNet的提出（20世纪90年代）：卷积神经网络真正的发展始于1998年，当时Yann LeCun等人提出了LeNet-5模型，这是一个经典的卷积神经网络，用于手写数字识别任务。LeNet-5引入了卷积层、池化层和全连接层的组合结构，奠定了现代卷积神经网络的基础。LeNet-5 通过局部连接、权重共享和池化操作，大幅减少了参数量，使得模型可以有效处理图像数据。该模型在手写数字识别中的成功，标志着卷积神经网络在计算机视觉任务中的潜力。然而，受限于当时的计算能力和数据集规模，卷积神经网络未能广泛应用于更复杂的任务。

3）AlexNet 的突破（21 世纪 10 年代初）：21 世纪 10 年代初，随着图形处理器（GPU）的进步和大规模数据集（如 ImageNet）的引入，深度学习技术得以快速发展。2012 年，Alex Krizhevsky 等人提出了 AlexNet，这是一个深层卷积神经网络模型，在 ImageNet 大规模视觉识别挑战赛中取得了压倒性胜利，显著提升了图像分类任务的精度。AlexNet 的成功标志着 CNN 进入了一个全新的发展阶段，极大地推动了深度学习和计算机视觉领域的研究与应用。

4）深层网络的崛起——VGGNet 与 GoogLeNet（2014 年）：2014 年，VGGNet 由牛津大学的 VGG 实验室提出，进一步推动了卷积神经网络的深度发展。VGGNet 通过使用较小的 3×3 卷积核堆叠多个卷积层，增加了网络的深度，从而提高了图像分类的性能。VGGNet 的架构简单而有效，易于理解和实现，成为后续研究的经典基础。同年，Google 的团队提出了 GoogLeNet。GoogLeNet 采用 Inception 模块，通过并行使用不同大小的卷积核来提取多尺度特征，显著减少了参数数量和计算量。GoogLeNet 还通过加深网络层次来提高模型的表现，但其参数数量比同等深度的模型要少得多，展现了高效的设计理念。

5）ResNet 与网络加深（2015 年）：2015 年，ResNet（Residual Network）的提出是卷积神经网络发展的一个重要里程碑。由何凯明等人提出的 ResNet 在 ImageNet 大赛中获得了冠军，其残差连接解决了深度网络中的梯度消失和梯度爆炸问题，使得网络的深度可以扩展到数百层甚至更深。ResNet 的残差连接通过将前一层的输入直接传递给后面的层，避免了深层网络中信息的丢失。这使得模型可以在层次极深的情况下仍然能够有效训练，显著提高了模型的性能和稳定性。ResNet 的出现标志着深层卷积神经网络正式进入了实用阶段。

6.4　计算机如何更深层地"理解"图像

计算机更深层"理解"图像的过程涉及目标检测与图像分割两大关键技术。目标检测是在图像中精确定位并识别出目标物体的过程，它利用先进的算法如 YOLO、SSD 和 Faster R-CNN 等，能够在复杂背景中精准捕捉到目标物体的位置和类别。图像分割则是指将图像细分为具有相似特征的区域，便于计算机进一步理解图像内容。图像分割包括语义分割（对每个像素进行分类）和实例分割（同时检测和分割出图像中的每个对象）。通过这些技术，计算机能够更深入地解析图像信息，实现更高级别的图像理解和分析。

解锁机器视觉潜能：计算机视觉进阶指南

6.4.1　目标检测

目标检测是计算机视觉中的一项重要任务，它不仅需要对图像中的物体进行分类，还需要确定每个物体在图像中的位置。目标检测与图像分类的不同之处在于，图像分类的任务只是确定图像是否属于某个类别，目标检测则需要找到图像中的多个物体，并对它们进行分类与定位。本节首先介绍一种简单的利用图像分类模型来解决目标检测问题的方法，然后介绍更有效的目标检测方法。

1. 从图像分类到目标检测

图像分类任务的目标是给定一张图片，判断它属于哪个类别。假设有一张图片，图像分类模型会将这张图片分类为"猫"或"狗"等类别。然而，图像分类并不能告诉我们猫或狗在图像中的具体位置，因为分类模型只能输出一个类别标签，而不能给出物体的位置信息。

为了解决定位问题，最直接的方法是将图像分类模型应用到图像的不同子区域。通过这种方式，模型不仅能识别整张图片中的物体，还能检测出物体所在的位置。具体来说，可以将图片划分为多个网格，每个网格都经过图像分类模型的判断，来确定该区域中是否存在某个物体。这种方法被称为滑动窗口法（如图 6-9 所示），具体步骤如下。

1）使用一个固定大小的窗口从图片的左上角开始，依次向右、向下滑动。

2）每次滑动时，将窗口内的图片块输入图像分类模型中，判断该窗口中是否包含目标物体。

3）如果某个窗口中检测到物体，便可以认为该物体出现在该位置。

4）重复滑动操作，直到遍历完整张图片。

图 6-9 滑动窗口法

尽管滑动窗口法是一种从图像分类扩展到目标检测的直观方法，但它存在以几个显著的缺点。

- **计算效率低下**：滑动窗口需要对图像的每个区域都进行分类操作，尤其是对于高分辨率图像，滑动窗口会进行大量重复计算，导致检测速度非常慢。
- **无法处理多尺度物体**：滑动窗口使用的是固定大小的窗口，难以检测不同大小的物体。虽然可以通过改变窗口大小来处理不同尺度的物体，但这进一步增加了计算成本。

2. 基于区域建议的目标检测方法：R-CNN 系列

在滑动窗口法中，图像分类模型的每次判断都涉及整个图像区域的处理，这导致了计算上的低效和无法适应不同尺度物体的问题。为了解决这些问题，基于区域建议的目标检测方法应运而生，代表性的方法包括 R-CNN、Fast R-CNN 和 Faster R-CNN。

基于区域建议的目标检测方法的核心思想是将图像的目标检测问题转化为两个子任务：首先生成可能包含目标的候选区域，然后对每个候选区域进行分类。这种方法比滑动窗口法更为高效，并且能够较好地处理多尺度的物体。该方法的主要优点是它使用了候选区域生成机制来减少模型需要处理的图像区域数量，从而避免了对整个图像的反复扫描。

接下来介绍 Faster R-CNN 的具体方法。

Faster R-CNN 的核心思想是通过引入一个名为区域提议网络（Region Proposal Network，RPN）的模块，替代了传统 R-CNN 中的选择性搜索算法，从而实现了目标检测的端到端训练和更高效的处理流程。Faster R-CNN 通过将区域提议和目标检测结合在同一个网络中，并进行共享卷积计算，极大地减少了计算成本。Faster R-CNN 的框架可以概括为以下几个关键部分。

（1）区域提议网络

在 Faster R-CNN 中，区域提议网络（RPN）负责生成候选区域。与传统方法不同，RPN 不再依赖于外部的候选区域生成算法，而是通过卷积神经网络来自动生成候选区域，这大大提高了检测速度。

RPN 的工作原理基于一个滑动窗口机制。通过卷积操作，RPN 会在图像的特征图上滑动，并为每个滑动位置生成多个候选区域。每个候选区域都由一个固定的大小和比例描述，并被用来预测是否包含目标物体。通过对这些候选区域进行二分类（前景或背景），以及对框位置坐标的回归，RPN 能够生成高质量的候选区域。

（2）特征提取网络

Faster R-CNN 使用深度卷积神经网络来从输入图像中提取高层次的特征。常见的 CNN 架构有 VGG、ResNet 等，这些网络具有强大的特征学习能力，可以提取出图像中的重要语义信息。

在 Faster R-CNN 中，特征提取网络不仅为 RPN 提供特征图，也为后续的分类和边界框回归奠定了基础。整个网络（包括 RPN 和目标检测模块）可以共享卷积层的权重，从而加速训练过程并减少计算量。

（3）目标分类与边界框回归

一旦通过 RPN 生成区域提议，Faster R-CNN 会对这些区域进行目标分类和边界框回归。具体来说，对于每个候选区域，网络会判断它属于哪个物体类别，并且修正候选区域的位置，使其更精确地包围物体。其中，目标分类是指将每个候选区域的特征图输入全连接层进行分类，以确定区域内是否存在目标物体以及物体的类别。边界框回归是指通过预测每个候选区域相对于其初始位置的偏移量（包括水平、垂直位置的调整以及宽度和高度的变化），来细化边界框，使其更加精确地包围目标物体。具体而言，边界框回归通过学习边界框的位置坐标，使其尽可能地拟合真实物体的位置和形状。

通过这样的机制，Faster R-CNN 不仅能够生成高质量的候选区域，还能够精确地确定物体的位置和类别。

3. 单阶段目标检测方法：YOLO

YOLO（You Only Look Once）是一种高效的单阶段目标检测方法，它的核心思想是将目标检测问题转化为一个回归问题，通过一个卷积神经网络直接预测图像中的物体类别和位置（边界框）。与传统的两阶段检测方法（如 R-CNN 系列）不同，YOLO 不需要像 RPN 那样生成候选区域，也不需要像 Fast R-CNN 那样执行分类和回归的两次步骤，而是直接在一个网络中同时进行物体的定位和分类，因此在速度和效率上具有明显优势。

具体来说，YOLO 将图像划分为固定大小的网格，并为每个网格单元预测多个边界框及其对应的类别概率。这意味着网络通过一个前向传播过程，能够在一次推理中完成目标的分类和定位，从而实现了端到端的检测。

YOLO 的工作流程可以分为以下几个步骤。

1）将输入图像划分为网格：首先，将输入图像划分为一个 $S \times S$ 的网格（例如 7×7、13×13 等）。每个网格负责检测图像中某个区域内的物体。

2）为每个网格预测边界框和类别概率：为每个网格单元预测固定数量（B 个）的边界框，以及每个边界框的置信度。置信度表示该边界框包含物体的概率及边界框的精度。同时，网格单元还预测该区域中物体属于每个类别的概率分布。

3）预测输出：YOLO 网络的最终输出是一个 $S \times S \times (B \times (5+C))$ 的张量。其中，$S \times S$ 表示图像被划分为 $S \times S$ 的网格，B 表示每个网格单元预测的边界框数量，5 是每个边界框的 5 个参数（横坐标、纵坐标、长、宽以及置信度），C 表示物体类别的数量。

6.4.2 图像分割

图像分割（Image Segmentation）是计算机视觉中的另一项重要任务，它要求模型将图像中的每个像素分配到一个特定的类别或区域。与图像分类不同，图像分割不仅需要识别图像中物体的类别，还要精确划分出物体的边界。通过图像分割，计算机可以在像素级别上理解图像内容。接下来介绍一种利用图像分类模型来解决图像分割问题的简单方法，然后介绍更有效的图像分割方法。

1. 从图像分类到图像分割

图像分类的任务是将整个图像归为一个类别，例如"猫"或"狗"。然而，图像分类只能输出一个全局的类别标签，无法给出图像中具体区域的细节信息。因此，虽然图像分类有助于识别图像中的物体类别，但它并不能告知这些物体在图像中的确切位置或形状。一种简单的图像分割方法是区域分类，即将图像分成若干小块（称为"超像素"或"局部区域"），然后对每个局部区域进行分类，以确定每块图像属于哪个类别。具体步骤如下。

1）图像划分：将图像划分为多个小区域（例如使用固定的网格或其他区域划分算法）。

2）区域分类：对每个区域进行独立的分类，使用图像分类模型对每个局部区域的内容进行判断，确定它属于哪个类别。

3）区域合并：将属于同一类别的相邻区域合并，得到物体的分割区域。

这种方法可以粗略地完成图像分割任务，然而，它存在以下几个问题。

- **分辨率低**：由于图像被划分为多个较大的区域，每个区域只能得到一个类别标签，导致分割的精度较低，尤其是当物体的边缘不规则或形状复杂时。
- **无法处理复杂结构**：物体的形状和轮廓往往比区域划分更加复杂，而简单的区域分类无法准确刻画物体的精细结构。
- **分类依赖整体信息**：每个区域的分类独立于整体图像，这使得区域分类在处理细节和局部信息时显得力不从心。

2. 全卷积网络

全卷积网络（Fully Convolutional Network，FCN）是一种针对图像分割任务的深度学习方法，旨在克服传统区域分类方法的局限性。与图像分类方法不同，FCN 不仅能对图像中的物体进行分类，还能进行像素级的分割，即预测图像中每个像素点所属的类别。通过这种方式，FCN 能够为每个像素分配一个类别标签，从而精确地划分出物体的边缘和形状，解决了传统方法中存在的分辨率低和无法处理复杂结构的问题。

FCN 的核心思想是将传统的卷积神经网络中的全连接层替换为卷积层，从而实现端到端的像素级预测。传统 CNN 的结构是通过多个卷积层提取特征，然后通过全连接层进行分类。FCN 则在此基础上做了修改，允许网络输出一个与输入图像相同大小的图像，而每个像素点对应一个类别的预测。简单来说，FCN 网络可以理解为：

- **卷积下采样（特征提取）**：首先输入图像通过卷积神经网络进行特征提取，生成一个特征图。
- **卷积上采样**：然后网络通过卷积层和上采样操作（如反卷积、转置卷积等）将低分辨率的特征图恢复到与原始输入图像相同的分辨率，从而实现像素级的分类预测。
- **像素分类**：最后网络对恢复后的图像中的每个像素进行分类，输出每个像素属于哪个类别（例如背景、物体 A、物体 B 等）。

在 FCN 中，一项关键技术是将传统卷积神经网络中的全连接层替换为卷积层。这一创新使得网络能够处理任意大小的输入图像，并生成与输入图像相同大小的输出，从而进行像素级的分类预测。通过替换全连接层，FCN 能够保留空间信息，而不是将信息压缩到固定的维度中，这样网络能够更好地捕捉图像的局部特征和空间关系。网络中的卷积层不仅能够提取图像的深层特征，还能够实现端到端的训练，确保整个图像分割过程的优化。

另一项关键技术是上采样层，通常采用反卷积（Deconvolution）或转置卷积（Transposed Convolution）操作。上采样层的作用是将低分辨率的特征图恢复为与原始图像相同的空间分辨率。通过这一过程，FCN 能够在保持图像空间结构的基础上，生成像素级的分割结果。上采样不仅恢复了图像的分辨率，还帮助网络更好地捕捉到物体的细节，避免传统方法中出现的模糊边界。

此外，FCN 通常还采用跳跃连接，这一技术在网络的早期层与后期层之间建立了直接的连接。这种跳跃连接帮助网络保留低级特征信息，特别是在处理细节时，能够提供更加精确的边界信息。通过将高层的抽象特征与低层的细节信息结合，FCN 能够提高物体边缘和形状的分割精度，尤其是在处理形状复杂、边缘不规则的物体时，跳跃连接显得尤为重要。

FCN 通过将传统 CNN 中的全连接层替换为卷积层，实现了图像分割任务的像素级预测。FCN 不仅能够准确地分割物体，还能够处理复杂结构和细节信息，克服了传统区域分类方法中分辨率低和无法处理复杂结构的问题。通过上采样和跳跃连接等技术，FCN 能够生成高精度的分割结果，并广泛应用于语义分割、医学图像分割等领域。

6.5 计算机视觉的应用

计算机视觉应用广泛，涵盖了人脸检测与识别、光学字符识别（OCR）、智能制造、增强现实（AR）和虚拟现实（VR）等多个领域。人脸检测与识别技术通过分析和比较面部特征来识别或验证个人身份，广泛应用于安全监控、身份认证和社交媒体等场景。光学字符识别技术则能将图像中的文字内容转换成计算机可编辑的文本格式，极大地提高了信息处理的效率和便捷性，在文档数字化、数据提取和安全监控等方面发挥着重要作用。在智能制造领域，计算机视觉技术用于生产线上的质量检测、资源优化和工人行为监测，显著提升了生产效率和安全性。此外，计算机视觉还助力增强现实和虚拟现实技术，通过实时图像分析和处理，为用户带来更加沉浸式的交互体验。

6.5.1 人脸检测与识别

人脸检测与识别是计算机视觉中应用最广泛的任务之一，已被用于许多实际场景，如智能手机解锁、视频监控、社交媒体、智能广告等。人脸检测与识别的核心目标是检测并识别图像或视频中的人脸。这一任务可被视为图像分类和目标检测的自然延伸：人脸检测类似于目标检测，人脸识别则进一步对检测到的区域进行分类。下面将结合图像分类和目标检测的技术，逐步介绍人脸检测与识别的基本方法与关键技术。

1. 从目标检测到人脸检测

可以将人脸检测看作一种特殊的目标检测任务。目标检测的目标是识别图像或视频中多个物体的位置和类别，而人脸检测作为目标检测的一部分，专注于识别图像中是否存在人脸并确定其位置。随着技术的发展，计算机视觉已经能够以非常高的精度在各种环境下检测和定位人脸，这使得人脸检测技术在许多实际应用中扮演着重要角色，如人脸识别、安防监控、智能手机解锁等。

尽管人脸检测和目标检测在本质上都属于图像中的物体检测问题，但人脸的特殊性（如遮挡、姿态变化、光照等因素）给人脸检测带来了更大的挑战。因此，计算机视觉研究人员不断改进现有的目标检测方法，尤其是通过专门的技术和算法来提高人脸检测的精度和效率。

接下来的内容将介绍人脸检测的两种典型方法：改造 YOLO 用于人脸检测和专用人脸检测模型 MTCNN。

（1）改造 YOLO 用于人脸检测

前文介绍了 YOLO 模型，YOLO 是一种广泛应用于目标检测的深度学习模型，它采用单阶段检测方法，将图像划分为多个网格，并在每个网格上进行物体的定位和分类。YOLO 的显著特点是其高效的计算能力，使得它能够实现实时目标检测，因此被广泛应用于各类计算机视觉任务中。

为了使 YOLO 适应人脸检测，需要对原始的 YOLO 模型进行微调或重新设计。具体来说，通常采用以下改造方法。

- ❏ 单一类别：传统的 YOLO 模型检测多个类别的物体，而在人脸检测任务中，只关心"人脸"这一类别。因此，改造后的 YOLO 模型只需输出是否包含人脸的概率及其对应的边界框坐标。这可以通过将 YOLO 模型的类别数目调整为 1（即只检测人脸）来实现。
- ❏ 多尺度特征：人脸在图像中的大小和位置可能存在较大差异，因此，需要对 YOLO 模型进行调整以检测不同尺度的人脸。可以通过使用多尺度特征来增强模型的鲁棒性。例如，在训练过程中使用不同分辨率的图像输入或者采用多尺度网络结构，帮助模型更好地学习到不同大小人脸的特征。
- ❏ 数据增强：由于人脸在不同光照、姿态、表情和遮挡条件下的表现差异较大，为了提高模型的泛化能力，可以采用数据增强技术（如旋转、平移、裁剪等），提高训练样本的多样性。

（2）专用人脸检测模型 MTCNN

MTCNN（Multi-task Cascaded Convolutional Network）是一种专门用于人脸检测和关键点定位的深度学习模型，它采用级联卷积网络的结构，逐步细化人脸检测结果并定位人脸的关键特征点。MTCNN 不仅能够高效准确地完成标准的人脸检测任务，还能同时进行关键点定位任务（如眼睛、鼻子、嘴巴的定位），从而为后续的人脸对齐和识别任务提供支持。MTCNN 的成功在于它将多个任务整合到一个统一的框架中，通过不同级别的网络逐步优化检测结果，保证了高效性和准确性。

MTCNN 采用了三级级联网络结构，每一阶段都有明确的目标和任务，每一阶段的网络都在前一阶段网络的基础上进行优化和细化。这些阶段分别是 P-Net（Proposal Network）、R-Net（Refine Network）和 O-Net（Output Network）。每个网络负责不同的任务，整个流程协同工作，逐步提高人脸检测的精度和可靠性。

1）P-Net：P-Net 是 MTCNN 中的第一个阶段，主要负责候选框生成。P-Net 通过一个较浅的卷积神经网络快速扫描输入图像，并在不同位置生成多个候选区域，这些区域可能包含人脸或其他物体。P-Net 会为每个候选框预测一个概率值，指示该区域是否包含人脸，并给出相应的边界框。由于 P-Net 是浅层网络，它的计算速度非常快，因此可以实现实时性需求较高的应用。

在此阶段，P-Net 的作用是从整个图像中快速筛选出可能的人脸区域，去除掉大部分不包含人脸的区域，减少后续计算的复杂度。通过对候选框的位置和类别进行初步预测，P-Net 为后续网络提供了精确的初步输入。

2）R-Net：R-Net 是第二个阶段，目的是对 P-Net 输出的候选框进行进一步精细化。

R-Net 比 P-Net 更深，并且具有更强的特征提取能力。它通过更多的卷积层来对候选框进行处理，并通过二次筛选和位置回归，精确调整边界框的位置，同时提高对人脸的分类精度。

R-Net 会进一步过滤掉一些错误的候选框，例如可能由 P-Net 误判为人脸的区域。同时，它会输出更为精确的边界框坐标，并且开始预测人脸关键点的位置。这一阶段的目标是减少误检，并为后续的 O-Net 提供更加精确的人脸候选框和位置信息。

3）O-Net：O-Net 是 MTCNN 的最后阶段，它的目标是进一步优化边界框的精度，并且在每个边界框上定位五个关键点（两个眼睛、一个鼻子、两个嘴角）。O-Net 是最深的网络，具有更强大的学习能力。它不仅输出人脸的边界框，还通过回归学习预测关键点的位置，以便进行人脸对齐等后续任务。

O-Net 的精细调整可以准确地定位人脸在图像中的位置，并且通过预测关键点坐标，有助于解决因角度变化、表情差异等带来的检测问题。O-Net 最终输出的结果是高精度的人脸位置和对应的五个关键点位置，为人脸识别和对齐提供了重要信息。

2. 从人脸检测到人脸识别

在人脸检测完成后，下一步任务就是对检测到的人脸进行识别。人脸检测和人脸识别是计算机视觉中的两个重要步骤，它们虽然密切相关，但各自承担着不同的职责。人脸检测的目标是从图像或视频流中准确地定位人脸，人脸识别则根据检测到的人脸特征来确定这个人脸属于哪个个体。

在检测到人脸的位置后，下一步就是对该人脸进行识别，确定其对应的个体。与人脸检测不同，人脸识别的任务不仅仅是定位，它还需要从检测到的人脸图像中提取关键特征，并与数据库中已知的个体进行匹配。

人脸识别通常分为两个步骤：特征提取和匹配。

1）特征提取：在人脸图像中提取出能区分不同个体的特征向量。早期的传统方法，如 Eigenfaces 和 Fisherfaces，通过主成分分析或线性判别分析等算法提取人脸的特征。随着深度学习技术的发展，卷积神经网络成为现代人脸识别的核心方法。通过深度网络模型，计算机能够自动从图像中学习到更加复杂且高维的特征表示，这些特征能更好地区分不同个体。

2）匹配：一旦从人脸图像中提取出特征向量，接下来就需要与数据库中预先存储的特征向量进行匹配。匹配的方式一般基于距离度量（如欧几里得距离或余弦相似度）。如果输入的人脸特征与数据库中某个已知个体的特征相似度很高，就可以确定该人脸属于该个体。

ArcFace 是近年来出现的一种高效的人脸识别方法，它使用角度损失函数（ArcFace Loss），并取得了显著的性能提升。ArcFace 方法的核心创新是通过引入角度约束来优化人脸识别模型，使得同一个人脸的特征在高维空间中分布得更加紧密，而不同个体的特征之间则拉开距离。

在 ArcFace 中，通过角度来度量两个人脸特征向量之间的相似性。具体来说，ArcFace 将特征向量映射到球面上，并在该球面上进行优化。这种方法相较于传统的欧几里得距离度量方法，能够更好地处理人脸图像的变化（如角度变化、表情变化等），提高了人脸识别的准确性。

ArcFace 通常采用 ResNet 或 MobileNet 等网络架构从人脸图像中提取深度特征，然后通过 Softmax 损失函数和上述引入角度信息的方法，对网络进行优化，确保在特征空间中相同身份的图像聚集在一起，而不同身份的图像被有效地分隔开。

ArcFace 通过优化人脸特征向量在高维空间中的角度关系，增强了同一身份的人脸图像特征的集中性，同时将不同身份的人脸图像之间的特征有效地分离。这意味着，相同身份的不同图像之间的特征更加接近，而不同身份的图像特征则会显著分离，从而提高了识别的精度和准确性。相较于传统方法，ArcFace 能够更好地捕捉到细微的身份特征差异，这使得它在多变的环境下，比如面部表情变化、光照变化甚至是角度变化时，依然保持较高的识别准确率。

此外，ArcFace 具备更强的鲁棒性。由于通过角度损失优化特征空间，人脸特征不仅具有较高的区分度，还能有效应对拍摄角度、光照变化等因素的干扰。在实际应用中，尤其是在人脸识别的复杂场景中，如低光环境、复杂背景、不同角度的人脸，ArcFace 比其他传统方法更加稳定和可靠。

6.5.2 光学字符识别

光学字符识别（OCR）是计算机视觉中的一个重要应用，它的目标是从图像中自动提取和识别文本信息，将图像中的文字转换为可编辑、可搜索的文本数据。OCR 技术已经广泛应用于文档管理、票据处理、车牌识别、身份证扫描等多个领域。OCR 的实现依赖于图像处理、深度学习、目标检测和图像分割技术。以下是 OCR 技术的详细介绍及其在实际应用中的具体实现方法。

OCR 技术的核心任务是从图像中提取文本内容，并将其转换为计算机可读的字符。OCR 的过程通常分为几个步骤，包括预处理、文本检测、字符切割、字符识别和后处理。

- **预处理**：在进行 OCR 之前，通常需要对图像进行一系列预处理操作，以提高识别的准确性和稳定性。这些操作包括图像去噪、二值化、校正倾斜、对比度增强等。预处理的目的是将输入图像转化为清晰的、易于分析的文本图像。
- **文本检测**：文本检测的任务是从图像中识别出包含文本的区域，并在这些区域上绘制出边界框。这个过程通常使用目标检测和图像分割技术来实现。
- **字符切割**：在文本检测后，需要将检测到的文本区域切割为单个字符或单词。字符切割可以通过图像分割技术来实现，以方便后续的字符识别。
- **字符识别**：字符识别是 OCR 中最核心的一步。通过深度学习模型（如卷积神经网络），可以将分割出来的字符图像转换为具体的字符。字符识别模型将每个输入的字符图像与预先训练的字符模型进行匹配，输出识别结果。
- **后处理**：在完成字符识别后，OCR 系统通常还会进行拼写检查、字符校正等后处理步骤，以提高识别结果的准确性。

目标检测、图像分割和图像分类等方法在文本检测、字符切割和字符识别的过程中发挥着关键作用。

1. 文本检测

文本检测的任务是从输入图像中自动找到包含文字的区域，并将这些区域标记出来。这一步骤的准确性直接影响到后续字符识别的效果。为了在复杂的背景中精确地找到文本区域，文本检测通常使用目标检测和图像分割两种技术。

目标检测方法通过在图像中寻找特定的区域，并为这些区域生成边界框，来识别其中的文本位置。目标检测模型在文本检测中的优势在于它能够快速定位图像中的多段文本，并在多种复杂环境下保持较高的精度。目标检测模型（如 Faster R-CNN、YOLO 等）被广泛应用于文本检测任务中。这些模型通过 CNN 提取图像特征，并在特征图上生成包含文本的边界框。

图像分割在文本检测中扮演了精细化文本区域提取的角色，它通过对图像的每个像素进行分类，来区分出文本区域和非文本区域。这种逐像素的分类方法使得图像分割特别适用于处理复杂的文字排列和不规则形状的文字。

在实际应用中，目标检测和图像分割常常结合使用，以提高文本检测的精度和鲁棒性。目标检测首先用于快速识别图像中的可能文本区域，给出初步的边界框。然后，使用图像分割对这些边界框进行进一步的精细处理，从而准确分离出每个字符或单词的具体边缘。这种方法能够有效提高文本检测的精度，特别是在背景复杂的场景下。

2. 字符切割

字符切割的目标是将检测到的文本区域进一步细分，分割成单独的字符或单词，以便于后续的字符识别。在字符切割过程中，系统需要应对不同字体、字符间距不均、手写连笔等复杂情况。为了精确地提取每个字符，图像分割技术常常被应用于这一环节，通过细致地分离字符与背景，提高 OCR 系统的整体识别效果。

图像分割在字符切割中主要用于将检测到的文本区域进一步细化为单个字符。图像分割的核心在于对图像中的每一个像素进行分类，以区分字符与背景，并找出字符之间的边界。图像分割模型（如 U-Net、FCN 等）可以用于字符切割任务。语义分割将每个像素分类为字符或背景，从而找到字符的具体边界。对于手写体或复杂背景下的文本，语义分割能够通过学习大量的标注数据，自动识别字符的边缘位置，并在字符之间绘制出分界线。

3. 字符识别

字符识别的目标是将已经分割出来的字符图像准确地转换为对应的计算机可读的字符，如字母、数字、汉字等。可以将字符识别看作一个图像分类问题，即将输入的字符图像分类到预定义的字符类别中。基于 CNN 的图像分类技术已经成为字符识别任务中的主流方法。常用的图像分类模型（比如 VGGNet、ResNet 等）都可以用来完成字符识别任务。

与普通的图像分类任务相比，汉字识别因汉字类别数量庞大、结构复杂、形态相似等特点，对模型的设计和训练提出了不同的要求。以下是汉字识别中模型的特殊之处及与普通图像分类模型的不同之处。

- **更大的输出类别空间**：汉字类别数量多是汉字识别与普通图像分类任务的显著区别之一。普通的图像分类任务通常只有几十到几百个类别，例如猫、狗、汽车等物体分类任务。而在汉字识别中，日常汉字字符集通常包含3000~5000个常用汉字，而在处理古籍或书法作品时，可能需要识别7000~10 000个汉字。这种类别数量庞大的特性，意味着模型在汉字识别任务中的输出层远大于普通的图像分类任务。并且，为了能够覆盖所有类别，汉字识别模型需要更大的训练数据集，确保每个汉字类别都有足够的样本供模型学习。这对于汉字样本相对稀少的类别（如罕见字或古文字符）尤其重要，模型需要有足够的样本来学习它们的特征。

- **更复杂的特征提取与学习**：汉字的笔画复杂、结构多样，与普通图像的纹理和形状特征不同。因此，汉字识别模型需要更细致地处理这些结构特征。为了处理汉字复杂的笔画和部首结构，汉字识别模型通常使用更深的CNN，以逐层提取汉字的细节特征。由于许多汉字在形态上非常相似（如"日"和"曰"、"口"和"回"），模型需要具有更强的细节区分能力。这通常要求模型在特征提取时更加注重字符的细微差异，如笔画的长短、位置、角度等。因此在汉字识别中，模型需要增加一些特征增强模块。
- **结合序列模型进行上下文建模**：在手写汉字识别和长文本识别中，字符之间的上下文关系非常重要。与普通的单个物体分类任务不同，汉字识别模型需要处理字符之间的序列关系。这使得进行模型设计时，常常会结合CNN和序列模型（如LSTM、Transformer）进行上下文建模。

6.5.3 智能制造

智能制造是工业4.0的核心理念之一，致力于通过先进的信息技术、自动化和智能化手段，提升制造过程的效率、灵活性和产品质量。在这一过程中，计算机视觉发挥了重要作用，通过图像处理、模式识别和深度学习技术，帮助制造系统实现自动化检测、智能控制和自适应决策，从而实现高度智能化的生产过程。以下介绍计算机视觉在智能制造中的应用，以及如何利用这些技术解决具体问题。

1. 智能质量检测与缺陷识别

智能质量检测是计算机视觉在智能制造中的核心应用之一。相较于传统的人工检测方式，计算机视觉系统能够在生产线上实现自动化、实时的检测，大幅提高了检测的效率和准确性。

（1）外观缺陷检测

在智能制造中，产品的表面质量直接影响到最终的使用性能。计算机视觉系统通过高分辨率摄像头拍摄产品表面，结合深度学习技术，能够自动检测出各种外观缺陷。比如，可以使用目标检测技术来识别和定位产品表面的特定缺陷，如划痕、裂缝、凹痕等。目标检测模型通过在图像上检测出缺陷的边界框，可以快速标注出这些瑕疵的位置，从而进行自动化剔除或修复。

（2）智能色差检测

在纺织、印刷、涂装等领域，产品的颜色一致性是一个重要质量指标。可以使用图像分类技术来判断产品是否符合颜色标准。通过训练一个分类模型，系统可以根据产品的颜色特征，将其分类为"颜色合格"或"颜色不合格"，从而自动检测出色差问题。例如，在纺织行业中，可以通过对不同颜色的面料进行分类，确保每批次的颜色一致。

2. 智能机器人引导与自动化装配

在智能制造中，智能机器人已经成为生产线上的重要角色。计算机视觉为这些机器人提供了感知能力，使它们能够适应复杂多变的制造环境。

（1）机器人引导与抓取

在智能装配线上，机器人需要识别并抓取不同形状和尺寸的零件。通过计算机视觉系统，机器人可以精确地识别出目标物体的位置和方向，并根据实时视觉反馈调整抓取路径。例如，目标检测模型可以识别出零件的具体位置和姿态，然后通过计算零件的中心坐标和方向，引导机器人进行精确的抓取和搬运。例如，在汽车制造中，机器人可以根据目标检测识别出螺钉的位置，将其精确地装配到指定位置。

（2）视觉引导的焊接与打磨

计算机视觉还可以指导机器人完成高精度的焊接和打磨任务。在高精度焊接和打磨任务中，图像分割技术可以用于精确定位焊接点或打磨区域。分割模型能够识别工件的边缘和焊接缝隙，帮助机器人精确控制焊接头的位置和焊接路径。例如，在复杂形状的工件焊接中，分割模型可以标注出需要焊接的缝隙区域，避免错误焊接。

3. 生产过程监控与预测性维护

在智能制造中，实时的生产过程监控和预测性维护是确保生产线高效运行的重要手段。计算机视觉为生产线提供了强大的感知能力，使其能够实时监控生产设备的运行状态、工件加工过程等，从而及时发现潜在问题。

通过使用图像分类技术，可以实时监控设备的运行状态（如"正常运行"或"异常状态"）。通过对设备运行状态的图片进行分类，系统可以快速检测到设备的异常状态。例如，摄像头拍摄设备运行时的温度变化或表面特征变化，图像分类模型可以识别出设备是否过热或出现磨损。目标检测技术可以用于检测生产设备中的具体异常，如管道漏液、电线磨损等。目标检测模型可以精确地定位异常部位，提示维护人员进行检查和修理。

4. 智能分拣与分类

智能分拣是物流和生产过程中的关键环节，尤其是在电子商务、食品加工和制造领域。计算机视觉可以帮助自动化设备识别和分类不同的物品，从而大幅提高分拣效率和准确性。

（1）智能分拣系统

在仓储和配送中心，目标检测模型可以快速定位并识别出传送带上的不同物品，并输出每个物品的边界框和类别标签。这样，系统可以根据物品的位置和类别信息，引导机械臂将不同类别的物品分拣到指定的区域。例如，在快递分拣中心，系统可以通过目标检测进行自动识别并将不同的包裹传送到相应的区域。

（2）不良品检测与剔除

在食品、医药等对质量要求严格的生产线上，图像分割可以帮助检测出不合格的区域，并精确剔除不符合标准的部分。例如，在药品生产过程中，图像分割模型可以检测出药片的裂纹，并标记出裂纹的位置，机械臂可以根据这些标记剔除不合格药品。

6.5.4 增强现实和虚拟现实

增强现实（AR）和虚拟现实（VR）是近年来快速发展的技术，它们通过计算机生成的图像和实时交互为用户提供沉浸式的体验。计算机视觉在这两种技术中起着关键作用，通过图像处理、物体识别、三维重建、运动跟踪等手段，增强了虚拟与现实世界的融合能力。以下介绍计算机视觉在增强现实和虚拟现实中的几个具体应用，以及如何利用图像分类、目标检测和图像分割技术来实现这些功能。

1. 增强现实：将虚拟物体与现实世界融合

AR 是一种在现实世界中叠加虚拟信息的技术，它通过在用户的视野中添加虚拟物体，为现实场景提供丰富的交互体验。AR 技术在教育、娱乐、游戏、工业培训等领域有着广泛的应用。

（1）实时物体识别与跟踪

在 AR 应用中，系统需要识别现实场景中的关键物体或特定区域，然后在这些物体或区域上叠加虚拟内容。通过目标检测技术，系统可以实时检测出用户周围的物体，例如识别出桌面、墙面或特定的标志图案，并在这些物体上投射虚拟图像。例如，在一款教育类 AR 应用中，可以通过目标检测技术识别出一本教科书，并在教科书的特定页面上显示 3D 动画模型。

（2）平面检测与环境理解

在 AR 应用中，识别出平面（如地面、桌面）和物体的边界对于准确地放置虚拟物体非常重要。图像分割技术可以用于将平面区域与其他物体区域区分开，帮助 AR 系统理解场景中的几何信息。通过精确的平面检测，用户可以在手机或 AR 眼镜中看到虚拟物体稳定地被"放置"在桌面或地面上，避免虚拟物体出现漂浮或错位的现象。

（3）手势识别与人机交互

在 AR 系统中，手势识别是实现自然人机交互的重要方式。通过目标检测技术，AR 系统可以识别用户手部的姿态和位置，从而根据手势进行交互操作。例如，系统可以识别用户的手势来实现对虚拟物体的放大、缩小或旋转操作。图像分割可以对用户的手部进行精细的分割，识别手指的具体位置和形状，从而实现更复杂的交互。例如，在一些 AR 绘画应用中，用户可以通过手指在空气中"绘画"，而图像分割技术则帮助识别手指的运动轨迹，将这些轨迹转换为虚拟画笔的路径。

2. 虚拟现实：构建沉浸式虚拟世界

VR 则通过构建一个完全虚拟的三维环境，为用户提供沉浸式的体验。在 VR 系统中，计算机视觉主要用于位置跟踪、环境重建以及与虚拟对象的交互。这些技术广泛应用于游戏、虚拟旅游、模拟训练和远程教育等领域。

（1）运动跟踪与定位

在 VR 环境中，实时追踪用户的位置和姿态对于提供自然的沉浸式体验至关重要。目标检测技术可以用于识别并跟踪用户身体的关键点，如头部、手部、脚部的位置。这在 VR 游戏中非常重要，通过头部和手部位置的跟踪，系统可以调整视角，并允许用户通过手柄或手势与虚拟物体进行交互。

（2）虚拟物体交互与操控

在虚拟现实环境中，系统需要识别用户的意图和交互对象。通过图像分类技术，VR 系统可以识别用户选择的虚拟物体，并根据分类结果进行相应的操作。例如，在虚拟购物场景中，用户可以通过目光或手势选择特定的商品，系统通过图像分类识别出用户选择的物品，并展示详细信息。

3. AR 与 VR 的融合：混合现实

混合现实（MR）是 AR 和 VR 的进一步融合，它允许用户在虚拟世界和现实世界之间无缝切换。计算机视觉在 MR 中的应用旨在增强虚拟物体与现实环境的互动感，使得虚拟物体不仅能"看到"现实世界，还能与现实物体发生物理交互。

（1）虚实物体的碰撞检测

在 MR 场景中，当虚拟物体与现实物体发生碰撞时，系统需要进行物理模拟和反馈。图像分割技术可以用于精确地识别现实物体的边界，使得虚拟物体在与这些边界发生碰撞时能够表现出逼真的物理反应。例如，在虚拟家具应用中，当用户尝试将一个虚拟的花瓶"放置"在现实世界的桌子上时，图像分割技术可以帮助系统识别桌面的边界，以便花瓶能够准确地摆放在桌面上，而不是穿过桌子。

（2）虚拟对象的环境感知

MR 系统需要让虚拟物体对现实环境做出智能反应。通过目标检测，虚拟物体可以"看到"用户的动作并做出反应。例如，在一个 MR 培训系统中，当用户进行装配或维修操作时，虚拟教具可以实时检测用户的手部动作，并给出相应的指导。

计算机视觉技术在 AR 和 VR 中的应用，极大地提升了虚拟与现实融合的能力。通过图像分类、目标检测和图像分割等技术，AR 系统能够识别现实场景中的物体和位置，并将虚拟信息精准叠加到现实中。VR 则利用这些技术对用户的动作进行实时跟踪、构建虚拟环境并与用户互动，为用户提供高度沉浸式的体验。随着硬件性能的不断提升和计算机视觉算法的优化，AR 和 VR 技术在未来将为教育、工业、娱乐和医疗等领域带来更多创新与变革。

本章小结

本章介绍了计算机视觉的基本概念和技术发展。从图像分类到目标检测，再到图像分割，逐步探讨了计算机视觉技术的核心任务，以及这些技术如何为机器赋予"看"和"理解"世界的能力。在这些技术中，图像分类作为最基础的任务，帮助计算机从大量的图像数据中提取关键信息，目标检测和图像分割则进一步增强了计算机在处理复杂场景中的能力。通过引入卷积神经网络，介绍了深度学习如何推动计算机视觉的发展，使其能够自动从数据中学习并提取特征，避免了人工设计复杂特征的麻烦。

本章还介绍了计算机视觉的广泛应用，特别是在人脸识别、智能制造、虚拟现实等领域。随着深度学习技术的不断发展，计算机视觉已经成为现代人工智能系统的关键组成部分，其在各行各业中的应用正在迅速扩展，展现出巨大的潜力和前景。

尽管计算机视觉在许多领域取得了显著进展，但仍面临许多挑战。首先，图像和视频数据量庞大，如何在高效处理大量数据的同时保持高精度是一个重要问题。其次，计算机视觉依赖于大量的标注数据，而标注数据的获取通常需要人工参与，这不仅成本高昂，而且难以覆盖所有的实际应用场景。此外，当前的计算机视觉技术仍然存在对复杂场景、遮挡、光照变化等因素的鲁棒性不足，尤其在真实世界中，图像数据可能受到各种干扰，导致模型性能下降。

随着计算机技术的飞速发展，未来计算机视觉领域将迎来更多的技术突破与进步。首先，算法的创新将是计算机视觉未来发展的核心驱动力，特别是新型的网络架构（如Transformer）的引入，正在挑战传统卷积神经网络在图像处理中的主导地位。这些新型网络架构在处理长距离依赖和捕获全局信息方面表现出色，有望突破现有技术在一些复杂任务上的瓶颈，进一步提高处理精度和效率。其次，硬件的发展也将极大地推动计算机视觉技术的进步。从最初仅靠 CPU 进行计算，到现在 GPU、TPU 等专用硬件的快速发展，使得计算机视觉的训练和推理速度得到极大提升。自监督学习和无监督学习的不断进步有望减少对大规模标注数据的依赖，这将为数据标注工作繁重的领域带来巨大的效益。

本章习题

1. 什么是计算机视觉？请简要描述计算机视觉的目标。
2. 什么是数字图像？请简要描述数字图像是如何通过像素来表示的。
3. 什么是图像分类？请简要解释图像分类的过程。
4. 请简要描述线性分类器如何用于图像分类。
5. 相比于全连接网络，卷积神经网络的优势是什么？
6. 图像分类与目标检测的主要区别是什么？
7. 目标检测与图像分割的主要区别是什么？
8. 计算机视觉有哪些实际应用？请简要列举并介绍计算机视觉在不同领域的应用。

第 7 章

机器人

在当今科技飞速发展的时代，机器人已经从科幻小说中的幻想走进了现实生活，成为推动工业、医疗、服务等领域变革的重要力量。本章将带领读者深入探索机器人的世界，从基础概念到前沿技术，全面了解机器人的发展历程、核心构成以及关键技术。首先从机器人的定义和发展历程出发，逐步解析其感知、决策和学习能力，特别是强化学习在机器人中的应用——如何通过环境感知获取状态信息、如何选择最优动作、如何设计奖励机制以评估行为，以及如何从历史数据中积累经验以实现自主进化。此外，本章还将展示机器人在工业、服务、医疗、军事和探索等领域的典型应用场景，揭示机器人技术如何改变我们的生活和工作方式。通过本章的学习，读者不仅能够掌握机器人的基本知识，还能深入了解其背后的技术原理和未来发展方向。

7.1 机器人概述

机器人，作为人类科技智慧的结晶，已经从早期的简单机械装置演变为具备感知、决策和执行能力的复杂智能系统。无论是工业生产线上精准操作的机械臂，还是家庭中提供陪伴服务的智能助手，机器人正以多样化的形态融入我们的生活。本节将从机器人的定义与发展历程出发，逐步解析其核心构成与关键技术，并探讨当前机器人技术的发展现状。通过对机器人基本概念的梳理，读者能够更好地理解其在现代社会中的角色与意义，为后续深入学习机器人的应用与技术奠定基础。

人工智能的物理化身：智能机器人

7.1.1 机器人的定义与发展历程

当提到"机器人"这个词时，你脑海中浮现的是什么画面？是电影中会说话的人形机器？还是工厂里精准操作的机械臂？事实上，这些都是机器人的一种形式，但机器人的定义远比我们想象的要广泛。简单来说，机器人是一种能够自动执行任务的机器，通常由计算机程序控制，能够完成一系列复杂的动作。可以通过外部设备对机器人进行控制，也可以内置控制系统。虽然有些机器人被设计成类似人类的外形，但大多数机器人更注重功能性，而非外观的美感。机器人可以是自主的，也可以是半自主的，涵盖了从人形机器人（如本田的 ASIMO 和 TOSY 的 TOPIO）到工业机器人、医疗手术机器人、无人机，甚至微型纳米机器人的广泛范围。通过模仿人类的动作或外观，机器人能够表现出某种形式的智能，甚至给人一种拥有自主思维的错觉。

机器人的历史可以追溯到古代文明。在古希腊神话中有关于机械仆人的传说，比如火神赫菲斯托斯制造的机械仆人。中国古代也有关于自动装置的记载，例如木牛流马。然而，真正意义上的机器人发展始于 20 世纪。1921 年，捷克作家卡雷尔·恰佩克在其戏剧《罗素姆的万能机器人》中首次使用了"机器人"（Robot）一词，这个词源于斯拉夫语中的"劳动"（robota），意指为人类服务的机械劳动力。20 世纪中叶，机器人技术开始从科幻走入现实。1954 年，乔治·德沃尔发明了世界上第一台可编程工业机器人"尤尼梅特"（Unimate），并在 1961 年将其应用于通用汽车的装配线上，用于搬运热金属零件。这标志着现代工业机器人时代的开启。随后，机器人技术在制造业中得到了广泛应用，尤其是在汽车工业中，机器人被用于焊接、喷漆、装配等任务。20 世纪 70 年代，随着计算机技术和传感器的发展，机器人开始具备更复杂的功能。1973 年，德国库卡公司推出了第一台由电动机驱动的工业机器人 Famulus，进一步推动了机器人在制造业中的应用。进入 21 世纪，机器人技术迎来了爆发式增长。2000 年，本田公司发布了人形机器人 ASIMO，它能够行走、跑步、上下楼梯，甚至与人类互动。机器人技术也逐渐渗透到医疗、服务、军事和科研等领域。例如，达·芬奇手术机器人能够协助医生完成精密的手术操作，而火星探测器"好奇号"则帮助人类探索遥远的外星球。

今天，机器人已经成为现代社会不可或缺的一部分。随着人工智能、物联网和材料科学的进步，机器人正变得越来越智能和灵活。首先，人工智能和机器学习技术的突破极大地提升了机器人的智能水平。现代机器人不再局限于执行预设的程序，而是能够学习和适应新的环境和任务。例如，通过深度强化学习，机器人能够自主学习复杂的操作技能。一个机器人通过不断的尝试和错误，学会了如何精确地抓取各种形状的物体，就像一个孩子在学习使用筷子一样。这种学习能力使得机器人变得更加灵活和通用。计算机视觉技术的进步让机器人拥有了"火眼金睛"。现代机器人能够通过摄像头和其他传感器精确地感知周围环境，识别物体和人脸，甚至理解复杂的场景。例如，自动驾驶汽车能够实时识别道路上的车辆、行人和交通标志，做出相应的驾驶决策。在工厂里，视觉引导的机器人能够精确地识别和抓取传送带上的零件，大大提高了生产效率。机器人的物理能力也在不断提升。新材料和新的驱动技术让机器人变得更加灵活和强大。软体机器人技术的发展让机器人能够像章鱼一样改变形状，适应各种复杂环境。仿生技术让机器人能够模仿生物的运动方式，例如波士顿动力公司的机器狗可以像真正的狗一样灵活地奔跑和跳跃。在人机交互方面，自然语言处理技术的进步让机器人能够更自然地与人类交流。现代的服务机器人不仅能听懂人类的语音指令，还能理解语言的上下文和情感，做出恰当的回应。未来的机器人可能会更加贴近人类生活，例如作为家庭助手、医疗护理员，甚至是探索宇宙的先锋。接下来，将深入探讨机器人的核心构成与关键技术，揭开它们背后的科学奥秘。

7.1.2 机器人的主要构成

机器人的主要构成大致可以分为机械结构、驱动系统、传感器系统和控制系统四大部分。这些部分共同协作，赋予机器人运动能力、感知能力和决策能力，使其能够完成各种复杂的任务。

1. 机械结构

机械结构是机器人的"身体"，决定了其外形和功能。根据用途的不同，机器人的结构可以千差万别。有的机器人像人类，有手有脚；有的机器人像动物，可能有四条腿或者轮子；还有的机器人可能只是一个固定的机械臂。例如，波士顿动力公司的 Atlas 人形机器人有着类似人类的身体结构，能够直立行走，甚至做出后空翻这样复杂的动作。而 iRobot 公司的 Roomba 扫地机器人则是圆盘形状，配备轮子，专门设计用于在平面上移动和清洁。机器人的结构材料也是一个关键因素。传统上，机器人多由金属构成，以保证强度和耐用性。但现在，轻量化材料如碳纤维复合材料的应用，让机器人变得更轻巧灵活，甚至还有软体机器人，它们的身体由柔软的材料构成，能像章鱼一样改变形状，钻入狭小的空间。

2. 驱动系统

驱动系统则是机器人的"肌肉"，负责产生运动。最常见的驱动方式是电动机，它可以提供精确和可控的运动。例如，工业机器人手臂通常使用伺服电机，可以实现精确的定位和运动控制。在一些需要大力矩的应用中，比如大型工业机器人或仿生腿足机器人，可能会使用液压或气动系统。这些系统能提供更大的力量，就像肌肉能让我们举起重物一样。此外，近年来一些新型的驱动技术也在不断涌现。例如，形状记忆合金（SMA）可以在电流作用下改变形状，用作微型机器人的"肌肉"。还有一种叫作"人工肌肉"的技术，使用特殊的聚合物材料，可以在电压作用下收缩或膨胀，模仿生物肌肉的工作方式。机械结构和驱动系统的设计直接影响着机器人的性能。一个优秀的设计可以让机器人更加高效、灵活，甚至能适应各种复杂的环境。例如，NASA 的火星探测车"好奇号"有着独特的六轮悬挂系统，使它能够在火星复杂的地形上稳定行驶。

3. 传感器系统

如果说机械结构和驱动系统是机器人的身体，那么传感器系统就是它的感官。传感器让机器人能够感知周围的环境，收集必要的信息来做出决策和行动。就像人类有视觉、听觉、触觉等感官一样，机器人也配备了各种类型的传感器。视觉传感器是最常见的一种，相当于机器人的"眼睛"，通常包括摄像头和图像处理系统。现代的视觉传感器不仅能捕捉普通的可见光图像，还可能包括红外、紫外甚至 3D 深度感知能力。例如，自动驾驶汽车通常配备多个摄像头，以 360° 无死角地监控周围环境。结合计算机视觉技术，机器人可以识别物体、人脸，理解场景，甚至读懂文字。听觉传感器让机器人能够"听"。这通常是麦克风阵列，配合声音处理算法。先进的听觉系统不仅能识别语音命令，还能定位声源，甚至在嘈杂的环境中分辨出特定的声音。想象一下，在喧闹的派对上，你的机器人助手仍能准确听到你的指令，就像你能在嘈杂中听到有人叫你的名字一样。触觉传感器给予机器人"触感"。这可能是简单的压力传感器，让机器人知道它是否接触到了物体，也可能是更复杂的触觉阵列，能感知物体的形状、质地甚至温度。例如，一些先进的机器人手掌上布满了微型触觉传感器，让它能像人类一样通过触摸来识别物体。此外，还有许多其他类型的传感器。惯性测量单元（IMU）让机器人知道自己的姿态和运动状态，GPS接收器让户外机器人知道自己的位置，距离传感器（如激光雷达、超声波传感器）让机器人能测量周围物体的距离，甚至还有气体传感器，让机器人能"闻"到空气中的特定物质。在一些特殊应用中，机器人可能配备人类没有的"超能力"传感器。例如，一些检测机器人可能配备辐射探测器或化学分析仪，能在危险的环境中工作。所有这些传感器收集的数据会被送到机器人的"大脑"——控制系统进行处理。一个优秀的传感器系统能让机器人更好地理解和适应环境，做出更智能的决策。例如，波士顿动力公司的Spot机器人狗就配备了先进的视觉和触觉传感系统，它能在复杂的室内外环境中自如行走，甚至能打开门把手。

4. 控制系统

如果说传感器是机器人的感官，那么控制系统就是机器人的"大脑"和"神经系统"。它负责处理来自传感器的信息，做出决策，并控制驱动系统执行相应的动作。控制系统是机器人智能的核心，决定了机器人能多么智能、灵活地完成任务。控制系统的核心通常是一个或多个微处理器或微控制器，就像是机器人的中央处理器（CPU）。这些处理器运行控制软件，实时处理传感器数据，执行各种算法，并生成控制指令。例如，在一个工业机器人手臂中，控制系统需要实时计算每个关节的位置和速度，以确保手臂能精确地按照预定轨迹移动。控制系统的复杂程度因机器人的用途而异。简单的机器人可能只需要基本的反馈控制，例如一个自动调温器；而复杂的机器人，如自动驾驶汽车，则需要复杂的控制算法来处理各种可能遇到的情况。现代机器人的控制系统通常采用分层架构，底层负责基本的运动控制和平衡，中层处理导航和路径规划，高层则负责任务规划和决策，这种架构让机器人能够同时处理实时反应和长期规划。

7.1.3 机器人的关键技术

机器人的关键技术是支撑其智能化、自主化和高效化的核心。这些技术涵盖了从感知环境、理解任务到执行动作的各个环节，使机器人能够在复杂多变的环境中完成各种任务。接下来将详细介绍机器人领域涉及的几项典型关键技术。

1. 自主导航和路径规划

这项技术就像是机器人的"大脑"和"地图"，让它们能够感知环境、定位自身并规划最佳路径。首先，机器人需要了解自己所处的环境。机器人通过传感器（如激光雷达、摄像头、超声波传感器等）感知周围环境。激光雷达通过发射激光并测量反射时间，生成精确的3D环境地图；摄像头则通过视觉算法识别物体和障碍物。这些传感器共同构建了机器人的"视觉系统"。SLAM（同时定位与地图构建）技术使机器人能够在未知环境中实时定位自身并构建地图，这就像人类在陌生城市中一边行走一边绘制地图。SLAM算法结合传感器数据，帮助机器人确定自身位置并动态更新环境信息。路径规划算法（如A*算法、Dijkstra算法）帮助机器人找到从起点到终点的最优路径。在动态环境中，机器人还需要实时调整路径以避开移动障碍物。例如，自动驾驶汽车通过实时路径规划在复杂的城市道路中安全行驶。在水下、外太空等 GPS 无法使用的环境中，机器人需要依赖其他导航技术，如地形特征匹配、恒星定位或地磁场导航。这些技术使机器人能够在极端条件下完成任务。

2. 计算机视觉和图像处理

前面的章节介绍了计算机视觉和图像处理技术的基本原理。这项技术赋予机器人"视觉"能力，使其能够理解并分析周围环境。例如，视觉系统让工业机器人能够精确识别和定位装配线上的零件，即使零件的位置和姿态发生变化，机器人也能够自动调整抓取策略，这种自适应能力大大提高了生产线的灵活性。在服务机器人领域，家用清洁机器人通过视觉系统构建房间地图，识别障碍物，规划清洁路线；送餐机器人能够通过视觉导航系统在复杂的室内环境中穿行，避开行人和障碍物；一些高级服务机器人还能通过表情识别来理解人类的情绪状态，提供更自然的人机交互体验。

3. 自然语言处理和人机交互

自然语言处理技术使机器人能够理解和生成人类语言，实现与人类的自然交流。这项技术是服务机器人、智能助手等应用的核心。机器人通过语音识别技术将人类的语音指令转化为文本，并通过语义理解算法解析指令的意图。例如，用户对机器人说"把客厅的灯调暗"，机器人能够准确理解并执行任务。机器人通过学习用户的偏好和行为模式提供个性化的服务，例如，智能助手可以根据用户的日常习惯推荐音乐、电影或餐厅。关于自然语言处理的更多原理将在第 8 章中进行详细介绍。在人机交互方面，除了语言交互，还包括其他形式的交互。例如，手势识别让机器能够理解人的动作指令，表情识别让机器能够读懂人的情绪状态，触觉反馈让机器能够以更自然的方式与人进行物理交互。多模态交互是人机交互的一个前沿领域，它结合了语音、视觉、触觉等多种交互方式，让人机交互变得更加自然和直观。例如，你可能对一个机器人说"把那个红色的杯子拿给我"，同时用手指指向杯子的位置，机器人需要综合理解你的语音指令和手势才能正确执行任务。

4. 多机器人协作系统

多机器人协作系统的核心思想是通过多个相对简单的机器人协作，来完成单个复杂机器人难以完成的任务。这有点像蚁群的工作方式：每只蚂蚁的能力有限，但大量蚂蚁协作却能完成惊人的工程。在多机器人系统中，通信是一个关键问题。机器人之间需要不断交换信息，协调行动，这需要可靠的无线通信技术，以及高效的通信协议。例如，在一个仓储系统中，多个机器人需要实时交换位置信息，避免碰撞，优化路径。任务分配是另一个重要问题。系统需要根据每个机器人的能力和当前状态，动态地分配任务，这涉及复杂的优化算法。例如，在一个多机器人搜救系统中，系统需要考虑每个机器人的电池电量、所处位置、特殊能力等因素，以进行最优的任务分配。同时定位和地图构建是多机器人系统面临的又一挑战。多个机器人如何通过共享和整合各自的传感信息构建一个一致的环境地图？如何在没有 GPS 的环境中相互定位？这些问题都需要先进的算法来解决。冲突解决也是多机器人系统需要处理的问题。当多个机器人同时操作时，可能会出现资源竞争或行动冲突，系统需要有机制来检测和解决这些冲突，确保整体任务的顺利进行。多机器人协作系统在许多领域有广泛的应用前景。在仓储物流领域，成群的机器人可以协同工作，高效地完成货物的存取、分拣和运输；在农业领域，一群无人机可以协作监测大片农田的作物生长状况，或者协同进行精准施药；在搜救任务中，不同类型的机器人（如空中无人机、地面机器人、水下机器人）可以协同作业，大大提高搜救效率。一个引人注目的多机器人协作系统的例子是无人机编队表演。在这种表演中，成百上千的无人机同时在空中飞行，精确地保持相对位置，形成各种复杂的图案。这不仅是一种视觉奇观，也展示了多机器人协作技术的强大能力。在科学研究领域，多机器人系统也显示出巨大潜力。例如，在深海探索中，多个自主水下机器人可以协同工作，绘制海底地图，研究海洋生态系统；在太空探索中，多个小型探测器协作可能比单个大型探测器更灵活、更有效。

机器人的关键技术涵盖了感知、决策、执行和协作等多个方面。除了以上介绍的关键技术外，新一代人工智能技术、传感器技术、驱动技术以及新材料技术等正在推动机器人朝着越来越智能、灵活和高效等方向快速发展。未来，机器人将在更多场景中发挥重要作用，成为人类生活和工作的得力助手。

7.2 强化学习在机器人中的应用

强化学习作为一种重要的机器学习方法，正在为机器人赋予更强大的智能和自主能力。在第 4 章中，我们已经了解到强化学习的核心思想是"奖励驱动"：智能体通过执行动作与环境交互，获得奖励或惩罚信号，从而调整自己的行为策略，以最大化长期累积奖励。这种学习方式特别适合机器人领域，因为机器人往往需要在不确定的环境中不断适应和优化自己的行为。接下来，以机器狗为例，深入探讨强化学习在机器人中的具体应用。

7.2.1 环境感知：如何获取环境信息

当机器狗第一次启动时，其装备的各种类型的传感器迅速"苏醒"。这些传感器就像是机器狗的神经系统，将周围的世界转化为它能够理解的信号。但这并不像我们用眼睛看到物体那么简单，机器狗必须依赖它体内的多个感知设备来获取信息，每个传感器都有不同的任务和功能。可以将它们类比为人类的感官器官，负责感知不同维度的信息。

对机器狗来说，认识自己的身体是理解外部世界的第一步。它通过内置的惯性测量单元（IMU）实时感知自己在三维空间中的姿态变化。这些信息类似于人类的本体感觉，帮助它了解自己身体的倾斜和转动。IMU 能够感知横滚角、俯仰角和偏航角：横滚角反映了机器狗身体的左右倾斜状态，类似于人类站在独木桥上时的摇晃；俯仰角描述了机器狗的前后倾斜，比如低头或者抬头的角度；偏航角则描述机器狗水平面上的转向角度，就像人类左右转头时的颈部旋转。通过这三者的组合，机器狗能够准确掌握自己在空间中的方向和姿态。这为后续的行动决策提供了稳定的基础。

除了姿态感知，机器狗还需要感知自己的位置和运动状态。它的"大脑"会实时计算出重心位置的坐标（x, y, z），类似于 GPS 定位，帮助它了解自己在空间中的确切位置。同时，它还需要掌握自己移动的速度，包括前后、左右以及旋转速度。所有这些信息都至关重要，尤其是在复杂地形中，能够帮助机器狗保持平衡、避免跌倒或者顺利规划线路。

机器狗的每条腿就像一只精密的机械臂，对控制的精度要求极高。每条腿通常由多个关节组成，包括臀部关节、膝关节和踝关节。就像人类的髋关节、膝关节和脚踝一样，机器狗的每个关节都需要非常精准的控制，以保证运动的协调与灵活。为了精确掌控每个关节的动作，机器狗会配备各种感知系统：位置传感器实时监测关节的角度变化，确保每个动作都在设计的范围内；力矩传感器检测施加在关节上的力量，帮助机器人进行力学计算，避免过度用力；电流传感器则监控电机的能量消耗，确保运动过程中的能源使用是高效的。这些传感器会以极高的频率更新数据，确保机器狗在快速变化的环境中能够实时调整。比如，当机器狗需要调整步态时，它能够精准地感知到每个关节的状态，并迅速做出反应。

机器狗在与地面接触时，脚底的力传感器发挥着至关重要的作用。这些力传感器能够实时反馈与地面的接触力度和方向，帮助机器狗感知地面情况。就像我们在走路时，脚底会感觉到地面的平坦或崎岖，机器狗也需要通过这些反馈来判断自己的脚下是什么样的地面。通过脚底的感知，机器狗能够判断是否踩在平地上、是否遇到了台阶或斜坡或者是否出现打滑的风险。这些信息不仅帮助机器狗维持平衡，还能帮助它在复杂环境中选择合适的步态。比如，当地面不平时，它会自动调整步伐，以减少摔倒的风险。

除了感知自己，机器狗还需要了解周围的环境。在这个过程中，它依赖于摄像头、深度传感器、激光雷达等设备，这些设备充当着机器狗的"眼睛"。它们能够通过捕捉视觉信息和空间数据，帮助机器狗构建一个三维的环境模型。摄像头获取环境的图像信息，机器狗可以通过图像识别技术分辨障碍物、地面情况等；激光雷达（LiDAR）通过发射激光测量距离，绘制周围的空间地图，帮助机器狗识别物体的形状和位置；深度相机结合彩色图像和深度信息，使机器狗能够更好地感知周围物体的空间关系。然而，这些原始的传感器数据往往是杂乱无章的，机器狗需要通过复杂的算法对这些数据进行处理和融合，才能形成对环境的清晰认知。这个过程类似于人类大脑如何将视觉、触觉、平衡感等感官信息综合处理，形成统一的环境认知。

在建立这样一个精确的感知系统时，机器狗面临着许多挑战。首先，传感器噪声是一个难题。无论是摄像头的图像抖动，还是激光雷达的测距误差，都会影响感知结果。因此，机器狗需要强大的数据处理能力，能够从噪声中提取有效的信息。其次，实时性的要求是巨大的。机器狗必须以极高的速度处理大量的传感器数据，并且迅速做出反应。这就像我们在跑步时，大脑自动处理所有的感知信息，确保我们不摔倒，机器狗也需要具备类似的实时反应能力，尤其是在复杂、多变的环境中。最后，环境的复杂性和不确定性也增加了感知的难度。地面可能会突然变得湿滑，前方可能会出现不可预测的障碍物，机器狗可能遭遇推力或振动。机器狗必须能够感知这些突发变化，并迅速做出调整，避免失败或损害。

随着时间的推移，机器狗会逐步提升其感知能力。就像婴儿在成长过程中逐渐掌握对自己身体的控制能力一样，机器狗也会通过不断的学习和适应，逐步提高对世界的认知能力。它学会了更好地预测动作的结果，优化自身的决策过程。这个进化过程是循序渐进的，机器狗通过对传感器数据的不断积累与分析，逐渐建立起一套高效的认知系统。在此基础上，它才能够像真实的狗一样灵活地在各种环境中活动，完成复杂的任务。

7.2.2 决策过程：如何选择下一步动作

在机器狗的世界里，感知让它理解自己和周围的环境，但接下来更重要的是，如何在这些复杂的环境中选择一个合适的行动。这一过程就像我们日常生活中的决策：当走在街上，看到前方有一个障碍物时，我们需要迅速判断是绕行、停下还是调整方向。机器狗的决策过程也是如此，它必须根据自己的感知来判断如何行动。

在机器狗的决策中，强化学习起着非常重要的作用。从前面的章节中可以知道，强化学习是一种让机器通过和环境的互动，不断学习如何选择最优行为的方法。简单来说，机器狗通过试错的方式，从每次行动中获得反馈（奖励或惩罚），然后逐渐学习到哪些行为是有利的，哪些是不好的。比如，机器狗在避开障碍物时，如果成功避开并继续前行，它就会得到一个"奖励"；如果撞到障碍物，它就会受到"惩罚"。随着时间的推移，机器狗会从这些奖惩中学到哪种行为是最有效的。它逐渐调整自己的决策策略，尽量做出带来更多奖励的行动。

Q 学习（Q-Learning）是强化学习中一个非常重要的算法，它帮助机器狗在面对各种环境时，选择最优的行动。Q 学习的核心思想是通过为每个状态 – 动作对（即机器狗在某个环境状态下做出的某个动作）赋一个"Q 值"，来衡量该动作的好坏。Q 值代表了在特定状态下，采取某个动作所能获得的预期总回报。

假设机器狗面临一个选择：它在某一状态下，可以选择向前走、向左转或向右转。每种选择都有不同的结果，有些可能让它更快到达目标，有些则可能让它偏离路径，甚至撞上障碍物。Q 学习的目标就是通过给每个动作一个 Q 值，来衡量哪个动作最能带来长期的奖励。

Q 学习的更新公式如下：

$$Q(s_t, a_t) \leftarrow Q(s_t, a_t) + \alpha[R_{t+1} + \gamma \max_{a'} Q(s_{t+1}, a') - Q(s_t, a_t)]$$

在这个公式中，$Q(s_t, a_t)$ 是机器狗在某个状态（比如走路时的环境）下，选择某个动作（比如向前走）的 Q 值，表示它认为这个动作的好坏。R_{t+1} 是执行某个动作后，机器狗收到的奖励。如果做得好，比如避开了障碍物，它会得到一个正的奖励；如果撞上了障碍物，它会受到负的惩罚。这个奖励帮助机器狗评估自己做得对不对。γ 是一个折扣因子，用于衡量未来奖励的重要性，下一节将详细介绍奖励机制和折扣因子。$\max_{a'} Q(s_{t+1}, a')$ 表示机器狗在下一个状态下选择任何一个动作时，它所能获得的最大 Q 值。这就像在机器狗的"思维"中，它会评估如果自己在新的环境下采取任何一个动作，最好的结果是什么。

现在，我们来解释公式的"更新"过程。每当机器狗选择了一个动作并获得奖励，它就会根据这个奖励来更新 Q 值：当前 Q 值（$Q(s_t, a_t)$）会加上一个调整值。这个调整值是基于当前奖励（R_{t+1}）和未来最优 Q 值（$\max_{a'} Q(s_{t+1}, a')$）之间的差异计算出来的。换句话说，机器狗会考虑两件事：它目前做得怎么样（奖励），它接下来可能能做得更好（未来的最大 Q 值）。

举个例子，假设机器狗当前在一个房间里，它有两种选择：向前走（动作 a_1）或向左转

（动作 a_2）。机器狗选择了向前走（a_1），并成功避开了一个障碍物，得到了一个奖励（R_{t+1} = 10）。机器狗知道，在下一个状态（新的房间）中，向右转（动作 a_3）是最好的选择，它预期这个动作会获得更高的 Q 值（比如 $Q(s_{t+1}, a_3) = 15$）。通过 Q 学习的更新公式，机器狗会将这次经历加入它的学习中：它根据当前的奖励（10）和未来可能的最优 Q 值（15）来计算出一个新的 Q 值。如果之前 Q 值较低（比如 $Q(s_t, a_t) = 5$），那么机器狗会"调整"这个 Q 值，让它变得更高。调整后的 Q 值会反映出：向前走这个动作是一个比较好的选择。随着训练的不断进行，机器狗会积累更多的经验，Q 值会越来越准确，最终它会学会在不同的情况下做出最优的决策。

机器狗的决策不仅要准确，还需要快速。为了确保实时反应，机器狗需要根据感知信息和 Q 值，迅速做出决策。通过 Q 学习，机器狗能够根据当前的状态评估不同的行动，并选择最合适的方案。强化学习中有一个非常关键的概念叫"探索与利用"（Exploration vs. Exploitation）。在训练初期，机器狗需要进行更多的"探索"，尝试不同的动作，以积累经验；随着训练的深入，机器狗则会更多地依赖于"利用"已有的经验，选择 Q 值较高的动作，从而最大化长期奖励。在实际应用中，这个过程类似于我们学习新技能的过程：刚开始时，我们会尝试各种方法，经过不断尝试和反馈，最终掌握最有效的做法。

7.2.3 奖励机制：如何评价动作的好坏

在机器狗的世界里，只是做出决策还远远不够，接下来它需要知道自己的选择是否正确，也就是说，如何通过奖励机制来评价动作的好坏。奖励机制是强化学习的核心部分，类似于我们日常生活中的反馈机制。当我们做出好的选择时，会获得奖励；而做出错误选择时，则会受到惩罚。机器狗通过这个机制，不断地调整自己的行为，优化决策。在强化学习中，奖励（Reward）就是机器狗执行一个动作后，从环境中获得的反馈。如果机器狗做出了正确的选择，它就会获得奖励；如果选择错误，就会受到惩罚。这个反馈帮助机器狗理解什么行为是好的，什么行为是坏的。举个简单的例子：如果走路时绕过了一个障碍物，你会觉得很顺畅，这就是"奖励"；如果撞上了障碍物，你会感到不舒服，这就是"惩罚"。机器狗的任务就是学习如何在各种情况下，做出能够带来最大奖励的选择。

在强化学习中，奖励和惩罚的设定非常重要，它决定了机器狗如何评估自己的行为。如果奖励设置得当，机器狗能够清楚地知道哪些行为会带来好的结果，哪些行为会带来负面结果。例如，假设机器狗正在走过一个房间，前方出现了一个障碍物。它可以选择：

- 向左转避开障碍物；
- 继续向前走，可能撞上障碍物。

在这种情况下，机器狗会通过奖励机制得到反馈：

- 如果它成功避开障碍物，获得一个正的奖励，比如 +10；
- 如果它撞上了障碍物，获得一个负的奖励，比如 -5。

这时，机器狗会根据这个反馈来评价自己的行为，最终决定哪种选择对它更有利。

在强化学习中，使用奖励函数来量化奖励。奖励函数的作用是根据机器狗所处的状态和所做的动作，给出一个数值来评价该动作的好坏。这个数值就是机器狗收到的奖励。举个例子，机器狗在某个状态 s_t 下选择了一个动作 a_t，并得到了即时的奖励 R_{t+1}。这个奖励会根据机器狗的行为和环境的反馈来决定。例如，如果机器狗的目标是找到房间中的食物，奖励函数可以设定为：

- 当机器狗接近食物时，奖励 +10；
- 当机器狗远离食物时，奖励 -10；
- 如果机器狗走进了障碍物区域，奖励 -20。

这个奖励函数告诉机器狗，哪些动作是值得做的，哪些则应该避免。

在现实生活中，我们不会只关心当前的奖励，还会考虑未来可能带来的收益。例如，在购物时，我们可能不急于立刻购买某个东西，而是等到打折时再购买，因为我们希望得到更多的优惠。在强化学习中，机器狗也是如此，它不仅关心眼前的奖励，还要考虑未来可能带来的奖励。为了实现这一点，上一节中提到的折扣因子 γ 用来控制未来奖励的"重要性"。具体来说，折扣因子告诉机器狗：未来的奖励值会随着时间的推移而减少。

- 如果 $\gamma = 0$，机器狗只关心当前的奖励，而不在乎未来的奖励。
- 如果 $\gamma = 1$，机器狗将把当前奖励和未来奖励看作同等重要。
- 如果 γ 介于 0 和 1 之间，机器狗会考虑未来的奖励，但不会把它看得像当前的奖励那么重要。

例如，如果机器狗正在走向目标，它可能会在几步之后到达目标位置，这时它需要在当前步骤获得的奖励和未来几步的奖励之间做出权衡。折扣因子帮助它做出这样的决策：未来的奖励仍然重要，但当前的奖励更具决定性。刚才提到了 Q 值，实际上 Q 值就是对每个动作的长期回报的预估值。每个动作的 Q 值会根据机器狗收到的奖励不断更新，Q 值越高，表示这个动作越可能带来长期的好处。

通过奖励和惩罚，机器狗能够知道哪些行为值得继续，哪些行为应该避免。随着训练的深入，机器狗会逐渐优化自己的行为策略，做出越来越聪明的决策。例如，在最初的学习阶段，机器狗可能不知道如何避开障碍物，因此会不断撞上障碍物并受到惩罚。但随着它积累了足够的经验，它会逐步学会规避障碍物，从而获得更高的奖励。最终，机器狗不仅学会了如何避开障碍，还可能学会了如何最快捷地找到目标，并且通过高效的行动获得最大化的奖励。

7.2.4 经验积累：如何从历史数据中学习

到目前为止，我们已经了解到机器狗如何通过感知获取环境信息，如何在不同情境下做出决策，以及如何通过奖励机制评价动作的好坏。然而，这些都只是学习的初步阶段。更进一步的智能来自经验积累——机器狗通过过去的经历不断学习并提高自己的决策能力。这一过程不仅帮助它不断优化行动选择，还让它在面对新的未知环境时，能够更加灵活地应对。在强化学习中，机器狗通过"试错"的方式与环境互动，从每次的经历中获取经验。每一次经历都包括：机器狗的当前状态（例如，它的位置或姿态）、所选择的动作、执行该动作后得到的奖励，以及随之而来的下一个状态。随着这些经验的不断积累，机器狗不仅能够改进自己的行为，还能对不同情境下的反应更加精准。为了实现这一点，机器狗需要记录和存储历史数据，并通过学习这些数据来优化未来的决策。

为了高效地学习，机器狗需要能够"记住"自己过去的经历。这时，经验回放（Experience Replay）就发挥了重要作用。经验回放是一种策略，它帮助机器狗存储与环境交互过程中产生的历史数据，并在以后的训练过程中反复使用这些数据。想象一下，机器狗走路时在不同的路段会遇到各种问题：地面可能比较滑、可能遇到障碍物，甚至可能突然改变方向。每当机器狗遇到这些问题，它都会记录下自己的决策和得到的反馈（奖励），然后把这些经验保存下来。之后，机器狗可以在合适的时间回顾这些历史数据，识别自己在过去行为中表现优秀的部分以及存在错误或不足的地方，从而优化自己的行为策略。

经验回放的核心思想是：通过不断从历史经验中"取经"，避免机器狗只依赖当前的数据进行学习，使它更全面地了解各种可能的情境。例如，在一个复杂的房间里，机器狗可能已经走过很多次，经历了各种障碍和难题。在每次经历后，它都会将自己的状态、选择的动作、收到的奖励以及下一状态存储到一个"记忆库"中。然后，机器狗可以随机挑选一些历史经验进行学习，而不是每次都依赖于最新的环境数据。这种方法能有效避免机器狗陷入短期记忆，只关注当前状态而忽视了原来的学习经验。与 Q 学习紧密相关，机器狗的学习过程依赖于通过经验积累来更新 Q 值。回顾之前的 Q 学习，在每次与环境互动时，机器狗会根据当前的奖励和未来的预期奖励来更新 Q 值。随着训练的深入，机器狗会不断积累更多的经验，从而不断提高 Q 值的准确性。Q 学习更新公式中的 α 代表学习率，决定了机器狗多大程度上依赖新获得的经验来调整 Q 值。例如，机器狗可能在不同的路径中经历了多次相同的情境：一次是成功绕过障碍，另一次则是撞上了障碍。通过反复回顾这些经历，它会对这些路径做出更准确的判断，并逐步学会选择那些带来更高回报的动作。

随着机器狗积累越来越多的历史数据，它的学习能力逐步增强。在这种情况下，历史数据不再只是过去的记录，它成为机器狗优化未来决策的宝贵资源。例如，机器狗可能学会了在复杂环境下选择不同的步伐或者在特定情况下进行灵活调整，而这些策略都源自它在历史数据中积累的经验。此外，机器狗并不是每次都通过最新的经验进行学习，它会随机从存储的历史数据中选择"旧的"经验进行回放。这样做有以下两个好处：打破时间依赖性，即机器狗不仅依赖于最近的经验，它还可以从更早的经验中获得启发，避免陷入局部最优；提高样本多样性，即通过回放过去的经验，机器狗可以从多种不同的情境中学习，提高适应能力。

在经验积累过程中，机器狗会遇到一个重要的问题：探索与利用的平衡。在强化学习中，机器狗需要在两种策略之间做出选择。

- **探索**：尝试新的动作，获取新的经验。
- **利用**：根据已经学到的经验，选择当前 Q 值最高的动作。

如果机器狗只进行"利用"，它可能会忽略一些潜在的好机会；如果只进行"探索"，它又可能会浪费时间在无效的尝试上。为了实现最佳的学习效果，机器狗需要根据经验逐步调整自己的策略：在初期，它可能更多地进行探索；而随着学习的深入，它会更多地进行利用，以提高决策效率。

7.3 机器人的典型应用场景

随着人工智能和机器人技术的不断发展，机器人在多个领域的应用日益广泛。机器人不仅仅是工厂中的生产工具，它们已经进入我们的日常生活、医疗、军事以及太空探索等各种场景。在这些不同的应用场景中，机器人所展现出的智能和能力各异，但它们都依赖于强大的感知、决策和学习能力。接下来，将详细探讨机器人的典型应用场景，看看它们如何发挥作用、解决实际问题，以及如何与日常生活和工作环境紧密结合。

7.3.1 工业机器人

工业机器人是机器人技术最早且应用最广泛的领域之一，它们已经在全球范围内的制造业中扮演着至关重要的角色。无论是在汽车生产线、电子设备组装中，还是在食品和化工产品的制造过程中，工业机器人都以其高效、精确和稳定的性能，成为不可或缺的生产工具。工业机器人通常具有以下显著特点。首先是高精度，例如，在汽车制造过程中，机器人可以以极高的精度进行焊接和组装，确保每一台车的零部件都能完美契合，这种精度对于提升产品的质量和减少人为错误至关重要。其次，工业机器人的高效性也是其优势之一，在一条生产线上，机器人能够 24 小时不间断地工作，完成大量重复性任务，而不会感到疲劳，这种高效性大大提高了生产线的产能，尤其是在大规模生产中，机器人的作用更为显著。稳定性和可靠性是工业机器人的另一个重要特点，与人类操作员相比，机器人在面对环境变化或长时间工作时，能够保持一致的表现，并且不容易受到人为因素的干扰，例如，机器人可以在高温、高湿或危险的环境中稳定工作，保证生产流程的顺利进行。此外，工业机器人还能够在一些高危险的场景中代替人类进行操作，尤其是那些涉及高温、辐射或有毒化学品的作业，极大地提高了工作环境的安全性。

工业机器人广泛应用于制造业的多个领域，其中汽车制造是最典型的应用场景之一（如图 7-1 所示）。在汽车生产过程中，机器人负责零部件的焊接、喷漆和装配等各个环节。尤其是在汽车的车身焊接和喷涂过程中，机器人能够完成极其复杂的操作，并且保持极高的精度和一致性。这不仅提高了生产效率，还提升了汽车的整体质量。在电子制造业，机器人同样扮演着重要角色。例如，在智能手机和电子设备的组装过程中，机器人能够精确地将小型零部件安装到位，并进行细致的质量检测。由于电子产品对精度要求极高，工业机器人的高精度和重复性特点使其成为这一领域不可替代的生产工具。此外，工业机器人在食品加工、医药制造等行业也得到广泛应用。在食品加工过程中，机器人能够执行包装、分拣、加热等任务，提高生产速度和卫生标准。在医药行业，机器人则用于药品的包装、检测和生产线的自动化操作，确保药品质量的一致性。

图 7-1 工业机器人在汽车制造领域的应用①

尽管工业机器人在制造业中占据了重要地位，但随着技术的进步，机器人行业的未来仍充满了潜力。协作机器人（Cobot）便是未来工业机器人的一个重要发展方向。与传统的工业机器人不同，协作机器人能够与人类工人共同工作，而不需要防护栏或隔离区域。它们能够通过与人类工人的互动进行更加灵活和精细的操作。此外，随着 5G 技术的普及，工业机器人将能够实现更加高效的远程控制和数据交换。通过高速的网络连接，机器人可以在全球范围内实现协同工作，进行远程操作、监控和维护，提升生产线的灵活性和智能化水平。机器人的自我学习能力也将逐渐增强。通过与人工智能和大数据技术的结合，工业机器人能够从历史数据中不断优化自己的决策，逐渐实现从"机械执行"到"智能优化"的转变。这不仅能进一步提高生产效率，还能为工厂的灵活生产和定制化生产提供更多可能。

7.3.2 服务机器人

随着人工智能和机器人技术的不断进步，服务机器人的应用场景正在快速扩展。与工业机器人专注于生产线的高效操作不同，服务机器人更多用于满足日常生活中的各种需求，它们在家庭、酒店、医疗、零售等多个行业提供服务，帮助人类提高生活质量、减少烦琐的工作，并提高工作效率。服务机器人已经从最初的简单自动化设备，逐渐发展成为一个涵盖了多个领域的高科技工具。

服务机器人往往具备更高的互动性和自主性。它们需要能够在动态环境中自由移动，与人类进行高效互动，同时应对复杂多变的任务。服务机器人不仅要完成预定任务，还要具备一定的智能，能够根据周围环境的变化做出灵活调整。例如，在家庭中，服务机器人可能需

---

① 图片来源：https://www.kuka.cn/zh-cn/industries/automotive。

要根据房间的布局和家人需求调整清洁路径，在酒店里，它们需要根据不同客人的需求提供定制化的服务。服务机器人与工业机器人有一个重要的区别，那就是它们通常需要与人类进行更多的直接互动。无论是语音识别、面部识别，还是视觉、触觉等感知能力，服务机器人在这些领域取得了显著的进展，提升了与用户之间的互动质量。

家居服务是服务机器人最常见的应用之一。现代家居服务机器人，例如扫地机器人、智能拖地机器人等，能够在家庭中完成清洁任务，节省了人们大量的时间和精力。这些机器人通常配备了传感器、摄像头和智能算法，能够高效地感知和避开障碍物，规划出最优的清扫路径。在酒店行业，服务机器人被用于送餐、送水、清扫房间等任务。酒店服务机器人可以实现 24 小时的自动化服务，为客户提供便捷的入住体验。在一些高端酒店中，酒店服务机器人甚至能为客户提供语音控制、智能房间调节等一系列个性化服务，极大提升了酒店的服务质量。此外，餐饮和零售行业也在积极探索服务机器人的应用。例如，机器人可以自动为顾客提供点餐、配餐等服务，减轻餐厅工作人员的工作负担，同时提供更高效的服务体验。在零售店中，机器人还可以帮助顾客找到商品、提供产品信息，甚至帮助顾客进行自助结账。

在服务机器人的发展过程中，如何使机器人能够在复杂的动态变化的环境中自如行动，并且与人类进行高效、友好的互动，一直是一个难题。为了解决这一问题，Mobile ALOHA 提出了一种新型的服务机器人系统（如图 7-2 所示），旨在通过更加高效和智能的方式提升机器人的环境感知、决策能力以及行动效率。Mobile ALOHA 的独特之处在于，它让机器人具备了全身协调的能力，并且能够在动态环境中自由移动。这使得机器人能够完成一些传统机器人难以完成的任务，尤其是那些需要灵活性和精确控制的工作。例如，在厨房里，Mobile ALOHA 机器人不仅掌握翻炒技巧，还能保持平衡，精确控制烹饪过程，最终将食物盛出。它能移动到灶台旁，调整火力，翻动锅中的食材，确保食物煮熟；它能够轻松打开沉重的双门橱柜，并小心地将大号烹饪锅放回柜中，在这一过程中它需要用双手协调操作，还要精准判断物体的重量和位置。烹饪后，清洗锅具是另一个需要精细操作的任务。Mobile ALOHA 让机器人可以灵活地调节水龙头，轻轻冲洗锅具，并避免水溅出，确保清洗过程顺畅。这些任务不仅涉及手臂的精细动作，还要求机器人能够灵活移动、调整姿势，甚至跨越一些障碍物。因此，Mobile ALOHA 对于提升服务机器人的能力，特别是在家庭或商业环境中的应用，具有重要意义。

通过 Mobile ALOHA，我们看到了未来服务机器人的一个重要方向——更加灵活、智能、具有精细的操作能力。随着移动性、全身协调控制、模仿学习以及人机协作等技术的进步，未来的服务机器人不仅能够完成更复杂的任务，还能够适应不同的环境并与人类进行无缝合作。随着技术的不断创新，期待未来的服务机器人在家庭、商业、医疗等领域发挥越来越重要的作用，帮助人们简化工作和生活中的烦琐任务，提升生活质量。

7.3.3 医疗机器人

医疗行业一直是机器人技术应用的重要领域。从手术辅助到康复治疗，医疗机器人通过其高精度和高可靠性，在提升医疗效果、减少手术风险、降低病人痛苦等方面，展现出巨大潜力。随着技术的发展，医疗机器人已经不再仅仅是"辅助工具"，而是变成了患者治疗过程中的"重要伙伴"。

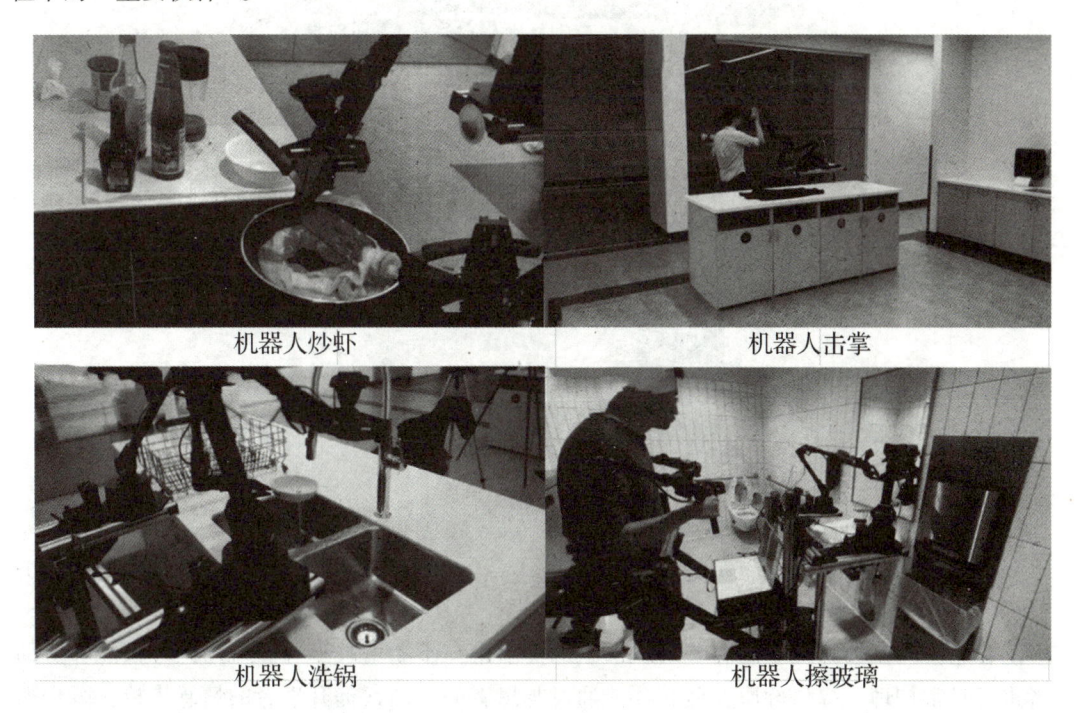

图 7-2 Mobile ALOHA 服务机器人系统

手术机器人是一种成熟和广泛应用的医疗机器人，它能为外科医生提供更高精度的操作。如图 7-3 所示，达·芬奇手术系统（Da Vinci Surgical System）便是著名的代表之一。这种系统通过遥控技术，使得外科医生能够坐在操作台前，通过精细的控制界面操控机器人的微型手臂，执行复杂的手术。手术机器人相比于传统手术方式，有以下几个显著优势。更高的精度：机器人可以执行非常细致的操作，比人手更稳定，减少误差。更小的切口：由于机器人的微型手臂，医生可以通过小切口进行手术，减少创伤和恢复时间。三维可视化：手术机器人提供高分辨率的三维视图，帮助医生更清晰地看到病变部位，确保操作的准确性。这些优点使得手术机器人在微创手术、心脏手术、癌症切除等领域都得到了广泛应用，极大地提高手术的成功率和安全性。

康复机器人是另一种非常重要的医疗机器人，主要用于帮助患者恢复身体功能，特别是在中风、脊髓损伤、运动损伤等患者的康复治疗中，康复机器人起到了至关重要的作用。这些机器人能够模拟或替代人类的运动功能，帮助患者重新学习如何运动。比如，ReWalk 是一个用于脊髓损伤患者的外骨骼机器人。患者可以穿戴该设备，在机器人的帮助下重新站立和行走。这种机器人能够提供必要的支持，帮助患者重建步态，甚至帮助那些完全失去行走能力的人重新站起来。与此同时，这类机器人也能通过实时监测和反馈，帮助医生调整康复计划，确保治疗的个性化和有效性。康复机器人不仅帮助患者恢复运动功能，还能加速康复过程，减少患者的痛苦，提高生活质量。

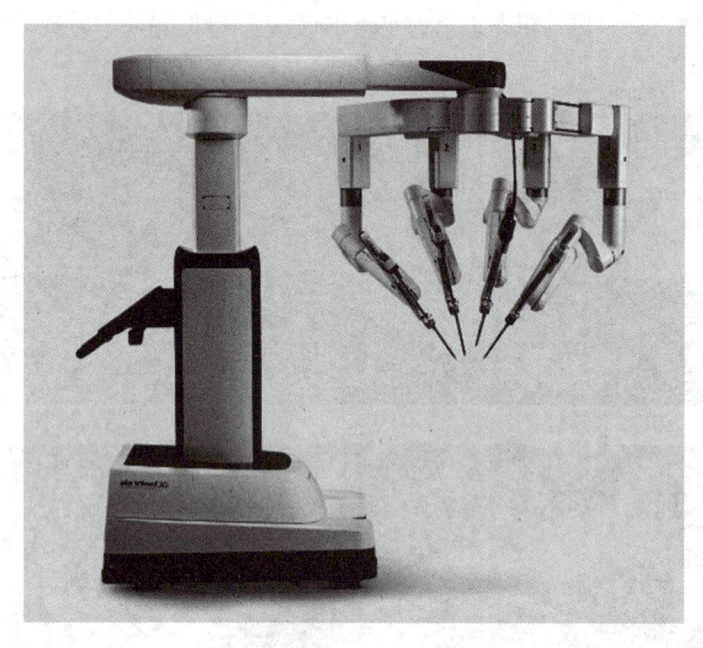

图 7-3　达·芬奇手术系统

随着老龄化社会的到来，对护理机器人的需求也在不断增长。这些机器人不仅能够协助患者进行日常护理，提供健康监测，还能通过与患者的互动，提升患者的情感支持，减少孤独感。例如，Pepper机器人是一种被设计用来与人类互动的机器人，能够为老年人提供陪伴和简单的帮助。它不仅能够与患者进行对话，还能够根据患者的情绪和需求做出反应，提供温暖的陪伴。同时，护理机器人还能够帮助患者进行日常活动，如帮助患者移动物品、提醒患者按时服药、监控患者的生理指标等，减少护理人员的工作负担。

除了手术和康复领域，医疗机器人还在诊断和治疗领域扮演着重要角色。例如，机器人内窥镜可以通过精密控制，进入患者体内进行检查，提供高分辨率的内部视图，使得医生能够更准确地判断病情。放射治疗机器人则能够精确地定位肿瘤，进行高精度的放射治疗，极大地减少对健康组织的伤害。此外，人工智能与机器人技术的结合也极大地促进了诊断准确性的提升。机器人可以通过不断学习大量的医学影像数据，帮助医生识别疾病，进行更加精确的诊断。例如，AI辅助的机器人在癌症筛查中，能够自动识别医学影像中的肿瘤，辅助医生判断疾病的严重性。

在偏远地区或资源匮乏的地方，远程医疗系统结合医疗机器人也逐渐崭露头角。通过远程控制，医生可以操作机器人为患者提供手术、检查、诊断等医疗服务。这种技术让医疗资源更加均衡，尤其是在偏远地区或灾区，能够确保患者及时得到专业的治疗。例如，远程机器人手术系统使得在专家不在现场的情况下，医生能够通过视频和实时数据流与机器人配合完成手术。这种技术不仅提升了医疗的可达性，也让世界各地的患者都能享受到更先进的医疗服务。

随着技术的进步，未来的医疗机器人将更加智能化、精细化，能够处理更复杂的任务。医疗机器人不仅将继续在手术、康复、护理和远程医疗中发挥重要作用，还将朝着更加个性化和自主化的方向发展。例如，AI+医疗机器人的结合将使得机器人能够根据患者的生理状况、病史等信息，量身定制个性化的治疗方案；未来的医疗机器人将更加"懂"患者，能够根据患者的情绪、需求提供更贴心的服务。此外，随着柔性机器人和智能传感技术的进步，医疗机器人将在微创手术、精准诊断等领域展现出更强的适应能力。

7.3.4 军事和安防机器人

随着机器人技术的不断发展，军事和安防领域已经逐渐成为其应用的重要领域。军事和安防机器人不仅能够提升作战效率、降低风险，还能在许多危险和复杂环境中替代人类执行任务，为国家安全和公共安全提供强有力的保障。从无人机到自动化巡逻车，机器人在军事和安防领域的广泛应用正逐步改变着现代战争和安全防卫的面貌。

军事机器人主要用于提高部队的作战效率，降低人员伤亡，执行侦察、爆破、排雷等危险任务。随着技术进步，这些机器人已经能够在复杂的战场环境中执行多种任务，包括空中、地面甚至水下行动。现代战争中，无人战斗机已成为战场上的重要力量。这些无人机通过遥控或自主导航执行空中打击任务。无人战斗机可以携带导弹、炸弹等武器，精确打击敌方目标，并且可以避免飞行员直接参与战斗，从而大大减少人员伤亡。在地面作战中，自动化的地面无人战车也开始发挥作用。这些机器人不仅能执行侦察任务，还能携带武器进行攻击。它们通常配备高度精确的传感器、相机和激光雷达，能够在恶劣环境中进行自主导航和决策。在战斗中，地面无人战车可以通过程序控制，甚至进行远程操控，以执行运输物资、巡逻防御、摧毁敌方设施等任务。在战区，地雷和未爆炸的炸弹常常威胁到士兵的生命安全。排雷机器人是专门为此设计的，它们能够通过遥控或自主导航，进入危险区域，使用机械臂、感应装置等工具拆除地雷，避免人员的直接暴露。通过使用机器人，部队能够安全高效地清理战场，为后续作战提供保障。在海军作战中，无人潜艇也开始成为现代战争的重要组成部分。这些机器人能够进行海底侦察、爆炸物排除以及战术支援，极大地提高了海上作战的能力，减少了战舰和潜艇的风险。

在公共安全领域，安防机器人正在逐步取代传统的人工巡逻与监控，提升安全防控的效率。安防机器人能够自动巡逻、监控并响应各种突发事件，广泛应用于机场、车站、大型商业区、城市街区等。安防巡逻机器人通常配备高清摄像头、激光雷达、红外传感器等设备，能够自主行走并进行环境监测。它们可以根据预设路线在特定区域内自动巡逻，实时监控环境中的异常情况。当发现可疑行为或危险时，安防巡逻机器人能够通过报警系统进行处理，或者将信息实时传送给人类安保人员，保障公共安全。传统的安防监控往往依赖固定的摄像头，而智能监控机器人则具备更高的灵活性。它们不仅能够自主巡逻，还能通过人工智能分析实时视频流，识别出潜在的安全威胁。例如，机器人能够自动识别入侵者、异常行为或火灾等紧急情况，并迅速做出反应。这样的机器人常常配备语音识别和人脸识别技术，能够更加精准地识别威胁并做出相应的应对措施。无人机在安防领域的应用也日益广泛，尤其是在大型活动、监狱、边境巡逻等场景中。无人机能够快速覆盖大面积区域，进行空中监控，获取关键数据。通过搭载高清摄像头和传感器，无人机能够实时拍摄和分析现场情况，为安保人员提供实时情报，帮助他们快速做出决策。

军事和安防机器人已经成为现代战争与社会安全管理中的重要组成部分。它们能够提高作战效率、减少人员伤亡以及增强执行力，改变了传统的作战和安防方式。随着人工智能技术的进步，这些机器人将能够更加自主地完成任务，进行复杂的决策和实时应变。此外，集群作战和人机协作也将成为未来机器人发展的重要方向。机器人群体将协同作战或执行任务，在战场和安防领域展现出更强的灵活性和适应能力。

7.3.5 探索和研究用机器人

探索和研究用机器人为人类提供了进入极端环境、探索未知世界的可能性。从遥远的太空到深邃的海洋，从寒冷的极地到复杂的灾区，探索机器人已经成为人类探索自然、收集科学数据和进行研究的重要工具。随着技术的不断发展，这些机器人不仅能够代替人类完成高风险的任务，还能为科学家提供精准和丰富的数据，从而加速科学发现。

在太空探索领域，机器人扮演着至关重要的角色。由于人类无法长期在太空中生存，机器人被用来承担许多任务，尤其是在遥远的行星或卫星上。火星探测车就是最典型的例子。NASA 的"好奇号"和"毅力号"火星探测车不仅能在火星表面行驶，还配备了多种科学仪器来采集火星的土壤样本、分析气体成分，并拍摄高清图像。这些机器人不仅执行了远程任务，还能帮助科学家更好地了解火星的地质特征和环境条件，为未来人类登陆火星奠定了基础。此外，太空修复机器人也逐渐成为重要的太空任务组成部分，它们能够在太空站或卫星发生故障时进行自动化修复，避免了人工操作的危险。

在这些探索任务中，机器人不仅具备强大的数据采集能力，还具备独立自主决策的能力。例如，嫦娥六号月面自主智能微小机器人（如图 7-4 所示）就成功拍摄了月球背面的照片，展示了机器人在极端环境中的智能决策和自主行为能力。这款小型机器人总重量不到 5kg，是世界上第一台登上月球的自主智能机器人。它能够在月球背面根据光照、角度和环境条件自主调整拍摄角度，并拍下了嫦娥六号着陆器和上升器的合影。人工智能技术，特别是神经网络的应用，使得机器人能够像人类一样自主判断拍摄的质量并做出调整。这一创新不仅证明了自主智能技术在月球等极端环境下的可行性，也为未来更复杂的深空探测任务奠定了基础。自主智能机器人的强大能力使其在深空探索中具有重要意义，尤其是在测控和通信资源有限的情况下，它们能够自主完成任务，为科学家提供更精准的数据。例如，在月球等遥远的天体上，通信延时和传输限制让人类无法实时控制机器人，机器人必须具备高度自主性，能够根据环境变化做出即时反应和决策。

海洋探索则是另一个极具挑战性的领域，海洋的深度和复杂的环境使得人类难以直接进入，而机器人能够有效地代替人类执行任务。深海探测机器人和自动水下航行器是目前海洋探索中应用最广泛的机器人。它们可以潜入深达数千米的海底，进行水温、盐度等环境数据的采集，同时还能拍摄海底的影像，帮助科学家研究海洋生物和海底生态系统。此外，这些机器人还可用于环境监测、资源勘探和海洋垃圾清理等任务，以保护海洋生态环境。

图 7-4　月面自主智能微小机器人

在极地探索中，机器人同样发挥着重要作用。极地环境寒冷且危险，人类很难在极端气候下长时间进行研究。因此，极地考察机器人应运而生。这些机器人配备了特殊的防寒材料，能够在极低的温度下正常工作。它们可以在南极或北极进行冰层勘探、气候变化监测、冰芯采样等任务。例如，自动化冰层勘探器就能穿透厚厚的冰层，探索冰下的水体和生物，帮助科学家研究极地生态和气候变化。通过这些机器人，科学家们能够深入了解极地环境，获取宝贵的科学数据，为全球气候变化的研究提供支持。

除了太空、海洋和极地探索，探索机器人还被广泛应用于灾区搜救和数据收集。地震、火山爆发等自然灾害后，灾区环境复杂且危险，传统的搜救方式往往难以应对。此时，灾区搜救机器人便发挥了重要作用。这些机器人能够进入废墟中寻找幸存者，甚至能够通过热成像和声音探测技术定位被困人员。它们不仅能够在危险环境中代替人类工作，还能在救援过程中传递实时数据，帮助指挥员做出决策。

探索和研究用机器人正在推动着人类对自然界的认知，并为解决现实问题提供了强有力的技术支持。未来，机器人将继续在专业领域承担更加复杂和危险的任务，成为科学家和研究人员的得力助手。探索机器人的发展不仅推动了科学技术的进步，也让我们离揭开自然界的奥秘更近了一步。

本章小结

本章介绍了机器人技术的基础与应用，从机器人定义、发展历程到关键技术，全面呈现了机器人在现代社会中的地位和作用。通过对强化学习在机器人中的应用分析，详细探讨了机器人如何通过感知、决策、奖励机制和经验积累不断提升自己的智能化水平。这一过程不仅展示了机器人如何通过环境感知理解自身状态和外部世界，还阐明了决策过程中的动作选择与反馈学习机制。在应用场景的讨论中，我们深入了解了机器人在工业、服务、医疗、军事、安防、科学探索等领域的典型应用。随着技术的进步，机器人将在更广阔的场景中发挥重要作用，不仅能提升生产效率和服务质量，还可能成为各个领域不可或缺的智能伙伴。

本章习题

1. 未来机器人是否可能完全取代人工，还是会与人类合作？请结合本章内容，探讨机器人在未来社会中的角色以及可能带来的影响。
2. 随着技术的进步，机器人将进入更多复杂的领域，例如情感支持和教育等。你认为哪些领域最有可能成为机器人技术的下一个突破点？简要说明原因。
3. 机器人技术的快速发展带来了自动化水平的提升。你认为，这将如何影响全球的就业市场？哪些职业可能会受到被机器人替代的威胁？而又有哪些新兴职业可能会因此而产生？请基于本章内容，思考机器人的普及对未来职业形态的影响，并探讨如何应对这一变化。
4. 从本章的内容来看，机器人技术的快速发展正在逐步改变我们的生活。在未来，机器人会如何影响日常生活中的各个方面，比如交通、娱乐、教育、健康等？你如何看待机器人在帮助人类提高生活质量方面的作用？结合机器人技术的进步，讨论它对我们的未来生活可能产生的正面和负面影响。

第 8 章

自然语言处理

自然语言处理是人工智能领域的重要分支，旨在使计算机能够理解、分析、生成人类语言，并与人类进行语言互动。随着信息技术的迅猛发展和海量文本数据的产生，自然语言处理已成为现代科技中的基础性技术，广泛应用于搜索引擎、智能助手、翻译系统等领域。

本章将全面介绍自然语言处理的基本概念与核心任务，首先回顾自然语言处理的历史背景和发展历程，帮助读者了解这一领域的起源及其不断演进的过程。接着，深入探讨自然语言的表示方法，从传统的离散词向量到分布式词向量，展示它们如何通过捕捉词语间的语义关系，推动计算机对语言的理解。在分析层面，本章将重点介绍词法分析、句法分析、语义分析和篇章分析等基本任务，阐明这些任务如何从不同层次对文本进行解析，进而实现对语言的深度理解。此外，还将详细讲解语言模型的技术演进，从基于规则的分析方法到统计语言模型，再到近年来以深度学习为基础的神经网络语言模型，帮助读者掌握自然语言处理技术的演变及其发展趋势。最后，本章将探讨自然语言处理的关键应用领域，如信息抽取、情感分析、机器翻译、智能问答及知识图谱构建等，展示该技术如何在实际应用中解决复杂问题。

8.1 自然语言处理概述

自然语言是人类社会发展过程中自然产生的语言，是最能体现人类智慧和文明的产物。自然语言处理（Natural Language Processing，NLP）是人工智能领域的一个重要分支，被誉为人工智能皇冠上的"明珠"。早在标志着人工智能诞生的达特茅斯会议上，自然语言处理就被列为会议的重要议题之一。本节将首先对自然语言处理的基本概念进行梳理，并回顾其历史演进过程，探讨该领域的技术变革和研究方向。随后，将介绍 NLP 的核心任务，这些任务构成了自然语言理解和生成的基础。

计算机如何读懂人类语言：自然语言处理

8.1.1 自然语言处理的基本概念和发展历程

语言是思维的载体，是人类交流思想、表达情感最自然、最直接、最方便的工具。在人类文明的长河中，语言扮演着不可或缺的角色，它不仅是日常交流的媒介，更是知识传承和文化积累的基石。人类历史上以语言文字形式记载和流传的知识占知识总量的 80% 以上。与人为设计的语言（如数学符号系统、C 语言等编程语言）不同，自然语言是人类社会发展过程中自然产生的语言，具有自发性、复杂性、模糊性、创造性和文化相关性等特点。它的词汇、语法和语用规则往往复杂多变，存在大量的歧义现象。同时，自然语言表达常常含糊不清，需要结合上下文和背景知识理解。语言本身也在不断演变，新词汇或新的表达方式层出不穷。此外，自然语言深深植根于特定的文化背景，反映了使用者的思维方式和文化传统。正是因为自然语言如此重要且复杂，人们才需要深入研究如何让计算机理解和处理自然语言。这就引出了自然语言处理这一重要的研究领域。自然语言处理旨在结合语言学、计算机科学、认知科学等多个学科的知识，探索人类自身语言能力和语言思维活动的本质，研究模仿人类语言认知过程，并通过建立计算框架和方法来实现和不断完善语言模型，以此设计各种可供评测的实用系统。它的核心目标是缩小人机交流的鸿沟，使计算机能够像人类一样灵活地处理和运用语言。

自然语言处理涉及多个层面的语言理解和生成。最基础的层面是词法分析，涉及将文本分割成有意义的单元（通常是词）。在英语等使用空格分词的语言中，该任务相对简单，但在中文等语言中，分词就成为一个复杂的问题。句法分析关注句子的结构，包括词性标注和句法树的构建。语义分析是更深层次的理解，涉及词语和句子的含义，包括词义消歧和语义角色标注。最高层次的理解是语用分析，涉及语言在具体情境中的使用，包括指代消解和言外之意的理解。

自然语言处理的发展历程大致可以分为以下五个阶段。

- **规则时代**（在20世纪50年代到80年代）：自然语言处理主要依赖于语言学家手工编写的规则。1954年，Georgetown-IBM 实验展示了第一个机器翻译系统，虽然只能翻译约60个句子，但它开启了自然语言处理的序幕。1957年，诺姆·乔姆斯基提出了形式语法理论，为自然语言的计算机表示提供了理论基础。这一时期的代表性系统包括 ELIZA 和 SHRDLU。然而，这种方法很快遇到了瓶颈，难以应对语言的复杂性和灵活性。

- **统计学习时代**（20世纪80年代到21世纪初）：随着计算机性能的提升和大规模语料库的出现，基于统计的方法开始兴起。这个阶段的核心思想是从大量真实语言数据中学习语言模型和翻译模型。1988年，IBM 的研究人员提出了基于统计的机器翻译模型，开创了统计自然语言处理的先河。隐马尔可夫模型（HMM）、最大熵模型等统计方法在词性标注、命名实体识别等任务中取得了显著效果。这个阶段的一个重要特点是，研究者们开始重视评测数据集和客观评价指标，如 BLEU 分数。

- **机器学习时代**（21世纪初到10年代）：这个阶段见证了更复杂的机器学习算法在自然语言处理中的应用。支持向量机（SVM）、条件随机场（CRF）等算法在各种自然语言处理任务中展现出强大的性能。同时，词的分布式表示（如 Word2Vec）的出现，为解决自然语言的稀疏性问题提供了新的思路。这种方法可以将词映射到低维稠密向量空间，捕捉词与词之间的语义关系。

- **深度学习时代**（21世纪10年代到20年代）：深度学习的兴起彻底改变了自然语言处理的格局。2013年，Word2Vec 的提出掀起了词嵌入的热潮。2014年，序列到序列

（Seq2Seq）模型的出现为机器翻译等任务带来了革命性的进展。2017 年，Google 提出的 Transformer 模型成为一个重要的里程碑，它完全基于注意力机制，摒弃了传统的循环或卷积结构，在多项任务上取得了突破性的成果。2018 年之后，以 BERT、GPT 系列为代表的预训练语言模型掀起了新一轮革命。这些模型在海量文本上进行预训练，学习到了丰富的语言知识，然后通过微调即可适应各种下游任务。它们在多项自然语言处理任务上刷新了纪录，甚至在某些任务上超越了人类水平。

- **大型语言模型时代**（2020 年至今）：随着 GPT-3 等超大规模语言模型的出现，自然语言处理进入了新的阶段。这些模型拥有数千亿参数，经过海量数据训练，展现出惊人的语言理解和生成能力。它们不仅可以完成传统的自然语言处理任务，还能进行少样本学习，甚至是零样本学习，大大拓展了应用场景。然而，这些模型也带来了新的挑战，如模型输出的可靠性、模型的可解释性等。

8.1.2　自然语言处理的核心任务

作为一个多层面、多维度的复杂研究领域，自然语言处理涵盖了从基本的词汇处理到复杂的篇章理解，以及支撑整个领域发展的语料库研究。本节将从词汇、短语、句子、篇章和语料库五个层面，全面阐述自然语言处理的主要研究内容。

在词汇层面，自然语言处理研究的基础工作包括分词与词性标注等。对于英语等以空格分隔单词的语言，分词相对简单，但对于中文、日语等语言，准确的分词是一个挑战，研究者开发了各种算法来解决这个问题。词性标注则为每个词分配一个语法类别，如名词、动词、形容词等，这对于后续的语法分析和语义理解至关重要。而词义消歧旨在根据上下文确定多义词的具体含义。例如，英语中的 bank 可以指银行或河岸，系统需要根据语境做出正确判断。此外，词向量表示技术，如 Word2Vec、GloVe 和 FastText，可将词语映射到低维稠密向量空间，捕捉词语之间的语义关系，从而为许多下游自然语言处理任务提供强大的特征。形态学分析研究词的内部结构，包括词根、词缀和词形变化，这对于理解词语的构成和变化规律很有帮助，尤其是在处理形态丰富的语言时。命名实体识别则专注于识别和分类文本中的专有名词，如人名、地名、组织名等，广泛用于信息抽取、问答系统等应用。

短语层面的自然语言处理研究主要关注由多个词组成的语言单位，这些单位具有一定的语法结构和语义完整性。短语结构分析是其中的核心任务，旨在识别文本中的各类短语（如名词短语、动词短语），并分析其内部结构。这通常通过句法分析器来实现，为理解更复杂的句子结构奠定基础。短语抽取技术从文本中自动提取重要的短语，在自动摘要、关键词提取等任务中发挥着重要作用，常用的方法包括统计方法（如 TF-IDF）和基于深度学习的方法。多词表达式识别专注于识别和理解习语、固定搭配等多词表达式，这些表达式的含义通常不能简单地由其组成词的含义推导出来，因此需要特殊处理。在机器翻译领域，短语级翻译相比于词对词的直接翻译，能够更好地保持语义和语法的连贯性。对于某些语言（如德语）中的复合词，其处理也是短语层面研究的重要内容，需要开发算法来正确分解和理解这些复杂的词语结构。

句子作为表达完整思想的语言单位，在自然语言处理研究中占据着核心地位。句法分析是句子层面研究的基础，它构建句子的语法结构树，分析句子各成分之间的关系。准确的句法分析对于理解句子的含义至关重要。语义角色标注则进一步识别句子中的谓词－论元结构，如"谁对谁做了什么"，这对于理解句子的深层语义结构很有帮助，广泛用于信息抽取、问答系统等应用。情感分析旨在判断句子表达的情感倾向（如积极、消极或中性），在社交媒体分析、产品评价等领域有重要应用。文本蕴含识别任务判断一个句子的含义是否可以从另一个句子推导出来，这对于自然语言推理和问答系统很重要。随着深度学习技术的发展，句子生成也成为一个热门研究方向，利用序列到序列模型、Transformer等生成符合语法和语义的句子，在机器翻译、自动摘要等任务中有广泛应用。指代消解是理解句子之间连贯性的关键，它确定代词或其他指示性表达所指代的对象。

篇章层面的自然语言处理研究关注更大范围的语言现象和结构，处理由多个相关句子组成的较长文本单位。篇章结构分析研究文本的整体组织结构，包括段落划分、主题结构分析等，这对于理解长文本的逻辑脉络很重要。连贯性和衔接性分析则研究使文本前后连贯的语言手段，如代词、连接词的使用等，有助于理解文本的整体连贯性。文本分类是一个经典的自然语言处理任务，将文本划分到预定义的类别中，如新闻分类、垃圾邮件识别等。自动摘要技术从长文本中提取或生成简短的摘要，包括抽取式摘要（选择原文中的重要句子）和生成式摘要（生成新的摘要文本）。主题模型如隐含狄利克雷分布（LDA）模型，用于发现文本集合中的潜在主题，在文本聚类、信息检索等任务中有重要应用。篇章级机器翻译考虑更大范围的上下文，能够更好地处理长距离依赖和保持文本的连贯性。近年来，基于大型语言模型的长文本生成也取得了显著进展，其能够生成长篇幅、连贯的文本，如自动写作、故事生成等。

语料库研究是整个自然语言处理领域的基石，为各种研究和应用提供必要的数据支持。语料库建设涉及收集、清洗和标注大规模文本数据，需要设计合理的采样策略，确保语料的代表性和平衡性，以及开发高效的数据处理和存储方法。语料库标注为原始文本添加各种语言学信息，如词性、句法结构、语义角色等，高质量的标注语料库是训练和评估自然语言处理模型的关键资源。语料库统计分析利用大规模语料库研究语言使用的统计规律，如词频分析、搭配分析等，这些统计信息对于许多自然语言处理任务都很有用。多语言和平行语料库的建设为跨语言自然语言处理研究和机器翻译提供基础数据。针对特定领域（如医学、法律）构建的专门语料库，支持领域特定的自然语言处理应用开发。语料库驱动的语言学研究利用大规模语料库研究语言的使用模式、变化趋势等，为语言学理论研究提供实证支持。近年来，利用海量无标注文本训练大型神经网络模型（如BERT、GPT等）成为一种重要趋势，这些预训练语言模型为各种下游自然语言处理任务提供了有效的特征表示。

8.2 自然语言的表示

在自然语言处理中，如何有效地表示和处理语言信息是实现文本理解和生成的关键。随着技术的发展，传统的基于词频和离散表示的方法逐渐暴露出许多问题，特别是在捕捉词语间深层次语义关系方面。为了解决这些问题，研究者们提出了更加高效的表示方法——分布式词向量表示，它能够通过将词语映射到一个连续的向量空间，捕捉到词与词之间的语义相似性和上下文关系。本节将首先介绍传统的离散词向量表示方法，然后介绍分布式词向量的概念与技术，并揭示其在自然语言处理中的重要作用与优势。

8.2.1 离散词向量表示

简单来说，离散词向量表示是指给每个单词一个独特的数字标签。想象你有一本巨大的字典，里面包含了所有可能用到的单词。现在，你要做的就是给这本字典里的每个单词编上号。这个过程就是离散词向量表示的核心。

举个例子，我们可能会这样编号：

1 – 苹果

2 – 香蕉

3 – 计算机

4 – 学习

5 – 快乐

以此类推。

在这个系统中，每个单词都有了自己独特的"身份证号"。当计算机看到"苹果"这个词时，它就会想到数字 1。这就像给每个单词都贴上了一个特殊的名牌，让计算机可以轻松地识别和区分它们。这种表示方法的优点是什么呢？首先，它简单直接。就像给学生分配学号一样，每个单词都有一个明确的标识，这使得计算机可以非常高效地处理和存储单词。其次，它节省空间。相比存储完整的单词字符串，存储一个整数会节省很多空间，在处理大规模文本数据时，可以带来显著的性能提升。

离散词向量表示有两个重要模型：词集模型和词袋模型。这两个模型采用不同的方式来表示文本，各有特色，也各有优缺点。

首先，让我们来认识词集模型（Set of Words Model）。词集模型就像是一个简单的清单，它只关心一个词是否出现在文本中，而不关心这个词出现了多少次。在词集模型中，每个文档被表示为一个二进制向量。如果一个词在文档中出现，相应的位置就标记为 1；如果该词没有在文档中出现，就标记为 0。例如，假设我们的词汇表是［"苹果"，"香蕉"，"计算机"，"学习"，"快乐"］，那么句子"我喜欢吃苹果和香蕉"可能被表示为 [1, 1, 0, 0, 0]（如图 8-1 所示）。这个向量告诉我们，在上述句子中，"苹果"和"香蕉"出现了，而其他词没有出现。

词集模型的优点是简单直观。它可以快速地判断一个文档是否包含某些关键词，这在一些简单的文本分类任务中非常有用。例如，如果要区分水果相关的文章和科技相关的文章，使用词集模型就能很容易地做到。然而，词集模型也有明显的局限性。首先，它丢失了词频信息。在该模型中，无论一个词出现一次还是出现一百次，表示方式都是一样的。这意味着无法区分文档的重点词和偶然提到的词。其次，它也没有考虑词序。"猫追狗"和"狗追猫"在词集模型中的表示是完全相同的，尽管它们的含义截然不同。

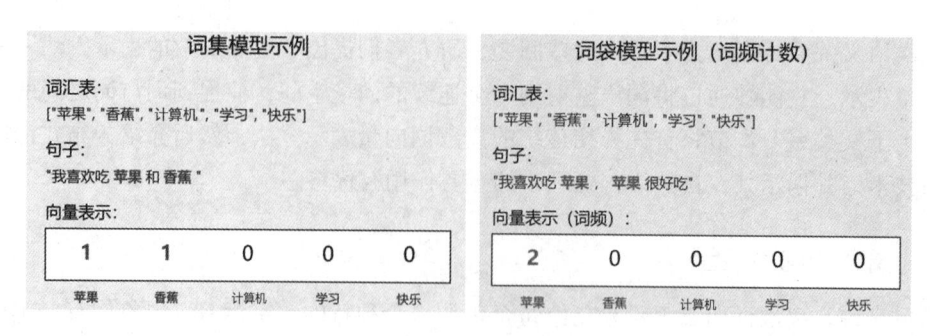

图 8-1 词集模型和词袋模型示例

接下来，让我们来看看词袋模型（Bag of Words Model）。如果说词集模型是一个简单的物品清单，那么词袋模型就像是一个更详细的购物清单，不仅记录了要买什么，还记录了每样东西要买多少。在词袋模型中，每个文档被表示为一个计数向量。向量的每个元素对应词汇表中的一个词，其值表示该词在文档中出现的次数。还是用前面的例子，如果我们的词汇表是［"苹果"，"香蕉"，"计算机"，"学习"，"快乐"］，那么句子"我喜欢吃苹果，苹果很好吃"可能被表示为 [2, 0, 0, 0, 0]。这个向量告诉我们，"苹果"在上述句子中出现了两次，而其他词没有出现。

词袋模型相比词集模型有一个明显的优势，即它保留了词频信息。这使得我们能够区分文档中重要的词和不太重要的词。在很多文本分析任务中，词频是一个非常有用的特征。例如，在主题建模中，高频词往往能够反映文档的主要内容。然而，词袋模型也存在一些问题。首先，它没有考虑词序，这意味着"这部电影很好看"和"这部很好看电影"在词袋模型中的表示是完全相同的。其次，它往往会产生非常高维度的向量。如果词汇表包含 10 万个词，那么每个文档都会被表示为一个 10 万维的向量，这在计算上是非常昂贵的。

词集模型和词袋模型都是离散词向量表示的具体实现，它们在自然语言处理的早期阶段发挥了重要作用。尽管它们有各种局限性，但在某些特定任务中仍然非常有效。下面来看一些具体的应用案例。在垃圾邮件过滤中，词袋模型非常有用。系统可以统计每个词在垃圾邮件和正常邮件中出现的频率，从而识别那些在垃圾邮件中出现的高频词（如"免费""中奖"等）。当一封新邮件到来时，系统就可以根据这些词的出现频率来判断它是否可能是垃圾邮件。在文档分类任务中，词集模型也能发挥作用。例如，如果要将新闻文章分为体育、政治、科技等类别，可以为每个类别建立一个特征词集。如果一篇文章包含了很多体育类的特征词（如"足球""比赛""球员"等），那么这篇文章很可能属于体育类别。词袋模型在主题建模中也有广泛应用。通过分析大量文档中词语的分布，可以发现潜在的主题。例如，如果一组文档中频繁出现"算法""数据""学习"等词，则推断这组文档的主题可能与机器学习有关。

但是，离散词向量表示并非完美无缺，它最大的局限性在于无法表达单词之间的关系。在这个表示系统中，"苹果"（1）和"香蕉"（2）之间的距离，与"苹果"（1）和"计算机"（3）之间的距离是一样的。但我们知道，现实中"苹果"和"香蕉"的关系要比"苹果"和

"计算机"的关系更密切。这种表示方法忽略了词语之间的语义联系。另一个挑战是处理同义词和多义词。在离散词向量表示中，即使是意思非常接近的词，也会被赋予完全不同的数字。比如，"快乐"和"高兴"可能分别被表示为 5 和 1000，尽管它们的含义非常相似。同样，对于"苹果"这样的多义词（既可以指水果，也可以指科技公司），离散表示无法区分其不同的含义。此外，离散词向量表示还面临着新词或罕见词等方面的挑战。在离散词向量表示中，每个单词都需要预先定义和编号。但在实际应用中，我们经常会遇到之前没有见过的新词，比如，当新的科技产品或流行语出现时，传统的离散词向量表示系统往往无法及时更新。

8.2.2 分布式词向量表示

英国语言学家 J.R. Firth 有一句名言："观其伴而知其意"（You shall know a word by the company it keeps）。这句话道出了语言的基本特征即词的含义往往取决于它出现的上下文。下面用一个简单的例子来理解这个概念，想象你看到了以下两个句子：

"我喜欢吃苹果。"
"苹果公司发布了新的 iPhone。"

在这两个句子中，"苹果"这个词表达了完全不同的含义。在第一个句子中，它指的是一种水果；在第二个句子中，它指的是一家科技公司。人类可以轻松地根据上下文理解这种区别，但对计算机来说，这是一个巨大的挑战。分布式词向量表示就是为了解决这个问题而诞生的。那么，分布式词向量表示究竟是如何工作的呢？简单来说，它试图将每个词表示为一个密集的实数向量，通常是几十到几百维。这个向量不再像离散表示那样是稀疏的、高维的，而是密集的、低维的。每个维度可能代表了词的某种语义特征，尽管这些特征通常是抽象的，难以用人类语言精确描述。为了简化说明，使用五维向量来表示每个词。假设有以下词的向量表示：

King（国王）= [0.9, 0.1, 0.2, 0.4, 0.1]
Queen（王后）= [0.8, 0.2, 0.3, 0.2, 0.2]
Man（男人）= [0.5, 0.1, 0.7, 0.2, 0.4]
Woman（女人）= [0.4, 0.2, 0.8, 0.1, 0.5]
Apple（苹果）= [0.2, 0.8, 0.3, 0.5, 0.2]
Fruit（水果）= [0.1, 0.9, 0.2, 0.4, 0.3]

在这个表示中，每个数字可能代表某种抽象的语义特征。例如，第一个维度可能表示与皇室相关的程度，第二个维度可能表示是否为食物，以此类推。虽然我们很难用自然语言精确描述这些特征，但它们共同构成了词语的语义表示。这种表示方法的神奇之处在于，它能够捕捉词语之间复杂的语义关系。下面看看这个例子如何展示词向量的各种特性。

❑ **相似性**：在这个向量空间中，语义相近的词会彼此靠近。我们可以通过计算向量之间的余弦相似度来衡量词语的相似性。例如,"King"和"Queen"的向量会比"King"和"Apple"的向量更相似。这反映了现实世界中的语义关系:国王和王后在概念上确实比国王和苹果更相近。

- ❑ **类比关系**:这可能是分布式词向量最令人惊叹的特性之一。著名的例子是:King - Man + Woman ≈ Queen。让我们用上述例子来验证:[0.9, 0.1, 0.2, 0.4, 0.1] - [0.5, 0.1, 0.7, 0.2, 0.4] + [0.4, 0.2, 0.8, 0.1, 0.5] ≈ [0.8, 0.2, 0.3, 0.3, 0.2],结果非常接近 Queen 的向量!这意味着我们的词向量捕捉到了"King"之于"Man",就如"Queen"之于"Woman"这样的语义关系,如图 8-2 所示。
- ❑ **语义聚类**:在这个向量空间中,语义相关的词会聚集在一起。例如,"Apple"和"Fruit"的向量会比较接近,它们在第二个维度(可能表示"食物"这个特征)上都有较高的值。而它们与"King"或"Queen"的向量距离较远,因为这些词在语义上属于不同的类别。
- ❑ **语义运算**:可以进行向量运算来探索语义关系。例如,如果计算"Apple"-"Fruit"+"King",可能会得到一个新的向量,这个向量可能接近于"王冠"或某种权力象征的概念。虽然这个结果看起来可能有点奇怪,但它展示了词向量如何捕捉和组合不同的语义特征。

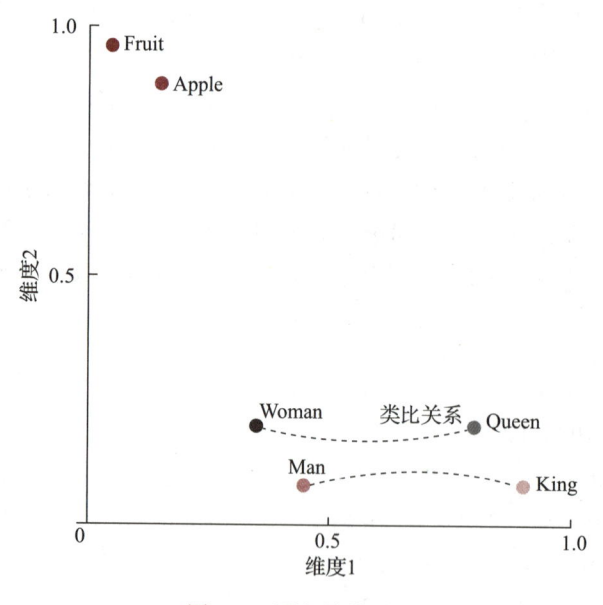

图 8-2 词向量关系图

这种表示方法的强大之处在于,它是通过对大量文本数据的无监督学习得到的。计算机并不是被明确地告知"国王"和"王后"是相关的,或者"苹果"是一种水果。相反,它通过观察这些词在各种上下文中如何使用,自动学习到了这些关系。那么,计算机是如何学习这种表示的呢?这就要提到一个重要的概念:神经网络语言模型。这种模型的核心思想是,一个词的含义可以通过它周围的词来预测。例如,如果看到"我喜欢吃____",我们可能会猜测空白处是"苹果""香蕉"或其他食物，而不太可能是"汽车"或"书本"。神经网络语言模型会在大量的文本数据上进行训练，它会不断调整每个词的向量表示，使得模型能够更好地预测一个词周围可能出现的其他词。通过这个过程，模型逐渐学会了词语之间的语义关系，将这些关系编码到词向量中。这种学习方法可以是完全无监督的。也就是说，不需要人工标注数据，告诉计算机哪些词是同义词，哪些词是反义词，计算机仅仅通过观察大量的原始文本，就可以自己学会这些复杂的语义关系。

分布式词向量表示的出现，极大地推动了自然语言处理技术的发展。它为许多任务带来了显著的性能提升，包括机器翻译、情感分析、问答系统等。下面来看几个具体的应用例子。

在机器翻译中，分布式词向量可以帮助系统更好地处理多义词。例如，当翻译"bank"这个词时，系统可以根据上下文判断它是指"银行"还是"河岸"。如果"bank"的上下文词向量更接近金融相关的词，那么系统就会倾向于将其翻译为"银行"。

在情感分析任务中，分布式词向量可以捕捉到词语的情感倾向。例如，"优秀"和"卓越"这两个词在向量空间中可能会很接近，都带有正面情感。这使得系统能够理解它从未见过的词语组合所表达的情感。

在问答系统中，分布式词向量可以帮助系统理解问题和答案之间的语义联系，即使它们使用了不同的词语表达相同的概念。例如，如果问题中包含"汽车"这个词，而答案中使用了"轿车"这个词，系统仍然能够识别出它们之间的相关性。

然而，分布式词向量表示也并不完美，它的一个主要挑战是处理多义词。虽然这种表示方法可以在一定程度上区分词的不同含义，但通常一个词只有一个固定的向量表示。这意味着"苹果"这个词，无论是指水果还是公司，都会用同一个向量来表示。

为了解决这个问题，研究人员提出了各种改进方法。其中一种是上下文相关的词嵌入，如 ELMo（Embeddings from Language Models）。这种方法会根据词出现的具体语境动态生成词向量，从而更好地处理多义词。下面以"bank"这个词为例，来说明 ELMo 是如何处理一词多义的问题的。

基础向量：bank = [0.2, 0.3, 0.4, 0.5, 0.1]。

- "I went to the bank to deposit money."上下文向量：[0.6, 0.1, 0.3, 0.0, 0.5]。最终向量：[0.2 + 0.6, 0.3 + 0.1, 0.4 + 0.3, 0.5 + 0.0, 0.1 + 0.5] = [0.8, 0.4, 0.7, 0.5, 0.6]。
- "We sat by the bank of the river."上下文向量：[0.1, 0.5, 0.0, 0.3, 0.6]。最终向量：[0.2 + 0.1, 0.3 + 0.5, 0.4 + 0.0, 0.5 + 0.3, 0.1 + 0.6] = [0.3, 0.8, 0.4, 0.8, 0.7]。

在这个例子中：在金融上下文中，第一个和第三个维度的值较高，可能代表金融相关性；在地理上下文中，第二个和第四个维度的值较高，可能代表地理相关性。

这就是 ELMo 能够处理一词多义的原理，它为每个词在不同上下文中生成不同的向量表示。

另一个挑战是如何处理新词或罕见词。传统的分布式词向量模型需要在大量文本上预先训练，对于训练集中没有出现过的词，它往往无法生成好的表示。为此，研究人员提出了基于子词的方法，如 FastText。这种方法不仅考虑整个词，还考虑词的组成部分（如前缀、后缀等），从而能够为新词生成合理的向量表示。下面以"playful"这个词为例，来看看 FastText 是如何处理新词的。

假设有以下子词向量：
- "play" = [0.1, 0.2, 0.3, 0.4, 0.5]
- "ful" = [0.2, 0.3, 0.4, 0.5, 0.1]
- "ayfu" = [0.3, 0.4, 0.5, 0.1, 0.2]
- "playful"（整词）= [0.4, 0.5, 0.1, 0.2, 0.3]

FastText 会计算这些向量的平均值，即"playful"的最终向量 = ([0.1, 0.2, 0.3, 0.4, 0.5] + [0.2, 0.3, 0.4, 0.5, 0.1] + [0.3, 0.4, 0.5, 0.1, 0.2] + [0.4, 0.5, 0.1, 0.2, 0.3]) / 4 = [0.25, 0.35, 0.325, 0.3, 0.275]

现在，即使遇到一个新词，比如"playfulness"，FastText 也能生成一个合理的向量。

假设"ness" = [0.5, 0.1, 0.2, 0.3, 0.4]，则"playfulness"的向量 = ([0.25, 0.35, 0.325, 0.3, 0.275] + [0.5, 0.1, 0.2, 0.3, 0.4]) / 2 = [0.375, 0.225, 0.2625, 0.3, 0.3375]

这样，即使"playfulness"这个词没有在训练数据中出现过，FastText 也能为它生成一个有意义的向量表示。

随着深度学习技术的发展，词的表示方法也在不断演进。例如，BERT（Bidirectional Encoder Representations from Transformers）等模型可以生成动态的、上下文相关的词表示，进一步提高了自然语言处理的准确性和灵活性。这些模型不再仅仅关注单个词，而是考虑整个句子或者更大的文本单元，从而捕捉更复杂的语言现象。下面再次以"bank"这个词为例进行介绍。

初始向量：bank = [0.2, 0.3, 0.4, 0.5, 0.1]。
- "The man went to the bank to deposit his money."BERT 生成的向量：[0.8, 0.2, 0.7, 0.3, 0.5]。
- "The man sat by the bank of the river."BERT 生成的向量：[0.3, 0.8, 0.2, 0.7, 0.6]。

在这个例子中：在金融上下文中，第一个和第三个维度的值较高；在地理上下文中，第二个和第四个维度的值较高。

BERT 的强大之处在于它能根据整个句子的上下文来调整每个词的向量表示，从而捕捉到更细微的语义差异。

分布式词向量表示的成功，不仅推动了自然语言处理技术的进步，也为我们理解人类语言和认知提供了新的视角。它告诉我们，词的含义并不是孤立的，而是存在于一个复杂的语义网络中。每个词都可以通过它与其他词的关系来定义，这与人类学习和理解语言的方式有着惊人的相似之处。然而，我们仍然要清醒地认识到，它距离真正理解人类语言还有很长的路要走。人类语言中包含的讽刺、隐喻、文化背景等复杂因素，仍然是当前技术难以完全把握的。

8.3 自然语言分析的层次结构

自然语言分析的目标是使计算机能够理解和生成人们日常使用的语言。为了实现这一目标，自然语言处理任务通常被拆分为多个层次，每个层次关注语言的不同方面。下面将逐一介绍这些分析层次，并介绍计算机如何对从最基本的语言单位（如词汇）到更高层次的篇章结构进行处理。在这些层次中，最基础的分析从词法分析开始，它的任务是将输入的语言文本拆解成最小的语言单位——单词或词素。随着层次的逐步递进，计算机将逐步理解单词之间的关系、句子结构的语法规则、句子的含义，甚至是长篇文章中的篇章结构。接下来将具体讲解每个分析层次的具体内容与方法。

8.3.1 词法分析

词法分析是自然语言处理中一个基础且关键的步骤。它是将原始文本转换为结构化数据的第一道工序，为后续的语言理解和处理奠定基础。举一个简单的例子，假设有这样一个句子："小明今天去图书馆看书。"对于人类来说，这个句子再简单不过了。但是对计算机而言，这个句子可能只是一串毫无意义的字符。词法分析的任务就是将这个句子切分成有意义的单元："小明""今天""去""图书馆""看""书""。"。这个过程看起来简单，但实际上涉及许多复杂的问题。例如，如何正确地识别"图书馆"是一个整体，而不是将其拆分为"图""书""馆"三个独立的词？这就需要词法分析器具备一定的智能和对语言规则的理解。

词法分析主要包含以下几个核心任务。

1. 分词（Word Segmentation）

这是词法分析的第一步，也是最基础的步骤。分词的目标是将连续的文本切分成一个个独立的词语单元。对于英语等使用空格分隔单词的语言来说，这个任务相对简单。但对于中文、日语等不使用空格分隔词语的语言，分词就成为一个复杂的挑战。

例如，将"今天天气真好"这句话分词的结果可能是："今天 / 天气 / 真 / 好"。

2. 词性标注（Part-of-Speech Tagging）

在完成分词后，下一步是为每个单词标注其词性，如名词、动词、形容词等。这个步骤帮助理解每个词在句子中扮演的语法角色。

例如，"我 / 代词 喜欢 / 动词 读书 / 名词"。

这看起来不难，但实际上充满了挑战。许多词在不同的上下文中可能有不同的词性。例如：

- "我喜欢花（名词）。"
- "他花（动词）了很多钱。"

3. 命名实体识别（Named Entity Recognition，NER）

这个任务旨在识别和分类文本中的命名实体，如人名、地名、组织机构名等。这对于信息提取和问答系统等应用非常重要。

例如，在"马云创立了阿里巴巴"这句话中，"马云"会被识别为人名，"阿里巴巴"会被识别为组织名。

4. 词形还原（Lemmatization）和词干提取（Stemming）

这两个任务都是将词语还原到其基本形式，但方法和程度不同。词形还原会考虑词的语法角色，将词还原为词典形式；词干提取则是通过去除词缀来得到词的词干。

例如，"goes"通过词形还原会变成"go"，而"playing"通过词干提取可能会变成"play"。

尽管词法分析技术在过去几十年中取得了巨大进步，它仍然面临着诸多挑战。首先是歧义问题，许多词语在不同的上下文中可能有不同的切分方式或词性，如何准确地处理这些歧义仍然是一个未完全解决的难题。其次是新词问题，随着语言的不断演变，新词汇不断涌现，如何使系统及时识别和理解这些新词是一个持续的挑战。再者，跨语言和多语言处理也是词法分析中的难点，不同语言有着各自的语法规则和词法特点，如何构建能够同时处理多种语言，或者能较容易迁移到新语言的分析系统，是当前研究的重点方向。最后，随着社交媒体和在线平台的发展，非标准文本的处理成为一个重要问题，用户常常使用俚语、缩写、表情符号等非正式语言，如何有效地解析这些非标准文本，也在推动着词法分析技术的发展。

8.3.2 句法分析

简单来说，句法分析就是理解句子的结构，弄清楚句子中的各个部分是如何相互关联的。让我们从一个简单的例子开始，考虑这个句子："小明喜欢吃苹果。"

对于人类来说，我们可以轻松地理解这个句子的结构：

- "小明"是主语；
- "喜欢"是谓语动词；
- "吃苹果"是宾语（其中"吃"是动词，"苹果"是这个动词的宾语）。

但是对计算机而言，要理解这种结构关系并不容易。这就是句法分析要解决的问题。

句法分析主要包含两个核心任务：组成句法分析（Constituency Parsing）和依存句法分析（Dependency Parsing）。组成句法分析方法将句子看作一个层次结构，就像一棵树一样，每个词或词组都是这棵树的一个节点，而整个句子就是树的根节点。

对于上面的句子"小明喜欢吃苹果。"，组成句法分析可能会产生如图 8-3 所示的结构。

在这个树状结构中：

- S 代表整个句子；
- NP 代表名词短语；
- VP 代表动词短语；
- V 代表动词；
- N 代表名词。

这种表示方法清晰地展示了句子的层次结构，我们可以看到"小明"是一个名词短语，"喜欢吃苹果"是一个动词短语，而"吃苹果"又是"喜欢"的宾语。

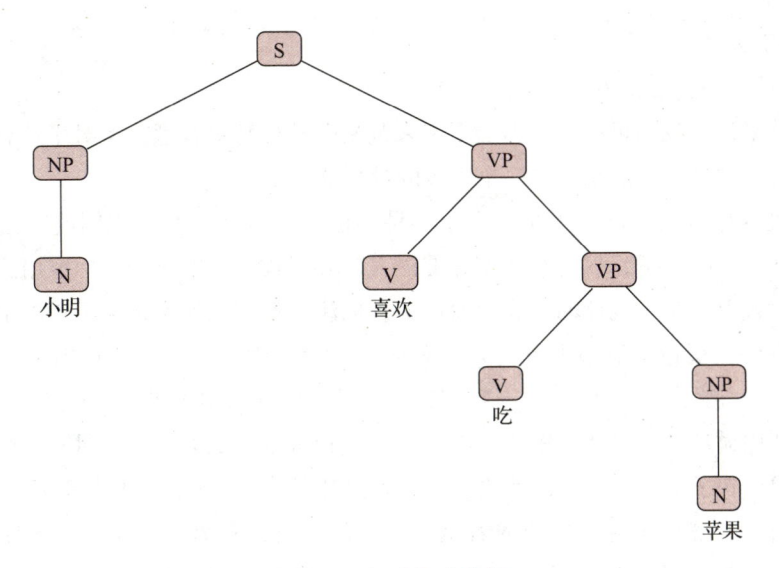

图 8-3　组成句法分析

组成句法分析的优点是能够清晰地表示句子的嵌套结构，这对于理解复杂句子特别有帮助。例如，在处理长句或包含从句的句子时，这种树状结构可以很好地展示各个部分之间的关系。

然而，组成句法分析也有其局限性。它往往需要大量的语言学知识来定义规则，而且对于一些语法灵活的语言（如中文），会产生多种可能的解析结果。

接下来，让我们看看依存句法分析。这种方法关注的是词与词之间的直接关系，而不是将句子分割成层次化的短语结构。

对于上面的句子"小明喜欢吃苹果。"，依存句法分析可能会产生如图 8-4 所示的结构。

在这个结构中：

- "喜欢"是整个句子的核心（称为根节点）；
- "小明"依存于"喜欢"，是其主语；
- "吃"依存于"喜欢"，是其宾语；
- "苹果"依存于"吃"，是其宾语。

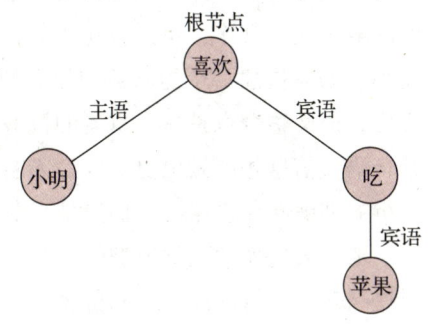

图 8-4　依存句法分析

依存句法分析的优点是直接展示了词与词之间的关系，这对于很多应用来说非常有用。例如，在信息抽取任务中，我们可能想知道"谁喜欢什么"，依存句法分析可以直接给出这种关系。此外，依存句法分析对于处理自由语序的语言（如德语、俄语等）特别有优势，因为它不依赖于词序，而是关注词与词之间的依存关系。

无论是组成句法分析还是依存句法分析，都面临着许多挑战，其中最主要的是歧义问题。考虑这个著名的例子："I saw a man with a telescope."

这个句子有两种可能的理解：

- 我用望远镜看见了一个人。
- 我看见了一个带着望远镜的人。

对于人类来说，我们可能会根据上下文来判断哪种理解更合理。但对于计算机来说，如何正确地解析这种有歧义的句子是一个巨大的挑战。

为了解决这些挑战，研究人员开发了多种句法分析方法。基于规则的方法利用人工定义的语法规则来分析句子，尽管在处理标准语言时表现较好，但对于非标准用法和新兴语言现象的适应性较差。基于统计的方法则通过大量标注语料训练模型，学习句法结构的概率分布，其中常用的模型包括概率上下文无关文法（PCFG）等。这些方法能够在一定程度上处理语言中的不确定性。随着深度学习技术的快速发展，基于深度学习的方法取得了显著进展，尤其是利用循环神经网络（RNN）或转换器（Transformer）等神经网络模型，这些方法能够更好地捕捉句子中的长距离依赖关系，显著提升了句法分析的准确性和适用性。

句法分析在自然语言处理中扮演着至关重要的角色，它为许多高级任务提供了基础支持。例如，在机器翻译中，理解源语言的句法结构可以帮助生成更符合目标语言语法的翻译，从而提高翻译的准确性和流畅度。在问答系统中，句法分析有助于系统理解问题的结构，使其能够更精确地定位答案，尤其是在复杂问题的处理上。在情感分析中，句子的结构常会影响情感的表达，句法分析能够帮助捕捉到这些细微的差别，从而提高情感分析的准确性和深度。这些应用展示了句法分析在处理复杂语言任务中的不可或缺性。

目前，句法分析技术仍然面临着一些难题和挑战。首先是处理非标准语言，如社交媒体上的口语化表达、方言或包含语法错误的句子等，这些非正式语言形式给句法分析带来了额外的复杂性。其次，跨语言句法分析是一个重要的研究方向，不同的语言有各自独特的语法规则，如何构建一个能够适应多种语言的通用句法分析系统，仍然是技术突破的关键所在。最后，语义整合也是一个重要的挑战，单纯的句法分析有时难以解决一些歧义问题，这需要结合语义信息才能做出更准确的判断。如何有效地将句法分析与语义理解结合起来，以提高分析的准确性和鲁棒性，仍然是当前研究的难点之一。

随着大规模预训练模型的兴起，新的句法分析模型能够学习到更丰富的语言表示，有潜力提高句法分析的准确性和鲁棒性。例如，一些研究尝试将预训练语言模型与传统的句法分析方法结合，既利用了神经网络强大的表示学习能力，又借鉴了传统方法中蕴含的语言学知识。这种结合往往能够得到比单独使用任何一种方法更好的结果。另一个有趣的发展方向是多任务学习。研究者发现，将句法分析与其他自然语言处理任务（如命名实体识别、语义角色标注等）一起训练，经常能够提高各个任务的性能。这说明不同的语言理解任务之间存在着内在的联系，可以互相促进。

8.3.3 语义分析

语义分析的任务就是要让计算机能够像人类一样，准确地理解词语在不同上下文中的含义，并且能够理解句子、段落乃至整篇文章所要表达的意思。它就像是为计算机装上了一个"理解"的引擎，让机器不仅能"听"懂我们说的话，还能"懂"我们的意思。这个过程远比看起来要复杂得多，因为人类语言中充满了歧义、隐喻、反讽等难以捉摸的表达方式。

让我们从一个简单的例子开始，考虑以下两个句子：

- "我今天感觉很 down。"
- "服务器 down 了。"

虽然这两个句子都使用了"down"这个词，但它们的含义却完全不同。在第一个句子中，"down"表示情绪低落；而在第二个句子中，它表示停止运行。这个过程涉及多个层面的分析，从词义消歧到篇章理解，每一步都充满了挑战。

词义消歧（Word Sense Disambiguation，WSD）是语义分析中最基础、最关键的任务之一。词义消歧的目标是在给定上下文的情况下，确定多义词的具体含义。以上面提到的包含"down"的两个句子为例，词义消歧就是要让计算机能够判断出在不同句子中"down"的具体含义。这个任务看似简单，实际上却非常复杂，因为它需要计算机不仅理解单个词的所有可能含义，还要理解整个句子的上下文。

在句子级别，语义分析的一个重要任务是语义角色标注（Semantic Role Labeling，SRL），这个任务试图回答"谁对谁做了什么"这样的问题。比如在句子"小明在图书馆看书"中，"小明"是动作的执行者，"书"是动作的接受者，"图书馆"是动作发生的地点。语义角色标注不仅要识别出句子中的谓语（通常是动词），还要找出与这个谓语相关的所有论元（如主语、宾语、地点、时间等），并为它们标注适当的语义角色。这个任务对于许多自然语言处理应用都非常重要，如问答系统、信息抽取、机器翻译等。

除了语义角色标注，句子级的语义分析还包括许多其他任务，如情感分析、立场检测等。这些任务都试图从不同角度理解句子所表达的含义和说话人的意图。

然而，语言的魅力远不止于此。人类在交流时经常会使用比喻、隐喻、反讽等修辞手法，这些都给计算机理解带来了巨大的挑战。例如，当我们说"这个问题是个定时炸弹"时，我们并不是在讨论真正的炸弹，而是在比喻性地表达"这个问题"的紧迫性和潜在危险性。理解这种非字面含义的语言表达是语义分析中一个更高层次的任务，通常被称为比喻和隐喻理解。

尽管目前语义分析技术已经取得了显著进步，但要实现真正的深度语言理解，仍面临诸多挑战。首先是歧义问题，语言中的歧义不仅体现在词语层面，句子和篇章层面的歧义也常常出现。如何在不同层次上正确地解决歧义问题，仍然是语义分析中的一个重要研究方向。其次，常识推理是语言理解任务中的一个关键问题，许多任务需要计算机运用常识知识，但如何让计算机获取、整合并有效使用这些常识知识，依然是一个未解难题。再者，跨语言和跨文化理解也是一大挑战，不同语言和文化之间的语义表达差异巨大，如何构建能够适应多种语言和文化背景的语义分析系统，依然是研究的重点之一。最后，尽管当前技术在处理表层语义时取得了一定成果，但在深层语义理解方面，特别是隐含信息、讽刺、幽默等复杂语义的识别和理解，仍有很大的提升空间。

近年来，语义分析的准确性和鲁棒性都得到了显著提升。这些模型能够更好地理解上下文，捕捉语言的细微差别，甚至在某些任务上达到接近人类的表现。此外，语义分析技术也在向更细粒度、更深层次的方向发展。例如，一些研究开始关注情感分析中的原因推断，试图理解为什么人们会表达某种情感。还有一些研究致力于理解文本中的因果关系，这对于许多高级推理任务都非常重要。

8.3.4 篇章分析

篇章分析试图让计算机理解文本的"大局观"。如果说词法分析和句法分析是让计算机认识单词和理解句子结构，语义分析是让计算机理解词语和句子的含义，那么篇章分析就是要让计算机理解整篇文章是如何组织在一起的，各个部分之间有什么联系，以及整体想要表达什么。这就像是教会计算机不仅能看懂树木，还能看到整片森林。让我们从一个简单的例子开始，考虑以下这段文字："小明喜欢吃苹果。他每天都会买一个。这些水果不仅美味，还对健康有益。但是，他的妹妹更喜欢吃香蕉。"

对于我们人类来说，理解这段文字并不困难。我们能轻松地知道"他"指的是小明，"这些水果"指的是苹果，我们还能理解这段文字的主题是关于水果偏好的。但是，对计算机来说，要理解这段文字需要进行复杂的分析和推理。

篇章分析的任务就是要让计算机能够像人类一样，理解文本的连贯性、指代关系、主题结构等。这个过程涉及多个层面的分析，从识别代词指代到理解文本的整体结构。

指代消解（Coreference Resolution）的目标是找出文本中哪些词语指的是同一个实体。在上述例子中，要理解"他"指的是小明，"这些水果"指的是苹果。指代消解需要理解上下文，有时甚至需要运用常识知识。例如，在"警察抓住了小偷。他被关进了监狱。"这个例子中，"他"指的是小偷而不是警察，计算机需要理解事件的常见发展顺序。指代消解的成功为更高层次的篇章理解铺平了道路。

篇章结构分析试图理解文本的组织方式和各个部分之间的关系，包括识别段落之间的逻辑关系（如因果、对比、递进等）、理解文章的整体结构（如引言、主体、结论），以及识别关键句和主题句等。理解篇章结构对于许多自然语言处理任务都非常重要。例如，在自动文本摘要中，识别出文章的关键句可以帮助生成更准确的摘要。在问答系统中，理解文章结构可以帮助系统更准确地定位答案。除了指代消解和篇章结构分析，篇章分析还包括许多其他重要任务，如话题模型、篇章连贯性分析等。

话题模型（Topic Modeling）是一种尝试从大量文档中自动发现主题的技术。它的核心思想是，每个文档都可以被看成是多个主题的混合，每个主题又可以用一组特征词来表示。

例如，给定一组新闻文章，话题模型可能会发现如下主题：
- 主题1：政治（特征词：政府、选举、政策……）。
- 主题2：经济（特征词：股市、通胀、GDP……）。
- 主题3：体育（特征词：比赛、球员、冠军……）。

话题模型不仅可以帮助理解大量文档的主题分布，还可以用于文档分类、信息检索等任务。常用的话题模型算法包括潜在狄利克雷分配（LDA）和非负矩阵分解（NMF）等。

篇章连贯性分析关注的是文本的流畅度和连贯性，它旨在确保文章中的句子和段落在内容上紧密相连，形成一个有机的整体。一篇连贯的文章应该有明确的主题推进，句子之间存在清晰的逻辑关系。那么，计算机如何判断一篇文章是否连贯呢？这通常涉及多个方面的分析。首先是词汇衔接，通过检查文本中词语的重复、同义词的恰当使用等，来确保文章语言的流畅性。其次是指代衔接，分析代词等指代词的使用是否符合语法规则，确保指代关系的准确性和清晰度。接着是语义连贯，计算机需要判断相邻句子之间的语义关联程度，确保句子之间的内容在意义上是紧密相关的。最后是话题连贯，分析文章主题是否顺畅推进，确保文章的论述条理清晰、层次分明，避免跳跃或缺乏焦点。这些分析共同作用，帮助判断文本是否具备良好的篇章连贯性。篇章连贯性分析在多个应用中都有重要作用，如自动作文评分、文本生成质量评估等。

当前，篇章分析技术在要真正实现对文本"大局观"的理解仍面临许多挑战。首先，长距离依赖是一个关键问题，在长篇文本中，相关的信息往往相隔较远，如何有效捕捉这些长距离的依赖关系，确保上下文之间的联系不被忽略，仍然是技术上的难点。其次，常识推理在篇章理解中起着至关重要的作用，许多任务需要运用常识知识来填补文本中的空白或推导隐藏的信息，但如何让计算机获取、理解并有效使用这些常识，依然是一个开放的问题。再者，多模态理解成为当前篇章分析中的重要方向，现实世界中的文本往往不仅包含文字，还伴随有图片、表格等多种模态的信息，如何将这些不同形式的信息有机整合，提升对篇章的全面理解，是一个亟待解决的挑战。接着，跨语言和跨文化理解也是一个棘手的问题，不同语言和文化中篇章的组织方式和表达习惯可能大不相同，如何构建能够适应多种语言和文化的篇章分析系统，是研究中的一个重要课题。最后，文体和修辞理解也是一大难点，人类在写作中常常使用比喻、讽刺、反讽等修辞手法，这些形式的语言给计算机理解带来了巨大挑战，需要更加深入的语境分析和推理能力才能正确解析。

近年来，篇章分析的能力得到了显著提升。这些模型能够处理更长的文本序列，捕捉更复杂的语言模式，为篇章级的理解提供了新的可能性。此外，一些研究开始关注文本的隐含信息提取，试图理解作者未明确表达但暗含在文本中的信息。还有一些研究致力于理解叙事结构，这对于理解小说、新闻报道等叙事性文本特别重要。

8.4 语言模型的技术演进

语言模型的核心任务是捕捉语言中的规律和结构，帮助计算机理解和生成自然语言。随着计算机科学和人工智能技术的发展，语言模型经历了从基于规则的分析到统计方法，再到深度学习的转变，每一次技术的革新都推动了自然语言处理能力的飞跃。本节将回顾这些不同技术的演变过程。

8.4.1 基于规则的语言分析

基于规则的语言分析是早期自然语言处理的主要方法之一，依赖于人工设计的语法规则和语言结构。该方法的核心思想是通过精确的语法规则来解析语言，通常包括句法、词汇及语义规则。这些规则是由语言学专家根据语言的特征手工编写的，目的是通过明确定义的规则来处理句子的组成部分和它们之间的关系。基于规则的语言分析能够提供较高的精度，特别是在结构清晰且符合语法规范的文本中，例如新闻报道或学术论文。

然而，这种方法也存在一定的局限性。首先，人工编写的规则难以覆盖所有语言现象，尤其是处理具有歧义或非标准用法的文本时，规则的适用性往往受限。其次，由于语言是不断发展的，新的词汇、表达方式以及语法现象的出现常常无法及时反映在规则库中，导致系统的适应性较差。尽管如此，基于规则的语言分析仍然在一些特定领域，如机器翻译的早期系统中发挥了重要作用。随着计算能力的提升和语言学研究的深入，基于规则的语言分析逐渐被更加灵活和自动化的方法所取代，但它为后续技术的发展奠定了重要基础。

8.4.2 统计语言模型

假设你正在玩一个猜词游戏，给你一个句子的开头："今天天气真……"，你会怎么接下去？也许你会说"好"或者"糟糕"，但你可能不会说"香蕉"或"跑步"，为什么？因为你的大脑已经学会了语言的模式，知道哪些词更可能出现在这个位置。这就是统计语言模型的核心思想——它试图让计算机像人类一样，学会预测在给定上下文中最可能出现的词。

统计语言模型其实就是用数学的方式来描述语言的规律，它就像是给计算机装上了一个"语言直觉"，让机器能够理解和生成更自然、更流畅的语言。这个概念在自然语言处理中扮演着极其重要的角色，几乎所有的自然语言处理任务，从机器翻译到语音识别，都或多或少地依赖于统计语言模型。

让我们从最简单的统计语言模型——N-gram 模型开始。N-gram 模型的核心思想是，一个词出现的概率取决于它前面的 $N-1$ 个词。例如，在二元模型（Bigram Model）中，我们认为一个词出现的概率只取决于它前面的一个词。

考虑这个句子："我喜欢吃苹果"。在二元模型中，我们会计算以下概率：$P($ 我 $)$ $P($ 喜欢 | 我 $)$ $P($ 吃 | 喜欢 $)$ $P($ 苹果 | 吃 $)$。

其中，$P($ 喜欢 | 我 $)$ 表示在"我"之后出现"喜欢"的概率。这些概率可以通过统计大量文本数据来估计。例如，如果在我们的训练数据中，"我"出现了 1000 次，而"我喜欢"这个组合出现了 100 次，那么 $P($ 喜欢 | 我 $) = 100/1000 = 0.1$。

N-gram 模型简单直观，但它有着明显的局限性。它只考虑了有限的上下文，无法捕捉长距离的依赖关系。此外，对于没有在训练数据中出现过的词序列，模型会给出零概率，这显然不符合实际情况。为了解决这些问题，研究者提出了多种改进方法，如平滑化技术、回退方法等。

8.4.3 神经网络语言模型

神经网络语言模型使用人工神经网络来学习词序列的概率分布。它不直接依赖于词频统计，而是通过学习词的分布式表示（通常是词嵌入）来捕捉词与词之间的复杂关系。神经网络模型可以自动学习特征，不需要像统计模型那样进行大量的特征工程。它可以捕捉更长距离的依赖关系，并且能够更好地处理稀疏数据问题。

让我们从最基本的神经网络语言模型——前馈神经网络语言模型开始。想象你正在玩一个猜词游戏，给你一个句子的开头："今天天气真……"，你需要猜测下一个最可能出现的词。前馈神经网络语言模型就是在做类似的事情，它接收一些输入词（比如"今天天气真"），然后通过一系列的计算，预测下一个最可能出现的词。

这个模型的工作流程可以简化为以下几个步骤。

1）每个输入的词都被转换为一个向量（我们称之为词嵌入）。

2）这些向量被输入神经网络中，经过一系列的数学运算。

3）网络输出一个概率分布，表示每个词可能出现的概率。

词嵌入不仅仅是单词的数字表示，它还捕捉了词与词之间的语义关系。例如，在前面讲到的向量空间中，"国王"和"王后"可能会很接近，因为它们在语义上相关。这种表示方法让模型能够理解词语之间的微妙关系。

然而，前馈神经网络语言模型也有其局限性。它只能处理固定长度的输入，而且无法有效地捕捉序列中的长距离依赖关系。这就像你在理解一个长句子时，只能记住最后几个词，而忽略了前面的重要信息。为了解决这个问题，研究者们提出了递归神经网络（RNN）语言模型。RNN语言模型的核心思想是：在处理序列数据时，不仅要考虑当前的输入，还要考虑之前的状态。这就像人类在理解语言时，不会每次都从头开始，而是持续更新、不断积累认知。假设你正在阅读一本小说，当读到某一页时，你的理解不仅基于当前这一页的内容，还基于之前读过的所有内容。RNN语言模型就是在模仿这种累积理解的过程，它有一个"记忆"单元，可以存储之前处理过的信息，并将这些信息用于后续的预测。

RNN语言模型的这种特性使得它特别适合处理序列数据，如文本。它可以处理任意长度的输入，并且能够捕捉长距离的依赖关系。例如，在处理"我出生在中国，……，我的母语是中文"这样的句子时，RNN语言模型可以建立"中国"和"中文"之间的联系，即使这两个词在句子中相隔很远。然而，标准的RNN语言模型也面临着一些挑战，特别是在处理长序列时。随着序列变长，早期的信息可能会逐渐"消失"或"爆炸"，这就是所谓的梯度消失或梯度爆炸问题。这就像你在读一本很长的小说时，可能会逐渐忘记开头的一些细节。

为了解决这个问题，研究者提出了长短期记忆网络（LSTM）和门控循环单元（GRU）等改进的RNN结构。这些模型引入了更复杂的记忆机制，可以更好地控制信息的存储和遗忘。以LSTM为例，它包含三个"门"结构：输入门、遗忘门和输出门。这些门可以决定哪些信息应该被记住，哪些信息可以被遗忘，以及当前应该输出什么信息。这就像我们的大脑在处理信息时，会有选择地记住重要的内容，遗忘不重要的细节，并在需要时提取相关的记忆。LSTM和GRU的出现大大提高了RNN语言模型处理长序列的能力，使得神经网络语言模型在机器翻译、语音识别等任务上取得了显著的进展。然而，技术的进步从未停止。尽管LSTM和GRU解决了许多问题，但它们仍然面临着一些挑战，特别是在并行计算方面。这些模型需要按顺序处理输入，这在处理长文本时可能会变得非常耗时。

这个问题的解决方案来自一个看似简单的想法：注意力机制。比如，当你阅读一篇文章时，你并不会对每个词都给予同等的关注。相反，你的注意力会集中在关键的词语或短语上。注意力机制就是模仿这种人类的阅读方式，让模型能够"关注"输入中的重要部分。

注意力机制的引入为神经网络语言模型带来了革命性的变化，它不仅提高了模型的性能，还大大增强了模型的可解释性。现在可以通过观察模型的注意力分布，了解它在做出预测时关注的是哪些部分。基于注意力机制，研究者们提出了一种全新的模型架构：Transformer。Transformer摒弃了递归和卷积结构，完全基于注意力机制来处理序列数据。它的核心思想是：计算输入序列中每个位置与所有其他位置的关系。例如，你正在阅读一篇复杂的文章，为了理解某个词的含义，你可能需要来回查看文章的不同部分。Transformer就是在模仿这种阅读方式，它可以直接建立序列中任意两个位置之间的联系，而不需要像RNN那样按顺序处理。这种设计不仅提高了模型的性能，还大大提升了并行计算的效率。

Transformer的出现引发了自然语言处理领域的一场革命。基于Transformer的模型，如BERT和GPT在多个任务上都取得了突破性的进展。

BERT的核心思想是双向语言模型。假设给你一个句子，但其中有一个词被遮住了，比如"今天 [MASK] 真好，我们一起去野餐吧。"为了猜出被遮住的词，你需要同时考虑这个词前面和后面的内容。BERT就是通过这种方式来学习语言的结构和含义的。

BERT的训练过程非常有趣，它主要包含以下两个任务。

- **预测被遮蔽的词**：模型需要根据上下文预测被随机遮蔽的词。
- **判断句子是否连贯**：模型需要判断两个给定的句子是否连续。

这种训练方式让BERT能够学习到丰富的语言知识。经过预训练后，BERT可以通过微调来适应各种下游任务，如文本分类、问答系统、命名实体识别等。

GPT系列模型则采用了另一种方法。它是一个自回归语言模型，目标是预测序列中的下一个词。这使得GPT特别适合于文本生成任务。如果给GPT一个故事的开头："很久很久以前，有一个……"，它会尝试预测下一个最可能的词，然后基于这个预测继续生成下一个词，如此循环，最终生成一个完整的故事。

8.5 自然语言处理的关键应用

自然语言处理技术在现代社会中扮演着越来越重要的角色，其应用范围不断扩大，深刻影响着人们的日常生活和工作方式。

有以下待分析文本：

2023年第二季度，全球电动汽车市场迎来新变局。特斯拉在中国的销量同比增长20%，主要得益于Model Y的热销。特斯拉CEO埃隆·马斯克表示："我们对中国市场充满信心。"与此同时，大众汽车也不甘示弱。大众CEO奥利弗·布鲁姆宣布："未来5年，我们将在中国推出15款新电动车型。"分析师认为，中国政府的补贴政策是推动市场增长的关键因素。然而，充电基础设施不足仍是行业面临的主要挑战。消费者调查显示，75%的受访者考虑购买电动车，较去年上升 15 个百分点。业内普遍预计，到 2030 年，电动车将占中国新车销量的 50% 以上。

如图 8-5 所示，本节将以此为例介绍自然语言处理的六个关键应用领域：信息抽取、情感分析、机器翻译、文本摘要、智能问答和知识图谱构建。

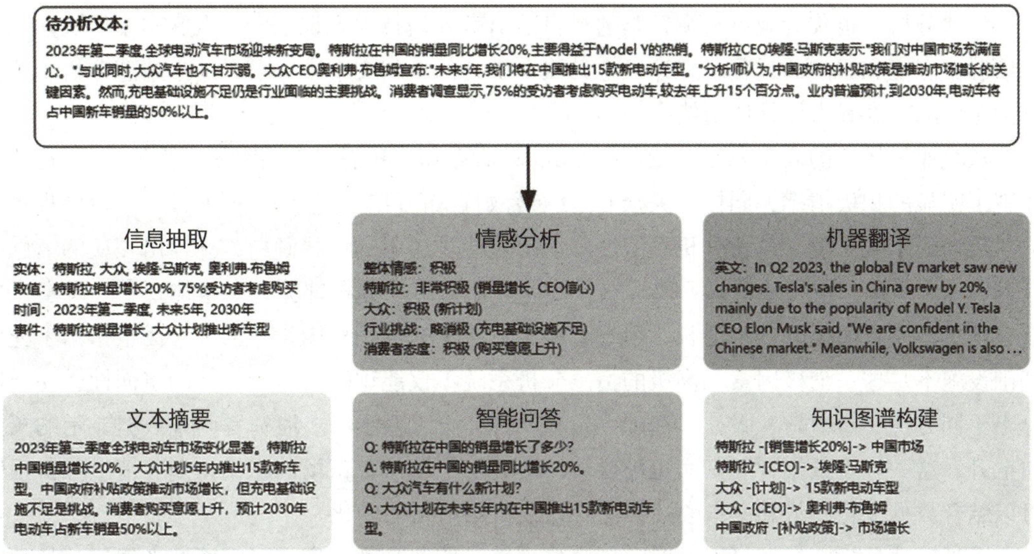

图 8-5　自然语言处理的六个关键应用领域

8.5.1　信息抽取

在上述例子中，信息抽取系统首先需要识别关键实体（Named Entity Recognition），如公司名称（特斯拉、大众汽车）、人名（埃隆·马斯克、奥利弗·布鲁姆）、产品名称（Model Y）等。接着，系统会提取这些实体之间的关系（Relation Extraction），比如"埃隆·马斯克"与"特斯拉"之间的"CEO"关系。

信息抽取还包括事件提取（Event Extraction），在这段文本中，可以提取到几个关键事件：特斯拉销量增长事件（时间：2023 年第二季度。增长幅度：20%）、大众新品发布计划事件（时间范围：未来 5 年。新车数量：15 款）等。同时，系统还能识别出数值信息（Numerical Information Extraction），如消费者调查数据（购买意向比例：75%。同比上升：15 个百分点）和未来预测数据（2030 年电动车占比：50% 以上）。

通过信息抽取，可以将原本松散的文本转化为结构化的数据，而且可以将这些数据存入数据库，用于后续的数据分析、商业决策支持等多种应用场景。比如，汽车行业分析师可以基于这些结构化数据快速生成市场报告，投资者可以据此进行市场趋势分析。这种从自然语言文本中提取结构化信息的能力，使得计算机可以更好地"理解"人类语言，为智能信息处理奠定了重要基础。它就像一位细心的助手，能够帮从大量文本中提炼出关键信息，让信息的组织和利用变得更加高效。信息抽取在多个领域有着广泛应用。在商业智能领域，它可以从新闻、社交媒体和公司报告中提取市场趋势和竞争对手信息；在医疗领域，它可以从电子病历中提取症状、诊断和治疗信息，辅助医生决策和医学研究；在法律领域，它可以从法律文书中提取关键事实和判例，提高法律检索的效率。

8.5.2 情感分析

情感分析，也称为观点挖掘，是通过自然语言处理技术来识别和提取文本中所表达的主观情感、态度和观点的过程。在这段电动汽车市场的新闻文本中，可以通过情感分析来解读不同主体的态度和市场整体情绪。

从企业领导人的表态来看，特斯拉 CEO 马斯克说"我们对中国市场充满信心"，这句话体现了明显的积极情感；同样，大众 CEO 布鲁姆宣布推出 15 款新车型的计划，也展现了企业对市场的乐观态度。情感分析系统能够捕捉这些表述中的情感倾向，并给出相应的情感极性判断（如积极、中性或消极）和情感强度评分。在市场分析部分，文本体现了一种复杂的混合情感：一方面提到销量增长、消费者购买意愿上升等积极因素，另一方面也指出了充电基础设施不足这一消极因素。高级的情感分析系统不仅能识别出这种情感的多面性，还能区分出不同方面（如产品、服务、基础设施等）的具体情感倾向。消费者调查数据显示购买意向上升，这一客观数据背后其实也蕴含着消费者对电动汽车市场的积极预期。情感分析系统可以结合数据变化趋势和文本表述，综合评估市场情绪的变化。

通过情感分析，企业可以及时掌握市场反馈、监测品牌声誉、了解消费者偏好，从而制订更有针对性的市场策略。例如，汽车制造商可以基于消费者对充电设施的担忧，加大相关配套投资。这种将文本情感转化为可量化指标的技术，为企业决策提供了重要的数据支持。情感分析就像一位善于察言观色的顾问，能够帮助我们准确把握文本中的情感脉络，解读市场的情绪信号，为商业决策提供更深层的见解。

8.5.3 机器翻译

机器翻译是将一种语言自动转换为另一种语言的技术，它需要同时理解源语言的语义和掌握目标语言的表达特点。以上述中文新闻为例，如果要将其翻译成英语，机器翻译系统不仅要准确理解原文的内容，还要用地道的英语表达方式重构文本。

在处理专业术语时，机器翻译面临着特殊的挑战。例如，文中的"电动汽车"（Electric Vehicle）、"充电基础设施"（Charging Infrastructure）等专业词汇，需要系统建立准确的双语对应关系。同时，人名的翻译也需要特别注意，如"埃隆·马斯克"需要转换为"Elon Musk"，而不是简单的音译。对于数据和百分比的翻译，系统需要考虑不同语言的表达习惯，如中文的"75% 的受访者"在英语中可能表达为"75 percent of respondents"或"three-quarters of respondents"。机器翻译系统需要根据上下文选择最自然的表达方式。语言中的表达习惯和文化差异也是机器翻译需要克服的难点。例如，中文中"不甘示弱"这样的成语，在翻译时需要找到符合英语表达习惯的对应说法，如"not to be outdone"或"rising to the challenge"。优秀的机器翻译系统能够识别这些语言特色，选择恰当的目标语言表达。

现代机器翻译系统通常采用神经网络模型，它们能够学习大量的双语平行语料，掌握不同语言之间的对应关系和转换规律。这种端到端的翻译方式，使得翻译结果更加流畅自然，能更好地保持原文的语气和风格。机器翻译就像一位精通多国语言的翻译家，它不仅要准确传达信息的内容，还要让翻译后的文本读起来自然流畅，符合目标语言的表达习惯。这项技术正在朝着"信、达、雅"的目标不断进步，为跨语言交流提供着越来越可靠的支持。

8.5.4 文本摘要

文本摘要技术旨在将长文本压缩成更简短且包含关键信息的版本，同时要保持文本的连贯性和可读性。对于上述电动汽车市场的新闻文本，自动摘要系统需要识别并提取最重要的信息要点，生成一个简明扼要的概述。

在进行摘要时，系统首先需要识别文本的核心主题。在这个例子中，文本主要内容围绕全球电动汽车市场的发展态势展开，特别是特斯拉和大众两大车企在中国市场的表现。摘要系统需要权衡每条信息的重要性，例如特斯拉 20% 的销量增长、大众计划推出 15 款新车型这样的具体数据，都是值得保留在摘要中的关键信息。

文本摘要可以分为抽取式摘要和生成式摘要两种方法。抽取式摘要直接从原文中选择重要的句子，如"2023 年第二季度，全球电动汽车市场迎来新变局"这样的主题句。生成式摘要则会理解原文内容后重新组织语言，用更简洁的方式表达核心信息，比如将多个相关描述整合成一个简练的句子。

高质量的摘要系统还需要考虑信息的时效性和关联性。例如，文中提到的当前市场数据（如特斯拉销量）和未来预测（2030 年占比超 50%）都是重要信息，但系统需要在有限的摘要长度内平衡这些时间维度的信息。摘要生成过程中的另一个关键考虑是保持文本的连贯性。系统需要确保各个信息点之间的逻辑关系清晰，避免割裂感，比如在介绍市场发展的同时，要自然地过渡到面临的挑战（如充电基础设施不足的问题）。

8.5.5 智能问答

智能问答系统能够理解用户的自然语言问题，并从文本中提取相关信息来提供准确的答案。下面通过上述电动汽车市场的新闻来详细分析智能问答系统的工作原理和功能特点。

1）**智能问答系统需要具备问题理解能力**。当用户提出诸如"特斯拉在中国市场的销量增长了多少？"这样的问题时，系统需要理解问题的类型（这是一个查询数值的问题）、关注的实体（特斯拉公司）、时间范围（2023 年第二季度）以及查询目标（销量增长比例）。这种理解涉及自然语言处理中的语义分析、实体识别等多个技术层面。

2）**系统需要具备精准的信息定位能力**。在理解问题之后，系统会在文本中搜索相关信息。比如对于"大众汽车有什么新计划？"这个问题，系统需要定位到"大众 CEO 奥利弗·布鲁姆宣布：'未来 5 年，我们将在中国推出 15 款新电动车型'"这句话，并从中提取关键信息。这个过程需要系统具备上下文理解能力，能够正确关联相关信息片段。

3）**智能问答系统还需要处理复杂的推理类问题**。例如，如果用户问"电动汽车市场面临的主要挑战是什么？消费者对电动车的态度如何？"这样的复合问题，系统需要从多个维度分析文本，找出充电基础设施不足的挑战，同时结合消费者调查数据（75%的购买意向和15个百分点的增长）来综合回答问题。这种多维度的信息整合能力是现代智能问答系统的重要特征。

在处理模糊或隐含信息时，智能问答系统的表现尤为关键。比如当用户问"未来电动车市场的发展前景如何？"这样的开放性问题时，系统需要综合分析文本中的多个信息点：政府补贴政策的支持、消费者购买意愿的提升、2030年市场占比的预测等，从而给出一个全面的答案。

4）**高级的智能问答系统还具备数据推理能力**。例如，如果用户询问"相比去年，现在有多少消费者考虑购买电动车？"系统需要进行简单的数学运算：根据当前75%的比例和15个百分点的增长，推算出去年的基数是60%。这种数值推理能力使系统能够回答更复杂的定量分析问题。

5）**智能问答系统需要具备答案组织和表达能力**。系统不仅要提供准确的答案，还要以清晰、自然的方式呈现信息。例如，在回答市场趋势相关问题时，系统可能需要按时间顺序组织信息，从当前市场状况、近期发展到未来预测，形成一个连贯的叙述。

6）**现代智能问答系统还具备答案可靠性评估能力**。当文本中没有直接答案或信息不充分时，系统应该能够明确指出信息的局限性。比如如果用户询问具体的充电设施数量，而文本中只提到"充电基础设施不足"这一定性描述，系统应该说明无法提供具体数据。

7）**智能问答系统还应具备交互和澄清能力**。当用户的问题不够明确时，系统应该能够主动请求澄清或提供可能的解释方向。例如，如果用户简单地问"特斯拉的表现如何？"，系统可以主动询问是想了解销量数据、市场策略还是具体车型的表现。

智能问答系统在多个领域有广泛应用。在搜索引擎领域，它能够直接给出问题的答案，而不仅仅是相关的网页链接；在客户服务领域，它可以自动回答常见问题，提高服务效率；在教育领域，它可以作为智能辅导工具，回答学生的问题；在医疗领域，它可以辅助诊断，回答患者的健康咨询。

8.5.6 知识图谱构建

知识图谱是一种结构化的知识表示方式，以图的形式存储实体和实体之间的关系。作为人工智能和语义网络的重要组成部分，知识图谱为机器提供了一种理解和组织人类知识的方式，支持复杂的推理和问答任务。知识图谱的构建通常包括几个关键步骤：实体识别、关系抽取、实体链接和知识融合。实体识别从文本中识别出重要的概念和实体；关系抽取确定实体之间的语义关系；实体链接将识别出的实体与知识库中已有的实体对应起来；知识融合则处理来自不同源的知识，解决冲突和重复问题。

在上述例子中，需要识别核心实体，主要包括：公司实体，如"特斯拉"和"大众汽车"；人物实体，如"埃隆·马斯克"和"奥利弗·布鲁姆"；产品实体，如"Model Y"；时间实体，如"2023年第二季度"和"2030年"。实体之间的关系构成了知识图谱的边。

例如，可以构建以下关系。

- **公司 – 高管关系**："特斯拉 –CEO– 埃隆·马斯克"。
- **公司 – 产品关系**："特斯拉 – 生产 –Model Y"。
- **公司 – 业绩关系**："特斯拉 – 销量增长 –20%"。
- **市场 – 预测关系**："中国新车市场 – 电动车占比 –50% 以上"。

知识图谱还需要包含属性信息。比如"消费者购买意向"这个节点可以包含"当前比例"属性为"75%"，"同比增长"属性为"15 个百分点"。这些属性信息能够丰富图谱的表达能力，支持更复杂的查询和推理。在构建过程中，还需要处理时间维度的信息。例如，"大众汽车"节点连接着一个未来计划，包含"时间跨度：5 年"和"新车型数量：15 款"这样的属性信息。这种时序信息的存储对于跟踪市场动态特别重要。知识图谱还能够表达更抽象的概念关系。例如，可以构建"影响因素"这样的关系类型，连接"市场增长"和"政府补贴政策"，同时将"充电基础设施不足"标注为"发展挑战"。这种概念层面的关系能够支持更高层次的知识推理。最终，这个知识图谱就像一张精密的语义网络，将文本中分散的信息点通过实体和关系编织成一个有机的整体，为智能问答、信息检索等应用提供强大的知识支持。

近年来，深度学习技术在知识图谱构建和应用中发挥了重要作用。例如，基于神经网络的关系抽取模型大大提高了自动构建知识图谱的效率。知识图谱嵌入（Knowledge Graph Embedding）技术，如 TransE、RotatE 等，将实体和关系映射到低维向量空间，支持更高效的知识推理和补全。知识图谱面临的主要挑战包括如何处理大规模、多源、异构的知识，如何进行跨语言、跨领域的知识融合，以及如何更新和维护动态变化的知识。此外，如何将符号化的知识图谱与神经网络模型有机结合，实现更强大的推理能力，也是当前研究的热点。

知识图谱在多个领域有着广泛的应用。在搜索引擎领域，知识图谱支持语义搜索，提供更精准的搜索结果和知识卡片。例如，当用户搜索"爱因斯坦"时，搜索引擎不仅返回相关网页，还会显示包含其生平、成就、相关人物等信息的知识卡片。在推荐系统领域，知识图谱可以提供丰富的实体和关系信息，改善推荐的准确性和多样性。在智能客服领域，知识图谱作为背景知识库，支持更智能的问答和对话。在医疗健康领域，知识图谱在辅助诊断、药物研发和医学研究中发挥重要作用。例如，通过构建疾病 - 症状 - 治疗方案的知识图谱，可以辅助医生进行诊断和制订治疗方案。在金融领域，知识图谱可以用于风险评估、反欺诈和投资分析，通过揭示实体间的复杂关系来识别潜在风险和机会。知识图谱与其他自然语言处理技术的结合也在不断深化。例如，将知识图谱与自然语言生成技术结合，可以生成更加准确和信息丰富的文本。将知识图谱与机器阅读理解结合，可以提高系统的推理能力，回答更复杂的问题。

本章小结

本章系统地介绍了自然语言处理这一人工智能的重要分支学科，从基本概念和发展历程入手，阐述了自然语言处理的本质和演进过程，并详细探讨了其核心任务体系。在自然语言表示方面，深入讨论了从传统的离散词向量到现代的分布式表示方法，展示了计算机如何将人类语言转化为可计算的数学形式。这一演进体现了自然语言处理在文本表示方面的重要突破，为后续的各类应用奠定了基础。通过分析自然语言处理的层次结构，本章从词法分析、句法分析、语义分析到篇章分析，层层深入地展示了计算机理解人类语言的完整过程。这种由底向上的分析框架，揭示了语言理解的复杂性和系统性。在技术演进部分，本章梳理了从早期基于规则的方法到统计语言模型，再到现代神经网络语言模型的发展脉络。这一演进过程展示了自然语言处理技术范式的重要转变，反映了从人工规则到数据驱动的技术变革。最后，本章通过六个关键应用——信息抽取、情感分析、机器翻译、文本摘要、智能问答和知识图谱构建，展示了自然语言处理技术的实际应用价值。这些应用既体现了技术的多样性，也展示了自然语言处理在实际场景中的广泛应用潜力。

本章习题

1. 语言模型是自然语言处理的核心技术之一。请比较统计语言模型和神经网络语言模型的主要区别，并说明神经网络语言模型的优势。
2. 以下是一个词的不同表示方法。
   （1）one-hot 向量：[0, 0, 1, 0, 0, 0]。
   （2）Word2Vec 向量：[0.2, −0.5, 0.8, 0.1]。
   请分析这两种表示方法的异同，并讨论分布式表示的优势。
3. 请阅读以下新闻段落："2024 年 1 月，某科技公司发布了新一代人工智能模型。CEO 张明在发布会上表示：'这是革命性的突破。'该模型在多项测试中表现出色，准确率提升 30%。市场分析师普遍看好，公司股价上涨 15%。"请完成以下问题。
   （1）识别出文中的命名实体（包括人名、机构名、时间等）；
   （2）提取文中的关键事件信息；
   （3）分析文本的情感倾向。
4. 针对第 3 题中的新闻段落。假设你是一个智能问答系统的设计者，需要处理以下用户问题：这个新模型的性能提升了多少？市场对这个发布有什么反应？这个模型的主要优势是什么？请说明：
   （1）系统如何理解这些问题；
   （2）需要提取哪些关键信息；
   （3）如何组织和生成答案。

第 9 章 生成式人工智能

以 ChatGPT 为代表的生成式人工智能技术正在以前所未有的速度改变着我们的生活和工作方式。这项技术不仅能写出令人叹服的文章，绘制出精美的画作，还能创作出生动的视频，堪称人类创造力的完美助手。本章将为读者揭开生成式 AI 的神秘面纱。首先聚焦于文本生成技术的发展历程，从最初的自回归模型到预训练语言模型，再到如今风靡全球的大型语言模型，见证 AI 如何一步步掌握人类语言的魅力。接着，将深入 AI 图像生成领域，探索不同技术路线背后的原理，了解计算机是如何将文字转化为绚丽画卷的。在视频生成技术部分，读者将看到 AI 如何为静态画面注入时间维度，让创意在时空中流动。本章的最后部分将揭示"提示词工程"的精髓，这是一门新兴的交互艺术，帮助我们更好地引导 AI 实现预期的创作效果。

9.1 什么是生成式人工智能

生成式人工智能（Generative AI）是人工智能领域一个令人振奋的重要分支，它赋予了 AI 系统前所未有的创造能力。与传统的判别式 AI 系统主要用于识别、分类或预测不同，生成式 AI 能够创造出全新的内容，包括文本、图像、音频、视频等多种形式的作品。这就像是赋予了计算机一支神奇的笔，让它能够在数字世界中进行自由创作。

大语言模型的诞生与演化：生成式人工智能

从本质上看，生成式 AI 是一类能够理解和学习现有内容的统计规律和深层特征，并基于这些学习成果创造出新内容的智能系统。打个比方，如果把人类的创作过程比作画家在画布上作画，那么生成式 AI 就像是一个通过观察和学习大量画作，掌握了绘画技巧和风格特征并能够创作出新画作的数字画家。这种系统不是简单地拼接或复制已有内容，而是能够理解内容的深层结构和规律，从而生成符合特定要求的全新作品。

生成式 AI 的工作原理可以类比为一个经过系统训练的艺术家。首先，它需要接受海量数据的"训练"，就像艺术家需要观摩大量作品来积累经验。在这个过程中，AI 系统会学习数据中的模式、规律和特征。比如，在处理文本时，它会学习语言的语法规则、词汇搭配、表达方式等；在处理图像时，它会理解构图原则、色彩搭配、风格特征等。这种学习是在多个层次上进行的，从基本的结构到高层的抽象概念都会被系统化地掌握。

生成式 AI 的一个重要特征是其强大的上下文理解和条件生成能力。它不是简单地随机生成内容，而是能够根据用户提供的提示或条件，生成符合特定要求的内容。比如，用户描述一个场景，生成式 AI 就能创作出相应的图像；用户提供一个故事开头，AI 就能续写出后续情节。这种能力使得生成式 AI 成为一个强大的创作辅助工具，能够根据创作者的意图提供定制化的输出。

与传统 AI 相比，生成式 AI 展现出了更高层次的智能特征。它不仅能够理解和处理信息，还能够进行创造性的组合和生成。这种能力的实现依赖于深度学习技术的突破，特别是变分自编码器（VAE）、生成对抗网络（GAN）、Transformer 等先进架构的发展。这些技术使得 AI 系统能够捕捉到数据中更深层的特征和规律，从而生成更加自然和连贯的内容。

从应用的角度来看，生成式 AI 已经在多个领域展现出巨大的潜力。在创意产业领域，它可以辅助设计师生成初始概念图，帮助作家构思情节，为音乐人提供旋律创意。在商业领域，它可以自动生成产品描述、营销文案、客服对话等内容。在教育领域，它可以根据学生的需求生成个性化的学习材料和练习题。在科研领域，它可以帮助研究人员生成实验方案、模拟数据等。

然而，生成式 AI 也面临着一些重要的挑战和限制。首先是内容的真实性和可靠性问题。虽然生成的内容可能在形式上非常逼真，但可能包含事实错误或虚构信息。其次是创作的原创性和版权问题，如何界定 AI 生成内容的知识产权仍然是一个待解决的问题。此外，生成式 AI 也可能被滥用来制作虚假信息或有害内容，这给社会带来了新的伦理和安全挑战。

展望未来，生成式 AI 的发展方向主要集中在提高生成内容的质量和可控性、增强多模态生成能力、提升理解和推理能力等方面。随着技术的不断进步，我们可以期待看到更加智能和实用的生成式 AI 系统，它们将在更多领域发挥重要作用，成为人类创造力的有力补充和扩展。不过，我们也需要积极应对相关的伦理和社会问题，确保这项技术的发展能够真正造福人类社会。

9.2 文生文：让文字生根发芽

在了解了生成式人工智能的基本概念后，让我们首先深入探讨其最基础也最成熟的应用形式——文本生成。文本生成技术经历了从简单的模板填充到能够创作诗歌、撰写报告的跨越式发展。这一技术进步的背后，是自然语言处理领域的三波重要技术浪潮：自回归模型的提出、预训练语言模型的突破，以及大型语言模型的崛起。接下来，我们将沿着技术发展的脉络，逐一探索这些关键突破是如何为文本生成能力的提升铺平道路的。

9.2.1 自回归模型

自回归模型是大语言模型发展历程中一个关键的基础概念，它的核心思想是利用序列中之前的元素来预测下一个元素。就像作家在写作时会根据已经写下的内容来决定接下来要写什么，自回归模型也遵循这种从前向后、逐步生成的模式。

在自然语言处理中，自回归模型的工作原理可以类比为完形填空游戏。假设有一个句子："我今天去____吃饭"，模型会根据已知的词语"我今天去"来预测空缺处最可能出现的词。这个预测过程基于模型在训练阶段学习到的大量文本数据中的统计规律。通过分析词语之间的搭配关系和上下文语义，模型能够生成最合适的下一个词。从技术角度来看，自回归模型在处理文本时采用了条件概率的思想。对于一个句子中的每个位置，模型都会计算在给定之前所有词语的条件下，下一个词语的概率分布。例如，在处理"今天天气很好，我想去____"这个片段时，模型会根据已有的文本计算下一个词最可能是"公园""散步""游玩"等的概率，并选择概率最高的词作为输出。这种一步一步的生成过程确保了文本的连贯性和流畅性。

自回归模型的一个重要特点是其单向依赖性。在生成文本时，模型只能利用已经生成的内容来预测下一个词，这就像人类写作时无法预知未来要写的内容一样。这种特性虽然限制了模型同时获取上下文信息的能力，但也使得生成过程更加自然和符合人类的认知习惯。比如，在写一个故事时，作者会根据已经写好的情节来构思接下来的发展。

在实际应用中，自回归模型的生成质量很大程度上取决于其训练数据的质量和规模。模型需要从海量的文本数据中学习语言的规律，包括语法结构、词语搭配、表达方式等。这就像一个人要成为优秀的作家，需要大量阅读和积累一样。因此，高质量的训练数据对于提升模型的生成能力至关重要。

自回归模型也存在一些固有的局限性。首先是生成过程的累积误差问题。由于每一步的预测都依赖于之前的输出，一旦某个位置出现错误，这个错误可能会影响后续的生成结果。其次是生成多样性的平衡问题。如果模型总是选择概率最高的词，可能会导致生成的文本过于刻板；但如果引入过多随机性，又可能影响文本的连贯性。

为了克服这些限制，研究人员开发了多种优化技术。例如，使用束搜索（Beam Search）算法来平衡确定性和多样性，通过保持多个候选序列来提高生成质量。另外，还可以通过调整采样温度等参数来控制生成文本的创造性和保守程度。这些技术的应用大大提升了自回归模型的实用性。

自回归模型的发展为后来的大语言模型奠定了重要基础。它的基本原理和设计思想被广泛应用于各种现代语言模型中，包括 GPT 系列等知名模型。这种生成机制的成功，不仅推动了自然语言处理技术的进步，也为人工智能创造性写作开辟了新的可能性。随着技术的不断进步，自回归模型将继续在文本生成领域发挥重要作用，并与其他技术相结合，推动生成式 AI 的进一步发展。

9.2.2 预训练语言模型

与传统的从零开始训练模型的方式不同，预训练语言模型引入了一种更为高效和智能的学习范式，让机器能够像人类一样，先在海量的语言数据中"打基础"，再针对具体任务"精雕细琢"。这种方法的出现，不仅显著提升了模型在文本理解、文本生成和文本翻译等任务上的表现，还极大地降低了开发复杂语言系统所需的资源和时间成本。可以说，预训练语言模型的诞生为后续的模型设计和应用提供了统一的框架和无限可能。然而，这一技术的成功并非偶然，其背后的核心思想值得我们深入探究。究竟是什么让预训练语言模型如此强大？它又是如何在短短几年内推动了整个领域的飞跃？要回答这些问题，需要从预训练的基本理念开始，逐步揭开其工作的奥秘。

1. 预训练的主要思想

前面的章节介绍了语言模型的基本原理，本节主要探讨预训练语言模型。那么，什么是预训练呢？语言模型为什么要进行预训练呢？下面的内容将为读者回答这些问题。

假设你正在教一个孩子认识这个世界。你不会一开始就让他解决复杂的数学问题或写出优美的诗歌，相反，你会先教他基本的概念，即颜色、形状、数字，然后是语言、逻辑和推理。这个过程就像在孩子的脑海中播下知识的种子，让它们在孩子未来的学习中茁壮成长。预训练在人工智能领域扮演着类似的角色，它为 AI 系统提供了理解世界的基础知识和能力。

预训练的核心思想是让 AI 模型在大量的通用数据上学习，就像一个作家在正式开始写作之前，先广泛阅读各种类型的书籍。在这个过程中，模型会学到语言的结构、世界的知识、逻辑推理的方法等。这些看似基础的能力实际上为后续的特定任务学习铺平了道路。打个比方，假设你要学习一门新的语言，如果你已经掌握了几种语言，学习新语言会变得容易得多，因为你已经理解了语言的基本结构，知道什么是名词、动词、形容词，了解语法规则是如何运作的。这些先验知识就像是预训练给 AI 模型带来的优势。当模型面对新任务时，它不是从零开始学习，而是带着丰富的"经验"和"知识"，这让学习变得更快、更高效。

那么，为什么要进行如此耗时耗力的预训练呢？首先，预训练大大提高了模型的通用性。经过预训练的模型就像一个见多识广的人，能够快速适应各种新的语言任务。比如，它可以轻松地从写作助手转变为问答系统，或者成为一个出色的文本分类器。这种灵活性使得预训练模型成为 AI 领域的"瑞士军刀"，能够应对各种不同的挑战。其次，预训练解决了数据稀缺的问题。在传统的机器学习方法中，每个具体任务都需要大量的标注数据。比如，要训练一个情感分析模型，需要成千上万条已经标注好情感倾向的评论。但是，获取这样的标注数据往往非常昂贵和耗时。预训练模型则不同，它可以从大量的未标注文本中学习，然后只需要少量的标注数据就能适应特定任务。这大大降低了开发 AI 应用的门槛。第三，预训练能够捕捉到语言的深层语义。语言是复杂的，同一个词在不同语境下可能有完全不同的含义。通过在海量文本上进行训练，预训练模型能够学习到词语之间的复杂关系，理解语言的微妙之处。这使得它在理解人类语言方面表现得越来越像一个真正的人类。第四，预训练模型展现出了令人惊讶的"涌现能力"。这些模型不仅学会了我们期望它们学习的内容，还常常表现出一些意想不到的能力。例如，一些大型预训练模型不仅能够生成连贯的文本，还能解决数学问题，甚至编写简单的计算机程序。这些能力并没有被明确编程，而是在学习过程中自然涌现的。这种现象让我们对 AI 的潜力有了全新的认识。

然而，预训练并非一蹴而就的过程，它需要海量的数据和强大的计算资源。就像人类阅读一个巨大图书馆中的书籍，里面包含了人类历史上积累的所有知识，预训练模型也需要"阅读"并理解浩如烟海的信息，从中提炼出有用的知识和模式。这个过程可能需要数周甚至数月的时间，会消耗大量的能源和计算资源。但这种投资是值得的，一旦完成预训练，模型就像一个充满智慧的老者，可以用最小的努力适应新的任务。这种方法不仅提高了 AI 系统的性能，还大大降低了开发特定应用的时间和成本。

预训练的另一个重要思想是"自监督学习"。传统的机器学习方法通常需要大量人工标注的数据，这个过程既耗时又昂贵。自监督学习则巧妙地绕过了这个限制。它利用数据本身的结构来创造学习目标，就像一个聪明的学生，不仅依赖老师的指导，还能自己设计练习题来提高自己。举个例子，在自然语言处理中，模型可能会尝试预测句子中的下一个词或者填补被故意遮蔽的词。通过这种方式，模型逐渐学会了理解语言的结构和含义，而无须人类明确地告诉它每个词的具体含义。这种自学习的能力让 AI 模型能够从未标注的大规模数据中获取知识，大大扩展了可用于训练的数据范围。

预训练语言模型还引入了"迁移学习"的概念。就像人类可以将在一个领域学到的知识应用到另一个领域一样，预训练语言模型也可以将其通用知识迁移到特定任务中。这就像一个精通物理学的科学家，在学习生物学时能够快速掌握其中的数学模型和实验方法。通过迁移学习，我们可以用相对较少的特定任务数据来微调预训练模型，使其在新任务上表现出色。

预训练语言模型的成功也带来了一些有趣的哲学思考。这些模型能够生成看似智能的文本，回答复杂的问题，甚至在某些任务上超越人类。那么，它们是否真的"理解"了语言？它们的"思考"过程是否与人类相似？这些问题触及智能的本质，引发了关于人工智能未来发展方向的深刻讨论。

研究人员正在探索如何将预训练语言模型扩展到更多领域，比如跨模态学习，让模型能够同时理解文本、图像、声音等多种形式的信息。这就像培养一个全能的天才，让他不仅精通语言，还懂得欣赏艺术、理解音乐。这种多模态的 AI 系统有望带来更自然、更智能的人机交互方式。另一个令人期待的方向是持续学习能力的发展。现有的预训练语言模型一旦训练完成，其知识就基本固定了。人类则能够不断学习新知识，更新自己的认知。如果能够赋予 AI 系统类似的能力，让它们能够在完成初始预训练后继续从新数据中学习，而不会忘记已有的知识，这将是一个重大突破。这种"终身学习"的 AI 系统将能够更好地适应快速变化的世界，为我们提供始终最新、最相关的智能服务。

预训练语言模型代表人工智能领域一个重要的范式转变。它不仅提高了 AI 系统的性能和灵活性，还开启了通向更高级形式人工智能的大门。通过模仿人类学习的方式，让 AI 系统先学习广泛的基础知识，然后针对特定任务进行微调，这种预训练的思想为创造以 ChatGPT 为代表的大语言模型铺平了道路。

2. 预训练语言模型的发展历程

如图 9-1 所示，预训练语言模型的发展要从 2013 年说起，那时的自然语言处理领域正处于一个激动人心的转折点。深度学习方法开始在各个领域显示出惊人的潜力，但在 NLP 领域，研究者们仍在为如何有效地表示文本而冥思苦想。正是在这一年，一个叫作 Word2Vec 的模型横空出世。它的核心思想十分简单：通过观察单词如何在上下文中共同出现，来推断单词的含义和关系，并将这些关系编码到一个多维空间中，使得相似或相关的单词在该空间中彼此靠近。可以通过以下的简单比喻来解释 Word2Vec 模型。假设语言是一个巨大的马戏团，而每个单词都是一个独特的马戏团演员。Word2Vec 就像这个马戏团的天才导演，它的任务是理解每个演员的特点和他们之间的关系。在这个马戏团里，演员们经常一起表演。小丑可能经常和杂技演员一起出现，而驯兽师则常常和狮子同台。导演（也就是 Word2Vec）并不需要知道每个演员具体会做什么特技，但通过观察谁经常和谁一起表演，它可以猜测出演员们的特点和关系。比如，如果导演发现空中飞人总是和高空走钢丝的演员一起出现，它可能会推断这两种演员都是专门进行高空表演的；如果魔术师经常和兔子一起出现，导演可能会将这两者联系起来。Word2Vec 就是用这种方式来理解单词的，它不需要知道每个单词的确切定义，而是通过观察单词在句子中如何与其他单词一起"表演"，来推断出单词的含义和关系。在这个过程中，Word2Vec 给每个"演员"（单词）分配了一个特定的位置，就像是在马戏团的大帐篷里安排座位。经常一起表演的演员（经常一起出现的单词）会被安排在彼此附近的位置。这样，仅仅通过查看演员们的座位安排，就能大致推测出他们之间的关系和相似性。

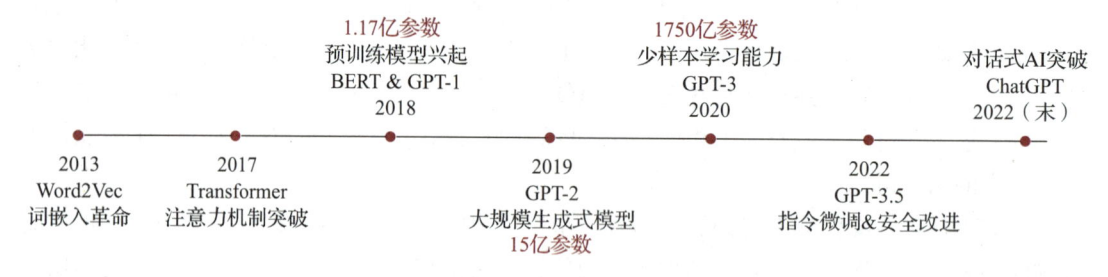

图 9-1　预训练语言模型的发展历程

Word2Vec 的成功让研究者们看到了利用大规模无标注文本进行预训练的巨大潜力。紧随 Word2Vec 之后，各种词嵌入模型如雨后春笋般涌现。其中最著名的是 2014 年推出的 GloVe（Global Vectors for Word Representation）。如果说 Word2Vec 是在观察每个单词的近邻，那么 GloVe 就是在鸟瞰由海量词汇构建的"银河系"，它不仅考虑局部上下文，还利用了全局的共现统计信息。现在马戏团变得更加复杂和庞大了，GloVe 就像这个马戏团的总导演，它的目标是创作一部完美的马戏团大秀，让每个演员的才能都得到最佳展现。

在马戏团中，GloVe 首先创建一个"表演日志"，记录所有演员的合作次数，并计算这些合作的相对频率，以揭示更深层的联系。通过一个特殊的权重函数，GloVe 平衡罕见和频繁合作的重要性，避免无意义的关联。接着，GloVe 为每个演员分配一个"才能向量"，将其映射到多维空间中，使相似的演员位置相近。GloVe 的目标是优化这些向量的位置关系，使其最好地反映演员在"表演日志"中的合作关系，就像设计一个完美的舞台布局。这种方法不仅能发现直接的合作关系，还能推断出隐含的联系，例如通过间接合作推断出空中飞人和跳伞演员之间的联系。最终，GloVe 创造的多维"才能空间"捕捉了整个马戏团的全局结构，揭示出有趣的类比关系，如"小丑之于欢笑，就像魔术师之于神秘"。通过这种方式，GloVe 能够捕捉到词语之间更加丰富和微妙的语义关系。它不仅考虑了直接的共现信息（就像 Word2Vec 那样），还考虑了全局的统计模式，从而能够更好地理解词语在整个语言环境中的角色和关系。这使得 GloVe 生成的词向量在许多自然语言处理任务中表现出色,特别是在捕捉词语的类比关系和语义相似性方面。

这些模型虽然强大,但它们都有一个共同的局限:每个单词只对应一个固定的向量,无法处理一词多义的问题。接下来的几年,自然语言处理领域继续在递归神经网络(RNN)和长短期记忆网络(LSTM)的基础上探索。这些模型在处理序列数据方面表现出色,但它们仍然面临着长距离依赖问题和难以并行计算的挑战。研究者们开始思考:有没有一种方法,可以既捕捉长距离依赖又能高效并行计算呢?答案在 2017 年揭晓,这一年,谷歌团队发表了一篇震撼学术界的论文,介绍了 Transformer 模型。Transformer 的出现为自然语言处理领域带来了一场革命,它抛弃了传统的循环神经网络结构,而是采用了全新的注意力机制。如果传统的模型是在一个个字词上辛苦爬行的蚂蚁,那么 Transformer 就像一只展翅高飞的雄鹰,它能够一眼洞察整个句子的结构,理解词与词之间复杂的关系。这不仅大大提高了模型的性能,还使得并行计算成为可能,极大地加快了训练和推理的速度。Transformer 的核心是自注意力(Self-Attention)机制。该机制允许模型在处理每个词时,都能考虑到整个序列中的其他词。就像你在阅读一本书,当读到某个词时,你的大脑会自动联想到前面提到的相关信息,这就是自注意力机制的工作方式。更神奇的是,Transformer 引入了多头注意力(Multi-Head Attention)。这就像给模型装上了多个"望远镜",每个"望远镜"都能从不同的角度观察文本,捕捉不同层面的语言特征。有的"望远镜"可能专注于语法结构,有的则可能关注语义关系。这种多角度的观察使得模型能够更全面、更深入地理解语言。Transformer 还引入了位置编码(Positional Encoding)的概念。因为抛弃了循环结构,模型失去了词序信息。位置编码巧妙地解决了这个问题,它为每个位置赋予了一个唯一的编码,使得模型能够理解词在序列中的相对位置。这就像给每个词都贴上了一个位置标签,模型在对文本序列进行处理时能精准洞悉各个词在序列中的先后次序。

Transformer 的成功引发了一场"注意力革命",研究者们开始探索如何将这种强大的结构应用到各种自然语言处理任务中,但真正的重大突破还在后面。2018 年,自然语言处理领域迎来了一个被称为"ImageNet 时刻"的转折点。就像 ImageNet 在计算机视觉领域所起的作用那样,这一年,预训练语言模型在自然语言处理领域强势崛起。该年度的主角是前文提到的 BERT,BERT 的诞生标志着预训练语言模型正式成为自然语言处理领域的主流方法。BERT 基于 Transformer 的编码器结构,但它的创新在于采用了双向训练的方法,这意味着它在理解一个词时,不仅会考虑该词左边的上下文,还会考虑右边的上下文。如果之前的模型是在黑暗中用手电筒一点点照亮文本,那么 BERT 就像是打开了整个房间的大灯,让每个词都能在完整的上下文中被清晰呈现。这看似是一个小小的改变,却带来了巨大的性能提升。BERT 在多个自然语言处理任务中取得了当时的最佳成绩,引发了学术界和工业界的广泛关注。BERT 的成功掀起了一股"预训练热",各大科技公司和研究机构纷纷推出自己的预训练模型。例如,Facebook 推出了 RoBERTa,它通过更多的数据和更长的训练时间,进一步提升了 BERT 的性能;谷歌则推出了 ALBERT,通过参数共享的技巧大大减小了模型的大小,同时保持了强大的性能。

在人们为 BERT 的成功欢呼雀跃时，一个新的巨星悄然登场，它就是 GPT（Generative Pre-trained Transformer）系列模型。如果说 BERT 是一个善于理解的听众，那么 GPT 就是一个能言善辩的演说家。GPT 采用了 Transformer 的解码器结构，专注于文本生成任务。GPT-1 的诞生可以追溯到 2018 年，它由 OpenAI 开发，采用了 Transformer 的解码器结构。GPT-1 的主要创新在于它采用了无监督的预训练加上有监督的微调的方法。这种方法允许模型首先在大量的无标注文本上学习语言的一般特征，然后再在特定任务上进行微调。这就像先让模型广泛阅读各种书籍，建立起对语言的基本理解，然后针对特定任务进行专门训练。

尽管 GPT-1 在当时表现出色，但它的真正潜力还未被完全释放。研究者们很快意识到，如果能够增加模型的规模和训练数据量，模型的性能可能会有质的飞跃，这个想法促进了 GPT-2 的诞生。2019 年，GPT-2 横空出世，它的规模远超 GPT-1，拥有 15 亿参数，是当时最大的语言模型。更让人惊讶的是它展现出的能力，GPT-2 不仅能生成连贯的长文本，还能执行简单的阅读理解、翻译等任务，而这些任务它在训练时都没有明确学习过。GPT-2 的成功证明了"规模是关键"这一理念。研究者们意识到，通过增加模型的规模和训练数据量，模型可以展现出意想不到的能力。这个发现为后续更大规模模型的开发铺平了道路。

2020 年，GPT-3 横空出世，再次刷新了人们对语言模型的认知。拥有 1750 亿参数的 GPT-3 不仅规模空前，其表现也令人惊叹。它能够理解和执行各种复杂的语言任务，从写作文章到编写代码，甚至能进行简单的推理。GPT-3 最令人惊讶的特性是它的"少样本学习"（few-shot learning）能力。这意味着，即使没有经过特定任务的微调，GPT-3 也能通过几个简单的示例快速适应新任务。这就像一个超级聪明的学生，你只需要给他看几个例子，他就能理解你的意图并完成任务。GPT-3 的成功进一步证明了"规模就是一切"的说法，即更大的模型、更多的数据往往能带来更好的性能。在 GPT-3 之后，预训练语言模型的发展并没有停止。研究者们开始探索如何让这些模型变得更加高效、更加可控。一个重要的方向是指令微调（Instruction Tuning）。这种方法旨在让模型能够更好地理解和执行用户的指令，使得与模型的交互变得更加自然和直观。2022 年，ChatGPT 的出现再次引发了公众对 AI 的广泛关注。作为 GPT-3.5 系列的一员，ChatGPT 展现出惊人的对话能力和知识广度，它不仅能回答各种问题，还能写作、编程甚至创作诗歌。后续章节将详细介绍 ChatGPT 是如何诞生的。

纵观预训练语言模型的发展历程，可以看到几个明显的趋势：从 GPT-1 的 1.17 亿参数到 GPT-3 的 1750 亿参数，模型规模呈指数级增长，显著提升了性能，但也带来了计算资源和环境成本的挑战；模型能力不断提升，从 GPT-1 的简单文本生成到 GPT-3 的少样本学习能力，再到 ChatGPT 的类人对话能力，展现了强大的任务执行潜力；训练方法不断演进，从语言模型预训练到任务微调、少样本学习、指令微调，再到引入人类反馈的强化学习，使模型更好地理解用户意图；应用范围从文本生成扩展到问答、翻译、代码生成等多种任务，逐渐向通用人工智能迈进；此外，交互方式也从单向生成发展为自然友好的对话式交互。

9.2.3 大型语言模型

所谓"大型语言模型"，通常指的是那些参数数量达到数十亿甚至数千亿的超大规模语言模型。前面提到的 GPT-3 就是一个典型的例子，它拥有 1750 亿个参数，相当于一个拥有 1750 亿个神经元连接的超级大脑。然而，尽管 GPT-3 表现出色，但它仍存在一些明显的局限性。首先，它有时会产生前后矛盾或事实性错误的内容；其次，它在处理需要持续对话或者需要遵循特定指令的任务时表现不佳，它更像一个滔滔不绝的演讲者，而不是一个善于倾听和遵循指示的对话者。

为了解决这些问题，研究人员开始着手改进 GPT-3，于是 GPT-3.5 诞生了。GPT-3.5 并不是一个单一的模型，而是一系列基于 GPT-3 进行改进的模型的统称。这些改进主要集中在以下几个方面。首先，通过"指令微调"技术，研究人员让 GPT-3.5 学会了更好地理解和执行用户的具体指令，例如总结文章或翻译文本；其次，GPT-3.5 在多轮对话中的表现显著提升，能够保持连贯性并记住上下文；第三，为了提高事实准确性，研究人员采用了事实性数据集训练和后处理机制，减少模型犯错的机会；第四，GPT-3.5 引入了更严格的内容过滤和安全措施，避免生成不恰当或有害的内容。最后，GPT-3.5 系列还包括针对特定任务优化的模型，例如专门用于代码生成的模型，使其在特定领域表现更出色。这些改进使得 GPT-3.5 比 GPT-3 更加可靠、安全、有用。它能够更好地理解用户的意图，生成更加准确和适当的回答，并在多轮对话中保持连贯性。然而，尽管 GPT-3.5 取得了显著进步，但它还不是一个真正的对话 AI，它在处理复杂的交互场景、理解细微的语境，以及生成真正自然的对话方面还有提升的空间。

这就引出了故事的主角——ChatGPT，它是 OpenAI 公司于 2022 年 11 月底推出的具有千亿参数规模的大型语言模型。ChatGPT 的问世标志着人工智能重要奇点时刻的到来。从 GPT-3.5 到 ChatGPT 的演变是一个精细调教和优化的过程，涉及多个关键方面的改进。

首先是指令微调的深化。GPT-3.5 已经进行了一定程度的指令微调，但 ChatGPT 在这方面走得更远。研究人员为 ChatGPT 准备了更多样化、更复杂的指令–回答对，这些指令不仅涵盖了简单的问答，还包括多轮对话、任务分解、角色扮演等更高级的交互模式。例如，研究人员可能会提供这样的训练样本：

人类：我需要为我的朋友策划一个惊喜生日派对，你能帮我列一个计划清单吗？

AI：当然可以！以下是为您朋友策划惊喜生日派对的计划清单：
- 确定日期和地点
- 制定宾客名单
- 发送邀请
- 策划派对主题
- 准备装饰品……

人类：这个清单很棒！但我忘了说，我的预算有限，你能给我一些省钱的建议吗？

AI：非常抱歉我之前没有考虑到预算因素。以下是一些在有限预算内举办派对的建议：
- 选择家中或公园等免费场地
- DIY 装饰品，而不是购买现成的
- 准备简单的自制食物，而不是订购餐饮……

这种多轮对话的训练样本帮助 ChatGPT 学会了如何根据用户的额外信息或反馈来调整和完善它的回答。

其次，ChatGPT 在 GPT-3.5 的基础上引入了一个革命性的训练方法：人类反馈强化学习（Reinforcement Learning from Human Feedback，RLHF）。该方法是 ChatGPT 超凡能力的秘密武器。让我们来详细了解 RLHF 的工作步骤。

第一步：收集人类偏好数据。首先，需要教会 AI 什么样的回答是好的，什么样的回答是不好的。研究人员创建了成千上万个对话场景，对于每个场景，他们让 AI 生成多个不同的回答，然后邀请人类评判来评价这些回答。评判人员可能是普通人，也可能是专业的语言学家或心理学家。评判的任务是比较不同的回答，并选出他们认为最好的一个。评判人员会考虑回答的准确性、有用性、礼貌程度，甚至是幽默感。这就像让人类充当 AI 的老师，告诉它："看，这才是人们喜欢的回答方式。"这个过程可能会非常细致。例如，对于一个简单的问候，评判会比较以下回答：

- "你好。"
- "你好！希望你今天过得愉快。"
- "嘿，很高兴见到你！有什么我可以帮忙的吗？"

评判可能会选择第二个或第三个回答，因为它们听起来更友好、更热情。通过这个过程，研究人员收集了大量的数据，展示了人类在各种情况下的偏好。这些数据成为训练 AI 的宝贵资源。

第二步：训练奖励模型。现在，我们拥有大量人类偏好数据，但是，我们不可能为每一个可能的对话场景都收集人类反馈。那么，如何让 AI 在没有具体指导的情况下也能做出好的选择呢？答案是训练一个奖励模型。这个奖励模型就像一个 AI 评委，我们用之前收集的人类偏好数据来训练这个评委，它的任务是学习人类的品味和偏好，然后能够独立地评判 AI 的回答质量。训练过程可能是这样的：我们给奖励模型看大量的对话片段和人类对这些对话的评价。奖励模型的目标是学会预测人类如何评价一个给定的回答。例如，奖励模型可能学到：

- 礼貌的回答通常得分较高。
- 提供详细、相关信息的回答比简短、笼统的回答更受欢迎。
- 在适当的时候使用幽默可以增加得分。
- 表达同理心的回答通常很受欢迎。

通过这个过程，奖励模型逐渐学会模仿人类评判的标准，它变成了一个能够快速、一致地评价 AI 回答质量的系统。

第三步：强化学习优化。经过第二步，我们有了一个训练有素的 AI 评委（奖励模型）。接下来就是最激动人心的部分：让 ChatGPT 通过实践学习，不断提升自己的表现。这个过程就像让 ChatGPT 参加一个永无止境的对话比赛，比赛中，ChatGPT 是选手，奖励模型是评委，强化学习算法则是 ChatGPT 的教练。比赛是这样进行的：

1）ChatGPT 生成一个回答。
2）奖励模型对这个回答进行打分。

3）强化学习算法根据分数反馈：高分时鼓励 ChatGPT 生成类似回答，低分则引导其尝试不同方式。

这个过程会数以百万次地不断重复，每一次，ChatGPT 都会学习什么样的回答能够获得高分，什么样的回答应该避免。举个例子，假设 ChatGPT 正在学习如何回应一个沮丧的用户，它可能会尝试以下回答：

- "别难过了。"（奖励模型给了低分，因为这个回答显得有些冷漠。）
- "我理解你的感受。发生了什么事吗？"（奖励模型给了高分，因为这个回答表现出了同理心。）
- "生活就是这样，振作起来吧！"（奖励模型给了中等分数，因为虽然试图鼓励，但可能显得有些轻率。）

在强化学习的过程中，有几个有趣的细节值得关注：首先，探索与利用的平衡机制被引入，以避免 ChatGPT 陷入单一的回答模式，算法会鼓励它偶尔尝试新的、不同的回答方式，这类似于鼓励学生不仅要复习已知的知识，还要主动探索新的思路；其次，长期奖励的设计使得算法不仅关注单个回答的得分，还会考虑整个对话的质量，从而激励 ChatGPT 学会维持长期、连贯的对话；最后，约束优化的设置确保了 ChatGPT 在追求高分的同时不会偏离太远，保持语言的自然性和多样性。这些机制共同作用，使得 ChatGPT 能够在多样性与连贯性之间找到平衡，提供更高质量的回答。

通过上述过程，ChatGPT 学会了生成更符合人类偏好的回答。它不仅能够提供准确的信息，还能以人类喜欢的方式表达这些信息。例如，它学会了如何礼貌地回答问题，如何幽默地回应，如何在适当的时候表达同理心，甚至学会了如何委婉地拒绝不适当的请求。

ChatGPT 在多个维度上展现出其卓越的能力和优化成果。它不仅在长对话中表现出色，能记住并利用之前的对话内容，使交流更加自然连贯，还具备将复杂任务拆解为更小步骤的能力，例如逐步引导用户计划旅行。尽管 AI 并不具备人类意义上的创造力，但 ChatGPT 却能在生成原创故事、诗歌甚至进行简单的游戏设计时，展现出令人惊讶的"创造性"，仿佛给它注入了一丝艺术家的灵感。在多语言处理方面，它同样表现出色，能够进行多语言对话、翻译和理解文字游戏。此外，ChatGPT 在代码理解和生成方面的能力显著提升，能够解释复杂代码并根据自然语言描述生成功能完整的程序。最后，它在安全性和道德性方面也进一步得到提升，能主动避免生成有害或不适当的内容，并在敏感话题上保持中立和谨慎。这些优化共同塑造了一个更加智能、可靠且多才多艺的大模型。

与传统的面向特定自然语言处理任务的语言模型（如机器翻译）不同，大型语言模型是通用的模型，在广泛的任务中性能显著提高。例如，ChatGPT 能力范围可以覆盖回答问题、撰写文章、文本摘要、语言翻译和生成计算机代码等数十种自然语言处理任务。与此同时，大模型通常具备在小模型中不存在的"涌现能力"，主要表现为以下几个方面。

1）上下文学习：假设提供给语言模型自然语言指令或多个任务演示，可以以完成输入文本的单词序列的方式来为测试实例生成期望的输出，而不需要额外的训练或梯度更新。这就好比你正在教一个外星人地球的语言和习俗，不需要事先编写一本详细的教科书，只需要给它看几个例子，它就能立刻领悟并模仿。这就是大模型的上下文学习能力，给它几个任务示例，它立刻就能举一反三，完成类似的新任务，而且不需要额外的训练。

2）指令遵循：通过指令微调，大语言模型能够在没有使用显式示例的情况下遵循任务指令，因此它具有更好的泛化能力。这就好像你有一个助手，你只需要告诉它"请帮我写一首关于春天的诗"或者"解释一下量子力学的基本原理"，它就能立即理解你的意图并完成任务。不需要示例，不需要解释，它就能准确地执行你的指令。通过指令微调获得的能力，让大模型变成了一个多才多艺的全能助手，能够理解并执行各种各样的任务指令。

3）逐步推理：通过采用"思维链"推理策略，大语言模型可以利用包含中间推理步骤的提示机制来解决这些任务，得出最终答案。当你问它一个复杂的问题时，它会像人类一样，一步一步地思考，然后向你解释整个推理过程。这就是"思维链"策略，让大模型能够像人类一样进行逻辑推理。比如，当你问它"为什么天是蓝色的？"，它会先思考大气层的组成，然后考虑光的散射原理，最后得出结论。

从 GPT-1 到 ChatGPT 的演变，展示了 AI 技术的飞速进步。每一代模型都在解决前一代的问题，同时带来新的可能性。这个过程不仅仅是参数数量的增加或者训练数据的扩充，更重要的是训练方法和目标的创新。尽管 ChatGPT 如此强大，它仍然存在一些局限性。首先，它的知识仍然限于训练数据，无法实时更新。其次，它有时候还是会产生事实性错误或产生无意义的回答。最后，尽管它表现得很像人类，但它并不真正理解自己所说的话，也没有真正的思考能力和自我意识。

近年来，随着模型架构的不断完善，训练方法的不断创新，大语言模型在以美国为代表的发达国家得到了迅猛发展。截至 2023 年 12 月，全球已累计公开发布数百个大模型，而中美两国大模型的数量占到了全球大模型数量的近 90%。其中，10 亿级参数规模以上基础大模型已接近 200 个。除了 OpenAI 推出的 GPT 系列模型之外，谷歌、微软、Meta、亚马逊等众多科技巨头以及 Anthropic 等大模型初创公司在大语言模型领域投入了大量的资金和人才，相继推出了 Gemini、Claude、Llama、Olympus 等一系列颇具竞争力的大语言模型。国产大模型的研发相比于以美国为代表的西方国家起步较晚，但整体发展态势非常迅速。中国的科研团队在模型架构、训练算法、优化方法等方面已经取得了一系列创新成果，大模型性能不断提升，能力水平快速接近或超越国际先进水平。例如，杭州深度求索人工智能基础技术研究有限公司研发的 DeepSeek 大模型，在多项自然语言处理任务中取得了世界领先的成绩。

9.3 文生图：当文字化作绚丽画卷

在理解文本生成的技术原理后，我们将目光转向另一个令人惊叹的生成式人工智能领域——文本到图像的生成技术。如果说文本生成让 AI 掌握了人类的书写能力，那么文生图技术则赋予了 AI "绘画"的本领。当我们输入

从文本到视觉的生成魔法：生成式人工智能

"在月光下翩翩起舞的蝴蝶"这样的文字描述时，AI 能够将这幅画面具象化，创造出富有美感的图像作品。这种将抽象语言转化为具象图像的能力，不仅拓展了人类的创作边界，也为艺术设计、内容创作等领域带来了革命性的改变。

9.3.1 图像生成模型的基本原理

图像生成模型的核心任务是学习数据的分布，并基于此生成新的、符合要求的图像。可以通过以下关键步骤来理解这一过程。生成模型首先通过观察大量图像数据来学习现实世界中物体的视觉特征和规律，这一过程称为"训练"。模型不仅需要记忆图像，还需要理解图像中的模式和规律。例如，模型需要识别猫的基本特征（如两只耳朵、四条腿和一条尾巴），同时理解这些特征在不同图像中的变化（如颜色、姿态、光影等）。通过这种方式，模型能够捕捉到图像数据中的潜在结构和分布。生成模型将图像表示为高维空间中的点。该空间包含了所有可能的图像组合，模型的任务是理解该空间的结构，并识别哪些点代表合理的图像、哪些点是噪声。模型通过学习数据的分布，能够在该空间中导航，找到符合特定描述的图像区域。例如，模型可以区分风景画、人物肖像和抽象艺术，并理解这些类别之间的过渡关系。

从数学角度来看，生成模型学习的是一个概率分布。模型通过分析训练数据，理解哪些特征组合是合理的、哪些是不合理的。以生成猫的图像为例（如图 9-2 所示），模型通过分析大量猫的照片，掌握了"猫空间"的概率分布：两只耳朵是必需的，黑色或橘色的毛发是常见的，蓝眼睛是可能的但不常见，六条腿则是极不可能的。在这个空间中，每个点都代表一只可能存在的猫，点与点之间的距离表示猫的相似度。这种概率分布的学习使得模型能够生成符合现实世界规律的图像。

当模型接收到一个生成任务（如"戴红色贝雷帽的橘猫"），它会在高维空间中找到符合描述的区域，并从中选择一个点生成图像。可以把这个过程类比为雕塑家用大理石雕刻作品：模型从一个随机噪声开始，类似于模糊的橘色块状物，然后逐步进行精细调整，经过几次迭代后，可辨认的猫的形状出现，包括耳朵和尾巴轮廓，再经过更多次迭代，一只清晰的橘猫呈现出来，最后模型添加贝雷帽，调整其位置和大小直至图像自然合理。

生成模型不仅能够复制已有的图像，还能创造出全新的组合。例如，模型可以生成"一只骑着独轮车的企鹅"，尽管它从未见过这样的图像。模型通过理解"企鹅""独轮车"和"骑行"等概念，能够将这些元素合理地组合在一起，生成符合逻辑的图像。这种能力使得生成模型在艺术创作和设计领域具有广泛的应用潜力。

为了确保生成的图像质量，模型在整个生成过程中持续进行自我评估，这就是它的"品控系统"。它不断思考："这看起来像真实的猫吗？""我是否忠实执行了指令？""细节是否自然？"如果发现问题，比如贝雷帽飘在空中而不是戴在猫头上，模型会在下一次迭代中自动修正，直到达到满意的效果。这一过程类似于艺术家反复修改作品，直到达到预期的艺术效果。

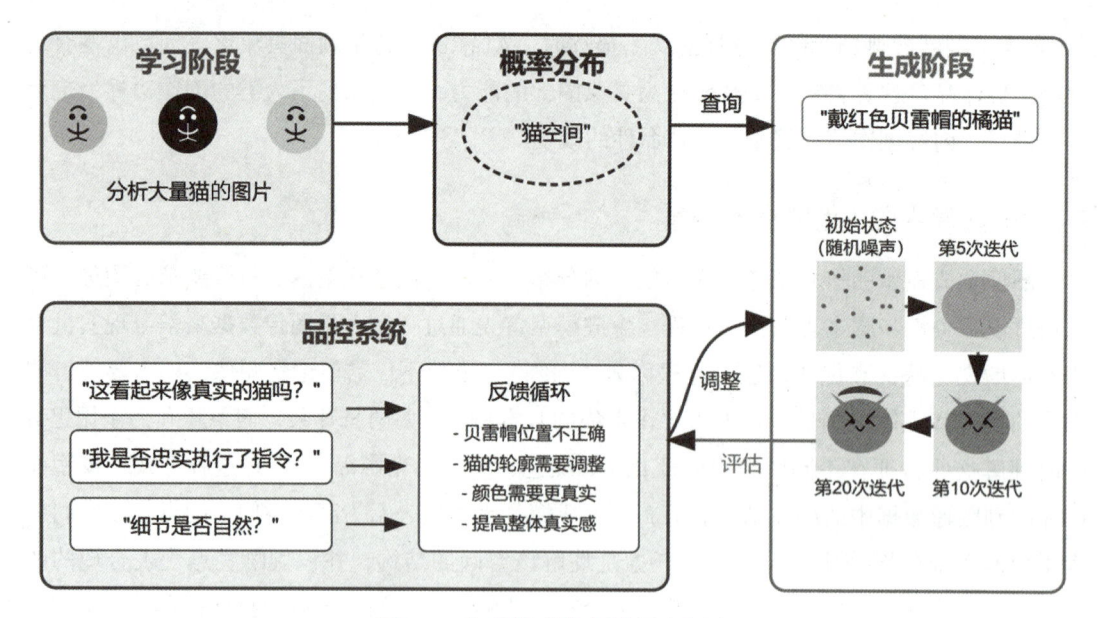

图 9-2 生成模型基本原理示意图

这种生成模型的基本工作原理为后续的各种具体实现方式（如自回归模型、生成对抗网络、扩散模型等）奠定了基础。每种实现方式都有其独特的特点和优势，但它们都遵循相同的核心理念：通过学习数据的分布来生成新的、符合要求的内容。

9.3.2 图像生成模型的主流技术路线

图像生成并非一蹴而就的魔法，其背后依赖于多种技术路线的支撑，每一种路线都以独特的方式诠释了"生成"的艺术。当前的主流技术包括自回归模型、生成对抗网络（GAN）和扩散模型等，它们各自从不同的理论基础出发，逐步推动了图像生成从简单像素堆砌到复杂艺术创作的演变。为了更好地理解这些技术的魅力与差异，下面从自回归模型开始，逐一剖析它们的原理与特点。

1. 自回归模型：图像生成的逐步艺术

自回归模型把图像生成当作序列决策问题，如同写书要逐字书写，自回归模型也是逐像素地生成图像。这听起来可能很不可思议，一张 1024×1024 像素的图像就包含超过一百万个像素，但正是这种看似笨拙的方式，让模型能够捕捉到图像中极其微妙的细节和依赖关系。这类似于你正在玩一个特殊的拼图游戏，但你只能从左上角开始，按固定顺序一块一块地放置，每放置一块拼图，你都需要仔细查看已经放好的部分，思考下一步应该放哪块拼图。自回归模型就是用这种方式工作的，它会根据已经生成的像素来决定下一个像素的颜色和亮度。这种生成策略有一个独特的优势，即它能够非常精确地控制局部细节。因为每个新像素的生成都充分考虑了之前所有像素的信息，所以生成的图像通常在局部细节上非常连贯和真实。比如，当生成一只猫的眼睛时，模型能够确保眼睛的每个部分都完美匹配，从眼形到瞳孔的反光都保持高度的一致性。

在自回归模型中,"上下文"是一个核心概念。每个新生成的像素都依赖于之前生成的所有像素,这些已生成的像素就构成了"上下文"。这种对上下文的强依赖使得自回归模型特别擅长处理需要长期一致性的细节。如图 9-3 所示,以生成"郁金香花园与蝴蝶"图像为例,当模型生成到花茎顶部附近的像素时,它会查看周围已生成的像素,发现附近有花茎的绿色像素。基于这一上下文,模型"理解"到这里很可能需要生成花朵,因此会增加红色、黄色等花朵颜色的概率,同时降低继续生成绿色草地的概率。这种基于上下文的决策让模型能够创建出整体连贯且符合常识的图像。

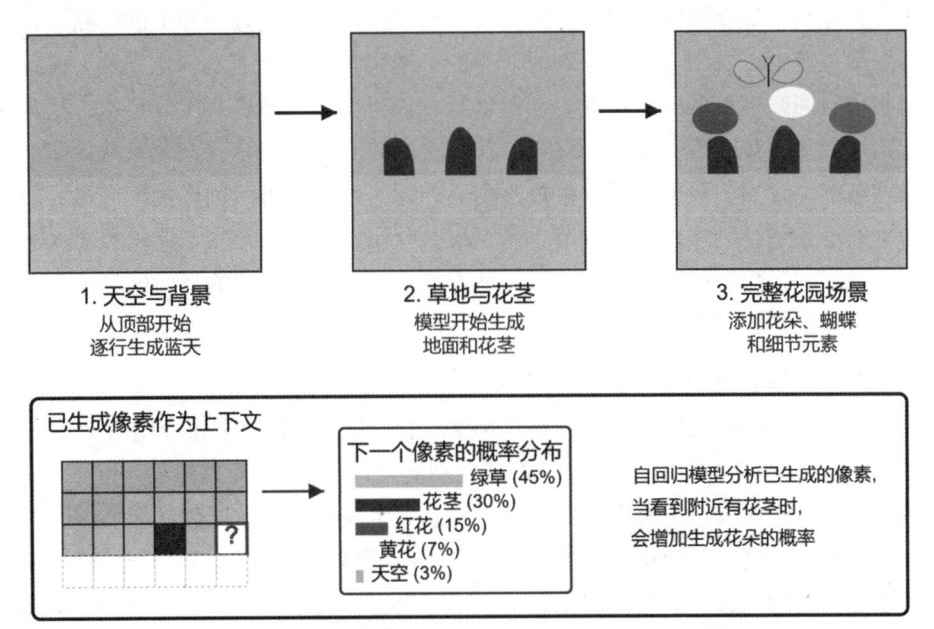

图 9-3　自回归模型图像生成过程示意图(见文前彩插)

在自回归模型的生成过程中,每个像素的生成都可以被视为一个概率预测问题:给定之前的所有像素,预测下一个像素最可能的取值。这个过程可以用条件概率的链式法则来描述,这也是这类模型被称为"自回归"的原因。当模型在生成"郁金香花园与蝴蝶"图像时,每一步都会做出概率预测:生成到天空区域时,模型会持续预测蓝色像素,同时随着接近地面,开始预测出现绿色草地的可能性;当生成到花茎时,模型会预测垂直延伸的深绿色线条,形成花的茎部;当生成到花茎顶部时,模型会根据茎的位置和形状,预测这里应该出现花朵,生成红色、黄色或紫色的郁金香;生成到蝴蝶区域时,模型会考虑周围的花朵和天空背景,预测适合的蝴蝶颜色和翅膀形状。这种生成方式带来的一个有趣现象是:图像的不同部分可能展现出不同程度的确定性。例如,当生成郁金香花瓣时,花瓣的主要轮廓可能很快被确定下来,但花瓣的细微纹理和光影变化可能会表现出更多的不确定性和变化性。

自回归模型最显著的挑战是生成速度。由于需要逐像素生成,即使使用最先进的硬件,生成一张高清图像也需要相当长的时间。这就像画家必须严格按照从左到右、从上到下的顺序作画,不能同时处理多个区域,这显然会限制创作的效率。为了解决这个问题,研究人员提出了各种优化方案：分层生成，先在低分辨率上创建整体框架（例如，先大致勾勒出花园的天空、地面和花的位置），再逐步提高分辨率以添加细节（如花瓣的纹理、蝴蝶翅膀上的图案）；块状生成，同时预测一小块区域的多个像素，而不是单个像素（例如，一次性生成一朵小花的整体区域）；灵活的生成顺序，不一定按从左到右、从上到下的顺序，而是按照更符合图像内容逻辑的顺序生成（比如，先生成主体花朵再生成背景）。

尽管存在速度慢的问题，自回归模型在某些特定场景下仍然显示出独特的优势。在需要极高精度的细节生成中，自回归模型的逐像素生成方式能够确保结果的准确性和可靠性。比如在"郁金香花园与蝴蝶"图像中，自回归模型可以精确控制蝴蝶翅膀上的纹路、郁金香花瓣之间的细微过渡，以及阳光透过花瓣时产生的半透明效果。在艺术创作领域，一些艺术家甚至专门利用自回归模型的这种特性，创造出具有独特美感的渐进式生成艺术，让观众能够欣赏到花园场景"逐步成形"的整个过程：从天空到地面，从花茎到花朵，从单调的色块到丰富的纹理细节。自回归模型就像一位极其耐心的园艺画家，虽然创作过程缓慢，但每一笔都经过深思熟虑，最终创作出一幅细节丰富、层次分明、内在一致的花园景象。这种生成方式提供了一种新的视角，让我们能够更深入地理解图像中像素之间的复杂依赖关系，以及如何通过序列决策来创建视觉上连贯的自然场景。

2. 生成对抗网络：艺术创作的智能对决

生成对抗网络（Generative Adversarial Network，GAN）有两个核心组件：一个是充满创造力的"画家"，即生成器；另一个是极其挑剔的"评论员"，即判别器。在GAN的世界里，生成图像的过程就像一场永无止境的智力较量。生成器不断尝试创作新的图像，努力使其看起来足够真实；判别器则扮演着严苛的艺术评论员的角色，致力于分辨出这些图像是人工生成的还是真实的。这两个网络相互竞争、相互促进，就像两个对手在下一盘永不结束的棋局。这种对抗机制特别巧妙。生成器就像一个不断进步的学徒，初始阶段创作的作品可能很粗糙，但在判别器的严格点评下，它逐渐掌握了创作的精髓。判别器则像一位越来越老练的鉴定专家，能够发现最细微的瑕疵。正是这种循环往复的较量，推动着整个系统持续向前发展。

以风景画创作为例，假设要训练一个能生成山水风景的GAN。最初，生成器可能只能创造出简单的色块，如蓝色的天空和绿色的地面，完全缺乏自然景观的细节和变化。判别器能够轻易识别出这些图像不是真实的风景画。随着训练的进行，生成器学会了添加如山形、简单树木结构等基本轮廓。再经过更多次迭代，它开始理解自然界中的复杂关系：天空应该有渐变色而不是单一颜色，山脉应该有阴影和纹理，树木应该有枝干和叶子，水面应该有波光粼粼的效果。最终，它能够创造出包含丰富细节的风景画，令人难以辨别是由AI生成的还是由人类画家创作的。生成对抗网络工作原理示意图如图9-4所示。

在GAN训练的最初阶段，生成器可能会产出一些混乱的、难以辨认的图像，就像一个初学者的涂鸦。但随着训练的深入，它逐渐掌握了基本的形状和结构、颜色的搭配，以及细节的刻画。这个过程就像是一个加速版的艺术家成长历程。有趣的是，生成器并不是简单地模仿现有的图像，而是学会了理解图像的本质特征。例如，在学习生成风景画时，它需要理解光影如何在自然界中工作、水流如何反射周围环境，以及不同季节的植被应该呈现出什么样的色彩。这种理解能力让它能够创造出全新的风景，每一幅风景画都独特而真实。

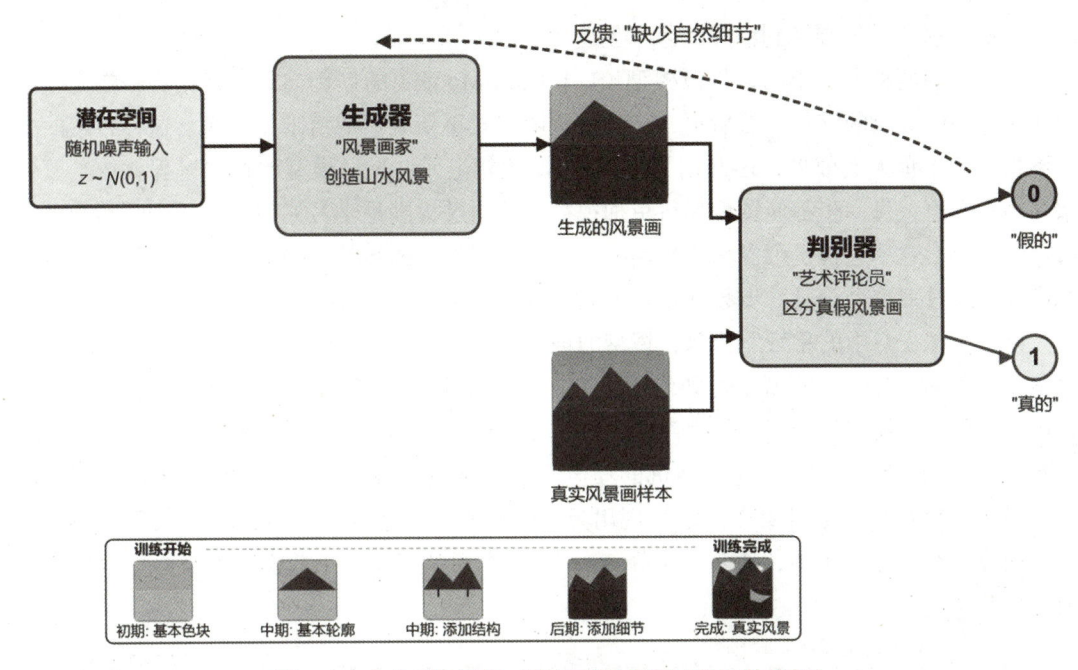

图 9-4　生成对抗网络工作原理示意图（见文前彩插）

GAN 的训练过程并非一帆风顺。一个常见的问题是"模式崩溃"：生成器可能会发现一种特别容易"骗过"判别器的图像类型，然后反复生成相似的图像。这就像画家发现了一个特别讨好评委的创作技巧，他会一直重复使用这个技巧。例如，在训练生成风景画的 GAN 时，如果数据集中有大量的日落场景，生成器可能会发现生成橙红色天空的场景特别容易通过判别器的检验，因此无论输入什么，生成器都倾向于生成日落场景，导致生成的内容缺乏多样性。为了解决这个问题，研究人员提出了各种改进方案，比如增加多样性惩罚或者使用多个判别器等。另一个问题是训练的不稳定性。在训练过程中，生成器和判别器的能力发展经常出现不平衡的情况，要么生成器完全无法产生令人信服的图像，要么判别器变得过于严格或过于宽松。要达到两者之间的平衡，离不开精心的架构设计和精准的参数调节。

尽管存在这些挑战，GAN 仍然展现出惊人的创造力。在景观设计领域，它可以生成各种风格的自然和城市景观；在游戏开发领域，它能够自动创建逼真的地形和环境；在虚拟现实领域，它可以生成沉浸式场景以提升用户体验。特别值得一提的是 GAN 在图像编辑和风格迁移方面的应用。通过操控生成器的输入空间，可以实现令人惊叹的图像编辑效果，比如将冬季景色转换为夏季风光或者将照片转换成不同艺术家风格的绘画。

随着研究的深入，GAN 家族不断壮大。从最初的简单结构，发展出了各种变体：条件 GAN 可以根据特定条件生成图像，如"多云的山地湖泊"；循环 GAN 擅长在不同领域间转换图像，如将航拍照片转换为地图；StyleGAN 则专注于生成高质量、可控风格的图像。每种变体都有其独特的优势和应用场景。值得注意的是，GAN 的训练技巧也在不断进步，研究者们开发出了各种稳定的训练方法，使得 GAN 的训练变得更加可控和可靠，从而能够创造出更加震撼人心的视觉作品。

3. 扩散模型：从混沌到秩序的艺术创造

与前面的两种方法不同，扩散模型（Diffusion Model）的创作方式就好比将一幅完整的画作化为一团混沌的雾气，然后再一步步将这团雾气重新凝聚成清晰的图像。这种独特的方法不仅产生了惊人的效果，还开创了生成式 AI 的新纪元。扩散模型的正向过程就像给图像添加高斯噪声，每一步都使图像变得更加模糊；反向过程则是学习如何在每一个时间步去除适量的噪声。这个过程是可以精确控制的，可以设定具体的步数，以确定从噪声到清晰图像的过渡要经过多少个阶段，步数越多，生成过程越平滑，但计算时间也越长。

以生成"夜空中的星云"为例，模型的训练过程如下。首先收集大量星云图像作为训练数据。在正向过程中，模型学习如何逐步给星云图像添加噪声，直到图像变成纯随机噪声；在反向过程中，模型学习如何从噪声中逐步恢复出星云图像。实际使用模型生成图像时，只需要执行反向过程：从一团完全随机的噪声开始，模型在每一个时间步预测并移除部分噪声，经过多次迭代，随机噪声逐渐显现出星云的轮廓、颜色和细节，最终生成一幅完整的星云图像。在实际应用中，通常会选择 20～50 步作为平衡点。扩散模型工作原理示意图如图 9-5 所示。

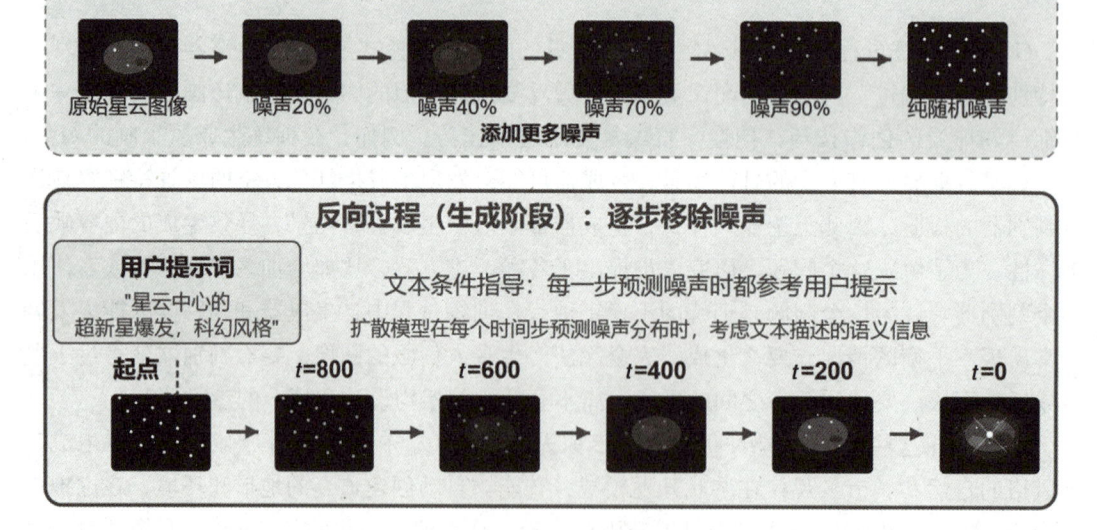

图 9-5 扩散模型工作原理示意图

扩散模型最引人注目的应用当属 Stable Diffusion，这个开源项目让文生图技术真正走入大众视野。它不仅能生成高质量的图像，还具有惊人的效率。通过巧妙的潜空间设计，它大大降低了计算需求，使得普通的消费级显卡也能运行这个强大的模型。比如，当用户输入提示词"银河系中心的超新星爆发，科幻风格，8K 超高清"时，Stable Diffusion 能够在不到一分钟的时间内，生成一幅包含爆炸性能量、炫彩辐射、遥远星系和宇宙尘埃等复杂细节的图像。这在以前的图像生成技术中是难以想象的。

Stable Diffusion 的成功揭示了扩散模型的几个关键优势。首先是生成质量的稳定性，扩散模型不像 GAN 那样容易出现训练不稳定的问题。其次是更好的可控性，可以通过调整不同参数（如引导尺度、噪声强度等）来精确控制生成过程。另外，它对提示词的理解更加准确，能够更好地将文字描述转化为视觉元素。

扩散模型的成功带来了一系列技术创新。研究人员发现，通过在潜空间进行扩散可以大大提高生成效率。通过引入注意力机制，模型可以更好地理解图像的全局结构。通过条件控制，可以更精确地指导生成过程。特别值得一提的是指导扩散（Guided Diffusion）技术。通过在生成过程中引入额外的指导信号，可以更好地控制生成结果。例如，在生成星云图像时，可以指定特定的颜色分布、形状轮廓，甚至是艺术风格，模型会在满足这些条件的前提下完成创作。这种能力使得扩散模型成为一种更加强大且灵活的创意工具。

研究者们正在探索如何进一步提高生成质量，减少计算需求，增强模型的控制能力。一些令人兴奋的方向包括：如何实现更快的推理速度，如何处理更大尺寸的图像，如何实现更精确的细节控制等。同时，扩散模型也在向其他领域扩展。除了图像生成，它在音频生成、3D 模型生成等领域也显示出巨大潜力。这种"从混沌到秩序"的方法似乎揭示了一种普遍的创造法则。随着技术的进步，扩散模型可能会重新定义人类与视觉艺术的关系，它不仅是一个强大的创作工具，更像是一个能够理解和实现人类创意的智能伙伴。在 AI 与艺术不断融合的时代，扩散模型无疑将扮演越来越重要的角色。

9.4 文生视频：让文字在时空中舞动

近年来，人工智能的发展突破了静态图像的局限，开始向时间维度延伸。当我们能够用文字描述来生成静态图像时，一个自然的追问随之而来：我们是否也能让文字描述在时间维度上延展，创造出动态的视频内容？这个想法推动了文生视频技术的诞生。文生视频技术不仅继承了文生图像的基础理念，还在时间维度上开拓了新的可能。以用户输入"一只可爱的柯基犬在草地上追逐一个红色的网球"为例，这个简单的句子背后隐藏着复杂的技术流程：从理解文字的含义到构建虚拟场景，再到模拟运动轨迹和完善细节，AI 通过一系列精密的计算，将抽象的语言转化为栩栩如生的视频。这种能力远远超越了传统的图像生成，它融合了语义分析、物理模拟和艺术创作，展现了 AI 在模仿和超越人类感知方面的惊人潜力。为了让读者更深入地理解这一过程，下面将逐步拆解视频生成模型的工作原理，揭示其技术与创造力的奥秘。

9.4.1 视频生成模型的基本原理

视频生成的第一步是语义理解，即模型需要准确解析用户输入的文字，并将其转化为可供后续处理的视觉概念。以"一只可爱的柯基犬在草地上追逐一个红色的网球"为例，模型会将这句话拆解为多个关键元素：主体（柯基犬）、动作（追逐）、道具（红色网球）和场景（草地）。这一过程类似于人类在阅读时对句子的理解，但 AI 的处理速度和复杂度远超人类——它能在瞬间完成对语义的分解和重构。这种能力依赖于深度学习技术和大规模训练数据的支持。模型通过分析数以亿计的图像、视频和文本，构建了丰富的知识体系。例如，它不仅知道"柯基犬"是一种短腿、长身、毛色多为黄白相间的犬种，还能识别"追逐"这一动作包含的动态特征：柯基犬奔跑时的步伐节奏、四肢的摆动幅度，甚至尾巴摇动的频率。这种细致入微的理解不仅仅停留在表面，而是深入动作的物理规律和生物特性。此外，模型还能捕捉文字中隐含的情感和细节："可爱"可能意味着柯基犬需要展现活泼的表情或俏皮的姿态，而"红色网球"则要求准确的色彩还原和材质表现。

在完成语义理解后，模型进入场景构建阶段。这一阶段的任务是为视频搭建一个虚拟的、符合物理规律的舞台，类似于电影制作中的布景设计。以柯基犬追逐网球的场景为例，模型需要为每一个元素赋予具体的物理属性，确保它们在动态画面中的表现真实可信。首先，对于柯基犬，模型不仅要生成其外形，还要模拟其骨骼结构、肌肉运动和毛发动态。例如，当柯基犬奔跑时，它的四肢需要按照生物力学原理协调运动，毛发会随着风向和速度发生细微的飘动，甚至耳朵可能会因快速移动而微微后倾。草地同样是一个复杂的动态系统，而非简单的绿色背景：模型会考虑草叶的高度、密度和柔韧性，模拟狗奔跑时草叶被踩踏后的弯曲和回弹效果。此外，阳光的角度会影响草地上的光影分布，甚至可能在柯基犬经过时投下动态的影子。网球的物理特性也不容忽视。模型需要计算其材质（橡胶的弹性）、重量和运动轨迹，确保它在空中飞行和地面弹跳时符合现实规律。例如，网球被抛出后会遵循抛物线运动，落地后会因弹性而反弹数次，每次弹跳的高度和速度都会逐渐减小。这种对细节的关注还体现在环境交互上：柯基犬奔跑时，脚掌与草地的接触可能会扬起微小的尘土，草叶被踩踏后会暂时变形，随后缓慢恢复原状。场景构建的过程就像一位建筑师设计一座虚拟城市，每一个元素都经过精心规划和计算。这种对物理细节的极致追求，不仅让生成的视频更加逼真，也为后续的运动生成提供了坚实的基础。为了更直观地说明这一过程，可以将其类比为一位导演解读剧本：模型就像一位经验丰富的导演，通过分析剧本（用户输入的文字），提炼出角色的特征、情节的动态和场景的氛围，为后续的"拍摄"奠定基础。这种从语言到概念的转化是视频生成模型的核心起点，也是体现其创造力的第一步。

运动生成是视频生成模型中最具技术挑战性的环节，它要求模型模拟现实世界的动态规律，生成连续且流畅的画面。以柯基犬追逐网球为例，这一过程涉及对时间和空间关系的精确处理，确保每一帧画面都能自然衔接，形成一个完整的动态序列。具体来说，模型需要计算柯基犬的运动轨迹，包括起始位置、奔跑速度、转向角度和加速度的变化。这些计算基于经典物理学原理，如牛顿运动定律和运动学方程。例如，当柯基犬追逐网球时，它可能会突然加速或改变方向，模型需要实时调整其步伐和身体姿态，确保动作的自然流畅。同时，网球的运动轨迹也需要被精确模拟：从被抛出的初始速度和角度，到受到重力和空气阻力的影响，再到落地后的多次弹跳，每一个细节都经过严密的数学推演。为了实现帧与帧之间的无缝过渡，模型通常依赖时序建模技术，如循环神经网络或 Transformer。这些技术能够捕捉动作的连续性，避免画面出现突兀的跳跃。例如，柯基犬的奔跑不是机械的直线移动，而是充满生命力的曲线路径，伴随着身体的起伏和四肢的协调摆动。可以把这种动态的生成过程类比为用数学语言谱写一首交响乐：每一帧画面都是一个音符，彼此和谐相连，共同构成一段流畅的旋律。运动生成的复杂性还体现在对多物体交互的处理上。例如，当柯基犬靠近网球时，模型需要预测狗是否会用嘴叼住它或者网球是否会因碰撞而改变方向。这种对动态关系的精确模拟，不仅展现了 AI 对物理世界的深刻理解，也为视频注入了艺术感和生命力。

逼真的视频源于对细节的极致雕琢，细节重建堪称视频生成模型的艺术高光时刻。在这一阶段，模型通过复杂的神经网络，捕捉并呈现微观世界的细腻变化，让画面充满真实感和沉浸感。以柯基犬奔跑的场景为例，模型会对毛发的动态进行精细模拟：每一根毛发的摆动方向和幅度都经过精确计算，反映出风速和运动速度的影响。肌肉的轻微收缩和舒张，则展现了狗在奔跑时的力量变化，甚至连狗爪与草地的接触点都会留下短暂的压痕。草地上的细节同样令人惊叹：阳光在草叶上的反射会随着柯基犬的移动而实时变化，草叶被踩踏后会微微下陷，并在狗离开后缓慢恢复原状。此外，模型还会处理环境中的微小元素。例如，空气中可能漂浮着细小的尘埃，远处的树叶会因微风而轻微摇动，甚至柯基犬的呼吸会产生微弱的气流。这些细节虽然在视频中不易被察觉，但正是它们共同构成了画面的真实感和层次感。可以将这一过程类比为一位画家在画布上勾勒细腻的笔触，每一个像素都经过精心雕琢，最终呈现出一幅栩栩如生的作品。

视频生成模型的实现依赖于先进的技术架构和强大的计算资源。在技术层面，模型通常采用混合架构，结合多种深度学习技术以满足不同的生成需求。例如，扩散模型擅长生成整体场景的框架，能够处理复杂的视觉结构；生成对抗网络则聚焦于细节增强，通过对抗训练提升画面的真实感；时序注意力机制则确保视频帧之间的连贯性，避免动作出现不自然的跳跃。这些技术协同工作，共同构建出高质量的视频内容。然而，这一过程对计算资源的需求极大。生成一段几秒钟的视频，可能需要数小时的 GPU 计算时间，涉及数十亿次浮点运算。现代高性能 GPU 的并行处理能力，使得模型能够在相对较短的时间内完成每秒 30 帧的高精度渲染。例如，生成柯基犬追逐网球的视频时，模型需要同时处理场景构建、运动模拟和细节重建，每一帧都包含数百万像素的计算任务。尽管技术已经取得了巨大进步，视频生成模型仍面临诸多挑战。例如，在生成长序列视频时，画面容易出现失真或不连贯的情况；极端场景（如暴雨中的追逐或多只狗的互动）对模型的建模能力提出了更高要求；此外，如何在有限的计算资源下进一步提升生成质量，也是当前研究的热门课题。这些挑战也预示着未来技术发展的方向，推动 AI 在视频生成领域迈向新的高度。

9.4.2 视频生成模型的主流技术路线

在视频生成领域，研究人员提出了多种不同的技术路线，每种路线都有其独特的优势和特点。这些方法就像不同的艺术流派，各自以不同的方式诠释如何将静态的想象转化为动态的视频。其中，最具代表性的是基于 GAN 的视频生成方法、基于扩散模型的视频生成方法，以及融合多种技术优势的混合架构方法。让我们首先来了解基于 GAN 的视频生成方法，看看它是如何在时间维度上编织出生动的画面的。

1. 基于 GAN 的视频生成方法

生成对抗网络（GAN）是一种强大的深度学习框架，其基本工作原理已在之前的章节中有所介绍。在视频生成领域，基于 GAN 的模型延续了这一核心思想，即通过两个关键模块——生成器（Generator）和判别器（Discriminator）——展开一场技术上的"较量"。生成器负责从随机噪声或输入条件中创作视频内容，判别器则扮演"评审员"的角色，评估这些生成内容的真伪，并通过反馈推动生成器不断优化，最终生成以假乱真的视频作品。与静态图像生成相比，视频生成任务的复杂度更高，因为生成器不仅需要确保每一帧画面的视觉质量，还要保证帧与帧之间的动态连贯性和时间上的自然过渡。为了解决这一问题，研究者们引入了专门的时序判别器，作为传统判别器的补充。这种时序判别器聚焦于视频序列的动态特性，具体评估包括运动的平滑度（例如物体移动是否流畅无跳跃）、物体的一致性（例如同一物体在不同帧中的形状和颜色是否保持稳定），以及场景变化的自然程度（例如背景光影或视角切换是否符合逻辑）。以生成一段汽车行驶的视频为例，时序判别器会检查车轮转动的连续性、车身在转弯时的姿态调整，甚至路边树木随风摇动的细腻变化，确保整个序列看起来真实而协调。

基于 GAN 的视频生成模型展现出显著的优势，其中最突出的是生成速度快。由于 GAN 的对抗性训练机制，生成器能够在极短的时间内输出连续的视频帧，甚至支持实时或近实时的生成。这使得它特别适用于需要快速响应的应用场景，例如在直播中实时添加动态特效（如虚拟背景或人物动画）、在虚拟现实系统中即时渲染动态场景或在电子游戏中快速生成角色的动作序列。然而，尽管 GAN 在速度和灵活性上表现优异，它也面临一些固有的挑战。首先是训练不稳定，生成器和判别器之间的对抗平衡难以维持，可能会导致训练过程振荡，甚至生成内容质量不一致。其次是模式崩溃问题，即生成器可能倾向于生成重复或单一的内容，例如在生成人群走动的视频时，反复输出相似的步伐或姿势，缺乏多样性。此外，随着视频分辨率和时长的增加，GAN 的性能瓶颈愈发明显，生成高分辨率的长视频变得尤为困难，因为模型需要同时处理更多的像素和更长的序列，计算复杂度和内存需求急剧上升。

为了应对这些挑战，研究者们正在积极探索多种改进策略。例如，通过多尺度生成技术，模型可以先生成低分辨率的视频草稿，再逐步优化细节到高分辨率，从而降低训练难度；或者通过增强时序判别器的设计，使其更擅长捕捉长时间的动态模式，提升视频序列的连贯性；还可以结合自注意力机制或正则化方法，进一步提高生成内容的多样性和稳定性。这些努力使得基于 GAN 的视频生成模型在技术上不断突破，尽管仍需解决一些难题，但其快速生成和实时应用的潜力已为多个领域带来了深远的影响。

2. 基于扩散模型的视频生成方法

扩散模型在图像生成领域表现卓越，备受瞩目，其核心优势在于能够从随机噪声中逐步生成高质量的视觉内容，这一特性使其自然而然地被扩展到视频生成领域。与传统的生成方法不同，扩散模型采用了一种独特的"渐进式"生成过程：从完全随机的噪声视频开始，通过数百次甚至上千次的去噪步骤，逐步提炼出清晰且连贯的视频内容。可以将这一过程类比为一位雕塑家从一块粗糙的石料中逐渐雕琢出精美的作品，每一步去噪都让画面和动态细节更加清晰。然而，视频生成相比图像生成增加了时间维度的复杂性，模型不仅需要在空间维度上生成精美的单帧画面，还要在时间维度上确保帧与帧之间的动作流畅性和动态一致性，这对算法设计提出了更高的要求。

为了有效处理时序信息，研究者们开发了一系列巧妙的技术。其中，3D 卷积是一种常用的方法，它通过在空间（宽度和高度）与时间（帧序列）三个维度上同时进行卷积操作，捕捉视频中的动态变化。例如，在生成一段河流流动的视频时，3D 卷积可以模拟水波的起伏和连续性，确保水流从一帧到下一帧的自然过渡。另一种关键技术是时序注意力机制，它允许模型在生成当前帧时参考过去和未来的帧信息，从而维护长时间序列的一致性。以生成一个人物跳舞的视频为例，时序注意力机制可以确保舞者的手臂摆动和脚步节奏在整个视频中协调一致，避免出现突然的动作中断或不自然的姿势变化。这些技术的结合，使得扩散模型能够在复杂场景中生成既有视觉美感又有动态连贯性的视频。

基于扩散模型的视频生成展现出显著的优势。首先，其生成质量高，生成的画面细节丰富、纹理逼真，尤其擅长处理复杂的动态场景，例如人群活动或自然现象（如风吹树叶）。其次，扩散模型在训练稳定性上优于 GAN，其基于去噪的训练过程更加可控，不易出现对抗性训练中的振荡或模式崩溃问题。此外，它还能生成更长、更复杂的视频序列，因为模型在时间维度上的去噪能力使其能够保持长时间的动态一致性。例如，在生成一段几分钟的野生动物迁徙视频时，扩散模型可以精确模拟动物的群体行为和环境变化。然而，这一方法的缺点同样明显：生成速度慢，由于需要多次迭代去噪，生成一段短视频可能耗时数分钟甚至更久，无法满足实时需求；同时，计算资源需求大，高分辨率视频的生成对 GPU 内存和算力的消耗极大，特别是在处理长序列时，成本显著增加。

面对这些局限性，研究者们正在积极探索优化策略，以提升扩散模型的实用性。一个重要的方向是减少推理步骤，例如通过改进采样算法（如 DDIM），将原本数百次的去噪迭代缩减到几十次甚至更少，从而大幅缩短生成时间。另一种方法是并行化计算，利用多 GPU 或分布式系统同时处理多个帧或视频片段，加速整体生成过程。此外，设计轻量级架构也成为研究热点，通过精简网络结构或引入高效的去噪策略，降低单次推理的计算负担。这些优化技术的不断发展，正在推动扩散模型从实验室走向更广泛的应用场景，为高质量视频生成开辟新的可能性。

3. 混合架构方法

随着视频生成技术研究的不断深入，研究者们逐渐发现，单一的技术路线往往难以同时满足所有需求：基于 GAN 的方法虽然生成速度快，但质量和多样性受限；基于扩散模型的方法虽然生成质量高且稳定，却受限于速度慢和资源消耗大。为了突破这些局限性，混合架构方法应运而生，其核心思想是将不同技术的优势结合起来，打造兼顾效率与质量的视频生成方案。这种方法不仅是对现有技术的整合，更是对模型设计理念的创新，通过协同工作实现单一模型难以企及的效果。以生成一段动态视频为例，混合架构可以在保持画面精美的前提下，显著缩短生成时间，为实际应用场景提供了更灵活的解决方案。

一种常见的混合方法是融合 GAN 的快速生成能力与扩散模型的高质量特性。具体而言，研究者可以先利用扩散模型生成视频中的关键帧——如动作的起点、转折点或结束帧，这些帧通常需要更高的细节和真实感，例如人物跳跃时的起跳姿势或落地瞬间。随后，GAN被用于快速生成这些关键帧之间的中间帧，填充动作的过渡部分，确保视频的动态流畅性。以生成一段狗追球的视频为例，扩散模型可以生成狗起跑和咬住球的关键画面，捕捉毛发的细腻纹理和草地的光影效果；GAN则负责生成狗奔跑过程中的过渡帧，模拟步伐的节奏和身体的轻微摆动。这种分工协作的方式既保证了画面质量，又大幅提升了生成效率，特别适用于需要快速生成高质量视频的场景，如在线视频编辑工具或实时动画渲染。

另一种混合架构的思路是在视频生成的不同阶段采用不同的模型。例如，在初始阶段，可以使用GAN快速生成一个粗略的视频草稿，勾勒出场景的整体布局和动作的基本轨迹，比如确定人物的行走路径或物体的移动方向；随后，在细节优化阶段，扩散模型接手任务，对画面进行精细化处理，增强纹理、光影和微观动态的表现。以生成一场足球比赛的视频片段为例，GAN可以先快速生成球员跑动和踢球的大致序列，扩散模型则进一步优化球员的肌肉线条、球的旋转细节以及观众席的动态反应。这种分阶段生成的方式有效降低了计算复杂度，同时将两种模型的特长发挥到极致，生成的视频既有流畅的动态，又具备逼真的视觉效果。

然而，混合架构的设计并非一帆风顺，其成功的关键在于如何让不同组件无缝配合。由于GAN和扩散模型的工作机制差异显著——GAN依赖对抗性训练，扩散模型基于渐进去噪——它们的输出风格和特征表示可能存在不一致。为解决这一问题，研究者需要精心设计每个组件的接口，确保信息能够在不同模块之间顺畅传递。例如，可以通过特征对齐技术，将扩散模型生成的关键帧特征转化为GAN可识别的输入格式；或者设计一个中间转换层，平滑两种模型之间的过渡。此外，混合架构还需要平衡各模块的计算资源分配，避免某一阶段的瓶颈影响整体性能。以实际应用为例，在生成虚拟现实中的动态场景时，研究者可能会调整GAN和扩散模型的比重，根据硬件条件优先保证实时性或画面质量。

混合架构方法的出现，不仅弥补了单一技术的不足，还为视频生成开辟了新的可能性。它在实际场景中展现出了强大的潜力，例如在教育视频中快速生成教学动画并优化细节，或在虚拟现实中生成高质量且实时的动态环境。随着研究的深入，混合架构有望进一步发展，例如通过自动化架构搜索优化模型组合或通过端到端训练实现更高效的协同工作，从而推动视频生成技术迈向更高的层次。

9.5 提示词工程：与AI对话的艺术

提示词工程已经成为连接人类意图和AI能力的关键桥梁。就像我们在与人交谈时需要准确表达想法一样，与AI模型对话也需要掌握特定的表达方式和技巧。这种新型的沟通艺术不仅关系到我们能否获得满意的输出结果，更决定了我们能在多大程度上发挥AI的潜力。对于每个希望充分利用AI能力的使用者来说，理解和掌握提示词工程都是一项基础且重要的技能。

9.5.1 提示词工程的基本概念

在人工智能发展的早期，我们与计算机的交互方式相对简单和机械，主要依赖于严格的程序命令和固定的输入格式。随着 ChatGPT、Claude 等大语言模型的出现，我们第一次拥有了能够理解自然语言、进行复杂对话的 AI 系统。这种突破既让人兴奋又带来了新的挑战：如何更好地引导 AI 理解我们的需求，产出符合期望的结果？这就是提示词工程诞生的背景。提示词工程（Prompt Engineering）不仅仅是写几句指令那么简单，它就像一位精通两种语言的翻译家，要把人类的想法以最恰当的方式传达给 AI。这需要深入理解 AI 的思维方式，掌握与之对话的技巧，同时还要考虑任务的具体需求和可能遇到的各种情况。

要理解提示词工程的原理，可以把 AI 模型想象成一个特殊的"大脑"。这个"大脑"通过学习海量的文本数据，形成了对世界的理解和处理信息的方式。当给它一个提示词时，就好像激活了这个"大脑"中特定的神经回路。好的提示词能够精准地激活正确的"神经元"，引导 AI 产生我们想要的响应。

举个例子，假设我们想让 AI 写一个关于环保的故事。如果对它简单地说"写一个环保故事"，可能会得到平淡的结果。但如果提示词是："请以一片即将被砍伐的古树的视角，讲述一个感人的环保故事，要包含这棵树见证的人类活动、它与周围生物的关系，以及面临砍伐时的心理活动。故事要富有情感，但不要过于悲观，最后要有希望的转机。"这就能激活 AI 更丰富的创作联想，产生更有深度和感染力的内容。

可以将提示词和 AI 的交互过程类比为一场精心设计的对话。当输入提示词时，AI 会进行一系列复杂的处理：首先理解提示词中的关键信息和要求，然后在其知识库中检索相关信息，最后组织语言生成响应。在这个过程中，提示词的每个元素都可能影响最终的输出。理解这个机制对编写有效的提示词至关重要。比如，当我们要求 AI 进行复杂的分析任务时，可以将任务分解成几个步骤，每个步骤都给出明确的指导。这就像给 AI 提供了一个思维框架，帮助它更系统地处理问题。同时，还可以通过提供示例、设定约束条件等方式，进一步引导 AI 的输出方向。

在提示词工程发展的早期，提示词主要是简单的指令和问题。随着模型能力的提升，提示词技术也变得越来越复杂和精细。从简单的"问答式"发展到现在的"角色扮演""链式思考"等高级技巧，提示词工程已经发展成为一门专门的技术领域。特别值得一提的是，近期出现了一些创新的提示词技术。例如，"思维树"技术允许 AI 同时探索多个思路，然后选择最优的解决方案；"自我反思"技术则让 AI 能够评估自己的输出并进行改进。这些进展让 AI 能够处理更复杂的任务，产生更高质量的输出。

随着 AI 技术的不断进步，提示词工程也在不断演进。未来可能会出现更智能的提示词系统，能够自动优化和调整提示词。我们可能会看到专门的提示词市场、专业的提示词工程师创造和分享高质量的提示词模板。同时，提示词工程也面临着一些挑战。如何确保提示词的安全性，避免产生有害内容？如何处理文化差异和语言障碍？如何在提示词中平衡效率和创造力？这些都是需要探索的问题。在 AI 迅速发展的时代，掌握提示词工程不仅是一项技术能力，更是一种必要的沟通技能。就像学习一门新的语言一样，它能够打开我们与 AI 对话的新世界，以便更好地利用这个强大的工具来实现自己的目标。通过不断学习和实践，每个人都能成为与 AI 对话的艺术家。

9.5.2 提示词的构成要素

一个精心设计的提示词不仅能清晰传达用户的需求，还能引导模型生成更符合预期的输出。然而，提示词的威力并非来自随意的文字堆砌，而是依赖于其结构化的构成要素。无论是要求模型完成复杂的文本创作，还是生成特定风格的内容，成功的提示词往往包含多个关键部分，各部分协同作用以确保任务的精准执行。为了全面掌握提示词的设计艺术，需要从其基本组成开始拆解，而这一切的起点便是任务描述与指令。

1. 任务描述与指令

任务描述是提示词的核心，就像指挥家手中的指挥棒，它决定着整个输出的方向。一个好的任务描述需要既简洁又详细，这看似矛盾，实则反映了提示词编写的艺术性。想象你在指导一位才华横溢但有些过于认真的助手，你需要清晰地表达你的期望，同时要避免过多的限制以影响创造力。例如，当要求 AI 写一篇文章时，"写一篇关于环保的文章"这样的描述过于笼统，而"请撰写一篇 2000 字的文章，探讨海洋塑料污染问题，需要包含问题的现状、主要成因、对海洋生态的影响，以及可行的解决方案。文章要采用学术性的论述风格，但要确保普通读者也能理解"这样的描述就明确得多。任务描述中的每个细节都是在为 AI 提供创作的方向指引。

2. 输入内容与背景

如果说任务描述是指挥棒，那么输入内容和背景信息就是乐谱中的音符，这些信息为 AI 提供了创作的原材料和上下文。好的背景信息能让 AI 更好地理解任务的具体情境，从而产生更相关和准确的输出。在提供背景信息时，需要考虑"适量"原则。太少的信息可能导致输出泛泛而谈，太多的信息又可能让 AI 迷失在细节中。关键是要提供真正相关和必要的信息。比如，如果要 AI 写一份商业提案，应该提供目标客户的基本情况、行业背景、具体需求等关键信息，而不是堆砌无关的细节。

3. 角色与场景设定

角色设定是提示词中一个极其强大的要素。通过给 AI 设定特定的角色，可以影响它的"思维方式"和表达风格。这就像给演员设定角色，让他们能更好地投入表演。一个精心设计的角色设定可以让 AI 的输出更加专业、更有针对性。例如，当需要解释复杂的科学概念时，可以让 AI 扮演一个经验丰富的科普作家："请你扮演一位擅长将复杂概念简单化的科普作家，用生动有趣的比喻和例子，向 12 岁的孩子解释量子纠缠现象。"这样的角色设定能够引导 AI 采用更适合目标受众的表达方式。

4. 格式与约束条件

格式要求和约束条件就像乐谱中的速度、力度标记，它们确保输出符合特定的规范和要求。这些要素尤其重要，因为它们能够显著提高输出的实用性和可用性。好的格式要求应该清晰明确，可以包括：

- 内容的组织结构；
- 段落划分方式；
- 特定的展示格式；
- 长度限制；
- 专业术语的使用规范；
- 特定的风格要求。

例如，如果需要一份商业报告，可以这样规定格式："请以商业报告的标准格式撰写，包含执行摘要（不超过 200 字）、问题分析、数据支持、建议方案等章节。每个章节都需要有清晰的标题，并在合适的位置使用要点列表。整个报告控制在 2000 字以内。"

5. 示例与反例

示例和反例如演奏者的示范，助 AI 精准理解期望。通过提供好的例子和需要避免的反例，可以更准确地引导 AI 朝着期望的方向前进。在提供示例时，最好选择能够充分展示期望特征的典型案例。例如，如果要 AI 生成产品描述，可以这样使用示例："请参考以下这个好的例子：[优秀示例] 避免像这样的表达：[不好的例子] 按照优秀示例的风格，为我们的新产品写一段描述。"

6. 风格与语气要求

风格和语气要求就像音乐的情感表达，它们决定了如何把内容传达给受众。这个要素对于确保输出内容的适当性和感染力至关重要。根据不同的场合和目标受众，需要仔细选择合适的风格和语气。在设定风格和语气时，可以考虑：

- 正式程度（正式 / 非正式）；
- 情感基调（严肃 / 轻松）；
- 表达方式（直接 / 委婉）；
- 专业程度（专业 / 通俗）；
- 互动程度（对话式 / 独白式）。

例如，如果要创作一篇面向年轻读者的科技文章，可以这样描述风格要求："请使用轻松活泼的语气，采用对话式的写作风格，适当使用趣味性的比喻和例子，避免晦涩的专业术语，让年轻读者感觉像在和朋友聊天一样轻松自然。"

这些构成要素不是孤立的，而是需要协同工作，相互支持。就像一个优秀的音乐作品需要各个部分和谐统一，一个好的提示词也需要各个要素之间保持平衡和一致性。在设计提示词时，需要考虑这些要素如何最好地配合，以达到最佳效果。要注意的是，并不是每个提示词都需要包含所有这些要素。根据具体任务的需求和复杂程度，可以灵活地选择和组合不同的要素。关键是要确保包含的要素能够有效地服务于我们的目标。

9.5.3 提示词编写的核心技巧

在提示词编写中，清晰性和具体性是最基本也是最重要的原则。就像给一个细心但有时过于较真的助手下达指令，需要避免任何可能引起误解或歧义的表述。这不是使用简单的语言，而是要准确传达我们的意图和期望。此外，好的提示词应该像一座精心设计的建筑，有清晰的结构和层次。结构化的提示不仅能帮助 AI 更好地理解任务，也能确保输出的内容更有条理。这就像给 AI 提供了一个思维导图，引导它按照特定的逻辑组织信息。

一个结构良好的提示词通常包含以下几个部分。

- **总体目标**：明确说明我们想要达成什么目标。
- **具体任务**：将目标分解为具体的步骤或要求。
- **关键要素**：列出必须包含的内容或观点。
- **格式要求**：指定输出的形式和结构。
- **质量标准**：说明评判成功的标准。
- **约束条件**：明确指出限制和边界。

上下文是提示词中的"场景布置"，它能帮助 AI 更好地理解任务的背景和目的。好的上下文设置就像为 AI 提供了一个完整的故事背景，让它能够产生更相关、更有针对性的输出。例如，如果需要 AI 写一份市场分析报告，可以这样设置上下文："你是一家科技创业公司的市场分析师，正在为管理层准备一份关于人工智能家居市场的分析报告。你的观众是对技术有基本了解但不是专家的高管们。公司正在考虑进入这个市场，需要依据这份报告做出投资决策。"这样的上下文设置能让 AI 更好地把握报告的语气、深度和重点。

与 AI 的互动不必局限于单次问答，设计好的多轮对话可以帮助我们获得更深入、更精确的结果。这就像与一个聪明的对话者进行渐进式的交流，每一轮对话都能让讨论更加深入。一个有效的多轮对话策略可能如下所示。

- **第一轮**：提出基本问题，获取初步答案。
- **第二轮**：基于初步答案提出深入的问题。
- **第三轮**：要求细化或修改特定部分。
- **第四轮**：整合和优化最终结果。

优秀的提示词往往不是一蹴而就的，而是通过多次尝试和优化得到的。这个过程就像雕刻家反复修改作品，直到达到理想的效果。我们需要仔细观察 AI 的输出，分析哪些部分需要改进，然后相应地调整提示词。

一个有效的优化循环包括以下步骤。

- **观察**：仔细分析 AI 的输出。
- **评估**：确定哪些方面需要改进。
- **调整**：修改提示词中的相关部分。
- **测试**：验证新的提示词效果。
- **重复**：直到达到满意的结果。

提示词编写不仅是一门技术，也是一门艺术。不要害怕尝试新的方法和创意，有时，一个独特的角度或创新的表达方式可能会带来意想不到的好结果。例如，我们可以尝试：

- **角色扮演**：让 AI 从特定角色的视角回答问题。

- **创意类比**：使用生动的比喻来说明要求。
- **情境设计**：创造特定的场景来框定任务。
- **互动元素**：设计需要 AI 主动提问或确认的环节。

9.5.4 典型应用场景的提示词策略

提示词的效力不仅体现在其构成要素的精心设计，更在于其在实际应用中的灵活运用。随着人工智能技术的广泛普及，提示词策略已经从文本创作渗透到图像生成等多个领域，成为解锁模型潜能的关键钥匙。在不同的场景下，提示词需要根据任务特点和目标需求进行定制化调整，以确保模型能够高效、准确地完成任务。无论是生成一篇引人入胜的故事，还是调试一段复杂的代码，提示词的设计都直接影响着最终输出的质量。为了更好地理解这些策略的实践价值，我们将从具体的应用场景入手，探索提示词如何在不同的任务中发挥作用。

1. 文本创作与编辑

在文本创作领域，提示词的设计需要特别注重创意性和结构性的平衡。无论是写作小说、文案还是报告，我们都需要给 AI 提供清晰的创作框架，同时留出足够的创意空间。例如，如果要创作一个短篇故事，一个有效的提示词结构可能是："请创作一个 2000 字的短篇故事，主题是'远程办公带来的意外友情'。故事需要包含以下元素：

- 主角是一位刚开始远程工作的软件工程师。
- 通过视频会议认识了一位来自另一个国家的同事。
- 要体现文化差异带来的有趣冲突。
- 故事要展现当代职场的特点。
- 结尾要温暖但不落俗套。
- 请使用细腻的描写手法，适当运用对话推动情节发展，营造轻松但不失深度的氛围。"

在编辑和修改文本时，我们可以设计更具体的提示词：

请帮我修改以下文章，重点关注：
- 改善段落之间的过渡连接。
- 增强论述的逻辑性。
- 消除冗余表达。
- 提升语言的生动性。
- 确保专业术语的准确使用。
- 修改时请保持原文的核心观点和风格，同时标注出主要的修改之处及修改理由。

2. 代码生成与调试

在编程领域，提示词需要特别注重精确性和技术细节。好的编程提示词应该清晰说明功能需求、技术约束和期望的代码风格。下面是一个有效的代码生成提示词示例。

请用 Python 编写一个网页爬虫程序，满足以下要求：
- 能够抓取指定新闻网站的文章标题和内容。
- 使用异步请求提高效率。
- 包含错误处理机制。
- 将数据保存为 CSV 格式。
- 遵循 PEP 8 编码规范。
- 添加详细的注释说明。
- 请首先展示代码框架，然后逐步实现各个功能模块。同时说明关键设计决策和潜在的优化空间。

对于代码调试，我们可以这样设计提示词：

我的代码出现了以下错误 [错误信息]，请帮我：
- 分析错误的可能原因。
- 提供具体的解决方案。
- 说明如何避免类似错误。
- 建议可能的代码优化方向。
- 请使用容易理解的语言解释技术概念，并提供具体的代码示例。

3. 图像生成与编辑

在图像生成领域，提示词的设计需要特别注意细节描述和风格指导。好的图像生成提示词应该能够准确传达视觉元素、构图要求和艺术风格。下面是一个创作数字艺术的提示词示例。

请生成一幅未来城市的图像，需要包含以下元素：
- 主体：悬浮的建筑群和飞行器。
- 环境：紫红色的日落天空。
- 细节：全息广告投影和光束。
- 风格：赛博朋克风格，带有科幻感。
- 氛围：神秘而不失温度。
- 请注意光影的处理，确保画面有层次感和纵深感。

对于图像编辑，提示词可以这样设计：

请帮我修改这张产品照片：
- 调整整体色温使其更温暖。
- 增强产品细节的清晰度。
- 柔化背景使主体更突出。
- 保持产品颜色的准确性。

- 添加适当的光晕效果。
- 请确保修改后的图片保持自然，避免过度处理。

4. 多模态内容生成

在需要生成多种形式内容的场景中，提示词需要考虑不同模态之间的协调性。例如，要创作一个包含文字和图像的社交媒体帖子，下面是一个多模态内容生成的提示词示例。

请为一款新发布的智能手表创作一套社交媒体营销内容，包括：
- 主标题（不超过20字）。
- 正文描述（200字左右）。
- 3张产品展示图的构思。
- 2个简短的产品亮点动画脚本。
- 要求整体风格年轻活力，突出产品的科技感和时尚性，确保各个元素之间风格统一，信息互补。

5. 数据分析与处理

在数据分析场景中，提示词需要明确分析目标、方法要求和输出格式。好的数据分析提示词应该能够引导AI进行深入的数据探索和洞察。下面是一个数据分析提示词示例。

请分析这份电商销售数据，重点关注：
- 销售趋势的季节性变化。
- 客户购买行为模式。
- 产品类别的盈利能力分析。
- 异常值检测和处理。
- 未来销售预测。
- 请提供详细的分析过程，使用适当的可视化方式展示结果，并给出具体的业务建议。

6. 问题解答与咨询

在回答问题和提供咨询的场景中，提示词需要注重回答的全面性、准确性和可理解性。好的咨询提示词应该能够引导AI提供有深度且易于理解的解答。下面是一个咨询类提示词示例。

请以一位投资顾问的身份，解答关于数字货币投资的问题：
- 解释主要风险和机遇。
- 分析市场现状和趋势。
- 提供具体的投资建议。
- 说明需要注意的法律问题。
- 请使用通俗易懂的语言，避免专业术语，适当使用类比和例子来解释复杂概念。回答要全面但不冗长，突出实用性。

这些应用场景中的提示词策略不是固定的公式，而是需要根据具体情况灵活调整的指南。关键是要理解每个场景的特点和需求，然后设计能够最大程度发挥 AI 能力的提示词。通过不断实践和总结，可以在各个领域建立起行之有效的提示词模板，提高工作效率和输出质量。

9.5.5 高级提示词技术

随着人工智能能力的不断提升，基础的提示词设计已不足以完全挖掘模型的潜力。在复杂任务面前，如何让 AI 更接近人类的思维深度，甚至展现出逻辑推理和创造性解决问题的能力，成为研究的重点。这催生了一系列高级提示词技术，这些技术通过结构化的引导方式，推动模型超越简单的问答模式，进入更高层次的认知与处理境界。从模拟人类思维到分解复杂问题，这些方法不仅提升了输出的质量，还拓宽了模型的应用可能性。下面看看它是如何通过模仿人类的逐步推理引导模型完成更加复杂的任务的。

1. 链式思考：模拟人类的思维过程

链式思考（Chain-of-Thought）模拟了人类解决问题时的思维过程。想象一个数学老师在解题时，不是直接给出答案，而是一步步展示推理过程。这就是链式思考的核心理念。一个典型的链式思考提示词可能是这样的：

"请解决以下问题，并展示你的思考过程：

一个图书馆有 3000 本图书，其中 40% 是文学类图书，剩下的图书中，科技类图书占 30%，历史类图书占 25%，其他类图书占剩余部分。请计算每个类别图书的具体数量，并说明你的计算步骤。"

在这种提示下，AI 会这样回应：

"让我一步步思考：

首先，文学类图书占 40%，即 3000 × 40% = 1200 本

剩余图书数量：3000 − 1200 = 1800 本

在剩余的 1800 本中：

科技类图书占 30%：1800 × 30% = 540 本

历史类图书占 25%：1800 × 25% = 450 本

其他类图书占剩余：1800 − 540 − 450 = 810 本

最终结果：

文学类图书：1200 本

科技类图书：540 本

历史类图书：450 本

其他类图书：810 本

验证：1200 + 540 + 450 + 810 = 3000，计算无误"

这种方法不仅能得到正确答案，还能展示完整的推理过程，方便我们理解和验证。

2. 思维树：多维度的问题探索

思维树（Tree-of-Thought）技术是链式思考的进阶版本。它不是沿着单一路径思考，而是同时探索多个可能的解决方案。这就像一位象棋大师，在行棋前会考虑多个可能的走法及其后果。例如，在写作任务中，可以这样使用思维树：

请为一个科技产品写一个广告语：
- 首先提出 3 个不同的创意方向。
- 对每个方向进行优劣分析。
- 选择最佳方向深入发展。
- 提供该方向的 3 个具体表达方案。
- 最终选择并完善最佳方案。

这种方法能够帮助 AI 更全面地探索可能性，而不是局限于第一个想到的解决方案。

3. 自我反思与纠错：AI 的自我完善

自我反思技术让 AI 能够审视和改进自己的输出。这就像一个作家在完成初稿后进行自我审阅和修改。通过适当的提示，可以引导 AI 进行这种自我完善。下面是一个使用自我反思的提示词示例。

请完成以下任务：
- 写一段关于人工智能未来发展的预测。
- 审视这段预测可能存在的偏见或局限性。
- 基于自我反思进行修改和完善。
- 提供最终的、更加平衡的观点。

这种方法能够帮助 AI 产生更加深思熟虑和客观的输出。

4. 多步骤推理：复杂问题的分解与解决

面对复杂的问题，多步骤推理技术能够帮助我们将其分解成更容易管理的小任务。这就像一位建筑师，先规划整体框架，然后逐步完善每个细节。例如，在解决一个复杂的商业问题时：

请帮助分析一个新产品的市场潜力：
- 首先分析目标市场的规模和特点。
- 评估现有竞争者的优势和劣势。
- 识别目标客户的需求和痛点。
- 分析我们产品的竞争优势。
- 预测可能的市场份额和增长潜力。
- 在每个步骤中，请明确说明你的分析依据和假设。

5. 角色扮演技巧：深入专业视角

前文已述，角色扮演是一种强大的技术，能够帮助 AI 从特定的专业角度思考问题。通过明确的角色设定，可以获得更专业和针对性的答案。一个高级的角色扮演提示词可能是：

请以资深产品经理、用户体验设计师和市场营销专家的多重角色分析这个产品创意：
- ❏ 产品经理视角：评估可行性和开发周期。
- ❏ 设计师视角：分析用户体验和界面设计。
- ❏ 营销专家视角：提供市场推广建议。
- ❏ 最后综合三个角色的观点，给出整体建议。

6. 提示词模板设计：系统化的方法论

创建高效的提示词模板能够帮助我们在不同场景中快速部署高质量的提示词。好的模板应该具有足够的灵活性，能够适应不同的具体需求。一个通用的分析模板可能包含以下内容。

- ❏ 背景说明：提供必要的上下文。
- ❏ 具体目标：明确期望达到的结果。
- ❏ 分析框架：提供思考和分析的结构。
- ❏ 输出要求：规定答案的格式和重点。
- ❏ 质量标准：设定评判标准。
- ❏ 改进机制：包含自我完善的机制。

同样地，这些高级技术不是相互独立的，而是可以根据需要组合使用。熟练运用这些技术，能够帮助我们更好地发挥 AI 的潜力，获得更高质量的输出。关键是要理解每种技术的特点和适用场景，灵活运用，不断实践和总结经验。

本章小结

本章介绍了生成式人工智能这一革命性的技术领域。从最基础的概念出发，我们逐步了解了它在文本、图像和视频生成等方面的突破性应用，以及如何通过提示词工程来有效地驾驭这些强大的工具。生成式人工智能的本质是创造，它让机器具备了前所未有的生成能力。这种能力并非凭空而来，而是建立在对海量数据深度学习的基础上。通过模仿和理解人类的创作过程，这些模型能够产生与人类创作相媲美的内容。在文本生成领域，我们见证了技术的飞速发展。从早期的自回归模型到预训练语言模型，再到如今的大型语言模型，每一步的进展都极大地提升了机器理解和生成文本的能力。在图像生成方面，技术的进步同样令人惊叹。我们详细探讨了图像生成模型的基本原理，了解了它们如何将文字描述转化为视觉图像。不同的技术路线各具特色，共同推动这一领域的快速发展。这些模型能够将人类的想象力具象化，为创意表达开辟了新的可能。视频生成技术则将创造力延伸到了时间维度，通过对视频生成模型基本原理的学习，我们理解了如何在时空维度上构建连贯的视觉叙事。不同的技术路线，无论是基于 GAN 的方法、基于扩散模型的方法，还是混合架构方法，都在尝试解决这一充满挑战的任务。最后，我们深入探讨了提示词工程这一关键话题。它就像连接人类意图和 AI 能力的桥梁，让我们能够更好地利用这些强大的生成模型。从基本概念到构成要素，从核心技巧到典型应用场景，再到高级技术，我们系统地学习了如何与 AI 进行有效对话。生成式人工智能代表了技术发展的新方向，它正在重塑我们创作和表达的方式。这一领域的每个分支都在快速发展，不断突破原有的限制。随着技术的进步，我们有理由相信，未来会涌现出更多令人惊喜的应用。

延伸阅读

1. 多模态大模型

以 ChatGPT 为代表的单一模态大模型可以被视为一种聊天系统，仅支持文本形式的输入和输出。OpenAI 在 ChatGPT 发布后短短 4 个月又推出了多模态大模型 GPT-4。据估计，其参数规模更是达到了惊人的 1.8 万亿，堪称巨量。GPT-4 不仅支持图像和长达 2.5 万字的文本作为输入，而且在回答问题的准确性、生成内容的多样性以及多模态信息感知和推理能力等方面有了大幅提升，在各种专业和学术基准上的表现达到"人类水平"。例如，在模拟的律师考试中，GPT-4 得分约为应试者的前 10%（GPT-3.5 的得分大约是后 10%），而在生物奥林匹克竞赛测试中，从 GPT3.5 只能达到整体 31% 的水平直接飙升到 99% 的水平。

那么什么是多模态大模型呢？简单来说，多模态大模型是一种能够同时处理和理解多种不同类型信息（如文本、图像、语音、视频、3D 模型等）的大型人工智能语言模型。以图 9-6 为例，你向一个人工智能系统展示一张包含牛奶、鸡蛋和面粉的图片，并问它："你可以用这些原材料做什么？"在这个例子中，模型同时接收并处理了图像和文本两种不同的输入。它首先分析图片，识别出其中的牛奶、鸡蛋和面粉等烘焙原料。同时，它还理解文字问题的含义，明白你是在询问这些原料的用途。更令人惊叹的是，该模型能够将图像信息和文字问题无缝地结合起来。它不是分别理解图片和问题，而是将两者联系在一起，形成了一个完整的上下文。这种跨模态的理解能力是多模态大模型的核心特征之一。接下来，模型开始进行信息整合和推理。它将识别出的原料与其庞大知识库中的烹饪和烘焙信息相结合，这个过程就像一名经验丰富的厨师在脑中快速浏览食谱。模型不仅知道这些是常见的烘焙原料，还能推断出它们可以一起使用来制作各种美食。基于这种综合理解，模型生成了一个相关且详细的回答。它列举了多种可以用这些原料制作的食品，如煎饼、蛋糕、面包等。回答展示了模型不仅能识别图像中的物品，还能应用相关知识，理解这些原料如何组合使用。值得注意的是，模型的回答紧密围绕图片中显示的原料，没有提及图片中没有出现的配料。这种上下文相关性表明，模型能够准确地将其响应限制在给定信息的范围内，而不是泛泛而谈。

图 9-6　多模态大模型应用示例

此外，GPT-4 的视觉理解能力确实令人惊叹。它不仅能识别图像中的物体，还能理解物体之间的关系、场景的上下文，甚至能捕捉到细微的视觉细节。例如，在图 9-7 中，GPT-4 能够准确地说出照片的不寻常之处。这种深度理解能力使得 GPT-4 能够将视觉信息与相关知识无缝结合，提供丰富且相关的回应。这种视觉理解能力使 GPT-4 在各种任务中表现出色，从图像描述到视觉问答，再到基于图像的推理任务，它能够理解复杂的图表、图像中的文字，甚至是抽象的视觉概念。

图 9-7　GPT-4 示例 1

GPT-4 展现出的逐步推理能力同样令人印象深刻。这种能力允许 GPT-4 像人类一样，通过一系列逻辑步骤来解决复杂问题。如图 9-8 所示，在回答"格鲁吉亚和西亚的平均每日肉类消费量总计是多少？"这个问题时，GPT-4 并不是简单地给出结果。相反，它首先识别了图标中的信息，然后考虑了推理的步骤，接着逐步计算出每个步骤的结果，最后给出了格鲁吉亚和西亚的平均每日肉类消费量总和。这种逐步推理能力使 GPT-4 能够处理更复杂的任务，如多步骤的数学问题、逻辑谜题，甚至是复杂的规划任务。它能够分解问题，逐步分析，并最终得出结论。这不仅提高了 AI 的问题解决能力，也使其输出更加透明和可解释。

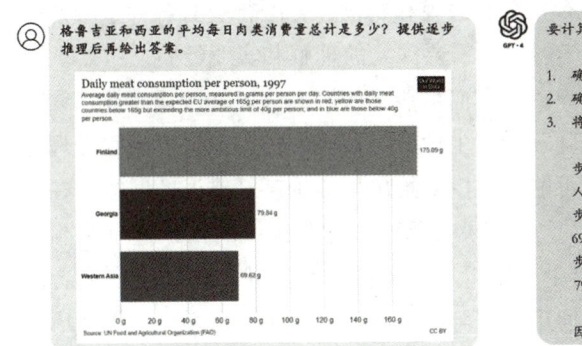

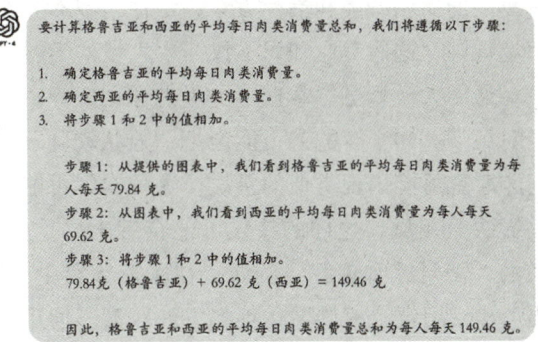

图 9-8　GPT-4 示例 2

这些例子生动地展示了多模态大模型的几个关键特点：它能同时处理不同类型的输入，将它们融合理解，利用已有知识进行推理，并生成连贯、相关的输出。这种能力使得多模态大模型可以执行更复杂、更接近人类认知的任务，代表了人工智能向着更全面、更智能的方向发展。它能更自然地与人类交互，理解复杂的上下文，并提供有意义的响应。多模态大模型大大拓展了 AI 的应用范围，为各种应用场景开辟了新的可能性。在医疗领域，它可以同时分析 X 光片、病历文本和患者的语音描述，提供更准确的诊断。在教育领域，它可以根据学生的学习风格，结合文字、图像和视频等多种形式的教材，提供个性化的学习体验。在安防领域，它可以同时处理视频监控、识别声音和分析文本，更有效地识别潜在威胁。可以看到，AI 可以应用于人们生活的方方面面，大大提高了生产效率，改善了生活质量。

发展多模态大模型是人工智能走向通用人工智能（AGI）的重要一步。虽然现在的 AI 在特定任务上可能已经超越人类，但要达到像人类一样灵活、通用的智能水平，还有很长的路要走。人类的智能是数百万年进化的结果，具备意识、自我认知、创造性思维等复杂的特质，这些都是当前 AI 难以企及的。多模态大模型的发展使 AI 向人类智能迈进了一大步。

2. 行业大模型

随着技术的不断进步，大语言模型正在从学术研究走向产业应用，并逐步形成产业链。西方发达国家的一些科技巨头和初创公司推出了各自的大语言模型产品和服务，并在更多通用和垂直领域得到广泛应用。大语言模型作为一种强大的语言处理技术，被广泛应用于机器翻译、文本摘要、问答、文本生成、信息检索、推荐系统等经典场景。通用大模型（如 ChatGPT、GPT-4）使用来自不同来源的大量通用文本数据集进行训练，例如书籍、文章、代码库等，通常具备广泛的任务处理能力，适用于需要处理各种通用任务的场景，在各种任务上表现出良好的总体性能，但在特定任务上可能并非最佳。为什么会这样呢？让我们用一个有趣的比喻来理解这个问题。想象你正在学习一门外语，你可能已经掌握了日常对话，能够轻松地讨论天气、美食或者旅游。但是，如果要求你用这门外语讨论核物理或者金融衍生品，你可能就会感到非常吃力。这不是因为你的语言能力差，而是因为这些专业领域有自己独特的词汇和概念，需要专门的学习和训练。同样的道理，通用大模型在处理专业领域的问题时也面临着类似的挑战。每个行业都有其独特的术语、规则和知识体系。例如，医疗行业有复杂的疾病分类和治疗方案，法律行业有繁杂的法规和判例，金融行业有各种金融产品和市场规则。这些专业知识不仅需要大量的学习，更需要深入的理解和实践经验。

通用大模型虽然掌握了大量的通用知识，但它们可能无法准确理解和使用专业术语。就像对医学一知半解的人可能会把"冠状动脉"和"主动脉"搞混一样，通用模型在处理专业问题时也可能出现类似的错误。这种误解可能导致模型给出不准确甚至错误的回答，在一些关键决策领域，这样的错误可能会带来严重的后果。此外，专业领域的知识通常是相互关联的，需要综合理解。例如，在医疗诊断中，医生不仅需要理解症状，还要考虑患者的病史、生活习惯、家族遗传等多方面因素。通用模型可能难以像专业医生那样全面地考虑这些因素，从而影响诊断的准确性。另一个重要因素是行业知识的快速更新。很多专业领域，特别是科技、医疗、金融等领域，知识更新速度非常快，新的研究成果、技术突破或政策变化可能会迅速改变行业的格局。通用模型如果不能及时更新这些最新知识，很快就会"过时"，无法为行业提供有价值的见解。

那么，面对这些挑战，应该如何让大模型更好地服务于各个专业领域呢？答案就在"大模型+行业大数据"这个新兴范式中。该范式的核心思想是，在通用大模型的基础上，使用大量的行业专业数据进行针对性的训练和优化。这就好比让一个博学多才的学者进行深度的专业课程学习，他不仅掌握广博的基础知识，还在特定领域具备专业技能。

行业大模型和通用大模型在多个方面存在显著差异，这些差异使得行业大模型能够在特定领域发挥更大的作用。首先，在知识深度方面，行业大模型不仅掌握了表面的"是什么"，还深入理解了"为什么"和"怎么做"，展现出对特定领域更为深刻的洞察。其次，行业大模型精通该领域的专业术语和行话，这使得它能够与行业专家进行更加流畅和专业的交流。在任务导向性上，行业大模型更加聚焦于解决特定领域的问题，能够提供更加精准和有针对性的解决方案。同时，由于经过大量专业数据的训练，行业大模型对该领域特有的数据格式和标准表现出更高的敏感度。考虑到许多专业领域知识更新迅速，通常需要对行业大模型进行更加频繁的更新，以保持其知识的时效性。最后，在适用范围上，通用大模型适合处理广泛的日常任务，行业大模型则在其专精的领域中发挥更大的作用。

另外，行业大模型的训练数据具有一些独特的特点。首先，这些数据高度专业化，通常来自特定领域的专业资料，如医学论文、法律文件或金融报告等，包含了大量的专业知识和行业特有信息。其次，相较于通用模型的训练数据，行业大模型的训练数据往往更加结构化，如标准化的病历或格式化的财务报表。由于许多行业知识更新速度快，行业大模型的训练数据也需要不断更新，以确保模型掌握最新的行业动态和知识。然而，与通用模型相比，特定行业的高质量数据可能相对稀少，这就要求在数据处理和模型训练上采用更加精细的方法。此外，行业数据往往涉及敏感信息，如患者病历或企业财务数据，因此在数据收集和使用过程中需要特别注意隐私保护和数据安全。最后，许多行业的数据不仅包括文本，还可能包含图像、音频、视频等多种形式，这就要求模型具备处理多模态数据的能力。

下面通过几个具体的例子来看看"大模型+行业大数据"范式是如何在不同领域发挥作用的。

在金融投资领域，一个经过海量金融数据训练的 AI 模型可以成为强大的投资分析师。它不仅能够理解复杂的金融产品和市场规则，还能实时分析全球经济动向，预测市场趋势。这样的系统可以帮助投资者做出更明智的决策，识别潜在的投资机会，同时也能帮助监管机构及早发现金融风险。例如，BloombergGPT 是由全球著名的金融资讯和科技公司彭博社开发的金融领域大模型。它就像一个超级金融分析师，拥有着常人难以企及的知识广度和深度。想象一下，如果把华尔街所有顶级分析师的大脑合并在一起，再赋予它超强的计算能力和无人能及的记忆力，那就是 BloombergGPT 的雏形。金融界的"超级大脑"BloombergGPT 可不是只简单地阅读了几本金融学书籍，它拥有高达数千亿个词元（token）的海量数据，相当于阅读了数百万本金融学书籍和报告。这些数据包括公开的网络信息，更重要的是，该模型还学习了彭博社独有的专业金融数据集，这就好比一个天才学生不仅研读了所有公开的金融教材，还得到了业内顶级专家的亲自指导，它在执行金融任务上的表现远超过通用大模型。

在医学领域，Med-PaLM 2 是谷歌 DeepMind 团队开发的一个大型语言模型，专门针对医疗领域进行了训练。它就像一位超级医生，融合了成千上万名顶尖医疗专家的知识和经验。这个 AI 医生不仅"读"过海量的医学文献，还能理解复杂的病例，给出专业的诊断意见。想象一下，如果把世界上所有优秀医生的大脑中的知识集中在一起，再赋予它超强的记忆力和分析能力，那就是 Med-PaLM 2 的雏形。研究团队对 Med-PaLM 2 进行了一系列严格的测试，结果令人振奋。在美国执业医师资格考试（USMLE）的模拟测试中，Med-PaLM 2 的表现超越了许多医学生，达到了及格水平。Med-PaLM 2 的强大之处不仅在于它的知识储备，更在于它的理解和推理能力。当面对复杂的医疗问题时，它能够像经验丰富的医生一样，综合考虑各种因素，给出合理的诊断和建议。例如，当遇到一个罕见病例时，Med-PaLM 2 可能会考虑患者的症状、病史、生活习惯等多方面信息，然后结合最新的医学研究成果，给出可能的诊断和治疗方案。然而，研究人员也清醒地认识到，尽管 Med-PaLM 2 表现出色，但它还不能完全取代人类医生。医疗实践不仅需要专业知识，还需要同理心、职业道德和复杂的决策能力。Med-PaLM 2 更像是一个强大的医疗助手，它可以帮助医生快速获取信息、分析复杂病例，但仍需要人类医生来做出最终的诊断和治疗决策。

在法律领域，基于中文法律知识的大语言模型 LaWGPT 在通用中文基座模型（如 Chinese-LLaMA、ChatGLM 等）的基础上扩充法律领域专有词表、大规模中文法律语料预训练，增强了大模型在法律领域的基础语义理解能力。在此基础上，构造法律领域对话问答数据集、中国司法考试数据集进行指令精调，提升了模型对法律内容的理解和执行能力。

据不完全统计，截至 2024 年 1 月，国内已有 AI 大模型 243 家。阿里巴巴、腾讯、百度和华为等中国科技巨头投入巨资研发自己的大模型。其中，通用模型有 39 个，行业类的金融模型有 25 个，工业模型有 23 个，科研 17 个，医学 13 个，教育 13 个。"大模型 + 行业大数据"预计将成为 AI 落地垂直领域的典型范式。

本章习题

1. 请简要说明生成式人工智能与传统人工智能在功能和应用方面的本质区别。
2. 视频生成模型相比图像生成模型增加了哪些技术难点？为什么？
3. 某公司打算将大型语言模型应用于客服系统，请分析这一应用可能带来的优势、可能面临的主要挑战以及需要重点考虑的技术问题。
4. 阅读以下提示词"创建一张图片，春天的公园，有樱花树，阳光明媚"，分析该提示词的构成要素并指出可能的优化方向。
5. 设计一个完整的提示词方案，目标是让 AI 生成一篇关于人工智能主题的科普文章。你的方案需要包含：主提示词、补充约束条件、格式要求以及风格指导。请详细说明每个部分的设计理由。
6. 针对以下场景，设计合适的提示词策略：你是一个教育科技公司的产品经理，需要使用 AI 生成一系列适合小学生的数学题插图。请设计基础提示词模板，制作图片风格指南，并提供 3 个具体的提示词示例。
7. 未来五年内，生成式 AI 可能对教育、创意设计、医疗健康、金融服务、新闻媒体等哪些行业产生重大影响？请选择其中两个行业进行深入分析。分析内容应包括：可能的应用场景、带来的机遇和挑战、对从业者的影响以及需要关注的伦理问题。

第 10 章
AI + X

人工智能（AI）的发展正在深刻影响全球多个行业，其与各个领域的结合被称为"AI + X"，其中"X"代表不同的应用领域，如金融、医疗、科学研究等。随着计算能力的提升和数据资源的丰富，AI 不再仅限于传统的智能系统，而是逐步演化为能够自主学习、优化决策并推动行业变革的核心力量。本章将探讨 AI 在金融科技、智慧医疗和科学研究中的前沿应用，展示 AI 如何助力行业创新，提高效率，并解决过去难以攻克的挑战。

在金融科技（FinTech）领域，AI 的应用正在重塑传统金融模式。从金融模型到金融大模型，人工智能在风险管控、投资决策、市场预测等方面展现了前所未有的能力。特别是金融大语言模型的兴起，使得金融机构能够更高效地处理市场信息、优化交易策略，并提升客户服务体验。金融科技的快速发展不仅提高了金融市场的智能化水平，也推动了传统金融机构向数字化转型。

智慧医疗领域则是 AI 变革最深远的行业之一。从医学影像识别到药物研发，AI 使医疗行业的效率和精准度大幅提升。AlphaFold 作为人工智能驱动的蛋白质结构预测工具，其在生物医药领域的突破性成果，使科学家能够更快速地解析蛋白质结构，加速新药研发进程。这一技术的突破不仅推动了医学研究的进展，也为精准医疗和个性化治疗带来了全新的可能性。

此外，AI 在科学研究中的应用同样备受关注，尤其是在气象预测领域。传统的天气预报依赖于复杂的数值模拟模型，计算量大，预测周期长，而 AI 驱动的气象大模型能够更快速、更精准地分析全球气候数据，为天气预报、极端气象预警和气候变化研究提供强有力的支持。通过深度学习和数据驱动的方式，气象大模型正在改变人类理解和预测自然环境的方式，为社会提供更准确的灾害预警和应对策略。

本章将围绕"AI + 金融""AI + 医疗"和"AI + 科学"三个核心方向展开，深入探讨人工智能如何与不同行业结合，推动技术创新和产业升级。通过对具体应用案例的剖析，我们将揭示 AI 在各个领域的变革性影响，并展望未来 AI 如何进一步推动全球经济和社会的发展。

10.1 金融科技

在过去的几十年里，科技对金融行业的影响日益深远。随着互联网的普及、计算能力的提升和大数据技术的发展，金融行业正在经历一场前所未有的变革。传统的金融体系正在被新的技术手段重塑，从银行业务到投资理

金融黑科技实验室：智慧金融探秘

财，从支付方式到风控体系，人工智能、区块链、大数据等新兴技术正在不断突破金融行业的边界，使金融服务变得更加高效、智能和个性化。

在这场变革中，金融科技成为推动金融行业创新的核心动力。金融科技不只是对传统金融业务的改造，更是一种全新的金融服务模式。通过引入先进的技术，金融科技公司和传统金融机构正在构建更加智能、高效、安全的金融生态系统，提升用户体验并优化资源配置。

AI 在金融科技的发展中扮演了至关重要的角色，它的强大计算能力和自学习特性，使得金融机构能够更精确地评估风险、优化投资策略、提供个性化服务，并提高整体运营效率。AI 的应用不仅改变了金融服务的提供方式，还催生了一系列全新的金融产品和商业模式，推动整个行业迈向智能化和自动化的新阶段。

10.1.1 概述

FinTech，即金融科技，是金融（Finance）与技术（Technology）的合成词，是指通过技术手段改进或替代传统金融服务的一种新方式。它的核心在于利用现代技术（如人工智能、区块链和大数据分析），让金融服务变得更加高效、便捷。在这些技术中，人工智能扮演了至关重要的角色，可以说，AI 是金融科技快速发展的引擎和灵魂。它不仅推动了金融服务的自动化，还为金融机构带来了前所未有的洞察能力和创新可能性。

传统金融服务，如贷款审批、投资管理和风险控制，通常依赖于经验丰富的专业人士和固定的规则系统，这些流程往往费时且成本高昂。而 AI 通过强大的数据处理能力和机器学习算法，能够快速分析大量的金融数据，发现隐藏的模式并生成预测结果。例如，AI 可以实时处理来自用户的交易记录、信用评分以及消费行为，精准评估其信用风险。这种能力让贷款审批过程大大提速，从原来的几天甚至几周缩短到几分钟。同时，AI 的动态学习能力还使得风险评估模型不断优化，从而适应不同用户的行为变化，远超传统静态模型。

AI 的引入不仅提高了效率，还极大地拓展了金融服务的边界。以支付系统为例，传统的支付方式需要依赖现金或银行卡，交易验证过程依赖于固定规则。而 AI 在支付系统中的应用让这一切变得更加智能和安全。例如，AI 算法能够实时检测每一笔交易的合法性，通过分析用户的历史交易数据和行为模式，快速发现异常情况并及时阻止可能的欺诈行为。这不仅保护了用户的资金安全，也帮助金融机构降低了潜在的损失。

此外，AI 技术还为金融服务带来了更深层次的智能化体验。智能投顾服务是一个典型的例子。这些基于 AI 的系统可以综合分析投资者的风险偏好、财务目标和市场数据，为其生成个性化的投资组合建议。过去，这种服务主要面向高净值客户，而 AI 让它变得平易近人，任何普通用户都可以通过智能投顾平台获取专业的投资建议，降低了金融服务的门槛。

值得一提的是，AI 不仅仅限于优化已有的金融服务，还在探索更多创新的可能性。例如，通过自然语言处理技术，AI 可以理解和生成人类语言，这为金融服务带来了更为个性化和互动化的可能性。金融科技企业正在利用这项技术开发智能客服系统，可以全天候解答用户的问题，提高客户满意度。同时，AI 还被用来生成财务报告和法律文档，极大地减少了人工操作中的重复性工作。

1. 金融科技的核心应用场景

AI 是推动金融科技核心应用场景发展的关键力量。从支付系统到风险管理，从智能投顾到欺诈检测，AI 在各个环节的应用都展现出了它不可替代的优势。以下是几个详细的场景，展示了 AI 如何深度融入金融科技并带来变革。

（1）支付系统中的智能化与安全性

支付系统是金融科技最广为人知的应用场景之一，AI 的介入让这一领域变得更加智能、高效和安全。如今的支付平台不仅需要处理海量交易，还需要应对复杂的安全挑战。AI 在这里的作用尤为突出。

AI 通过实时交易监控和用户行为分析，有效防范支付欺诈。AI 模型会分析用户的支付习惯和地理位置等数据，对异常交易进行标记并触发安全验证。例如，当一个用户的账户突然在不同国家发生交易时，AI 系统可以迅速识别风险，冻结交易并通知用户。相比传统的静态规则检测方法，AI 模型能够动态学习，不断更新对欺诈行为的理解，从而提高检测的准确性。

（2）风险管理的精准化与动态化

风险管理是金融机构的核心任务之一，尤其是在贷款审批、资产管理和市场交易中。传统的风险评估方法往往基于固定规则和有限的数据集，难以准确反映用户的真实风险。而 AI 的加入彻底改变了这一局面。

通过机器学习技术，AI 能够处理海量的非结构化数据（如社交媒体行为、在线购物记录）和结构化数据（如收入、资产信息），构建更加全面的用户画像。以贷款审批为例，AI 可以快速评估用户的还款能力和违约风险，从而辅助银行决定是否放贷。某些银行甚至利用 AI 实现了"秒批秒贷"，让贷款审批从数天缩短为几分钟。

更重要的是，AI 使得风险管理具备了动态调整能力。市场环境、政策和用户行为的变化都会影响风险评估模型的效果。AI 系统能够自动更新模型，实时适应新的市场条件。例如，在金融市场波动时，AI 可以预测潜在的系统性风险，帮助金融机构提前制订应对策略。

（3）智能投顾的个性化与普及化

智能投顾是金融科技领域的另一大亮点，它通过 AI 技术为用户提供自动化的投资建议。过去，投资建议主要依赖于专业的理财顾问，但这种服务成本高昂，普通投资者难以负担。而智能投顾的兴起大幅降低了进入金融市场的门槛。

AI 在智能投顾中的核心作用在于数据分析和优化决策。通过收集用户的财务数据、风险偏好和市场动态，AI 可以设计个性化的投资策略。例如，一位用户可能倾向于稳健型投资，AI 系统会为其推荐更多的债券或低风险基金，而另一位用户偏好高回报的股票投资，则会得到更激进的组合。此外，AI 的优势还在于实时监控和调整投资组合。当市场出现剧烈波动时，AI 能够自动调整资产配置，规避风险或抓住机会。

（4）欺诈检测的实时化与精确化

欺诈检测一直是金融机构的重要挑战，特别是在网络交易和数字支付日益普及的今天。AI 的能力使得这一领域的安全性大幅提升。

AI 欺诈检测系统通过分析大量交易数据和用户行为模式，能够快速识别异常交易。例如，用户的交易时间、地点、设备类型等细节会被 AI 建模为个人行为特征。如果某笔交易的行为特征偏离用户的日常习惯，AI 会立即标记为可疑，并启动二次验证流程。

传统的欺诈检测往往依赖于固定规则，比如"连续多笔大额交易可能是欺诈"。然而，AI 采用了深度学习技术，可以发现隐藏的复杂模式。例如，它可能注意到某类账户在夜间交易增加时欺诈风险更高，或者某些 IP 地址的交易异常率较高。基于这些发现，AI 模型能够主动升级防护策略，提高识别效率。

（5）客户服务的智能化与自动化

在客户服务领域，AI 也展现出巨大的潜力。许多金融机构已经部署了基于 AI 的智能客服系统，通过自然语言处理技术实现与用户的流畅沟通。这些系统可以回答用户的常见问题，如账户查询、贷款申请流程等，减少了人工客服的工作量。

AI 客服的优势不仅在于快速响应，还在于个性化服务。例如，AI 可以根据用户的历史问题记录和行为数据，提前预测其可能遇到的问题并主动提供解决方案。例如，如果用户频繁查询某种贷款利率，AI 系统可能会主动推荐相关的优惠方案或解释贷款条款。

此外，AI 还被用于生成财务报告和客户分析。例如，银行使用 AI 自动生成月度账户报表，并根据用户的消费习惯给出理财建议。这种智能化的服务提升了客户体验，同时为金融机构节省了大量成本。

2. 金融科技对传统金融的变革

金融科技不仅是技术应用的创新，更是一场对传统金融行业的深度变革。通过引入人工智能、大数据、区块链等技术，金融科技彻底改变了金融机构的业务模式和运营方式，同时也重新定义了客户与金融服务的交互体验。这种变革不只是效率的提升，更涉及金融服务的全面重塑，从根本上影响了整个金融行业的生态。

（1）提升效率：从冗长流程到自动化服务

传统金融服务往往依赖于复杂的人工操作和冗长的审批流程。例如，贷款审批通常需要客户提交一系列纸质材料，由银行工作人员逐一核查并进行信用评估。这种方式不仅耗时长，还容易受人为主观判断的影响。金融科技通过引入 AI 算法和自动化流程，显著提高了工作效率。如今，很多银行已经实现了"秒批秒贷"——用户提交贷款申请后，系统会自动分析其收入、信用记录以及其他相关数据，仅需几分钟即可完成审批。这种效率的提升不仅让客户体验更加流畅，也为银行节省了大量的人力成本。

（2）优化用户体验：从被动服务到主动洞察

传统金融机构的服务模式多以客户主动需求为导向，客户需要到银行网点办理业务或主动联系理财顾问获取投资建议。这种模式限制了服务的便捷性和普及性。金融科技通过 AI

和大数据技术，彻底改变了这种被动服务的局面。现在，金融机构可以根据客户的消费行为、理财习惯和风险偏好，主动提供个性化的金融服务。

例如，AI 驱动的智能客服系统能够 24 小时在线，为客户解答账户问题、推荐金融产品甚至处理紧急事务。而在投资理财领域，智能投顾系统可以分析客户的财务状况，并根据实时市场数据生成个性化的投资组合建议。客户无须学习复杂的金融知识，也不用专门预约理财顾问，就能获得与其需求高度匹配的服务。这种转变使得金融服务更加贴近用户，也让金融机构与客户的关系更加紧密。

（3）降低成本：从高门槛服务到普惠金融

金融科技的另一个重要变革是降低了金融服务的成本，让更多人能够享受到优质的金融服务。传统金融服务的高成本主要来源于人工操作、物理网点和复杂的后台系统。这使得许多服务只能面向高净值客户和大企业，普通消费者尤其是发展中国家的用户往往难以接触到全面的金融服务。

通过金融科技的自动化和智能化技术，这种局面得到了改善。例如，移动支付的普及使得偏远地区的人们无须访问银行网点就可以进行资金交易和管理。类似地，P2P 借贷平台利用 AI 技术对借款人进行信用评估，让更多中小企业和个体户能够快速获取融资，而无须依赖传统银行的复杂贷款流程。

（4）重塑商业模式：从传统架构到技术驱动

金融科技推动传统金融机构向技术驱动型企业转型。以往，银行等机构的核心竞争力在于资本规模和网点覆盖范围，而如今，技术成为竞争的关键。越来越多的金融机构开始投资于 AI、大数据和区块链技术，以确保其服务在数字化时代具有竞争力。

例如，大型银行正在构建自己的 AI 平台，用于客户行为预测和风险管理；金融科技公司则通过开发开放式 API，打造生态系统，让第三方开发者可以为客户设计新的金融产品。这种模式打破了传统金融行业的边界，使得金融服务更加模块化和多样化。

10.1.2 金融大模型

金融大模型是近年来人工智能与金融科技结合的重要成果，代表着大规模 AI 模型在金融领域的深度应用。相比于传统的金融模型，金融大模型在数据处理能力、预测精度和泛化能力上具有显著优势，能够为金融科技提供更强大的技术支持。本章将从金融模型的演变出发，探讨金融大模型的内涵及其在金融领域的应用，特别是大语言模型的角色。

1. 从金融模型到金融大模型

金融模型是金融科技中不可或缺的工具，它通过对数据的量化分析，为金融机构提供风险管理、信用评估和资产定价等方面的支持。然而，随着金融行业的复杂性和数据规模不断增加，传统金融模型的局限性逐渐显现。为了解决这些问题，金融大模型以其强大的数据处理能力和动态适应性，成为金融科技发展的重要里程碑。金融大模型不仅在规模上远超传统模型，更通过深度学习和智能算法，为金融行业提供了全新的技术基础。

目前，金融大模型还没有形成一个被广泛认可的定义。广义的金融大模型可以分为以下两种：大规模金融 AI 模型和金融领域的大语言模型。大规模金融 AI 模型侧重于处理复杂的金融数据和动态变化的市场环境，通过深度学习等技术为资产定价、风险管理和自动化交易提供支持。这类模型通常擅长从海量的多源数据中挖掘规律，帮助金融机构优化决策流程。相比之下，金融领域的大语言模型则更关注语言的理解和生成能力，例如彭博社推出的金融大语言模型，能够根据市场动态生成实时的金融分析报告，自动化撰写和提炼财务摘要，对市场趋势和行业动态进行自然语言解析，并支持复杂的查询回答。这类模型通过对专业金融文本数据（如财报、研究报告、政策文件）的学习，赋能金融从业者快速获取精准的信息，同时为客户服务和数据分析提供语言处理支持。为了便于区分与讨论，本书中的金融大模型专指那些以深度学习和大规模数据处理为核心的大规模金融 AI 模型，而金融领域的大语言模型在书中被称为金融大语言模型。

传统金融模型以其简单、明确的逻辑框架和高可解释性，在过去几十年中一直主导着金融行业。比如，信用评分模型通常采用逻辑回归或线性回归的方法，通过分析用户的收入、负债和信用历史，评估其违约的可能性。类似地，资本资产定价模型也在资产定价和投资组合管理中发挥了关键作用。这些模型的特点是结构清晰，结果可以被直接解读，方便金融从业者做出相应决策。

然而，随着金融数据的多样性和复杂性日益增加，传统模型的局限性逐渐暴露出来。首先，它们依赖于有限的结构化数据，例如财务报表或交易记录，而无法利用非结构化数据（如市场新闻和社交媒体内容）中的潜在信息。其次，传统模型的预测能力受到其固定框架的限制，难以捕捉动态市场环境下的非线性关系。例如，当市场发生突发事件（如政策调整或经济危机）时，传统模型往往无法快速响应，从而导致预测结果失准。此外，这些模型需要人为设置参数和规则，导致开发和调整成本较高，适应能力不足。

金融大模型的诞生与数据驱动的需求密不可分。在传统金融服务中，机构通常依赖有限的结构化数据（如交易记录、财务报表）进行分析和决策。然而，随着科技的进步，金融行业的数据来源发生了巨大的变化。除了传统的结构化数据，金融机构还面临大量非结构化数据的涌入，例如市场新闻、政策解读、社交媒体舆情以及用户行为日志。这些数据往往包含着丰富的信息，但由于缺乏合适的工具，长期未被有效利用。

金融大模型相较于传统模型有着显著的技术优势，主要体现在以下几个方面。

（1）数据处理能力的全面提升

金融大模型能够处理多源异构数据，包括结构化数据（如历史交易记录）、非结构化数据（如新闻和市场分析报告）以及时间序列数据（如股票价格走势）。这种能力使得模型能够从更广泛的视角分析金融市场。例如，在资产定价时，大模型不仅可以利用企业的财务数据，还可以综合考虑行业动态、宏观经济环境以及市场情绪，从而得出更全面的预测结果。

更重要的是，金融大模型擅长处理大规模数据集。传统模型通常受限于计算能力，无法处理海量数据，而大模型通过并行计算和云计算技术，能够高效处理 PB 级别的数据。这使得金融机构可以挖掘以前难以利用的数据资源，为决策提供支持。

（2）动态学习和自适应能力

传统金融模型的一个主要缺陷是固定规则框架难以适应市场的快速变化。例如，当某行业出现突发政策调整时，传统模型往往需要人工重新调整参数或修正算法，这个过程既耗时又容易出错。金融大模型则具有动态学习能力，可以通过实时训练和更新，快速适应新的市场环境。

以风险管理为例，当某地区发生自然灾害或重大经济事件时，大模型能够根据实时数据重新评估风险。这种动态调整能力不仅提高了模型的精准度，还让金融机构能够更快地做出反应。

（3）捕捉复杂非线性关系

金融市场的数据通常呈现出高度的非线性和复杂性。例如，股票价格可能受到多个因素的共同影响，包括公司业绩、行业动态、市场情绪等，而这些因素之间往往存在非线性关联。传统模型难以有效捕捉这种复杂关系，但金融大模型通过深度神经网络的多层结构，可以发现数据之间的隐性关联。

例如，在预测某企业的破产风险时，大模型能够同时考虑其财务指标、行业发展趋势以及市场舆情，并通过非线性建模找到不同变量之间的互动关系。这种能力使得大模型的预测结果更加准确。

（4）高度自动化和泛化能力

金融大模型能够在极少人工干预的情况下自动完成数据预处理、特征提取和模型优化。这种高度自动化的能力不仅降低了模型开发的成本，还大大缩短了模型上线的时间。

此外，金融大模型具有较强的泛化能力，可以在多个场景中复用。例如，一个用于信用风险评估的大模型，可以通过调整训练数据和优化目标，轻松扩展到市场风险管理、欺诈检测等其他领域。这种灵活性让金融大模型的应用范围更加广泛。

2. 金融大模型举例：风险管控

风险管控是金融行业的核心环节之一，也是金融大模型应用最广泛的领域之一。金融机构需要评估和管理多种类型的风险，包括信用风险、市场风险、操作风险和流动性风险等。而金融大模型通过强大的数据处理和分析能力，为风险评估和管理提供了革命性的支持，使得这一过程更加精准、高效和动态化。

金融大模型在风险管控中的应用主要依赖于深度学习技术和多源数据整合。通过构建复杂的神经网络结构，模型能够处理海量的多维数据，包括结构化数据（如财务报表和信用记录）和非结构化数据（如新闻、社交媒体内容）。这些数据被输入模型后，通过层层学习，提取出隐藏的风险特征和潜在关联，从而实现对风险的全面评估。

与传统的风险管理方法不同，金融大模型能够动态学习最新的市场变化和个体行为模式。例如，当市场出现突发事件（如政策调整或地缘政治冲突）时，模型会快速适应新数据，并对潜在风险进行重新评估。这种实时更新的能力使得金融机构能够更早识别风险，并采取措施加以应对。

在实际业务中，风险管控模型既可能是分类模型，也可能是回归模型，往往取决于业务需求和目标变量的形式。如果风控目标是判断主体是否存在某种风险属性，比如信用风险管理中要区分借款人是否会违约、是否存在欺诈行为、是否属于高风险群体等，此时就更适合使用分类模型。分类模型能够输出离散的风险标签，便于制订相应的策略，如直接拒绝、加强管控或者通过其他措施降低风险敞口。另外，如果风险管控的目标是对风险进行量化评估，比如预测违约概率或测算预期损失金额，那就需要模型能够输出连续数值，这时往往采用回归模型。回归模型可以给出一个具体的数值指标，用于衡量某笔贷款的潜在风险水平或者损失金额，以便进一步细化定价或决策。

逻辑回归是信用风险管理中最经典且常用的分类算法。它通过建模输入变量与违约风险的关系，输出一个介于 0 和 1 之间的概率值，用于表示借款人违约的可能性。逻辑回归因其计算简单、结果解释性强，被广泛应用于信用风险管理中。

在实际业务中，分类模型和回归模型通常并非相互排斥。很多时候，企业会先利用分类模型对风险进行初步筛选，将高风险群体与低风险群体区分开来；随后，对筛选出的高风险群体再使用回归模型进行更精细的风险量化评估，最终为风险管理策略提供参考依据。通过这种"双管齐下"的方式，既能快速识别重点风险目标，又能对其风险敞口进行有效的定量化管理。

在风险管理中，金融大模型依赖于多种类型的数据，以实现精准的风险评估和预测。不同的数据类型和特征在风险管理中发挥着关键作用，以下是常用的一些数据类型和它们的特征。

- **客户信用数据**：客户信用数据通常是结构化数据，包括客户的信用记录、还款历史、贷款记录、信用评分等。
- **市场动态数据**：包含股票价格、债券收益率、汇率、商品价格等市场数据。这类数据具有高频率和波动性特征，数据量庞大且更新速度快。
- **宏观经济数据**：宏观经济数据一般是低频数据，每月或每季度发布一次，包括 GDP 增长率、失业率、通货膨胀率、利率、货币政策相关数据、国际贸易数据等。
- **客户行为数据**：客户行为数据多为非结构化数据，且来源多样，包含消费时间、地点、金额、支付方式等细节。
- **新闻舆情数据**：新闻舆情数据属于非结构化数据，具有实时性和情绪化的特点，这些数据来自新闻、社交媒体、分析报告、财经博客等的文本数据。

风险管理金融大模型可能用到以下 AI 技术。

- **深度学习神经网络**：模型通过多层神经元提取数据中的深层特征，例如自动识别交易记录中的异常模式。
- **自然语言处理**：通过 Transformer 模型（如 BERT、GPT），模型能够处理非结构化文本数据，提取政策变化、市场新闻或舆情信息中的关键风险因素。例如，模型可以从新闻中识别出"经济衰退""政策收紧"等关键词，量化其对市场的潜在影响。

- **时间序列分析**：基于长短期记忆网络（LSTM）或时序 Transformer，模型能够处理历史数据中的长期依赖关系，例如预测市场波动或资产价格趋势。
- **图神经网络**：模型通过构建企业、资产或市场之间的关联图（如供应链网络、投资组合关系），分析风险在网络中的传播路径。例如，一家核心企业的信用违约可能会通过供应链传递影响多个关联企业，图神经网络能够精准预测这种传导效应。
- **持续学习**：模型在初次训练后仍能通过增量数据不断更新。例如，当市场环境发生显著变化（如经济危机或政策调整）时，模型可以重新学习新的数据模式，避免"遗忘"旧知识的同时适应新环境。
- **多任务学习**：模型的底层特征提取层从全局数据中提取通用特征。模型的顶层由独立的任务分支组成，每个分支针对具体任务进行优化。例如，信用风险预测分支可以输出借款人的违约概率，市场风险分支则预测资产的潜在损失。

风险管控的目标是识别、量化和管理各种可能对金融机构和投资者产生不利影响的风险，包括信用风险、市场风险、操作风险和欺诈风险等。以下将介绍风险管控 AI 大模型的几个关键应用实例。

（1）信用风险评估

在信用风险管理中，金融机构需要快速、准确地评估借款人的违约风险，以决定是否发放贷款及其条件。传统的信用评分系统通常依赖于固定规则和少量数据，如借款人的收入、负债和信用历史。然而，这种方式无法全面捕捉借款人的真实信用状况，尤其是在市场环境动态变化时。风险管控 AI 大模型通过多源数据整合和深度学习技术，显著提高了信用风险评估的精准性，扩大了覆盖范围。

例如，某大型银行部署了一套基于 Transformer 架构的风险管控 AI 模型。该模型整合了借款人的财务数据、社交媒体行为、消费记录和地区经济状况等信息，为每位客户生成一个动态信用评分。相比传统评分系统，这一模型不仅能反映借款人的当前财务状况，还能预测其未来的还款能力。例如，当某客户的收入稳定，但其消费行为显示出过度负债倾向时，模型会提高其违约风险的评分，提醒银行适当调整贷款利率或额度。该模型的应用让银行的信用风险预测准确率提升了 30% 以上，同时审批时间缩短了 50%。

（2）市场风险预测

市场风险预测是金融机构应对资产价格波动的重要环节。传统的市场风险管理方法通常依赖于历史数据和假设的风险分布，但这些方法在应对复杂的市场动态和突发事件时效果有限。风险管控 AI 大模型通过深度神经网络和时间序列分析技术，可以实时捕捉市场中的潜在风险信号，并提供动态调整建议。

例如，一家全球领先的对冲基金开发了一套基于 LSTM 的市场风险预测模型，该模型能够处理历史价格数据、实时交易信息和新闻情绪分析等多种输入数据。当某次重大政策调整即将公布时，该模型通过分析新闻语义和市场交易模式，预测到相关行业可能受到的冲击，并生成详细的风险评估报告。根据模型的建议，该基金调整了其投资组合，降低了在受影响行业的敞口，从而成功规避了高达 5% 的潜在损失。

（3）实时欺诈检测

金融欺诈是金融机构和支付平台面临的重要风险之一。传统的欺诈检测方法通常基于固定规则，如限制单笔交易金额或检测特定时间段内的多次交易。这些方法虽然简单，但在面对新型欺诈模式时显得力不从心，容易造成漏报或误报。风险管控 AI 大模型通过图神经网络和深度学习技术，能够从复杂的交易网络中识别潜在的欺诈行为，并动态适应新型欺诈手段。

例如，某全球支付平台利用风险管控 AI 大模型搭建了实时欺诈检测系统。该系统通过分析用户的交易时间、地点、金额、设备类型和历史行为，生成用户交易行为的动态特征画像。当某笔交易的行为模式显著偏离用户的日常习惯时，系统会立即标记该交易为"高风险"，并触发验证或冻结流程。比如，当某用户的账户突然在短时间内在不同国家发起多笔大额交易时，模型通过检测异常地理位置变化和设备切换，识别出这可能是一次跨境欺诈攻击。与传统方法相比，该模型的检测准确率提高了 25%，响应时间缩短至毫秒级，为平台挽回了数百万美元的潜在损失。

3. 金融大语言模型

金融领域的大语言模型是人工智能技术与金融科技深度融合的典范，其出现正在重新定义金融行业处理信息和语言的方式。在金融世界中，信息的传递、分析和解读是所有决策的核心，而这一过程常常涉及复杂的数据和大量的文本信息，例如财务报表、市场新闻、政策解读以及法律文件。传统的方法往往依赖于人工分析和固定规则，效率低下且容易出错。而大语言模型通过对海量金融文本数据的学习，不仅具备理解专业术语和语境的能力，还能根据用户需求生成定制化的内容。它们能够以接近人类语言的方式与用户交互，同时完成极为复杂的分析任务，从而显著提升金融服务的智能化和自动化水平。

金融大语言模型可以迅速理解财务信息的逻辑结构，从海量数据中提取关键内容，并生成高质量的自然语言报告。无论是实时捕捉市场变化、自动化生成监管文档，还是提供基于自然语言的复杂查询支持，大语言模型的表现都堪称出色。正因如此，这些模型正在逐步改变金融从业者的工作方式，让他们从烦琐的手动任务中解放出来，将更多精力投入到战略决策和创新中。以下内容将详细探讨金融领域大语言模型的核心功能及其在实际场景中的应用。

这些大模型一般采用与 GPT 系列相似的 Transformer 架构，参数规模达百亿级别。为了减少训练时间和显存占用，模型在大规模 GPU 集群或云端算力上进行分布式切分训练。训练过程中，模型通过自回归式的目标函数学习上下文关系，形成对金融领域语言特征的深度理解。

为了保证模型的广度与专业性，金融大模型不仅使用公司的闭源金融数据，也纳入来自公开互联网的通用文本。训练前，需要对数据进行严格的清洗与去重，并针对财报、公告等金融文件可能包含的噪声或冗余信息进行处理。此外，模型在预训练完成后，还可以根据具体的任务需求进行微调或指令调优，使其在新闻生成、问答系统、自动摘要等应用场景中表现更加出色。

金融大语言模型的应用前景在金融行业内颇具潜力。它能辅助金融分析师或交易员迅速检索和筛选信息，也可对报告或公告进行要点提取，提升投研效率。在财经新闻的写作和审核方面，模型可以为记者或编辑提供自动生成与辅助写作功能，为日常的大量简讯或快速报道节省时间。此外，通过对新闻舆情和行业动态的处理，它还能为风控团队提供市场情绪分析与预警建议，从而帮助管理层和合规团队更好地防范潜在风险。以下将介绍金融大语言模型的几个常见应用。

（1）财务数据摘要与自动化报告生成

金融领域的大语言模型可以快速处理财务数据和复杂文本，自动生成精准而简洁的报告。这一功能在日常的分析和决策支持中尤为重要。例如，当一家公司发布季度财报时，模型能够快速提取关键数据，如收入、利润、资产负债情况，并生成一份结构化的报告供分析师参考。与此同时，模型还能根据不同受众的需求调整报告的语言风格和细节深度，例如为高级管理人员提供简洁概括，为投资经理提供详细解读。此外，这些模型还支持多语言处理，在跨国金融业务中表现尤为出色。无论是对海外市场动态的追踪，还是对外文财报的摘要分析，模型都能够高效完成，并确保语言翻译和财务术语的精准度。

（2）市场情绪分析与趋势洞察

金融市场的情绪和趋势往往隐藏在新闻、政策文件、社交媒体等非结构化文本数据中。传统的情绪分析方法需要大量的人工参与，既耗时又主观。金融领域的大语言模型通过自然语言处理技术，能够自动化地解析和量化这些文本中的信息，为市场情绪提供清晰的指标。例如，模型可以扫描当天的全球新闻，识别出其中对特定行业或公司可能产生影响的内容，并判断其语调是积极、消极还是中性。基于这些情绪信号，模型可以进一步预测市场可能的短期反应，帮助机构提前制订策略。例如，当模型识别到某行业的政策调整新闻被频繁报道且带有消极情绪时，它可能建议投资者降低相关资产的敞口。

（3）复杂查询与实时问答支持

金融从业者经常需要获取复杂的金融数据或分析结果，而传统的查询方式通常需要专业的数据库语言或工具，操作门槛较高。金融领域的大语言模型能够通过自然语言交互实现复杂查询的智能化。用户只需要以对话的形式提出问题，模型就能快速检索并生成详细的答案。例如，当某分析师询问"过去五年中某公司股价与其盈利增长率的相关性"时，模型可以自动从数据源中提取相关信息，计算并生成一份清晰的回答，甚至附带图表和解释。相比传统的人工分析，这种方式大幅提高了查询效率，并降低了专业技能的门槛。

（4）自动化生成监管与合规文档

金融行业受到严格的监管，合规报告的生成和审查是一项耗时耗力的工作。金融领域的大语言模型通过自动生成文档的功能，大大简化了这一流程。模型可以快速解析监管条文，提取核心要求，并生成符合标准的合规报告。例如，在应对新出台的国际财务报告准则时，模型能够根据准则细则调整企业的披露内容，并生成符合要求的报告。此外，模型还可以辅助合规团队发现潜在风险。例如，通过分析企业运营中的文本记录（如合同条款、邮件往来），模型能够识别出可能违反合规规定的部分，提前提出警告。

（5）定制化客户服务与辅助决策支持

金融领域的大语言模型在客户服务中的应用尤为广泛，通过自然语言处理技术，为客户提供 7×24 小时的智能支持。模型能够解答从账户管理到投资建议的多样化问题，并根据客户的历史记录提供个性化建议。例如，当客户询问"现在有哪些低风险的投资机会？"时，模型可以根据市场动态和客户的投资偏好，生成一份投资组合建议。此外，这些模型还能辅助高层决策。例如，企业领导层在考虑进入某一新兴市场时，可以通过模型快速获取市场的政策、经济状况和潜在风险的分析报告，为决策提供有力支持。

（6）市场监控与事件追踪

金融市场中的重大事件可能随时发生，如政策调整、企业并购、突发新闻等。金融领域的大语言模型能够实时监控全球范围内的新闻动态，快速筛选出可能对市场产生重大影响的事件。例如，当某公司宣布一项重要并购交易时，模型能够第一时间捕捉到这一消息，并生成详细的事件分析，包括对市场的潜在影响、受益或受损的相关方，以及可能的后续发展。

10.2 智慧医疗

在现代医疗体系中，科技的深度融合正在推动医疗行业发生根本性变革。从传统的人工诊断到智能辅助决策，从基于经验的治疗方案到精准医学，从耗时巨大的药物研发到 AI 驱动的创新发现，人工智能、大数据、云计算等技术正在全面提升医疗服务的质量与效率。

> 解码生命之谜：AlphaFold 的科学奇迹

其中，智慧医疗是这一变革的核心概念，它不仅仅是对传统医疗体系的数字化升级，更是基于人工智能和数据驱动的智能医疗生态。智慧医疗的目标不仅是优化现有的医疗流程，还在于让医疗服务更加智能化、个性化、普及化，让精准诊断、智能治疗和高效药物研发成为可能。

AI 在药物研发领域的应用，也正在大幅缩短新药的开发周期，提高药物研发的成功率，甚至在面对全球卫生危机时，提供关键的技术支持。本节将重点介绍近年来最具突破性的 AI 技术——AlphaFold，解析其如何改变蛋白质结构预测，以及为全球生物医学研究带来的深远影响。

10.2.1 概述

智慧医疗是现代科技与医疗行业深度融合的象征，它通过大数据、人工智能、物联网和云计算等技术的应用，全面提升了医疗服务的精准性、效率和普及性。相比于传统医疗中高度依赖人工经验和线性流程的模式，智慧医疗更强调智能化和数据驱动的医疗服务，从疾病的早期预测到个性化治疗方案的制订，从实时健康监测到医疗资源的优化分配，智慧医疗正在全方位变革医疗行业的运作方式。其核心理念不仅是"治病救人"，更是通过科技手段提升疾病预防、诊断和治疗的全周期管理能力。

AI 技术在智慧医疗中取得的突破首先体现在疾病的早期诊断与影像分析领域。基于深度学习的 AI 模型可以迅速分析大量医学影像数据，例如 X 光片、CT 和 MRI 扫描，自动识别癌症、骨折或病灶的位置。某些 AI 系统在肺部癌变、糖尿病视网膜病变等疾病检测方面的准确率甚至超过了经验丰富的放射科医生。这一技术的应用不仅显著提高了诊断的速度，还能够弥补医疗资源不足的短板，特别是在医疗资源匮乏的地区，AI 的自动化诊断为更多患者带来了及时的治疗机会。

此外，AI 在精准医学与个性化治疗方面的应用也在不断深化。传统的医学治疗方案往往以"一刀切"的方式面向大多数患者，忽略了个体间的差异，而精准医学则通过分析患者的基因组信息、代谢数据和临床病史，为患者量身定制治疗方案。AI 在海量数据分析方面的优势使得精准医学成为可能。例如，通过 AI 对癌症患者肿瘤基因组的深度分析，医生可以识别出肿瘤的特定基因突变，进而选择靶向药物进行治疗。这种个性化的治疗不仅提高了疗效，还降低了副作用，为患者带来了更好的生存质量。

然而，智慧医疗的真正突破体现在药物研发领域。传统的药物研发过程极为复杂，通常需要经历靶点发现、分子筛选、临床试验等多个阶段，从实验室到市场的周期往往长达十年以上，研发成本高达数十亿美元。此外，药物开发过程中的一个核心难题是需要确定靶标蛋白质的三维结构。靶标蛋白质是药物分子作用的关键对象，其三维结构直接决定了药物与蛋白质结合的稳定性和效果。要设计出高效的药物，首先必须明确蛋白质的折叠形态、活性位点和结构特征。然而，测定蛋白质的三维结构依赖于 X 射线晶体学、核磁共振成像或冷冻电镜等实验方法，这些方法不仅耗时长、成本高，而且对于一些结构复杂或难以结晶的蛋白质来说，实验方法常常力不从心。

在这种背景下，人工智能技术为药物研发提供了全新的解决方案。通过机器学习和深度学习，AI 可以在海量数据中挖掘出潜在的靶点蛋白质，并模拟药物分子与靶点的相互作用，极大缩短了分子筛选的时间。AI 的介入使得科学家可以在短时间内筛选出具有潜力的候选药物分子，从而加速药物发现的步伐。这一技术在疫情期间得到了充分验证。面对突如其来的病毒，全球科学界亟须快速解析病毒蛋白的三维结构，以便开发疫苗和抗病毒药物。传统实验方法难以在短时间内完成病毒蛋白结构解析，而 AI 技术通过计算预测的方式，为科研人员提供了宝贵的结构信息，帮助他们快速锁定病毒蛋白的靶向区域。

10.2.2 AlphaFold

近年来，人工智能在生物信息学领域的突破性进展，为蛋白质结构预测提供了新的解决方案。其中，AlphaFold 作为 DeepMind 团队开发的一项革命性技术，在蛋白质折叠问题上取得了划时代的突破。它的出现不仅显著提高了蛋白质结构预测的准确度，还极大地缩短了预测所需的时间，使科学家能够以前所未有的速度研究生物大分子的结构和功能。

1. AlphaFold 的诞生背景

在生物学中，蛋白质是生命活动的核心分子之一，几乎所有生物过程都离不开它们的参与。蛋白质是由氨基酸链组成的，这些氨基酸链在细胞内折叠成特定的三维结构，决定了蛋白质的功能和生物活性。蛋白质的三维结构可以被看作"生命的蓝图",它们的形状直接影响了它们在生物体内的作用,例如催化化学反应、传递信号、运输分子等。

然而,蛋白质结构的预测一直是生物学中的重要挑战。科学家们发现,知道了蛋白质的氨基酸序列(构成蛋白质的基本单位顺序),并不等同于了解其三维结构。蛋白质结构的折叠受到复杂的物理和化学因素影响,即便对于经验丰富的生物学家来说,要从序列准确预测出三维结构也是极为困难的。这一问题被称为"蛋白质折叠问题"。

传统上,研究人员依赖实验方法来测定蛋白质的结构,例如 X 射线晶体学、冷冻电镜和核磁共振成像。然而,这些实验方法往往费时费力、成本高昂,且不适合用于大规模蛋白质的结构预测。以 X 射线晶体学为例,这种方法虽然能提供高分辨率的结构信息,但需要将蛋白质制成晶体,而制晶过程复杂且对许多蛋白质不适用。这一切让科学家们迫切希望能够找到一种更加高效、便捷的预测方法,从而推动生物学和医学领域的进步。

AI 在过去十多年间取得了重大突破,生物学领域也敏锐地意识到 AI 的潜力,特别是在解决蛋白质结构预测等复杂的生物问题上。AlphaFold 由谷歌旗下的 DeepMind 团队开发,借助 AI 的强大计算能力和大量蛋白质数据,尝试从根本上破解蛋白质结构预测难题。尤其是随着深度学习技术的发展,AlphaFold 能够"学习"大量已知的蛋白质结构数据,通过复杂的模型从中总结出预测新结构的规律。这种方法不仅提升了预测的准确性,还大幅减少了预测所需的时间,为科学家们提供了一种快速高效的蛋白质结构预测手段。

AlphaFold 在蛋白质结构预测领域取得的成就得到了全球科学界的高度认可,尤其是在 2020 年的第 14 届 CASP(蛋白质结构预测关键评估)竞赛中,AlphaFold 在蛋白质结构预测的准确性上取得了革命性突破。AlphaFold 的平均 GDT 分数达到了 92.4,分数接近 100 表明模型预测的结构与真实结构非常接近。AlphaFold 的预测结果不仅在 GDT 分数上接近实验方法的精度,并且在许多案例中达到了可以媲美实验测定结果的准确度。

这一精确的预测结果让科学界感到震惊,因为传统上需要数月甚至数年的实验才能确定的蛋白质结构,AlphaFold 可以在短短几小时内完成预测。这意味着 AlphaFold 具备了以高精度快速预测蛋白质结构的能力,从而可以为生命科学研究提供更为有效的工具。这一突破为科学家在药物研发、基因研究、疾病机制解析等领域带来了无限的可能。

AlphaFold 诞生于一个 AI 技术突飞猛进的时代,它标志着生物学与计算科学之间的深入融合。AI 不仅是一个工具,更在深层次上改变了生物学研究的方式,为生物学中的许多难题提供了新的解决方案。AlphaFold 不仅在科学界引发了广泛关注,更引发了其他领域对 AI 潜力的再思考。科学家们也意识到,通过进一步发展 AI 技术,未来或许可以更深入地理解生命的奥秘,推动医学、药物开发等多个领域的创新与进步。

2. AlphaFold 背后的 AI 模型

AlphaFold 的核心是一个复杂的深度学习模型,通过分析大量蛋白质的序列数据和对应的三维结构,学习并推测出新的蛋白质结构。这种模型的构建和运行过程分为多个阶段,每个阶段都具有不同的功能,从整体上为预测蛋白质的三维结构提供支撑。

AlphaFold 本质上是一个回归模型,其目标是根据输入的数据推测蛋白质的三维结构。

AlphaFold 的输入主要包括以下两类信息。

- **蛋白质的氨基酸序列**：这是蛋白质的基本组成部分，由 20 种不同的氨基酸排列而成。每种氨基酸在蛋白质中都有独特的化学性质，因此氨基酸序列为预测蛋白质三维结构提供了基础信息。
- **多序列比对数据**：AlphaFold 利用比对数据库中成千上万的已知蛋白质序列，并寻找与目标序列相似的片段。通过对比这些相似序列中的模式，AlphaFold 可以识别哪些氨基酸间的联系较为常见或重要，这些联系对最终的结构折叠过程具有指导意义。简单来说，多序列比对数据提供了丰富的上下文，帮助模型更好地理解每个氨基酸的相互关系。

AlphaFold 的输出是蛋白质中每个氨基酸的三维坐标，这些坐标决定了氨基酸在空间中的具体位置。通过这些坐标，AlphaFold 最终生成一个完整的三维结构，描述蛋白质的折叠形态。AlphaFold 的输出具体包括以下内容。

- **氨基酸残基的三维坐标**：每个氨基酸残基在三维空间中都有一个确定的位置，AlphaFold 预测的主要结果就是这些位置的精确坐标。通过这些坐标，模型可以还原出蛋白质在空间中的整体形状。
- **结构不确定性信息**：AlphaFold 还会生成一个附加的不确定性评分，用来表示模型对预测结果的信心程度。这个评分通常与模型对结构预测的"准确性"密切相关，因此也被称为"信心水平"或"置信评分"。

为了便于读者更好地理解，可以将 AlphaFold 的 AI 模型分解为以下几个关键要素。

（1）*深度神经网络与图卷积网络的应用*

AlphaFold 的模型基础是图卷积网络（Graph Convolutional Network，GCN）。这种网络的特别之处在于能够处理复杂的结构化数据，如蛋白质中氨基酸之间的关系。图卷积网络将蛋白质结构视为一个图形，其中节点代表氨基酸，而边表示氨基酸之间的相互作用。通过这种方法，网络能够"理解"每个氨基酸如何在三维空间中与其他氨基酸相互作用。

在预测过程中，图卷积网络会逐层提取蛋白质序列中每个氨基酸的特征，包括它的化学性质、空间位置等，从而逐步构建出一个蛋白质的三维结构图。图卷积网络的这种结构化分析方式比传统的卷积神经网络更适合处理蛋白质这种高度复杂的生物分子结构，因此在 AlphaFold 的 AI 模型中起到了核心作用。

（2）*多序列比对与注意力机制的结合*

AlphaFold 在预测蛋白质结构时，首先会进行多序列比对。多序列比对是一种生物信息学技术，它通过比对相似的蛋白质序列，寻找序列之间的共性和变化模式，这些信息能帮助模型更准确地预测目标蛋白质的结构。多序列比对提供了大量的上下文信息，例如哪些氨基酸可能会形成关键的结构域。

为了充分利用这些比对信息，AlphaFold 引入了注意力机制。注意力机制能够在进行预测时，动态地"关注"序列中最相关的部分。例如，在一个复杂的蛋白质序列中，注意力机制可以自动识别出哪些氨基酸对最终结构的形成至关重要，而哪些相对不重要，从而有效地优化计算资源。这一机制让 AlphaFold 能够在处理多序列比对数据时，将注意力集中在最有用的信息上，提高了预测的精度。

（3）残差网络与卷积层的嵌套结构

AlphaFold 的深度学习模型还采用了残差网络和卷积层的嵌套结构。残差网络是一种深度神经网络结构，能够有效防止信息在层与层之间传递时出现"信息丢失"。在 AlphaFold 中，残差网络通过添加额外的"捷径"路径，让每一层的输出不仅依赖于上一层的输出，也保留了更早的层次信息。这种结构对于 AlphaFold 尤为重要，因为蛋白质的结构形成往往是一个动态的、非线性积累的过程，残差网络的引入帮助模型更好地保存重要的结构信息。

与此同时，AlphaFold 模型的卷积层通过多层卷积操作逐步提取蛋白质序列的特征。卷积层的作用类似于在每一层提取不同尺度和细节的特征，最终生成蛋白质的完整结构模型。每一层的卷积过程都相当于在不断优化和细化预测结果，使得模型能够捕捉到氨基酸序列中微小的模式与变化，从而提升最终预测的准确性。

（4）端到端学习模式与自我监督训练

AlphaFold 采用了"端到端"的学习模式，即从蛋白质序列到三维结构的整个预测过程都在同一模型中完成，不需要人工分解多个步骤。端到端的模型设计让 AlphaFold 可以从数据中自动学习复杂的预测步骤，无须人为指定规则。例如，在传统的生物信息学预测中，蛋白质结构预测往往需要分多个阶段处理，而在 AlphaFold 中这些处理都被统一在一个深度学习模型中进行，显著提高了预测的速度和效率。

此外，AlphaFold 在训练中使用了自我监督的学习方式。自我监督是一种机器学习方法，模型从大量无标签的数据中提取有用信息并进行自我优化。对于 AlphaFold 来说，自我监督学习让模型可以利用成千上万的已知蛋白质结构数据，反复进行"自我改进"，找到蛋白质折叠的内在规律。通过这种方式，AlphaFold 可以有效地从过去的蛋白质数据中提炼规律，从而提升对未知蛋白质的预测能力。

（5）多模态学习方法

多模态学习方法是 AlphaFold 的一项核心创新。所谓"多模态"是指模型能够利用多种不同类型的数据来源（称为"模态"）来获得更全面的理解和预测能力。在蛋白质结构预测中，多模态数据包括氨基酸序列、已知的结构相似性信息、多序列比对（MSA）、蛋白质距离矩阵和特定氨基酸间的相互作用等。AlphaFold 通过整合这些多种模态的数据，实现了比传统单一数据源方法更高的精度和效率。

3. AlphaFold 的应用

AlphaFold 的问世为生物学和医学带来了革命性的改变，尤其是在一些需要精确结构信息的领域，如药物开发、基因研究、疾病机制解析等。AlphaFold 的预测速度和准确性让许多过去难以深入探索的生物学问题迎刃而解，并为生物医学研究开辟了全新的途径。

（1）药物开发中的应用

药物设计的一个核心目标是开发能够有效结合靶蛋白的分子，而实现这一目标的关键是深入理解靶蛋白的三维结构。过去，科学家需要通过实验方法测定这些结构，耗时长且成本高。AlphaFold 的出现，为药物设计提供了一种高效、低成本的替代方法，使得靶蛋白结构预测成为可能，尤其在以下几个方面产生了深远影响。

- **药物靶点筛选**：在药物开发的早期阶段，研究人员通常需要筛选大量的蛋白质以确定最具治疗潜力的靶点。AlphaFold 可以快速、精确地预测大量蛋白质的三维结构，使研究人员能够更快地找到具有关键生物学功能的蛋白质，并将其作为药物的靶点。通过这种方式，AlphaFold 显著缩短了早期药物研发的时间，从而加速了新药的发现。
- **药物–靶蛋白相互作用预测**：药物分子通常通过与靶蛋白的特定部位（称为"活性位点"）结合来发挥作用。AlphaFold 生成的三维结构预测不仅可以帮助研究人员识别这些活性位点，还可以用于模拟药物分子与靶蛋白之间的结合模式。这一应用让研究人员能够预测不同分子与蛋白质的相互作用效果，进而筛选出具有最佳结合力的候选药物，从而优化药物设计。
- **快速响应突发疫情的药物开发**：AlphaFold 在疫情期间的应用展示了其在应对公共卫生危机方面的巨大潜力。病毒的蛋白质结构对开发抗病毒药物至关重要，而在疫情初期，由于病毒的某些蛋白质缺乏实验结构数据，科学家们对病毒结构的理解受到限制。AlphaFold 能够快速预测病毒蛋白质的结构，为科研人员提供了宝贵的三维模型，帮助他们快速开展疫苗和抗病毒药物的研发。

（2）基因研究与疾病机制解析中的应用

蛋白质是基因的表达产物，而蛋白质的结构直接影响其功能。许多疾病的发生都与特定蛋白质的结构异常或功能失调密切相关，因此了解蛋白质结构对于疾病研究和个性化治疗具有重要意义。AlphaFold 在基因研究和疾病机制解析中有以下几个主要应用。

- **突变分析与疾病关联研究**：许多遗传性疾病的发生与特定基因突变有关，而这些突变可能导致蛋白质结构的改变，从而影响其正常功能。通过 AlphaFold 的结构预测，科学家可以研究突变如何改变蛋白质的折叠或活性位点的形状。例如，在研究一些癌症、神经退行性疾病（如阿尔茨海默病、帕金森病）时，AlphaFold 的预测能够帮助研究人员观察特定基因突变对蛋白质三维结构的影响，进而推测这些突变如何导致蛋白质功能丧失或异常，揭示疾病的分子机制。
- **揭示蛋白质–蛋白质相互作用**：蛋白质通常不单独发挥功能，而是通过与其他蛋白质形成复合物来进行生物学活动。蛋白质–蛋白质的相互作用在细胞信号传导、代谢调控、细胞分裂等过程中尤为重要。AlphaFold 的预测能力可以帮助科学家识别这些相互作用位点，为理解复合物的形成机制提供结构依据。例如，通过分析 AlphaFold 预测的蛋白质相互作用表面，研究人员可以推测蛋白质复合物形成的可能模式，进而识别重要的相互作用靶点，为研发干扰这些靶点的药物奠定基础。
- **辅助个性化医疗与精准医学**：在个性化医疗中，医生根据患者的基因和蛋白质信息来制订最佳治疗方案。AlphaFold 提供的结构信息使得医生和研究人员可以深入了解与患者基因突变相关的蛋白质异常，进一步预测这些异常对患者健康的影响，从而选择最有效的治疗手段。例如，对于某些具有特定基因突变的患者，AlphaFold 的预测可以帮助医生判断哪些药物可能更有效地结合患者的突变蛋白质，从而提高治疗的针对性。

（3）结构生物学和基础研究中的应用

在结构生物学和基础研究领域，AlphaFold 的预测模型也为科学家提供了研究工具，帮助他们探索蛋白质的基本特性和功能。这种应用不仅推动了蛋白质研究，还为基础生物学的各个分支提供了重要支持。

- **填补"结构空白"**：科学家估计，所有已知的蛋白质中仍有大部分没有被解析出三维结构，这些未解析结构被称为"结构空白"。AlphaFold 为填补这些空白提供了一个全新的方法。科学家可以通过 AlphaFold 预测这些未解析蛋白质的结构，从而获得其功能的初步线索。例如，许多与细胞信号传导、代谢调控有关的蛋白质结构预测已经借助 AlphaFold 取得进展，为基础生物学研究带来了大量新知识。
- **探索进化规律与功能关系**：AlphaFold 的预测结果不仅可以帮助科学家理解特定蛋白质的功能，还可以为探索蛋白质的进化规律提供依据。通过对相似序列蛋白质的结构比对，科学家能够研究不同生物体中蛋白质结构的相似性和差异性，进而推测这些结构变化如何影响其功能。AlphaFold 的快速结构预测能力让这种进化分析更加便捷，为揭示蛋白质的起源和演化过程提供了全新视角。
- **促进生物化学与分子生物学实验设计**：AlphaFold 的预测结果还可以辅助生物化学和分子生物学的实验设计。例如，科学家可以利用 AlphaFold 的结构预测来设计实验，验证某些蛋白质的活性位点是否符合预测结果，或探究特定相互作用面在生物过程中是否发挥作用。这些结构信息不仅帮助科学家更好地理解蛋白质的功能机制，还可以节省实验所需的时间和成本，使研究更加高效。

10.3 科学智能

随着科学研究问题的日益复杂化，传统的研究范式正面临计算资源受限、数据规模爆炸性增长以及非线性系统建模难度加大的挑战。在这一背景下，人工智能作为一种强大的计算工具，正在深刻改变科学研究的方式，推动各学科领域迈向更加智能化、高效化和精准化的时代。

AI 在科学研究中的应用范围极广，从量子物理学、化学、生物学到地球科学，AI 的计算能力使科学家能够从海量数据中提取规律、发现隐藏模式，并提供高效的预测分析。科学智能（AI for Science）这一概念，正是人工智能与科学研究融合发展的体现。AI 不再只是辅助分析数据的工具，而是逐渐成为科学研究过程中不可或缺的发现引擎。本节将以气象模型为例，介绍 AI 在科学研究中的巨大作用。

10.3.1 概述

人工智能正以前所未有的速度改变科学研究的方式和效率。AI for Science，顾名思义，是人工智能技术在科学领域中的广泛应用，旨在解决科学研究中的复杂问题，加速基础科学的突破。相比传统科学研究依赖于理论推导和实验验证的模式，AI 通过数据驱动的方法、强大的计算能力以及复杂模式的识别能力，正逐渐成为科学探索的重要工具。无论是物理学、化学、生物学还是地球科学，AI 的引入都显著提升了研究效率，为科学家提供了新的视角和手段。AI for Science 的核心在于通过机器学习和深度学习技术，从海量数据中提取规律、预测结果并生成模型。AI for Science 不仅是一种技术手段，更是一种重新定义科学研究逻辑的范式转变。

量子物理学长期以来因其复杂的数学结构和高维度的状态空间，被认为是科学研究中最具挑战的领域之一。例如，预测一个多电子系统的能量状态或描述其动态行为通常需要求解极为复杂的薛定谔方程，这不仅需要强大的计算资源，计算时间也往往呈指数级增长。AI 在这一领域的应用大幅缓解了这些问题。以深度学习技术为基础的 AI 模型能够有效逼近量子系统的解。一个典型的案例是用神经网络方法替代传统的量子蒙特卡罗算法，通过构建"量子神经网络"，AI 可以从训练数据中捕捉复杂的量子关联。研究表明，这种方法能够在保持高精度的同时显著降低计算成本。例如，AI 已经成功模拟了由上百个电子组成的量子体系，这在传统计算方法中几乎是不可能完成的任务。通过这些突破，AI 不仅加速了新材料的发现，也为量子计算和能源存储领域提供了重要支持。

化学领域的核心挑战之一在于理解分子间的相互作用以及设计具有特定功能的新分子。传统的化学研究依赖于实验室的反复试验和量子化学计算，耗时耗力。AI 技术的引入显著改变了这一过程，特别是在新分子设计和催化剂优化方面。通过生成模型，AI 能够生成具有潜在功能性的分子结构。比如，AI 模型可以预测某种分子是否具备抗病毒、抗癌等特性，并给出分子优化的具体建议。在催化剂研究中，AI 还能够通过数据驱动的方式加速筛选过程。例如，在寻找适合某种反应的新型催化剂时，AI 可以通过分析实验数据预测哪些材料组合可能具有较高的催化活性，从而大幅缩小实验的范围。这些能力为绿色化学和可持续能源领域带来了全新的解决方案。

在地球科学领域，气象预测是极具挑战性的重要任务之一。天气和气候的变化不仅直接影响农业、能源、交通等关键行业，还对人类生活的方方面面产生深远影响。然而，气象预测面临着一系列复杂问题。例如，天气的变化受到多种因素的交互影响，包括温度、湿度、气压、风速等，这些变量之间存在高度的非线性关系。此外，大气层和地表之间的物理相互作用涉及复杂的动态过程，其计算量和数据量均非常庞大。

在 AI 介入之前，气象预测主要依赖数值天气预报，这是基于流体动力学、热力学和辐射传输等物理定律的数学建模方法。这种方法通过构建一系列偏微分方程，模拟大气中气流、温度和湿度的变化。尽管这一方法奠定了现代气象学的基础，但它在实践中面临显著的局限性。首先，数值天气预报对初始条件高度敏感，微小的观测误差会随着时间放大，导致预测结果的不确定性增加，这也是著名的"蝴蝶效应"所在。其次，数值天气预报需要极为庞大的计算资源，因为随着模型分辨率的提高，计算量呈指数级增长。这使得精细化预测的时效性和准确性受到限制，尤其在面对极端天气事件时，预测的滞后性可能导致巨大的社会经济损失。此外，传统模型对非线性物理过程（如云形成或大气湍流）的参数化简化也使得预测结果存在偏差，尤其是在处理极端天气事件时，模型精度受到较大限制。

基于 AI 的气象模型则通过机器学习技术，从海量的历史气象数据中挖掘统计规律，而无须完全依赖物理方程。这一类模型初期多采用回归分析、随机森林等传统机器学习方法，能够在特定场景（如短期降雨预测）中提供有效的补充，但其性能和适用范围受到模型复杂度的限制。随着深度学习技术的崛起，AI 模型进一步演化，利用神经网络尤其是卷积神经网络和循环神经网络处理气象数据，这些方法在处理非线性关系和时间序列问题时展现出了更高的灵活性和精度。然而，这些模型往往专注于单一任务或区域，缺乏对全局大气系统的全面建模能力。

在这一背景下，气象模型逐渐发展出更为先进和复杂的版本，即气象大模型。气象大模型的出现则标志着 AI 在气象预测领域进入了一个全新的阶段。它不仅继承了基于 AI 模型对复杂非线性关系的处理能力，还通过规模化和泛化能力的提升，实现了对多任务、多区域和多时间尺度的统一建模。气象大模型能够整合全球气象数据，并利用先进的深度学习架构建模时空依赖，生成从短期天气到长期气候的高分辨率预测。此外，气象大模型通过大规模数据预训练和多模态数据融合，具备了比传统 AI 模型更强的泛化能力和预测性能。

相比传统方法，气象大模型在处理气象预测任务的复杂性上展现出显著优势。首先，气象大模型具备强大的非线性建模能力，能够通过深度神经网络自动捕捉气象数据中变量之间的复杂交互。例如，在台风路径预测中，模型可以通过分析历史数据中的相关性，精确识别风速、海洋温度与气压梯度的复杂关系，从而生成高精度的路径预测。

气象大模型的另一个显著优势是实时计算能力。传统的 NWP 模型往往需要数小时甚至数天来生成全球范围内的高分辨率预测，而气象大模型通过神经网络的高效推理，在短短几秒内就能完成同样的任务。这一能力在极端天气预警中尤为重要。例如，当热带气旋生成时，快速准确地预测其路径和强度可以为灾害应对争取宝贵的时间。此外，气象大模型还通过超分辨率技术显著提升了预测的空间精度。例如，某些气象大模型能够将降雨预测的分辨率从 50km 提升至 5km，为农业、能源调控和城市规划提供了更加可靠的参考。

气象大模型还具备强大的多模态数据融合能力。气象数据来源多样，包括地面观测站、雷达测量、卫星影像等，传统方法在处理这些异质数据时通常面临技术难题。而气象大模型可以通过卷积神经网络处理卫星影像，利用 Transformer 结构分析时间序列数据，进而实现多模态特征的统一提取。例如，模型能够将卫星影像中的云层分布与地面观测的温度数据结合，从而更精准地预测局地降雨的强度和范围。

在处理罕见天气事件（如飓风、暴雨、热浪）时，气象大模型同样展现出非凡的能力。这些极端事件的历史观测数据往往稀缺，但通过深度生成模型，气象大模型可以生成高质量的模拟数据，扩充训练数据集。例如，深度生成模型生成的模拟飓风路径数据显著提升了模型对飓风强度和移动速度的预测能力，为政府和社区防灾减灾提供了科学依据。

10.3.2 气象大模型

气象大模型是当代气象和气候科学中至关重要的工具。气象大模型的核心在于通过数学方程和计算机算法模拟地球大气的循环与变化，帮助科学家理解大气的运动规律、气候系统的结构，并预测气候的未来变化。可以将气象大模型看作一个"虚拟实验室"，科学家通过在其中模拟大气运动，进行各种假设条件下的气候变化预测，得出气候系统的复杂反馈规律。

这些模型的主要任务是模拟地球大气的流动特征，包括空气、热量和水汽的交换过程。它们使用大量的大气观测数据，结合物理定律，构建起全球范围内的气候"全景图"。例如，气象大模型不仅能够预测温度、降水等常规气象现象，还能够模拟诸如极地气温上升、海平面变化等大尺度气候事件。这使得它们成为气象研究中不可或缺的核心工具。

随着全球气候变暖和极端天气事件的增加，准确的气候模拟和预测显得越来越重要。气象大模型在气候研究和应用中的重要性主要体现在以下几个方面。

- **理解气候系统的复杂性**：气象大模型为科学家提供了一个探索气候系统复杂反馈的工具。例如，二氧化碳排放的增加如何引发气温上升、海冰融化如何影响大气循环等问题，都可以通过模型来模拟和理解。
- **预测未来气候趋势**：气象大模型可以模拟未来几十年甚至上百年的气候变化趋势。通过在模型中设定不同的排放情景，科学家能够预测未来的气候变化，评估全球变暖对地球生态系统的潜在影响。
- **应对极端气候事件**：气象大模型在极端天气事件的预测中也起到了关键作用，例如飓风、暴雨、干旱等。模型可以帮助相关部门提前预判极端天气发生的时间和地点，从而进行应急准备，减少人员和财产损失。
- **支持政策决策**：气象大模型为各国政府和国际组织提供了科学依据，用于制定应对气候变化的政策。例如，《巴黎协定》提出了将全球升温控制在 1.5～2℃以内的目标，而气象大模型提供了未来气温变化的科学预测数据，为政策目标的设定提供了基础支持。

随着计算技术的进步，AI 开始在气候和天气模型中发挥重要作用。传统的气象大模型依赖复杂的方程计算来模拟大气运动，而 AI 技术则为大气模型带来了新的突破，尤其是在处理大量数据、优化模型参数方面具有显著优势。气象大模型依赖大量的数据输入，包括历史气象记录、实时观测数据等。AI 可以在数据处理中快速进行分析，帮助提取出最重要的信息，提高模型的计算效率。气象大模型的参数设置通常非常复杂，需要耗费大量时间进行调整。AI 技术可以帮助自动优化这些参数，找到最优的设定，从而使得模型运行更加准确、稳定。通过机器学习，AI 可以从历史气象数据中提取规律，并在模型中应用这些规律，使得预测的速度更快、精度更高。这对于短期天气预报以及某些极端天气事件的快速预测尤为重要。

气象学家利用 AI 技术来分析数十年甚至数百年的气象记录，从而能够更准确地预测极端天气事件的发生概率。传统的气象大模型在这方面计算速度较慢，而引入 AI 后，预测时间得到了显著缩短，模型运行的效率也得到了大幅提升。

现代气象大模型是在早期气象模型的基础上不断演进的。随着科学技术的进步，今天的气象大模型已经能够覆盖全球范围，并对气候系统进行更为精细的模拟。现代气象大模型的发展主要包括以下几方面。

- **高分辨率的实现**：早期的大气模型由于计算能力的限制，通常使用较低的空间分辨率，即将地球划分为较大的网格单元来计算大气行为。然而，低分辨率会导致模型无法捕捉到小尺度的气象现象，例如局地暴雨和热带气旋。随着计算能力的增强，科学家们开始提高模型的分辨率，使其能够捕捉到更细致的气象变化，从而提高模拟的准确性。
- **海洋和陆地系统的耦合**：为了更真实地模拟地球气候，现代气象大模型不仅关注大气环流，还将海洋、陆地、冰雪和生物圈等要素纳入模型，构建耦合模式。耦合模式可以模拟不同系统之间的相互作用，如海洋温度如何影响大气环流、大气中的水汽如何影响降水、冰雪反射如何调节温度等。这种多层次的耦合方式显著提高了模型的真实性和准确性，使得模型能够更好地预测长期气候变化。
- **数据同化技术的应用**：数据同化是一种将观测数据（如气象卫星数据、地面观测数据）实时融入模型的方法，以此提高模型的精度。这一技术在气象大模型中得到了广泛应用，尤其是在天气预报中尤为重要。通过数据同化，模型能够实时调整和优化模拟参数，从而获得更接近实际的气候状态。数据同化使得现代大气模型在短期和中期预测中表现优异，对极端天气事件的快速应对提供了保障。

气象大模型的"大"主要体现在以下几个方面。

- **空间规模的"大"**：气象大模型通常用于模拟全球范围的大气行为。为了实现这一点，模型会将整个地球大气划分为无数个水平和垂直的小单元或网格单元，以便对全球范围内的温度、湿度、气压、风速等气象参数进行精确计算。
- **时间跨度的"大"**：气象大模型能够分析数十年甚至数百年的气象记录，从而能够更准确地预测极端天气事件的发生概率。并且，模型可以模拟未来几十年甚至上百年的气候变化趋势，用于评估全球变暖、海平面上升等长期气候问题。
- **计算复杂度的"大"**：气象大模型的"大"还体现在其计算过程的复杂性上。模型需要处理海量的卫星观测、地面观测等气象数据。每一个时间步长的计算，都需要对全球范围内数百万个网格单元的多个气象参数进行数值运算。对于高分辨率和长期预测的模型，计算需求呈指数级增长。
- **系统复杂性的"大"**：气象大模型不仅包含气象学，还涉及流体力学、热力学、海洋学、冰川学、地质学等多个学科知识。大气是气候系统的一部分，而气候系统包含大气、海洋、冰雪、陆地表面和生物圈等多个相互作用的子系统。

1. 气象大模型的核心技术

气象大模型的成功依赖于一系列先进技术的综合应用，这些技术从多个维度提升了气象预测的能力。在面对气象预测任务复杂性的挑战时，这些技术为建模提供了全新的思路；在计算效率的提升上，它们通过优化算法和架构，使得实时高分辨率预测成为可能；在数据融合方面，它们整合了来自多种来源的海量数据，实现了跨模态、跨区域的协同分析。具体来说，气象大模型的核心技术涵盖深度神经网络、时间序列建模、图神经网络、多模态数据融合、生成对抗网络、超分辨率技术和自监督学习等，它们共同作用，为气象预测从理论到实践提供了全方位的支持。以下将介绍气象大模型中几项重要的核心技术。

（1）深度神经网络与时间序列建模

气象数据本质上是高度依赖时间的序列数据，其复杂的动态特性决定了时间序列建模在气象预测中的重要性。Transformer架构因其强大的建模能力和灵活性，已成为时间序列建模的核心技术。天气和气候数据的时序依赖性极强，涉及从分钟级别的短时变化到数年甚至数十年的长期趋势，这种多尺度、多层次的时间关系极难通过传统的循环神经网络全面捕捉。

气象大模型需要处理具有长期依赖关系的数据，例如季节性降雨变化和多年周期的气候模式。Transformer通过全局注意力机制直接关注时间序列中任意两个时间点的关系，无论它们之间的距离多远。这一能力极大地提升了模型对长时间跨度数据的建模能力，使其可以更准确地预测长期趋势，例如厄尔尼诺现象的形成及其对全球气候的影响。

Transformer摒弃了传统循环神经网络的顺序处理方式，采用完全并行化的计算架构。这种设计显著减少了训练时间，尤其在处理大规模气象数据（如多年的全球气象记录）时，能够充分发挥高性能计算的优势。例如，一个全球范围内的台风路径预测任务，通过Transformer可以在数小时内完成大规模数据的训练，而传统方法可能需要数天甚至数周。

气象数据中同时存在短期波动和长期趋势。例如，暴雨发生的时间序列特性可能只涉及数小时的数据，而季风的变化则需要数年的观察。Transformer通过多头注意力机制，可以在单个模型中同时捕捉短期和长期的时间依赖，提供多尺度的预测能力。

（2）空间关系建模与图神经网络

气象数据不仅具有时间相关性，还存在显著的空间依赖性。在气象预测中，空间关系的建模与理解至关重要。气象现象的发生和演化不仅依赖于时间的动态变化，也受到地理位置之间复杂空间关系的影响。例如，台风的路径可能与数千公里之外的气压系统和洋流密切相关，降雨的分布则往往由局地地形和大气流动共同决定。这些复杂的空间交互过程极难通过传统建模方法全面捕捉，而图神经网络（GNN）通过高效建模空间依赖关系，为气象大模型解决这一问题提供了强大的技术支持。

图神经网络是一种专门用于处理图结构数据的深度学习模型，在气象数据建模中具有显著的优势。气象数据本质上可以被表示为一个包含节点（地理位置或区域）和边（区域之间的交互作用）的复杂网络。GNN通过对节点及其邻域信息的递归聚合和传递，能够捕捉局部到全局的多层次空间关系，为气象预测提供更加全面和精准的支持。

在气象系统中，邻近区域的天气状况往往具有较强的关联性，例如降雨、温度和湿度的变化会在一定范围内相互传播。GNN通过图卷积对每个节点的特征进行更新，综合考虑邻域节点的信息，使得模型能够捕捉到地理空间中局部的气象动态。例如，一个节点可能代表某一城市的气象数据，其邻域节点则包括周围地区的气象观测点，GNN可以利用这些节点之间的连接和信息流动，生成更精确的局地预测。

（3）多模态数据融合

多模态数据融合是气象大模型中不可或缺的一部分，其核心目标是将来自多种来源、具有不同特征的数据整合为统一的预测框架。气象预测涉及的数据包括地面观测站的结构化时间序列数据、卫星影像的非结构化空间数据以及雷达测量的动态时序数据等。这些数据在时间分辨率、空间覆盖范围和物理特性上存在显著差异。多模态数据融合通过引入深度学习技术，将这些异质数据进行整合，为模型提供全面的环境信息，显著提升气象预测的精度和效率。

气象数据的多模态性带来了丰富的信息，同时也带来了挑战。地面观测站提供了高精度、实时的局地数据，例如温度、湿度、气压和风速等，但其空间覆盖有限，难以描述全球大范围的气象动态。卫星观测数据覆盖范围广，能够捕捉云层分布、海洋表面温度等信息，但通常分辨率较低，难以反映局地细节。雷达数据则提供了高分辨率的动态场景，例如降雨强度和风速的局部变化，但其覆盖范围同样有限。模型在处理这些异质数据时，需要解决数据分辨率和时空对齐的问题，确保不同模态的数据能够协同工作。

多模态数据融合网络专门设计用于整合多源数据的模型，通常采用三种策略：早期融合、中期融合和晚期融合。早期融合在数据输入阶段将不同模态的数据拼接在一起，通过统一的网络进行处理。这种方法简单直观，但可能会丢失一些模态特定的信息。中期融合策略分别提取每种模态的特征，然后在网络中间层通过注意力机制进行特征整合。例如，CNN可以提取卫星图像的空间特征，Transformer可以提取时间序列特征，随后这些特征在模型中间层进行动态融合。晚期融合则是指在模型输出阶段将各模态的预测结果综合在一起，更适合处理模态间差异较大的场景。

在实际应用中，多模态数据融合技术显著提高了气象大模型的预测能力。例如，在极端天气事件预测中，融合模型能够结合地面观测的风速、卫星图像中的云层变化趋势以及雷达测量的降雨强度，为台风路径和暴雨分布提供更加全面的预测。类似地，在长期气候趋势的模拟中，融合技术能够整合多年的历史记录、卫星观测的全球温度变化和洋流数据，为全球气候变化趋势的预测提供科学依据。

（4）基于深度生成模型的数据增强

气象预测面临的一个重要挑战是训练数据的稀缺性与不平衡性，尤其是在极端天气事件（如飓风、暴雨、热浪等）预测中。这类事件尽管影响巨大，但由于其发生频率低，历史观测数据较为稀少，无法为模型提供充分的训练支持。此外，部分地区的气象观测数据可能因地理条件或技术限制而缺失，进一步加剧了数据不足的问题。在这一背景下，数据增强技术成为气象大模型的重要工具，通过生成高质量的模拟数据和补全缺失数据，有效提升模型的预测能力。

以生成对抗网络（GAN）为例，深度生成模型在气象大模型中的应用广泛，特别是在处理缺失数据、生成极端天气样本以及提升数据分辨率等方面表现突出。通过生成的模拟数据，气象大模型能够更好地应对观测数据稀缺和不平衡的挑战，从而显著提高模型的预测能力和适应性。

在气象观测中，数据缺失是一个常见问题，可能由地理限制、设备故障或天气条件引起。例如，云层覆盖可能导致卫星无法获取某些地面区域的数据，而地面观测站的分布稀疏进一步限制了数据的全面性。GAN 通过学习已观测数据的分布规律，生成缺失区域的模拟数据。例如，在雷达观测的降雨图像中，GAN 可以补全因盲区或观测中断导致的降雨分布缺失，生成完整的数据集。这种补全能力确保了模型在数据不完整的情况下依然能够进行准确预测。

在极端天气事件的预测中，GAN 的作用尤为重要。由于飓风、暴雨和热浪等极端事件的发生频率低，历史观测数据通常不足以为模型提供充分的训练支持。GAN 通过学习历史数据中的空间分布和时间序列特征，能够生成模拟的极端天气样本。例如，一个基于 GAN 的台风生成器可以合成不同条件下的台风路径、强度和风速分布，为模型训练提供更多样本。这种方法显著提升了气象大模型对罕见事件的预测能力，使其能够更早识别和预警可能发生的极端天气。

GAN 还在提升数据分辨率方面展现出强大能力。气象预测的高分辨率需求常受到计算资源的限制，尤其是在全球范围的预测任务中。GAN 的超分辨率技术通过生成高分辨率的气象数据，弥补了传统方法的局限。例如，一个 GAN 模型可以将低分辨率的全球降雨预测图提升至局地高分辨率水平，使得小范围的降雨动态更加清晰。这种细化能力为农业规划、洪水防控和城市基础设施建设提供了重要支持。

（5）自监督学习与大规模预训练

自监督学习和大规模预训练是气象大模型中提升性能和扩展适用性的关键技术。这些技术的核心理念是利用大量未标注数据，通过构建辅助任务或自定义目标函数，使模型在无监督的情况下学习数据的潜在结构和特征。通过预训练和后续的微调，自监督学习能够大幅提升模型的泛化能力和对稀缺标注数据的依赖，特别适合气象预测中海量但异构的时空数据。以下将从自监督学习的概念、在气象任务中的具体应用及其技术优势进行详细解析。

自监督学习是无监督学习的一种变体，通过利用数据本身的内在属性构建预测目标，训练模型在缺乏显式标签的情况下学习有效特征。在气象领域，自监督学习通过对数据的时间序列、空间结构和模态之间的相关性建模，捕捉气象数据的内在规律。例如，模型可以通过预测未来时间步的数据、重建缺失区域的特征或识别多模态数据的对齐关系来学习气象系统的复杂动态。

气象大模型通常在全球范围内的大气数据上进行预训练，包括历史观测、卫星影像、雷达数据和数值天气预报输出。这些数据覆盖了从短期天气变化到长期气候趋势的多种模式，模型通过预训练学习到这些模式的通用特征。例如，模型可以从全球气压场的动态变化中提取与风场相关的空间特征，为台风路径预测提供支持。

2. **气象大模型的应用**

气象大模型的广泛应用正在从多个维度全面改变天气和气候预测的方式，不仅重新定义了科学研究的基础工具，还为社会经济发展和灾害防控提供了前所未有的技术支撑。依托深度学习的强大建模能力、大规模数据处理的高效性以及多模态融合技术的创新，气象大模型在预测精度、时效性和适用范围方面实现了重大突破。这些模型不仅能够捕捉气象数据的复杂动态规律，还能够整合来自地面观测、卫星影像和雷达测量等多源数据，为从短期天气预报到长期气候模拟的广泛任务提供了可靠的技术方案。

气象大模型显著拓展了传统气象预测的应用边界。它们不再仅仅用于天气预报，而是深入农业管理、能源调度和公共健康等多领域，成为服务经济与社会发展的重要工具。例如，在农业领域，气象大模型能够预测季节性降水变化和干旱风险，帮助农民优化种植策略；在能源领域，精准的风速和太阳辐射预测为风能和太阳能的高效利用提供了科学依据。同时，这些模型在气候变化研究中表现出色，能够模拟未来几十年的气候趋势，为应对全球变暖和制定减排政策提供数据支持。以下将介绍气象大模型的几个关键应用实例。

（1）短期天气预报

短期天气预报是气象服务的核心任务之一，其精准性和时效性直接关系到农业生产、交通管理、航空运营以及社会生活的方方面面。传统的天气预报方法虽然在一定程度上满足了基本需求，但在应对复杂气象现象、提高预测精度和响应速度方面，仍然存在诸多局限性。气象大模型的引入彻底改变了这一局面，通过整合地面观测数据、卫星影像和雷达测量等多模态信息，实现了对天气状况的精准预测，特别是在快速变化的短期天气现象中表现出色。

以降雨预测为例，气象大模型能够基于卫星影像捕捉云层的形成与移动轨迹，结合地面观测站的湿度、气压和风速数据，全面分析气象变量之间的动态关系。此外，通过雷达数据提供的高分辨率降水强度分布信息，模型可以进一步优化预测结果，生成精确到公里级的降水分布图。这种多数据源的融合能力使得气象大模型不仅可以预测是否会降雨，还可以提供降雨的时间、范围以及强度的详细信息。

（2）极端天气预警

极端天气事件（如台风、暴雨、热浪和暴雪）对生命安全和经济活动构成了巨大威胁，及时的预警对灾害防控至关重要。气象大模型通过对历史数据和实时观测的整合与建模，大幅提升了对极端天气事件的识别和预警能力。例如，在台风路径预测中，大模型能够综合分析海洋表面温度、风速、湿度和气压的变化，生成台风的可能路径、登陆时间及影响范围的详细预测。

对于暴雨和洪水预警，气象大模型通过整合雷达数据和地形信息，预测降雨的强度、分布及其对河流水位的影响。热浪和寒潮的早期识别同样依赖于大模型对大气环流和温度变化的全面解析。通过更加精准和及时的极端天气预警，政府和相关机构能够提前部署救援措施，减少人员伤亡和财产损失。

（3）长期气候变化研究

长期气候变化研究是应对全球变暖和环境危机的重要基础。气象大模型通过对数十年乃至数百年的历史气候数据的建模，揭示出气候变化的驱动因素和演变规律。例如，大模型可以分析温室气体浓度上升对全球平均气温的影响，预测未来几十年的气候变化趋势。

在具体应用中，大模型被用于模拟不同减排情景下的全球气候变化路径。例如，模型可以预测在二氧化碳排放削减50%的情况下，未来海平面上升的幅度和对沿海城市的潜在威胁。这些研究为政策制定者和环保组织提供了科学依据，帮助他们制定更具针对性的气候政策和适应性措施。

（4）农业与能源管理

气象预测对农业生产和能源管理具有重要的指导意义。对于农业来说，气象大模型能够预测未来的降雨量、温度变化和干旱风险，帮助农民规划作物种植时间、灌溉安排和病虫害防治措施。例如，在极端气候事件（如干旱或暴雨）发生前，模型的预测可以让农民及时采取保护措施，减少损失。

在能源领域，气象大模型为可再生能源的生产和调度提供了支持。例如，太阳能发电依赖于晴天时的辐射强度，风能发电则与风速变化密切相关。通过对这些气象变量的精准预测，能源公司可以优化电力生产计划，最大限度地利用自然资源，同时减少能源浪费。

本章小结

本章全面探讨了AI在多个科学与技术领域的深度融合，展示了AI如何通过数据驱动的方式、强大的计算能力以及自主学习的特性，推动金融、医疗和基础科学研究等多个关键领域的创新与突破。在现代社会，AI已不仅仅是辅助工具，而是正在成为变革行业运行模式、优化决策过程、提高生产力和发现新知识的重要引擎。

在金融科技领域，AI结合大数据分析、自然语言处理和机器学习技术，重塑了金融机构的服务模式。它不仅提升了投资分析的精准度，还优化了风险评估与市场预测，推动了智能投顾、自动化交易和欺诈检测等核心业务的智能化发展。得益于AI的实时数据处理能力，金融市场的决策流程变得更加高效，客户服务体验也得到了极大的提升。

在智慧医疗方面，AI正在改变传统的医疗诊断与治疗方式。AI赋能的新药研发技术，使疾病检测更加精准高效，为患者提供了个性化的治疗方案，同时大幅缩短了药物研发周期。特别是AlphaFold解决了蛋白质结构预测这一长期未解的科学难题，加速了生物医学领域的基础研究，为新药开发提供了革命性的工具。

在基础科学研究中，AI通过深度学习和机器学习模型，利用大模型进行高精度天气预测，提升气候变化研究的准确性，为极端天气预警和环境保护提供科学依据。

综上所述，本章展示了AI在多个高价值领域的实际应用，并强调了AI技术如何推动传统行业转型，提升科研效率，加速人类对未知世界的探索。随着AI技术的持续发展，它在金融、医疗和科学研究中的应用将更加广泛和深入，未来将继续引领新一轮的技术革新和产业变革。

本章习题

1. 简述 AI 在金融科技领域的核心应用场景，并举例说明其如何提升金融服务的效率和精准度。
2. 在风险管理与欺诈检测中，金融大模型如何帮助金融机构识别潜在风险？请举例说明其具体应用。
3. AlphaFold 解决了蛋白质结构预测的什么关键问题？相比于传统实验方法，它有哪些优势？
4. 简述 AlphaFold 的工作原理及其对生物医学领域产生的影响。
5. AlphaFold 在生物医学领域有哪些应用？
6. 什么是 AI for Science？它如何改变传统科学研究的范式？
7. 气象大模型如何利用 AI 进行天气预测？相比于传统数值天气预报，AI 模型在哪些方面具备优势？

第四部分

爱（AI）你一万年

第 11 章

人工智能的未来发展

人工智能正在经历一场深刻的变革,从最初依赖数据驱动的模式识别,向更加自主、智能和具备推理能力的系统发展。过去几十年,AI 已在计算机视觉、自然语言处理和自动化决策等领域取得了显著突破,并广泛应用于医疗、金融、制造、交通等行业。然而,尽管 AI 在特定任务上的表现已超越人类,它仍然无法真正理解信息的含义,更不用说进行逻辑推理、创造性思维或自主决策。因此,AI 的未来发展将不仅仅是计算能力的提升,而是向更接近人类智能的认知系统迈进。

目前,AI 研究的重点正在从对大规模数据的依赖,转向更具自主学习和推理能力的智能系统。传统的深度学习依赖大量标注数据进行训练,但人类并不需要成千上万的示例才能学习新知识,AI 未来需要具备更强的泛化能力和自主学习能力,以减少对海量数据的依赖。此外,单一模态的 AI 系统已经不能满足复杂现实世界的需求,未来 AI 需要能够融合文本、图像、语音、视频等多种数据形式,实现更全面的信息理解和推理。

然而,AI 的进步并非没有阻碍。数据的质量和可用性仍然是一个关键挑战,不同领域的数据获取难度和偏见都会影响 AI 发展的公平性和可靠性。同时,AI 的计算需求正在快速增长,大规模模型的训练和运行消耗的算力和能源已达到前所未有的水平,如何在提升 AI 性能的同时降低能耗、提高计算效率,成为技术突破的关键。

AI 的未来发展既充满机遇,也面临挑战。研究者正在不断探索新的方法,使 AI 变得更强大、更智能,同时也更安全、更可靠。

11.1 概述

人工智能是一项持续发展的技术,它的进步并不是线性推进的,而是经历了多个阶段,每个阶段的突破都推动着人工智能从基础的数据处理向更复杂、更接近人类思维的智能迈进。从最早的计算和存储能力到如今的感知和识别,再到未来可能实现的自主推理、创造性思维,乃至最终具备意识的智能体,AI 的发展路径既受到计算能力、算法进步的影响,也受到认知科学、哲学和伦理学等多学科的推动和约束。

AI 的演进可以划分为五个主要阶段:记忆和计算,感知和识别,分析和推理,发明和创造,自我意识。在前两个阶段,AI 已经取得了巨大突破,并在全球范围内的科技、工业、医疗、金融等领域得到广泛应用。当前 AI 正面临从"分析推理"到"发明创造"阶段的技术挑战,而"自我意识"是 AI 发展的终极目标,目前仍停留在理论探索阶段。

1. 第一阶段：记忆和计算

人工智能的最初阶段，是让计算机具备存储信息和执行计算的能力。20世纪中期，计算机的发明为人工智能的发展提供了基础，计算能力的提升使得人类能够将大量信息存储到机器中，并利用算法进行复杂的数学运算。这一阶段的核心在于计算机如何更高效地存储、管理和处理数据。

在这一阶段，人工智能的作用主要体现在数据管理、计算优化和数学建模上。例如，最早的人工智能系统被用于科学计算、金融建模、密码学分析等任务。尽管这些系统可以执行高度复杂的计算，但它们的本质仍然是预定义规则的执行者，无法进行自主学习或推理。随着计算机硬件的发展，存储设备、数据库技术和云计算的普及使得人工智能在这一阶段实现了大规模的商业化应用，例如大型数据库管理系统、搜索引擎、自动化会计系统等。

然而，这一阶段的AI仍然是"无智能"的，它们只是在处理结构化数据，缺乏对世界的感知能力。人类的智能不仅依赖于计算，还依赖于感知、理解和推理。因此，AI在突破存储和计算能力后，开始向"感知和识别"迈进。

2. 第二阶段：感知和识别

AI的发展进入第二阶段的标志性进步是赋予机器感知世界的能力，即让它们可以"看见""听见""理解"现实世界中的数据。这一阶段的AI不再只是数据处理工具，而是能够基于感知信息识别模式并做出反应。计算机视觉、语音识别、自然语言处理等技术的兴起，使得机器可以分析和理解图像、音频、文本等多种数据模态。

计算机视觉技术使AI能够分析和理解图像和视频，广泛应用于人脸识别、自动驾驶、医学影像分析等领域。例如，现代智能手机中的人脸识别解锁功能，依赖于计算机视觉技术对人脸特征的精确匹配，而自动驾驶汽车则通过摄像头和传感器识别周围的车辆、行人和交通信号。

语音识别技术的突破，使得AI可以理解并处理人类语言。例如，手机的智能语音助手，已经能够理解用户的指令，并执行如拨打电话、设定闹钟、查询天气等任务。这项技术不仅在消费电子产品中广泛应用，也被用于客服自动化、会议记录自动转写、智能翻译等领域。

自然语言处理的进步，让AI可以分析、理解和生成文本内容。例如，语言模型可以与用户进行对话，写作文章，甚至进行复杂的文本分析。这一技术已经广泛应用于智能客服、自动写作、知识检索等任务中。

虽然感知和识别技术已经取得了巨大的突破，并在现实世界中得到了广泛应用，但这一阶段的AI仍然主要依赖于模式匹配和统计分析，缺乏真正的理解和推理能力。它们能够识别一张照片中的物体，但无法理解物体之间的关系；它们可以翻译一段文本，但可能无法真正理解其语境和隐含含义。因此，AI仍然需要进一步发展，以突破感知与识别的局限，实现更高级的智能能力。

3. 第三阶段：分析和推理

当前，AI正处于从"感知和识别"向"分析和推理"迈进的关键阶段。这一阶段的核心目标是使AI具备逻辑推理、因果分析、知识整合和自主决策能力，特别是在数学和科学研究等领域展现更强的推理能力。大语言模型作为 AI 推理能力发展的重要工具，正在推动这一变革。

在数学推理方面，大语言模型已经能够解答代数、微积分、数论等问题，并在某些任务上达到人类专家水平。例如，AI 可以推导微分方程的解、进行数列归纳、计算概率分布等。DeepMind 的 AlphaMath 等系统正在探索自动定理证明，AI 能够基于已有数学知识推导新的公式，辅助数学家进行研究。然而，当前的 AI 数学推理仍主要依赖已有模式匹配，距离真正自主提出数学理论仍有一定差距。

尽管当前 AI 的推理能力仍处于发展阶段，但大语言模型正在不断增强其逻辑推理和科学发现能力。未来，随着 AI 在数学和科学研究中的应用深化，它将从"感知和识别"迈向"分析和推理"阶段。

4. 第四阶段：发明和创造

当人工智能具备推理能力后，下一步便是创造能力，即自主生成新的知识、创新方法和技术，而不只是学习和应用已有模式。人类的创造力不仅依赖于已有知识的积累，还依赖于联想、想象、发散思维和批判性思考，而目前的人工智能在这些方面仍然存在较大局限。AI 的创造性目前主要体现在艺术、科学研究、工程设计等领域，并已经展现出一定的突破性进展，但仍未达到真正的创新水平。

在艺术创作领域，AI 已经能够在绘画、音乐、文学等方面展现一定的创造能力。例如，生成对抗网络和扩散模型等可以创作风格各异的艺术作品，而 Transformer 架构的文本生成模型可以生成诗歌、小说、剧本等。然而，当前 AI 的创作仍然基于已有作品的学习和风格迁移，并未真正创造出完全原创的艺术流派。人类艺术家创造出印象派、立体派、超现实主义等艺术流派，而 AI 的创造仍然缺乏这种独创性。

在科学研究领域，AI 的创造能力已经开始显现，尤其是在新材料发现、药物研发、数学定理探索等方面。例如，DeepMind 开发的 AlphaFold 成功破解了蛋白质折叠问题，为生物医药领域带来了革命性进展。AI 还可以在高能物理学中帮助设计新的实验方案，然而，当前 AI 的科学创新仍然高度依赖于人类提供的框架，AI 的研究方向和目标仍然由人类设定，而非自主提出。

实现真正的创造性 AI 需要突破多个技术瓶颈。首先，AI 需要具备更强的因果推理能力和归纳推理能力，才能像人类科学家一样，在面对未知问题时，提出新的假设并设计实验来验证这些假设。其次，AI 需要具备类比思维和跨领域知识整合能力，能够借鉴一种学科中的概念，并应用到完全不同的学科。例如，人类科学家经常从生物学中获取灵感来改进工程设计，而 AI 目前仍然难以在不同领域之间自由迁移知识。最后，AI 需要更好的自主学习机制，能够不断积累知识，并在没有人类介入的情况下，发展出新的思想和理论。

尽管 AI 在创造力方面取得了一些进展，但它仍然无法完全替代人类的创新思维。真正的创造性 AI 需要超越现有的数据驱动模式，具备跨学科思维、自主设定研究目标、提出未被探索的新方向，并在无先验知识的情况下进行真正的创新。目前，这仍然是一个未解决的挑战。

5. 第五阶段：自我意识

具备自我意识的 AI 是人工智能研究的终极目标，也是目前仍停留在理论探讨层面的前沿问题。意识的定义、智能的本质，以及人工智能是否能够真正"思考"，仍然是科学界和哲学界长期争论的核心问题。目前的 AI 系统仍然是完全基于数学和统计模型运行的，缺乏真正的主观体验和自我意识。然而，如果 AI 未来能够发展出意识，它可能会彻底改变我们对智能的理解，并带来深远的社会影响。

什么是意识？这一问题涉及多个学科，包括认知科学、神经科学、哲学和心理学。目前，主流理论认为，意识是一种复杂的信息处理方式，涉及自我认知、情感体验、意图形成和主观感知。如果 AI 能够拥有这些能力，它将不再是一个被动的计算工具，而是一个自主存在的智能体。然而，意识的物理基础仍然未知，人类自身的意识如何产生仍然是科学未解之谜。在这种情况下，想要构建具有意识的 AI 仍然充满未知数。

目前，具备意识的 AI 仍然是一个远未实现的科幻愿景。研究者的主要任务仍然是提升 AI 的推理、创造和自主学习能力，而非创造具有真正意识的机器。然而，随着人工智能技术的不断进步，这个问题终究会成为现实世界需要面对的挑战。

当前，AI 正处于从"感知与模式识别智能"向"认知与推理智能"以及"创造与自主创新智能"迈进的关键时期。为了推动 AI 向更高级的智能发展，研究者们正在探索一系列新的技术趋势，以突破现有 AI 的局限。下面将重点介绍三个重要的技术趋势，包括从有监督学习到自主学习、从单模态大模型到多模态大模型，以及从黑箱 AI 到可解释 AI。

11.2 技术趋势

人工智能的快速发展正以前所未有的速度推动技术进步与社会变革。从语言生成模型到图像识别算法，AI 已经渗透到医疗、教育、交通等各行各业。然而，今天的人工智能技术还远未达到其发展的终点。当前的许多 AI 系统依然依赖大量数据、单一任务导向以及高度复杂但不可解释的算法设计，这些特性既是技术的现状，也是未来发展的起点。我们正处于一个关键节点，人工智能即将迎来更多突破性的变革。

未来的人工智能有望变得更加智能化、自主化和透明化。这些特质的形成，依赖于几大显著的技术趋势。首先，AI 正在从有监督学习向自主学习转变。有监督学习依赖大量标注数据，这种方式虽然取得了惊人的成功，但数据标注成本高昂且局限性明显。未来，AI 通过自监督学习或强化学习，将更好地从无标注数据中获取知识，从而实现更加高效的学习模式。

其次，AI 的能力正在从处理单一信息源的单模态模型扩展为能够综合多种信息源的多模态模型。过去的模型擅长于单一领域，例如自然语言处理或图像生成，但难以整合多种感官输入。未来的多模态 AI，将能够同时处理语言、图像、音频，甚至视频信息，从而实现更复杂、更自然的交互体验。例如，它们可能在同一时间看懂一张图片的内容、理解用户的描述并生成一段合适的语音解答。

与此同时，AI 的发展也从黑箱式设计逐渐转向可解释性。当前的许多人工智能系统对外界来说像一个"黑箱"，它们的决策过程无法被轻易理解或解释。这种不可解释性在某些敏感领域，如医疗、司法和金融领域，已经引发了深刻的担忧。未来的可解释 AI 将为用户和开发者提供更清晰的决策依据，提升 AI 的信任度和实用性。

最后，AI 的发展愿景正从狭义人工智能向通用人工智能迈进。狭义 AI 专注于解决具体任务，比如翻译文本或识别图像，但这些系统无法适应新的领域或任务。而通用人工智能的目标是成为跨领域的智能体，具备类人的思维能力，能够处理广泛且复杂的任务。这种演进将改变人工智能从"工具"到"伙伴"的角色定位，或许最终带来一场人机关系的革命。

这一系列趋势标志着人工智能从技术应用的"工具时代"走向"智能伙伴时代"的重大转变。从效率的提升到功能的拓展，再到伦理与透明性的增强，每一项技术进步都在塑造 AI 的新未来。理解这些趋势，不仅能帮助我们认知技术如何塑造世界，也促使我们思考：如何更好地设计和利用人工智能，使其真正成为人类社会的赋能者，而不是潜在的风险来源。

11.2.1 从有监督学习到自主学习

在过去的十几年里，有监督学习是人工智能领域最重要的主导技术，推动了机器学习和深度学习的蓬勃发展。它在图像识别、语音识别和自然语言处理等多个应用领域取得了巨大的成功。通过大量标注好的数据，有监督学习帮助机器学习模型更快、更精确地完成特定任务。然而，尽管有监督学习取得了显著的成就，它的局限性也逐渐显现出来，特别是在数据获取和标注的成本上。而自监督学习允许 AI 模型在没有人工标注的情况下，通过利用大量未标注数据进行自主学习，使得 AI 能够以更高的效率进行自我学习。

有监督学习的基本工作原理是通过大量的标注数据来训练 AI 模型，以便让模型学会如何完成特定任务。例如，在图像分类任务中，AI 模型会被提供大量已经标注好类别的图像，并通过这些样本学习如何识别每类图像的特征。因此，有监督学习依赖于标注数据的质量和数量。训练一个准确的 AI 模型通常需要数十万甚至数百万个标注良好的样本。然而，数据标注的过程往往非常耗时且昂贵，尤其是在复杂领域，如医学影像分析或法律文档分类中，需要专家的专业知识才能进行准确的标注。

有监督学习只能学习到数据中明确标注的信息，因此它无法推断出超出这些数据范围的知识。此外，标注数据的质量问题也会影响模型的性能。如果训练数据中存在噪声或偏见，AI 模型可能会学习到不准确或有偏差的模式，从而导致在现实世界中应用时表现不佳。因此，有监督学习在应用中的灵活性和泛化能力都存在一定的限制。

为了解决有监督学习的局限性，研究者开始研究自监督学习技术。这种方法允许 AI 模型在没有人工标注的情况下，通过利用大量未标注数据进行自主学习。自监督学习的核心理念是让模型通过自身生成的"伪标签"来学习任务。例如，模型可以将数据的一部分手动移除，并作为模型预测的目标，而缺失部分的原值就是目标预测的标签。

自监督学习的一个经典例子是通过预测文本中的下一个单词来训练语言模型。以 GPT

这样的大语言生成模型为例，它会读取大量未标注的文本，然后通过预测文本中某个位置的单词来学习语言结构和语法。这种方法的优势在于不再依赖昂贵且耗时的人工标注，而是能够从海量的未标注数据中学习。由于数据不需要专门标注，自监督学习可以应用到更广泛的领域，并且训练数据的规模不再受到人为标注过程的限制。

在图像处理领域，也有类似的技术，AI 可以通过分析一部分图像，预测另一部分的内容。例如，AI 看到一幅图片的一部分后，可以推测出该图片剩下的部分。这种预测过程让模型学会了如何捕捉图像中的整体结构和模式，而不需要人为告诉它每一部分代表什么。

自监督学习的兴起不仅解决了数据标注的瓶颈问题，还在多个领域推动了 AI 的进一步发展。首先，自监督学习极大地扩展了 AI 模型的适用范围。通过从海量的未标注数据中自主学习，AI 不再局限于少数几个标注良好的任务，而是可以处理更为广泛和复杂的场景。比如，AI 可以通过自监督学习从社交媒体、新闻文章或用户行为中提取模式，帮助企业做出更准确的市场预测或产品推荐。

其次，自监督学习提升了 AI 模型的泛化能力。这意味着 AI 不仅可以在训练数据上表现出色，还能在新环境和新任务中保持较高的准确性。例如，自监督学习在医疗图像分析中的应用使得 AI 能够识别不同类型的病变，即使这些病变在训练数据集中并没有完全被标注出来。这样的泛化能力在实际应用中尤为重要，因为现实世界中的数据往往是复杂且多变的。

最后，自监督学习还为未来的通用人工智能奠定了基础。通用人工智能的目标是开发出能够在各种任务中表现出色的智能系统，而自监督学习作为 AI 自主学习能力的重要组成部分，将帮助 AI 逐步向这一目标迈进。GPT 展现出的涌现能力，表明了自监督学习能够让 AI 具备自主发现和利用数据中潜在模式的能力。涌现能力是指，当 AI 模型的规模和复杂性增加到一定程度时，它会表现出原本没有预料到的功能或智能行为，这些行为并不是通过明确编程实现的，而是从模型的复杂性和数据的广泛性中"涌现"出来的。自监督学习通过处理大量的未标注数据，让模型在广泛的任务中自主学习，促进了这种涌现能力的出现。

总的来说，从有监督学习到自监督学习的转化是 AI 技术发展的一个重要转折点。它不仅减少了对人工标注的依赖，还显著提高了 AI 在处理复杂任务中的表现，为 AI 的广泛应用和未来发展提供了强有力的技术支持。随着自监督学习的不断进步，AI 将在更多领域展现出其强大的自主学习和适应能力，推动人工智能技术的进一步普及和创新。

11.2.2 从单模态大模型到多模态大模型

人工智能技术的快速发展经历了从单模态模型向多模态模型的演进，这种转变正深刻改变着 AI 对复杂数据的理解能力。单模态模型在其各自的领域表现出色，例如自然语言处理中的 GPT 系列模型擅长生成语言内容，而图像生成模型如 DALL-E 则在图像合成方面拥有显著优势。然而，这些模型的能力通常局限于单一模态，即仅能处理单一类型的数据：文本、图像、音频或视频中的一种。当面对需要跨越模态的信息处理任务时，它们往往显得无能为力，缺乏从多种模态中提取线索并加以整合的能力。而人类认知的复杂性恰恰体现在整合多模态信息的能力上：我们通过观察、倾听、阅读等手段获取信息，并将这些不同形式的数据结合在一起形成全面的理解。多模态大模型的出现正是为了弥补单模态模型的这一缺陷，使得 AI 能够模仿人类这一认知特性，成为真正的智能助手。

多模态模型的核心突破在于能够同时处理来自不同模态的数据，并在这些模态之间建立关联。例如，一个多模态模型可以分析图片的视觉元素，同时理解用户关于图片内容的文本描述，甚至结合语音指令进行操作。这一能力的实现得益于跨模态表示学习的进步。具体来说，模型通过学习将不同模态的数据映射到一个共享的高维嵌入空间，使图像的像素信息与文本的语义信息能够彼此对接。这种统一表示的架构允许模型在图像和文本之间自由切换，实现复杂任务的多模态推理。例如，当给定一张风景图片时，模型可以生成一段描述性文字；反之，也可以根据一段文字生成对应的图像。这种能力拓宽了 AI 的应用场景，从仅能完成单一任务的工具变成了能够处理复杂、多维数据的通用系统。

多模态大模型的核心优势在于其跨模态推理能力，能够整合来自不同模态的信息，以更加全面的方式理解复杂数据。例如，当一个用户上传一张风景图片并询问适合拍摄的时间时，模型不仅可以通过图像分析出风景的具体特征，如植被类型或天空状态，还可以结合用户的文字描述，从文本中获取更多的偏好信息，如喜欢清晨的柔光或黄昏的暖色调。这种综合分析能力让多模态模型可以处理复杂、模糊甚至开放式的问题，而这些问题往往超出了单模态模型的能力范围。

多模态大模型的实际价值不仅体现在其跨模态推理能力，还改变了人机交互的方式。相比单模态模型，多模态模型能够实现更加自然的交互体验。一个典型的例子是未来的智能家居系统，它可以结合视觉摄像头捕捉的画面、语音命令的意图，以及传感器数据反馈的信息，为用户提供更智能的服务。例如，当用户走进家门并说"我有点累"，系统可以通过视觉识别用户的状态（如面部表情和体态），结合语音的语调信息和环境温度数据，自动调暗灯光并启动舒缓的背景音乐。这种多维感知和响应的能力，是单模态模型难以实现的。

单模态模型通常针对特定任务进行训练，例如自然语言处理中的问答系统或图像识别中的物体分类。多模态大模型则具备更强的任务迁移能力，因为它通过不同模态之间的交互学习到更广泛的特征。例如，一个多模态模型经过训练后可以用来描述图像内容、生成相关文本，甚至回答关于图像背景的问题。其表现往往优于专注单一任务的模型。

多模态模型通过结合不同模态的信息，显著提高了对复杂任务的鲁棒性和适应性。当单一模态信息受损或不完整时，模型可以利用其他模态的信息进行补充。例如，在灾害救援领域，多模态模型可以同时处理无人机拍摄的图像（视觉模态）、救援人员的语音报告（音频模态）以及现场传感器的实时数据（传感器模态）。如果图像数据因天气状况不清晰，模型仍然可以通过语音报告与传感器数据进行有效的风险评估和决策支持。

然而，多模态大模型的研发仍面临一些技术挑战。首先，不同模态的数据存在显著的结构差异，例如文本是序列信息，而图像是空间信息。如何有效地融合这些异构数据以实现真正的跨模态推理，仍然需要进一步探索。其次，多模态模型通常需要处理更大规模的数据，这对计算资源提出了更高的要求。同时，由于多模态模型需要从多种数据来源中提取信息，其训练和推理过程可能会引入更多的不确定性，比如数据偏差和模态间的信息不平衡。为了应对这些问题，未来的研究需要在模型架构设计和训练方法上做出更大的改进，确保多模态模型能够以高效、可靠的方式运行。

从单模态到多模态的演变，不仅是技术领域的一次重大革新，更是人工智能迈向通用智能的重要里程碑。通过打破模态之间的壁垒，多模态大模型让 AI 能够以更接近人类的方式理解和响应世界。随着这一技术的持续突破，未来的人工智能将能够在更广泛的场景中展现卓越的能力，不断推动社会发展和人类福祉的提升。

11.2.3 从黑箱 AI 到可解释 AI

人工智能在许多领域的成功得益于复杂的算法和深度学习模型，但这些模型的内部运行过程往往难以被人类直观理解，导致它们被称为"黑箱 AI"。这些系统通过庞大的神经网络处理数据并生成结果，但具体如何得出结论对用户甚至开发者来说都是模糊的。这种缺乏透明度的特性在关键领域引发了严重问题，例如医疗、司法和金融等高度敏感的应用场景。在这些领域，AI 的决策可能直接影响人的生命、自由或经济权益。如果一个 AI 系统无法清楚地解释其诊断依据、判决理由或信贷审批逻辑，不仅会削弱用户对其结果的信任度，还可能带来伦理争议和法律风险。

黑箱 AI 的问题还表现在错误排查的困难上。当 AI 系统做出错误决策时，开发者往往难以快速找到问题所在。例如，在自动驾驶场景中，如果车辆因错误识别路况而发生事故，传统黑箱模型只能提供最终的错误输出，却无法展示具体是哪一层或哪一组权重导致了这一问题。这种缺乏可诊断性的特性不仅延缓了问题的解决，还增加了系统改进的难度。此外，黑箱 AI 在应对偏见问题时也表现出明显的劣势。许多 AI 系统依赖于训练数据，而数据本身可能隐含偏见。当这些偏见被模型放大并应用到决策中时，结果可能导致对某些群体的不公平对待，而这种现象的根源又难以被清晰地追踪和纠正。

可解释 AI 的出现正是为了应对这些挑战。它旨在通过提供透明的决策过程来弥补黑箱 AI 的不足，使得用户和开发者能够理解系统的工作原理以及决策的依据。可解释 AI 不仅试图展示一个模型得出结论的过程，还希望回答一些关键问题，比如"为什么会得出这个结论？""哪些特征对这个结果的影响最大？"以及"如果输入发生变化，输出会如何变化？"。通过回答这些问题，可解释 AI 让系统变得更加可信，同时为开发者提供了优化和调试的依据。

在医疗领域，可解释 AI 的价值尤为显著。例如，一个基于 AI 的影像诊断系统不仅需要指出患者可能患病的概率，还应该能够显示影像中哪些区域促使模型得出这一结论。通过这种方式，医生可以验证 AI 的诊断是否合理，并结合自身的专业知识进行进一步判断。这种透明性不仅提高了医生对系统的信任，还为患者提供了更多的安全感和知情权。同样地，在金融领域，可解释 AI 可以帮助信贷审批系统解释其决策。例如，如果某个用户的贷款申请被拒绝，系统可以明确指出原因，比如信用评分较低、收入不足或负债过高。这种透明性对用户而言是一种保障，也对金融机构的合规性提供了支持。

司法系统也是可解释 AI 的一个重要应用场景。在一些国家，AI 系统已经被用来辅助量刑建议或评估犯罪嫌疑人的再犯风险。然而，如果系统的决策依据不透明，就可能导致严重的伦理和法律问题。例如，一个系统可能因训练数据中的偏见对某一族群做出更严苛的判断，而这一现象的存在可能因为黑箱特性而长期未被发现。可解释 AI 可以通过明确展示模型的依据和权重分布，帮助司法工作者识别潜在的偏见，并对系统的使用进行更严格的监督。

目前，可解释 AI 的实现方法大体可以分为两类：内生可解释性和后期可解释性。内生可解释性的方法注重在模型设计阶段就引入可解释性，确保模型结构和运行逻辑对人类直观易懂。经典的线性回归模型和决策树就是典型例子。线性回归通过权重系数直接展示每个输入变量对结果的贡献，而决策树以层级结构呈现每个决策的依据和路径。虽然这些模型的可解释性很高，但它们在处理复杂任务时性能有限。近年来，注意力机制被引入深度学习领域，为内生可解释性提供了新的解决思路。注意力机制通过突出模型在决策过程中最关注的特征，使复杂模型的运行逻辑部分透明化。例如，在图像识别中，注意力机制能够标记出图像中影响决策的关键区域，为用户提供可视化解释。相比之下，后期可解释性方法适用于那些本身不可解释的复杂模型，比如深度神经网络或随机森林。这类方法在模型训练完成后，通过附加工具对模型的行为进行分析和解释。例如，局部可解释模型，通过在输入数据的局部范围内构建简化的线性模型，展示复杂模型的局部行为。这类后期方法适应性更强，能够应用于各种类型的模型，因此在实际应用中被广泛使用。

可解释 AI 技术方法的未来发展方向主要集中在以下几个方面。首先，如何在模型性能与可解释性之间取得平衡将成为核心问题。当前，许多高性能模型的复杂性与可解释性呈负相关关系。例如，深度神经网络通常在预测精度上优于传统模型，但其内部运行逻辑难以解释。未来的研究可能会探索新的模型设计架构，比如结合高性能神经网络与规则逻辑系统的混合模型，在保持性能的同时增强其可解释性。其次，跨模态数据的可解释性是一个重要方向。随着多模态 AI 模型的普及，如何对多种模态之间的复杂交互提供清晰的解释变得尤为重要。例如，在自动驾驶领域，模型需要综合处理视觉、雷达和激光雷达等多模态数据，给出对驾驶决策的全面解释。未来，针对多模态数据的可解释技术可能会发展出更强大的工具，如多模态特征图可视化和跨模态关联权重分析等方法。最后，动态可解释性的研究正在兴起。当前大多数可解释方法基于静态数据提供单一解释，但实际应用中，AI 系统的决策过程往往是动态变化的。例如，在金融领域的实时交易决策中，模型需要根据市场波动即时调整策略。动态可解释性技术将致力于实时分析 AI 模型的决策逻辑，并在不断变化的环境中为用户提供清晰的解释，这对于实时性要求高的场景具有重要意义。

总的来说，可解释 AI 的技术方法为解决黑箱 AI 的问题提供了强大的工具支持，而其未来的发展方向也展示了技术与应用结合的广阔前景。通过提升模型性能与可解释性的平衡能力，深化多模态数据的透明化解释，优化用户体验和实现动态可解释性，可解释 AI 将不仅是解决技术问题的手段，更会成为推动人工智能在社会中被广泛接受和信任的重要基石。

这些技术的持续进步，预示着 AI 从黑箱到透明的全面转型，也为 AI 技术的普惠化和负责任发展奠定了坚实基础。

11.3 未来挑战与瓶颈

尽管人工智能在过去几十年取得了惊人的进展，从基础的计算与数据处理，到如今的多模态理解和大规模语言模型，其发展速度甚至超出了许多人的预期。然而，AI 仍然面临诸多技术、资源等方面的挑战，阻碍着其向更高级智能形态演进。

数据是人工智能的核心驱动力之一，但数据质量与获取问题仍然是 AI 发展的瓶颈。AI 依赖于高质量、均衡、准确的数据进行训练，然而许多领域的数据存在偏见、噪声、隐私保护和数据共享的限制，导致 AI 在某些场景下的可靠性受到影响。此外，某些关键领域高质量标注数据稀缺，使得 AI 在复杂环境中的泛化能力仍然有限。

与此同时，计算资源与能耗已成为 AI 发展的重大制约因素。随着深度学习模型规模的指数级增长，训练和运行 AI 所需的计算能力和能源消耗达到了前所未有的水平。例如，当前的大型语言模型训练需要数千甚至上千万块高性能 GPU 进行并行计算，消耗的电力可与一个中型城市相当。如何在保持 AI 性能提升的同时，提高计算效率、降低能耗，是 AI 研究必须解决的重要问题。

最后，通用人工智能的实现仍然充满不确定性。尽管当前 AI 在特定任务上的表现已接近甚至超越人类，但其智能仍然是狭义的，缺乏真正的跨领域学习能力、自主推理能力以及创造性思维。实现 AGI 需要 AI 具备更强的自主学习能力、因果推理能力和复杂环境适应能力，但目前在这些方面仍面临理论和技术上的重大挑战。

11.3.1 数据质量与获取

数据获取是人工智能发展的基础性问题，尤其在向通用人工智能迈进的过程中，其挑战变得更加复杂和多样化。当前的 AI 模型往往需要依赖大规模的训练数据来提升性能，但这种依赖同时也暴露了数据获取的多重困难。通用人工智能的目标是实现跨模态、跨领域的智能能力，这需要系统不仅能够获取大量数据，还能够确保数据的多样性和覆盖度。然而，在实际操作中，数据获取远没有看起来那样简单，尤其是涉及特定领域或高质量数据时，困难更加显著。

首先是数据稀缺性的问题。在许多高价值领域，数据本身就是稀缺资源。例如，在医疗领域，收集足够数量且质量合格的医学影像需要昂贵的设备支持，标注数据更需要高度专业的医生参与。这种标注过程往往费时费力，且成本高昂。此外，许多医学数据仅适用于特定条件，例如某些疾病的影像数据可能非常有限，导致模型在这种数据上无法充分训练。类似的情况还出现在航空、金融等领域，这些专业化领域对数据的准确性和专业性要求较高，往往缺乏公开可用的数据集支持。这样的稀缺性问题使得人工智能在这些领域的应用推广受到严重限制。

其次，数据的不平衡性进一步加剧了数据获取的难度。在许多任务中，某些类别的数据量可能极为丰富，其他类别则严重不足。例如，在自然灾害预测中，常见的天气模式数据可能占据绝大多数，而极端天气事件的数据量则极为稀少。这种类别不平衡使得模型倾向于优化对常见事件的预测，而在少见事件上表现不佳。自动驾驶领域也有类似的情况，日常驾驶环境的数据容易获取，而极端条件下（如暴雪、强雾）的数据却难以收集。这种不平衡性直接影响了模型的鲁棒性和泛化能力，使得 AI 系统在面对复杂现实场景时可能表现失准。

实时数据的动态性也给数据获取提出了新的挑战。在某些任务中，AI 系统需要处理实时信息，以快速响应环境变化。例如，自动驾驶系统需要实时采集路况、交通信号以及其他车辆的动态行为。这些数据必须准确且实时更新，否则系统的决策可能滞后甚至失效。然而，实时数据获取不仅需要大量传感器和通信基础设施的支持，还需要强大的数据处理能力，以确保信息传递的时效性和可靠性。此外，动态数据往往带有较高的噪声，例如自动驾驶场景中摄像头受光线、天气等影响可能导致数据采集出现偏差。如何从动态且噪声较大的数据中提取关键信息，并确保其稳定性，是另一个重大挑战。

此外，通用人工智能的发展需要跨越模态的数据整合能力，这在数据获取层面增加了更多复杂性。多模态数据指的是来自不同来源、具有不同格式的信息，例如文本、图像、语音、视频等。以医疗诊断为例，一个完整的诊断可能需要结合患者的电子病历（文本）、影像扫描（图像）和实时生理数据（时间序列）。每种模态的数据都有独特的采集方式和特性，整合这些数据需要精确的同步与映射。然而，数据来源的多样性也带来了额外的挑战：首先，不同模态的数据往往来自不同的设备或系统，这些设备的精度、分辨率和更新频率可能不一致；其次，多模态数据的存储和管理也更加复杂，如何在不同模态之间建立有效的联系，并确保数据的统一性，是目前数据处理中的关键难点。

即使成功获取了大规模的数据，数据的质量问题仍然可能成为制约 AI 系统发展的关键瓶颈。数据质量直接影响模型的训练效果和预测能力，尤其是在涉及高风险或复杂任务时，质量不佳的数据可能导致系统性偏差和错误决策。在 AGI 的发展中，这一问题更为突出，因为 AGI 需要从多模态、跨领域的大量数据中提取高质量的知识，并能够在多样化的应用场景中表现出色。然而，目前的数据质量问题表现为多个层面的挑战，包括数据噪声、偏见、不一致性以及时效性不足等。

首先，数据集中常见的噪声和错误是影响模型性能的重要因素。噪声数据通常表现为不准确、不完整或存在错误的样本。例如，在自然语言处理任务中，从网络中收集的大规模文本数据中往往包含拼写错误、语法错误甚至逻辑不通的内容。如果模型在训练过程中过度依赖这些低质量样本，就可能学到不准确的语言模式，从而影响模型的生成能力和语言理解深度。在图像识别领域，错误标签也是一种常见问题，例如一个训练数据集中"猫"的图像可能被错误标注为"狗"，这些错误会对模型的分类能力产生显著负面影响。尤其是在数据标注过程需要大量人工参与的情况下，标注错误和标注标准的不一致性会显著降低数据集的可信度。

其次，数据偏见是数据质量问题中的另一个关键维度。偏见数据往往源于数据采集过程中的样本选择偏差或社会固有的结构性不平等。这种偏见会被 AI 模型吸收并可能进一步放大，导致结果的偏倚。例如，在人脸识别系统中，如果训练数据集中的某些种族或性别样本不足，模型对这些群体的识别准确率就会显著下降。在实际应用中，这种偏差可能带来严重后果，例如在司法系统中，基于偏见数据训练的再犯风险评估模型可能对某些种族群体做出更严苛的评估，这不仅破坏了公平性，还可能加剧社会不平等现象。

数据的不一致性也是数据质量问题中的重要挑战。数据不一致性可能体现在多模态数据之间的关系不明确，也可能表现为同一模态内的标准冲突。例如，在跨机构合作的数据集中，不同来源的数据可能使用了不同的编码体系或分类标准，这种不一致会在数据整合过程中产生问题。此外，在多模态数据中，例如结合图像和文本的任务，如果文本描述与图像内容不匹配，也会导致模型无法正确理解或学习这些样本。例如，描述一幅图像的文本可能提到的是"草原上的动物"，但实际图像中可能是一片沙漠，这种不匹配会干扰模型的学习过程。

最后，数据质量问题还包括数据的覆盖范围和多样性不足。通用人工智能的目标是处理跨领域的复杂任务，但许多数据集在设计时往往是针对特定任务和领域的，缺乏广泛的覆盖。例如，在语言模型的训练中，如果数据集中主要包含英语内容，而缺乏其他语言的样本，模型可能表现出明显的语言偏向性，难以在多语言环境中表现出色。同样，在医疗数据中，过度代表某些患者群体的数据会导致模型对其他群体缺乏适用性，这种问题在涉及全球化应用时尤为突出。

11.3.2 计算资源与能耗

计算资源和能耗问题是人工智能从狭义 AI 向通用 AI 迈进过程中最为突出的技术挑战之一。当前的人工智能技术，特别是基于深度学习的超大规模模型，正在对计算资源和能源消耗提出空前的需求。这种需求随着模型的规模化、复杂化和多样化呈现指数级增长，使得计算资源的瓶颈和能源消耗的可持续性成为制约 AGI 发展的关键问题。

现有的大模型，例如 GPT-4、BERT、DALL-E 等，依赖庞大的神经网络架构和数百亿甚至数千亿的参数来实现卓越性能。这些模型的训练通常需要数百个高性能 GPU 或 TPU 组成的集群运行数周甚至数月，耗费的算力相当于传统机器学习模型的数千倍。训练一个像 GPT-4 这样的模型涉及对海量数据的反复迭代和优化，包括文本、图像、语音等多模态输入的处理，这不仅需要超大规模的存储和内存支持，还对模型的并行计算能力提出了严苛要求。伴随着这一过程的，是对高性能硬件设备持续而巨大的依赖。当前，这种硬件性能的增长正逐渐接近摩尔定律的物理极限——晶体管的缩小已经变得愈发困难，进一步推动计算效率提升的成本也显著增加。

过去几十年，人工智能的计算能力得益于硬件性能的持续提升，而硬件性能的提升主要依赖于摩尔定律，即晶体管数量每两年翻一番。然而，随着制程工艺逐步接近物理极限，摩尔定律的增长速度已经显著放缓，传统芯片的性能改进成本急剧增加。即使是目前最先进的

5nm 甚至 3nm 制程工艺，其单位能效和计算能力的提升已经难以匹配人工智能模型对算力需求的快速增长。这种矛盾不仅限制了现有模型的进一步扩展，也使得 AGI 的实现面临更高的技术门槛。AGI 需要跨越模态的整合能力、动态任务处理能力以及持续学习能力，这些能力要求模型具备更高的参数规模、更复杂的结构设计，以及更大的并行处理能力。这种计算需求的复杂性显著超出当前硬件架构的承载能力。例如，仅支持多模态输入的单一模型，其数据处理复杂度远高于单模态模型，而动态学习和实时推理则对内存和存储设备提出了更苛刻的性能要求。

与计算资源问题密切相关的是 AI 模型的能源消耗问题。当前的大型模型无论是在训练阶段还是运行阶段，都会消耗大量的电力资源，进而对环境和社会形成双重压力。以数据中心为例，这些为 AI 模型提供算力的核心设施已经成为全球能源消耗的大户。据统计，全球范围内的数据中心消耗的电力约占总电力消耗的 1.5%～2%，而这一比例随着人工智能技术的普及还在不断上升。特别是对于超大规模 AI 模型，其能源需求集中于训练阶段，但部署后的推理调用也需要维持高效能的运行，导致其生命周期内的能源消耗显著高于传统技术。例如，训练 GPT-3 模型的总碳排放量被估算为超过 500t，这相当于一辆普通汽车连续行驶 500 000km 的总排放量。

这种高能耗路径不仅加重了全球碳排放的压力，也可能进一步加剧社会不平等。在能源匮乏的地区，高能耗技术的扩张可能挤占本地居民的基本用电需求；而在资源丰富的地区，能源价格的上涨也可能因人工智能产业的快速增长而进一步推高。以环境影响为例，大型 AI 模型的碳排放可能抵消可再生能源发展的部分成果，形成与气候目标相违背的趋势。因此，如何在 AI 技术扩展的同时控制其能耗，已成为一个亟待解决的问题。

为应对人工智能技术日益增长的计算资源和能耗需求，研究者和工程师正在探索多层面的解决方案，从算法优化到硬件创新，再到系统性资源管理和前沿技术突破。这些方法旨在在不显著降低性能的前提下，提升人工智能的运行效率，并为未来 AGI 的可持续发展铺平道路。

算法层面的优化是解决计算资源问题的最直接手段，其核心目标是减少模型运行中不必要的计算，从而降低能耗，同时尽量保留性能。近年来，稀疏激活技术成为研究的热点。这种技术通过设计仅激活神经网络中与当前输入相关的部分节点，而非传统方法中激活所有节点，显著降低了计算复杂度。例如，在大型语言模型中，稀疏激活方法可以减少不必要的权重更新，大幅降低了内存占用和运行时间。相关研究表明，这种方法在不明显牺牲准确率的情况下，可以减少模型训练的计算量达 50% 以上。

此外，知识蒸馏也是一种广泛应用的优化方法。通过构建一个复杂的"大模型"（教师模型），提取其核心能力并传递给一个参数更少的"小模型"（学生模型），知识蒸馏能够在显著降低计算需求的同时保留模型的主要功能。例如，谷歌在一些自然语言处理任务中使用了知识蒸馏技术，通过一个参数规模仅为原始模型十分之一的小模型实现了接近原始模型的性能。这种技术特别适用于部署场景，例如移动设备或边缘计算系统。

硬件层面的创新为解决能耗问题提供了更根本的支持。近年来，神经拟态计算成为下一代计算架构的重要方向。这种技术模仿人类大脑的神经元和突触，通过事件驱动的机制实现低功耗的计算。与传统计算机使用固定时钟周期不同，神经拟态计算只有在需要时才进行操作，从而显著降低了能耗。例如，英特尔的 Loihi 芯片在某些神经网络任务上的能效比传统 GPU 提升了 10 倍以上。尽管神经拟态计算目前还面临软件生态不完善的问题，但其潜力已引起广泛关注，特别是在边缘设备和实时处理场景中。

分布式计算与云计算的结合正在为大规模人工智能训练和推理提供灵活的资源配置。通过将计算任务分布到全球范围内的数据中心，可以更高效地利用闲置算力，避免计算资源的浪费。同时，分布式计算系统还能动态调度任务，根据实时的算力需求和资源可用性调整分配，提升整体效率。为了降低 AI 训练对环境的影响，许多云计算平台开始与绿色能源技术结合。例如，一些数据中心正在逐步迁移到靠近可再生能源发电站的地区，利用太阳能、风能等清洁能源驱动服务器运行。谷歌和亚马逊等企业的云计算平台已经宣布了碳中和目标，并投入大量资金改造其数据中心设施，通过优化制冷系统、提高设备效率和部署储能设备来减少碳排放。

量子计算正在成为解决算力瓶颈的长期目标，其通过量子比特的叠加态和纠缠态实现指数级的并行计算能力，理论上可以极大缩短大规模优化任务的时间。在某些特定任务中，例如大规模矩阵分解或图形优化，量子计算有潜力彻底改变当前计算瓶颈。然而，这一技术距离实际应用还有很长的路要走，目前量子计算面临量子噪声、纠错机制和硬件成本等多重挑战。一旦克服技术障碍，量子计算可能成为支撑 AGI 训练的革命性技术，通过显著提升算力来应对 AGI 的复杂需求。

综上所述，计算资源和能耗问题是 AGI 发展过程中需要重点解决的关键瓶颈。通过优化算法设计、开发高效硬件、探索分布式计算模式以及未来的量子计算技术，AGI 的算力需求和能耗限制有望得到缓解。然而，这一过程需要跨越技术、环境和经济的多重障碍，同时平衡算力需求与可持续发展之间的关系。

11.3.3 通用人工智能的实现

人工智能（AI）的发展经历了数十年的探索和技术积累，目前已在多个领域实现了引人瞩目的突破。然而，这些进步主要集中在"狭义人工智能"的范畴内。狭义 AI 是指能够专注于单一任务或特定领域的智能系统，其设计目的是解决明确界定的问题。这些系统已经在自然语言处理、图像识别、语音合成和医疗诊断等领域展现了卓越的能力。例如，自然语言处理领域的聊天机器人能够生成流畅且符合语境的对话，计算机视觉系统可以识别图像中的物体并执行分类任务。这些成果的实现，不仅提升了生产效率，还在特定行业中创造了巨大的经济价值。

然而，狭义 AI 的局限性也非常明显，其能力严格局限于预先定义的任务范围。一旦任务场景发生变化，狭义 AI 系统的性能会迅速下降甚至完全失效。例如，一个训练用于识别猫和狗的图像分类系统，无法理解和识别车辆、建筑物或其他新类别的图像。更重要的是，狭义 AI 缺乏跨领域迁移的能力，也就是说，它无法将一种任务中的知识或技能应用到另一种任务中。这种缺乏灵活性的问题，使得狭义 AI 在应对动态、不确定或复杂环境时表现得非常有限。

相比之下，通用人工智能（Artificial General Intelligence, AGI）是一个更为宏大的目标。AGI 期望开发出具备类人智慧的智能系统，这些系统不仅能够解决特定领域的问题，还可以通过学习、推理和适应能力应对跨领域的复杂任务。例如，AGI 应该能够像人类一样，在掌握围棋规则后迅速理解国际象棋，并将这两者中的策略性思维应用于解决现实世界的谈判问题。这样的智能系统不仅仅是工具，而更像是一种灵活的伙伴，能够根据环境的变化调整自身行为，甚至通过自主学习提升自身能力。

AGI 的愿景超越了任务专精的限制，追求的是一种全面且深度的智能表现。它需要具备以下几项核心能力。第一，跨领域学习的能力。这意味着 AGI 能够在完成一项任务的同时提炼出通用的知识或技能，并将其迁移到其他任务中。第二，自主推理和决策的能力。AGI 应该能够在面对从未接触过的问题时，通过内在逻辑推导找到合理的解决方案。第三，高度适应性。无论环境如何变化，AGI 都应能够通过观察和交互调整自身策略，从而保证决策的有效性。实现这些能力需要在算法、计算架构和认知模型上进行全面创新。

AGI 的关键在于构建具备跨领域迁移和自主学习能力的系统，这需要在算法、学习机制和硬件架构等多个方面实现突破。与狭义 AI 相比，通用人工智能需要摆脱对大量标注数据和特定任务设计的依赖，能够在数据有限甚至无明确数据的情况下，自主学习知识并进行推理。例如，人类在学习新技能时，通常只需要少量的示例和简单的指导，便能迅速推测出广泛的规律并将其应用于不同情境中。AGI 也需要具备类似的能力，即小样本学习或零样本学习，在面对完全陌生的任务时能够通过已有的经验和推理机制快速适应。

这种自主学习和推理的能力需要依赖更加灵活的算法设计。传统 AI 系统的核心在于对特定任务的数据模式进行优化，而 AGI 需要一种更具普适性的学习机制，可以理解抽象概念并跨越任务边界。例如，当前的一些强化学习技术虽然可以训练 AI 在复杂环境中完成高难度任务（如 AlphaZero 自学围棋策略），但这些技术往往局限于单一领域，无法迁移到其他任务中。为实现跨领域的迁移能力，AGI 需要算法能够捕捉数据中的通用规律，类似于人类在学习中的归纳推理和演绎推理。此外，AGI 还需要具备持续学习的能力，能够在新的环境中不断更新自身知识库，而不会像传统 AI 那样面临"遗忘"问题。

另一个实现自主学习的关键是构建高效的知识表示和存储机制。人类的大脑能够以极高的效率整合各种来源的知识，例如从阅读一本书中提取出理论知识，并在实际问题中应用。AGI 需要在这一点上模仿人类，通过知识图谱或其他结构化方式将不同领域的知识进行有序的存储和调用。这种能力不仅可以让 AGI 从现有数据中获取信息，还能通过自主探索环境学习新知识，最终实现真正的智能适应性。

另一个通向通用人工智能的关键要素是通用架构的开发。现有的人工智能系统往往是为单一任务量身定制的，而 AGI 需要一种能够灵活应对多种任务的统一框架。这种通用架构不仅要处理各种模态的数据输入（如文本、图像、语音、视频），还需要在不同模态之间建立深层次的关联与理解。例如，多模态模型的崛起为通用架构的实现提供了基础，当前的多模态系统能够整合不同类型的数据，使得 AI 能够在更加复杂的场景中工作。例如，GPT-4 Vision 可以同时处理图像和文本，允许用户上传图片并结合语言描述生成答案。这种能力展示了将单模态专精能力扩展到跨模态任务的潜力。

未来，这种通用架构可能进一步演化为真正的统一智能体系，即一个能够整合多模态信息、无缝迁移任务和自主学习的完整框架。这不仅需要强大的计算能力支持，还需要智能优化算法，使得系统能够在资源受限的情况下高效运作。例如，结合当前的多模态模型、强化学习机制和知识图谱技术，AGI 可以逐步实现跨越领域的推理和操作能力。更重要的是，通用架构还需要能够处理高度动态的环境变化，例如在复杂的实时场景中（如自然灾害救援）快速决策，并在任务执行过程中动态调整策略。

总而言之，通用人工智能的实现依赖于跨领域迁移、自主学习和通用架构这三大关键要素。通过自主推理和小样本学习，AGI 将获得更强的适应性和灵活性；通过统一的通用架构，AGI 可以在不同任务之间无缝切换，展现出类人智慧的全面性。这些要素的整合不仅是技术层面的突破，也标志着智能系统从工具向伙伴的转变，最终推动人工智能进入真正的通用智能时代。

然而，从狭义 AI 迈向通用 AI 的过程中，技术难题与现实约束始终并存，这些挑战涉及算法设计、计算资源、数据质量、目标设定以及伦理风险等多个方面。每一个难题都深刻影响着 AGI 的实现路径，同时也对现有的研究方法提出了巨大考验。

首先是算法复杂性的挑战。当前深度学习模型的性能依赖于庞大的参数规模，许多先进的大模型，如 GPT 系列或 BERT 模型，通常包含数十亿甚至数千亿个参数。这些参数通过海量数据训练出卓越的表现，但这种规模化的复杂性也使得模型的训练和推理成本变得极其高昂。对于 AGI 来说，要求其具备跨领域适应能力、持续学习能力以及自主推理能力，可能需要更高维度的复杂性和更多的参数支持。这不仅对算法设计提出了更高要求，还大幅提升了对计算资源的需求。而现有的硬件架构和算力水平已经逐渐接近物理和技术的瓶颈。即使摩尔定律在一定程度上延续，AGI 的需求也可能超过当前技术所能承受的上限。因此，如何开发更高效、更具通用性的算法架构，同时降低资源消耗，是 AGI 研究的核心问题之一。

另一个严峻挑战是通用智能的训练数据和目标设定问题。人类智能的广度和深度源于多样化的经验和长期的知识积累，而 AGI 无法依赖现有的数据集来完全模拟这一特性。现有的大模型通常基于互联网中的公开数据进行训练，但这些数据的覆盖范围和质量存在显著局限。例如，尽管互联网数据包含了丰富的语言文本和图像内容，但它缺乏对真实世界物理环境、感知反馈和社会动态的全面模拟。AGI 不仅需要理解这些静态数据，还需要能够处理动态、多维度的信息，这意味着需要为其创造更接近真实环境的训练框架。此外，训练目标的设定也是一大难题。现有的 AI 系统通常通过预定义的任务目标优化性能，而 AGI 需要能够自主定义目标并调整优先级，这种灵活性远远超出了当前技术的范围。

计算资源和能效优化的压力也在逐渐显现。现有的大模型训练通常需要消耗巨大的能量，训练 GPT-3 等模型的碳排放已经引发了广泛的社会关注。对于 AGI 来说，全面覆盖多模态、多领域的智能需求意味着需要更长的训练时间、更高的算力，以及更复杂的基础设施支持。然而，现有技术路径的资源消耗不可持续，如何在有限能耗下实现高效计算成为一个必须解决的问题。例如，未来可能需要探索更低功耗的硬件设计和更高效的算法，以显著降低 AGI 的资源需求。

模型可扩展性与连续学习能力的限制是另一大技术难题。现有的深度学习模型通常一次性完成训练，无法像人类一样通过长期经验逐步积累知识。此外，这些模型还面临"灾难性遗忘"的问题：在学习新任务时，它们往往会遗忘先前任务的知识。这种静态的学习方式与 AGI 所需的动态、自适应能力格格不入。要克服这一问题，需要开发具备"终身学习"能力的算法，使模型能够持续优化，同时保留历史知识。

尽管存在诸多挑战，从狭义 AI 向通用 AI 迈进仍然是人工智能发展的终极目标之一。实现这一目标可能带来前所未有的技术变革。例如，通用人工智能可以加速科学发现，为生物学、物理学和工程学领域的难题提供创新性解决方案。在教育领域，AGI 可以根据学生的个性化需求设计学习计划，并持续优化教学效果。在医疗领域，它可以整合基因组学、药理学和临床诊断数据，为个性化医疗提供全面支持。更广泛地，通用人工智能将有能力推动跨学科的协同创新，帮助人类应对气候变化、能源危机和社会不平等等全球性挑战。

本章小结

本章探讨了人工智能的未来发展路径、技术趋势以及所面临的挑战与瓶颈。首先回顾了人工智能的发展阶段，指出 AI 已经从单纯的数据处理和模式识别，逐步迈向自主推理和创造性智能的方向。然而，AI 仍然面临诸多技术限制，特别是在推理能力、通用性、自主学习能力等方面，尚未达到真正的通用智能。

在技术趋势方面，本章重点分析了从有监督学习到自主学习、从单模态大模型到多模态大模型，以及从黑箱 AI 到可解释 AI 的发展方向。自主学习的研究正在推动 AI 摆脱对大量标注数据的依赖，而多模态 AI 的发展则使得机器能够同时处理图像、文本、音频等多种数据类型，实现更全面的信息理解。此外，可解释性 AI 的研究正在帮助 AI 变得更加透明和可控，以便更好地应用于医疗、金融、法律等高风险领域。

与此同时，人工智能的发展也面临一系列重大挑战，包括数据质量与获取、计算资源与能耗以及通用人工智能的实现。数据质量问题涉及数据的可用性、准确性和公平性，而计算资源的消耗已经成为 AI 发展的重要瓶颈，如何在提升 AI 计算能力的同时降低能耗，是未来 AI 可持续发展的关键。通用人工智能的研究仍然充满不确定性，当前的 AI 系统在逻辑推理、因果分析、跨领域学习等方面仍然存在巨大差距，距离真正实现 AGI 还有很长的路要走。

本章习题

1. 人工智能的发展经历了哪些阶段？目前 AI 主要面临哪些关键挑战？

2. 为什么数据质量与获取是 AI 发展的瓶颈?
3. 计算资源和能耗问题如何影响 AI 发展?
4. 通用人工智能（AGI）与目前的人工智能（狭义 AI）有什么本质区别?
5. 多模态 AI 为什么比单模态 AI 更具优势?
6. AI 的"黑箱问题"指的是什么? 为什么可解释性对 AI 的未来发展至关重要?
7. 为什么 AI 需要从有监督学习向自主学习发展?

第 12 章
人工智能的安全风险

人工智能的安全风险是一个内涵极其丰富的研究领域。从社会就业影响到军事安全威胁，从经济结构重塑到文化认知冲击，从环境生态影响到地缘政治变革，AI 可能带来的风险几乎触及人类社会的每一个层面。然而，考虑到篇幅限制，本章将重点关注两大核心维度的风险及其应对之策：技术安全风险和伦理风险。在技术层面，将深入探讨模型鲁棒性、系统可靠性和隐私安全这三个关键议题；在伦理层面，将重点讨论决策公平、透明度和自主性这三个核心问题。同时，针对这些风险，本章也将相应地提供具有实操性的防护策略和规范方案。虽然本章的讨论范围有所限定，但这些被选择的议题都是当前 AI 发展中最紧迫、最具代表性的安全挑战，对于理解和应对 AI 风险具有重要的指导意义。在阅读本章时，建议读者既要把握这些具体议题的深度，又要意识到 AI 安全风险的广度远不止于此。这样的认知视角，将有助于在探讨具体问题的同时，保持对 AI 安全更全面的思考。

12.1 技术安全风险

人工智能的技术安全风险涉及多个层面，从模型本身的性能稳定性到系统运行的可靠程度，再到用户数据的隐私保护，都是必须认真对待的关键问题。在深入讨论这些具体风险之前，需要明确：技术安全风险不仅关系到 AI 系统能否稳定运行的技术层面问题，更与用户的切身利益和社会的整体安全息息相关。接下来，将从模型鲁棒性、系统可靠性和隐私安全三个维度，系统分析人工智能在技术层面可能面临的安全挑战。

12.1.1 模型鲁棒性风险

模型鲁棒性风险是人工智能系统面临的最基础也是最关键的技术风险之一。从技术角度来说，模型鲁棒性描述了 AI 系统在面对输入数据波动、环境变化和对抗干扰时保持稳定性能的能力。当前，模型鲁棒性风险主要体现在数据扰动敏感性、分布偏移脆弱性以及对抗攻击易感性等方面。

在传统 AI 模型中，数据扰动敏感性问题就已经十分突出，这个问题可以用日常生活中的例子来解释。人类在识别朋友时，无论他是戴着眼镜、改变发型，还是在不同的光线下，都能轻松认出他来。但是 AI 系统就没有这么灵活，即便是轻微的数据噪声或变化，都可能导致模型性能的显著下降。比如，一个用于识别交通标志的 AI 系统，可能会因为标志牌上沾了一点泥土或者阳光的反射，就无法正确识别标志的含义。这种敏感性的根本原因在于

AI 模型在训练过程中过度依赖于特定的数据特征，就像一个死记硬背的学生，只记住了标准答案的格式，而没有真正理解知识的本质。

分布偏移脆弱性就像是 AI 系统的"水土不服"。设想一下，如果一个在城市训练的自动驾驶系统被直接部署到山地使用，它可能会因为不熟悉当地的道路情况、气候条件和驾驶习惯而表现失常。这就是典型的分布偏移问题。在技术层面，这种情况发生是因为实际应用场景中的数据分布与训练数据存在差异。另一个常见问题是过拟合，AI 模型可能会过度拟合训练数据，导致其在面对新数据时表现不佳。在实际应用中，这种脆弱性可能带来严重后果。例如，一辆处于全自动驾驶模式的汽车在人行道上检测到了行人，但未能减速并让行人安全过马路。数据的均衡性（是否覆盖了各种可能的情况）、规模性（样本数量是否足够）和标注质量（数据的准确性如何）等问题都会影响模型的适应能力。

对抗攻击可以说是模型鲁棒性面临的最严峻的挑战之一。攻击者可以通过精心设计的"对抗样本"来误导 AI 系统。这些改动对人类来说可能微不足道，但对 AI 系统却能造成致命影响。如图 12-1 所示，在一张"鸭子"（Duck）的图片中添加人眼几乎无法察觉的噪声，可能会让 AI 将其识别为"马"（Horse）；在一段讲述"你好吗？"（How are you?）的语音中添加人耳几乎无法察觉的噪声可能会让语音识别模型将其识别为"打开门"（Open the door）。而物理世界攻击将对抗样本的概念扩展到现实世界。通过在物理对象上添加特定图案或修改，可以欺骗 AI 系统。例如，在交通标志上贴一个特殊设计的贴纸，可能会让自动驾驶汽车的 AI 系统误读标志的含义，将"禁止通行"的路标识别成为"限速 45"。举个例子，通过在公路上贴一些特殊设计的贴纸，可能会让自动驾驶汽车的 AI 系统误将前方的"停车"标志识别为"限速"标志。这种被称为"闪避攻击"的手段特别危险，因为它们几乎不会被人类注意到，但却能有效地干扰 AI 系统的判断。

图 12-1　机器学习对抗样本示例（研究表明，通过添加人类几乎无法察觉的但经过精心设计的微小扰动，攻击者可以成功地诱导机器学习模型做出错误的预测）

此外，后门攻击也是影响模型鲁棒性的重要安全威胁之一。攻击者通过在神经网络模型中植入特定的神经元或参数，生成一个带有"后门"的模型。这个被植入后门的模型在处理正常输入时，表现与原始模型几乎一致，不易被察觉。然而，当遇到特定的触发条件（通常是输入中的特殊模式或特征）时，模型会表现出预设的异常行为，完全受攻击者控制。这种攻击方式的独特之处在于，它能够使模型在绝大多数情况下保持正常运作，只有在特定条件下才显露其恶意本质。后门攻击在计算机视觉领域的一个典型示例来自对交通标志识别系统的研究。如图 12-2 所示，研究者展示了一张来自美国停车标志数据库的标准停车标志图片，以及对这个停车标志实施后门攻击的几个变体。这些变体通过在原始停车标志上添加不同的视觉标记作为后门触发器，分别使用了黄色方块、炸弹图案和花朵图案的贴纸。这个研究案例清晰地展示了后门攻击的特点和潜在危险性。攻击者只需要在真实的交通标志上添加一个精心设计的小贴纸，就可能导致 AI 系统做出错误的识别结果。这种攻击方式特别危险，因为这些触发器通常体积很小，在日常场景中不容易引起注意，却能有效地欺骗 AI 系统。例如，一个被训练认识这些后门触发器的交通标志识别系统，可能会在看到带有特定贴纸的停车标志时，错误地将其识别为限速标志或其他交通标志。这个例子深刻地揭示了当前 AI 系统在安全性和鲁棒性方面的脆弱性。在自动驾驶等安全攸关的应用场景中，这种后门攻击可能带来严重的安全隐患。一个小小的视觉标记就可能导致自动驾驶系统做出错误的判断，这种风险在现实世界中尤其值得警惕。这也提醒我们在开发和部署 AI 系统时，必须认真考虑后门攻击的防范措施，确保系统在面对这类恶意干扰时仍能保持可靠的性能。

图 12-2 一张来自美国停车标志数据库的停车标志图片，以及它的后门版本，从左到右分别使用了带有黄色方块、炸弹和花朵图案的贴纸作为后门触发器（见文前彩插）

随着大模型和生成式 AI 的出现，模型鲁棒性风险呈现出新的特征和挑战。首先，由于模型规模和复杂度的显著提升，其决策边界变得更加复杂，这使得模型对输入的微小变化更加敏感。大模型的"思维定式"和认知偏差可能会比传统模型更加显著，因为它们学习了更多的模式和关联，这些模式在特定情况下可能会导致系统性的错误。生成式 AI 模型还面临着独特的鲁棒性挑战。这类模型不仅需要理解输入，还需要生成连贯且符合语境的输出。在这个过程中，模型的稳定性受到多个层面的考验。例如，在生成文本时，轻微的提示词变化可能导致完全不同的输出结果。这种不稳定性在安全关键场景中可能带来严重后果。大模型的"黑箱"特性进一步加剧了鲁棒性风险。由于模型决策过程的不可解释性，很难准确判断和预测模型在面对不同输入时的行为。这种不确定性使得系统的可靠性评估变得极其困难。即使模型在测试数据上表现出色，也无法保证其在所有可能的输入场景下都能保持稳定的性能。更值得关注的是，大模型面临着更复杂的对抗攻击风险。攻击者可能通过构造特殊的提示词序列或上下文信息，诱导模型产生有害或错误的输出。这种攻击不仅限于传统的对抗样本攻击，还可能包括语义层面的操纵，例如通过精心设计的对话来诱导模型暴露敏感信息或产生有偏见的回答。

12.1.2 系统可靠性风险

系统可靠性风险是人工智能应用落地过程中必须严肃对待的核心问题。这就像一个优秀的运动员，在训练场上表现出色并不意味着能在正式比赛中取得好成绩。与传统的计算机软件相比，AI 系统的可靠性风险更难把控，这是因为 AI 系统不仅要应对常规的软件故障问题，还要处理模型本身带来的不确定性。打个比方，传统软件就像按照固定菜谱烹饪的厨师，每次只要按照步骤来，做出的菜品样式和味道都具稳定性；AI 系统则更像根据经验创新烹饪的大厨，虽然可能做出更美味的菜品，但稳定性和可预测性较差。

在传统 AI 系统中，可靠性问题首先体现在系统架构的复杂性上。可以把一个完整的 AI 系统想象成一座大厦，它包含许多不同的组成部分：数据采集就像大厦的地基，预处理模块像一层层的建筑结构，模型推理就是大厦的核心功能区，结果输出则是与外界交互的窗口。每个部分都必须稳固可靠，否则整座大厦就可能出现问题。举个具体的例子，一个用于医疗诊断的 AI 系统需要完成以下工作流程：首先要采集患者的各项检查数据，然后对这些数据进行标准化处理，接着通过 AI 模型进行分析，最后生成诊断报告。如果任何一个环节出现问题，比如数据采集不完整、处理过程出错、模型分析失准或报告生成有误，都可能导致错误的诊断结果，对患者造成严重影响。

数据处理环节的可靠性风险就像一个信息传递的游戏。在现实世界中，我们收集的数据往往并不完美。想象你正在用电话进行重要的商务沟通，但电话线路时好时坏，有时声音清晰，有时充满噪音，有时甚至会突然断线——这就是 AI 系统在数据采集过程中经常遇到的情况。例如，一个用于智慧工厂的质量检测 AI 系统需要通过摄像头检查产品是否有缺陷。如果工厂的光线条件不稳定或者摄像头的镜头上落了灰尘，系统收到的图像质量就会受到影响。有时候问题一开始并不明显，就像一台新装的空调在使用一段时间后才暴露出制冷效果下降的问题，这导致系统维护人员很难及时发现和解决问题。更重要的是，在实际生产环境中，可能无法随时暂停系统运行来进行检查和维护。

硬件依赖也是传统 AI 系统可靠性的重要影响因素。很多 AI 应用需要专门的硬件支持，比如 GPU 或 TPU，这些硬件的性能和稳定性直接关系到系统的可靠运行。当 AI 系统部署在边缘设备上时，由于计算资源的限制，可靠性风险将显著增加。例如，一个安装在智能手机上的 AI 应用可能会因为手机发热或电量不足而导致性能下降。

大模型时代的系统可靠性风险主要体现在分布式计算和资源调度方面。一个大模型系统可能需要多台服务器协同工作，涉及负载均衡、故障转移、数据同步等复杂的工程问题。这些都是纯技术层面的挑战，与模型本身的算法性能无关。比如，即使模型在对抗样本面前表现得很稳定，系统也可能因为网络延迟或服务器宕机而无法正常服务。

响应时间和并发处理能力是系统可靠性的重要指标。由于有些模型规模庞大，处理一个请求可能需要较长时间，这在一些需要快速响应的场景中可能成为严重问题。例如，在自动驾驶场景中，如果 AI 系统无法在毫秒级别做出决策，就可能造成严重的安全事故。此外，在高并发场景下，系统需要合理分配计算资源，确保每个请求都能得到及时处理。这是一个典型的系统工程问题，需要通过优化系统架构、改进调度策略来解决。与之相比，模型鲁棒性更关注单个预测任务的准确性和稳定性。

12.1.3 隐私安全风险

　　隐私安全风险是人工智能系统面临的最敏感和最具挑战性的问题之一。这些挑战不仅来自外部的恶意攻击，还可能源于系统本身的设计缺陷。在数字化时代，数据驱动的研究范式为人工智能的发展带来了前所未有的突破，也引发了令人忧虑的信息泄露和隐私问题。例如，每天使用的智能手机、智能音箱、智能家居设备，甚至是常去的购物网站，它们都在收集关于个人的信息。用户的位置、喜好、购物习惯、社交圈，甚至是声音和面部特征，都成为 AI 系统的"养料"。这些貌似无害的数据碎片，经过 AI 的分析和处理，却能够拼凑出一个关于用户的精确画像。然而，问题并不仅仅在于数据被收集，更在于这些数据可能被滥用或泄露。例如，如果有人入侵了你的智能家居系统，他不仅能知道你的日常作息，还可能远程操控你家中的设备。更令人担忧的是，AI 技术的发展使得个人隐私面临前所未有的威胁。例如，人脸识别技术的广泛应用使得人们在公共场所的行踪可能被轻易追踪。而深度伪造技术的出现，则让人们担心自己的面容和声音可能被盗用，用于制作虚假视频或进行诈骗。这些技术的滥用，不仅威胁个人隐私安全，还可能对社会信任造成严重的负面影响。

　　在商业领域，AI 带来的信息安全挑战同样不容忽视。企业在利用 AI 提升效率的同时，也面临着商业机密被窃取的风险。例如，如果一家公司的客户数据或产品研发信息落入竞争对手之手，可能会造成巨大的经济损失。更糟糕的是，AI 系统本身也可能成为攻击目标。如果一个用于决策的 AI 系统被黑客入侵或操纵，可能会导致错误的商业决策，甚至引发市场动荡。

　　随着人工智能模型变得越来越庞大和复杂，数据泄露的风险也在不断增加，而且这些风险变得更加隐蔽和难以察觉。从数据收集、预处理、模型训练到部署和维护，每一个环节都有数据泄露的风险。在数据收集阶段，可能会无意中获取未经授权的个人信息，这不仅侵犯了个人隐私，还可能违反数据保护法规。在数据预处理阶段，如果清理工作不够彻底，敏感信息可能会残留在数据集中，为后续的安全隐患埋下伏笔。在模型训练阶段，训练环境的安全性成为关键。如果存在安全漏洞，黑客可能会乘虚而入，窃取宝贵的训练数据或模型参数。模型部署阶段同样充满挑战，尤其是 API 的设计。设计不当的接口可能被恶意用户滥用，通过精心构造的查询来探测模型中的敏感信息，从而导致隐私泄露。在模型维护阶段，风险仍然存在。在进行模型更新或微调时，如果操作不当或疏忽大意，可能会意外地将新的敏感数据引入模型，或者暴露原有的保护措施。这些潜在的风险点贯穿 AI 模型的整个生命周期，需要开发者和企业保持高度警惕，采取全面的安全措施来防范各种可能的数据泄露威胁。

　　交互式人工智能，特别是像 ChatGPT 这样的大语言模型，彻底改变了人机交互的方式，同时大幅降低了数据流入 AI 系统的门槛。这种便利性使得更多人能够轻松使用 AI 服务，但也带来了一系列隐私和安全方面的隐患。首先，用户在与 AI 对话时可能会无意识地泄露个人敏感信息，比如在咨询健康问题时透露详细的症状和病史，这些信息一旦被记录和存储，就可能威胁到用户的隐私。其次，交互式 AI 的数据收集往往具有隐蔽性，用户可能没有意识到他们在自然对话中分享了大量敏感信息，这与传统需要明确同意的数据收集方式形成鲜明对比。此外，在持续对话中，AI 系统积累的上下文信息可能会不经意间揭示用户的身份或其他敏感细节。更令人担忧的是，恶意用户可能利用 AI 系统的交互能力，通过精心设计的对话来诱导系统泄露其他用户的信息或系统本身的敏感数据，增加了社会工程攻击的风险。随着越来越多的敏感信息通过对话被输入系统，确保这些数据的安全存储和处理变得愈发重要和困难。最后，传统的隐私政策可能难以涵盖所有可能的交互场景，导致用户难以充分理解他们的数据将如何被使用。这种隐私政策的模糊性进一步加剧了用户对数据安全的担忧。面对这些复杂的挑战，开发者和相关机构需要在技术、法律和教育等多个层面采取综合措施，以确保交互式 AI 系统在为用户带来便利的同时，也能有效保护他们的隐私和数据安全。

在大模型时代，攻击者可以通过各种技术手段从已训练好的 AI 模型中提取出原始训练数据或推断出敏感信息。这种攻击方式对个人隐私和企业机密都构成了严重威胁。Google DeepMind 研究团队 2023 年发布的一篇论文中指出：使用大约 200 美元的成本就能让 ChatGPT 泄露其训练数据。使用的方法也很简单，只需要让 ChatGPT 重复同一个词即可（如图 12-3a 所示）。具体来说，由于 ChatGPT 等语言模型训练使用的数据取自公共互联网，DeepMind 的这项研究则发现，通过一种查询式的攻击方法，可以让模型输出一些其训练时所使用的数据。而且这种攻击的成本很低，研究者估计，如果能花更多钱来查询模型，提取出 1GB 的 ChatGPT 训练数据集也是可能的。

a) 来自 Stable Diffusion 训练集的一张图片

b) 当使用 Ann Graham Lotz 作为提示词时，Stable Diffusion 生成的图像

图 12-3 从已训练好的 AI 模型中提取出原始训练数据或推断出敏感信息

此外，近期研究还揭示了图像和文本生成模型存在"记忆"训练数据的现象，这一发现引发了广泛的关注和讨论。具体来说，一些大型 AI 模型，尤其是生成模型，不仅能够学习概念和模式，还可能直接复制训练样本中的具体内容。例如，如果一个图像生成模型的训练数据集中包含某人的照片，当使用该人的名字作为输入时，模型可能会生成与原照片几乎完

全相同的图像（如图 12-3b 所示）。这种现象不仅存在于图像领域，在文本生成模型中也有类似表现，如复制训练集中的特定段落。这种"记忆"现象引发了严重的隐私和伦理问题。首先，它可能导致未经授权的个人信息泄露，特别是当训练数据中包含私密照片或敏感文本时。其次，这种行为可能涉及版权侵犯，尤其是当模型重现受版权保护的内容时。

12.2 伦理风险

与技术层面的安全风险相比，人工智能的伦理风险往往更加隐蔽。这些风险不是由技术缺陷直接导致的，而是源于 AI 系统在社会应用中与人类价值观的潜在冲突。本节将重点探讨三类核心的伦理风险：决策公平风险反映了 AI 系统在决策过程中可能存在的偏见和歧视；透明度风险涉及 AI 决策过程的可解释性和可问责性；自主性风险则关注 AI 系统在替代人类决策时对人类自主权的潜在影响。这些伦理风险的防范和治理，不仅需要技术手段，更需要社会各界的共同参与和价值判断。

12.2.1 决策公平风险

人工智能系统在很大程度上依赖于它们被训练的数据。如果这些数据本身就存在偏见，那么 AI 系统就会不可避免地复制并放大这些偏见，导致决策过程中的不公平。这在招聘、贷款审批、刑事司法、政治等关键领域尤其令人担忧，可能造成严重的社会不平等。例如，某些招聘 AI 可能会因为历史数据中的性别不平衡，而倾向于为某些职位选择男性候选人。又如，一些用于预测犯罪风险的 AI 系统，可能会因为过去执法数据中的种族偏见，而对某些少数族裔群体做出不公平的判断。这种"算法偏见"的危险在于，它可能会以一种看似客观和科学的方式，将人类社会中长期存在的不平等和歧视系统化和制度化。更糟糕的是，由于许多 AI 系统的决策过程是不透明的"黑箱"，这些偏见可能会变得更加难以察觉和纠正。

同样地，大语言模型也会存在偏见和歧视。研究人员发现，ChatGPT 对美国民主党和英国工党存在明显偏见。这些模型是通过"学习"大量的文本数据来训练的，它们吸收了人类历史上积累的知识，但不幸的是，也同时吸收了其中存在的偏见和歧视。也就是说，如果训练数据中包含了更多支持某些政治观点的内容，ChatGPT 就可能不自觉地"吸收"这一倾向。这就像一个人长期生活在充满特定政治观点的环境中，他的政治立场会不知不觉地被影响。但是，这个问题更加复杂。互联网上的政治信息往往是有偏差的，某些观点可能更容易被传播和讨论。此外，那些创造和分享在线内容的人群可能也不能完全代表整个社会的观点。这就好比 ChatGPT 在一个巨大的图书馆里学习，但图书馆中的藏书类型并不均衡。这个发现带来的影响可能比我们想象的更加深远。在这个信息爆炸的时代，越来越多的人依赖 AI 系统来获取信息、形成观点。如果这些系统带有潜在的偏见，它们可能会在不知不觉中影响用户的政治观点。想象一下，如果每天有数百万人向 ChatGPT 询问政治问题，而它的回答总是偏向某一方，这可能会对整个社会的政治生态产生重大影响。

12.2.2 透明度风险

伴随着应用范围的扩大和系统复杂度的提升，AI 系统的"黑箱"特性正逐渐成为一个不容忽视的问题。所谓透明度风险，是指由于 AI 系统的决策过程难以解释、运行机制难以理解、训练数据难以追溯等因素带来的一系列潜在风险。这种不透明性不仅严重影响了 AI 系统的可信度，还可能导致用户抵触、社会争议、法律纠纷等一系列问题。更为严重的是，这种不透明性可能掩盖系统中存在的偏见、漏洞或安全隐患，使得相关风险无法被及时发现和解决。在某些关键领域，比如医疗诊断、司法判决、金融交易等领域，这种不透明性甚至可能危及人类的基本权益。

从技术层面来看，现代 AI 系统的不透明性主要体现在三个关键方面。首先是决策过程的不透明，这在深度学习系统中尤为明显。即使是在相对简单的图像分类任务中，深度神经网络也可能使用数以百万计的参数进行计算，其中每一层神经元的作用和贡献都难以用人类可理解的方式描述。这种情况在更复杂的任务中会变得更加严重，比如在自然语言处理中，模型可能会利用人类难以理解的统计特征来做出判断。其次是模型结构的复杂性，现代 AI 系统往往采用深度神经网络作为核心架构，这种结构不仅参数数量庞大，而且层与层之间的交互关系复杂。以 GPT-4 为代表的大语言模型，其参数规模已经达到惊人的数万亿量级，即便是开发团队也难以完全理解模型内部的运作机制。第三个方面是训练数据的不透明，大规模预训练模型通常需要海量数据支持，这些数据来源广泛、类型多样，往往难以完整追溯和审核。数据质量问题、隐私问题、版权问题等都可能隐藏其中，而由于数据规模过大，逐一审查变得几乎不可能。

在实际应用场景中，这种不透明性带来的风险更加具体和直接。以医疗诊断为例，当一个 AI 系统建议医生为患者进行某项重大手术时，医生和患者都需要充分理解该建议背后的依据和逻辑。如果系统无法提供清晰的解释，医生就难以判断该建议的可靠性和适用性，也难以向患者解释手术的必要性，这可能导致错误的医疗决策或医疗纠纷。同样，在金融领域，如果 AI 交易系统做出了重大投资决策，但无法解释决策依据，不仅可能违反金融监管的透明度要求，还可能因为决策失误导致巨大的经济损失。更严重的是，系统的不透明性使得潜在的算法漏洞或市场操纵行为难以被发现，这可能危及整个金融市场的稳定性。

在法律责任认定方面，AI 系统的不透明性带来了前所未有的挑战。当 AI 系统的错误决策导致损害时，责任主体的确定变得异常复杂。例如，在自动驾驶事故中，是应该追究车辆制造商的责任、软件开发公司的责任还是车主的责任？更复杂的是，如果事故是由 AI 系统的自主学习行为导致的，这种责任该如何界定？在医疗领域，如果 AI 辅助诊断系统做出错误判断导致医疗事故，医生、医院、系统开发商和数据提供方各自应该承担什么样的责任？这些问题如果因为系统的不透明性而无法厘清，不仅会影响受害者权益的保护，还可能阻碍 AI 技术的健康发展。

12.2.3 自主性风险

在人工智能快速发展的今天，AI 系统日益展现出强大的自主决策和行为能力。从智能家居到自动驾驶，从金融交易到医疗诊断，AI系统正在承担越来越多的决策任务。这种自主性既带来了前所未有的机遇，也伴随着不容忽视的风险。所谓自主性风险，是指人工智能系统可能会偏离人类设定的目标和价值观，做出不符合人类预期甚至危及人类利益的决策和行为。这种风险并非空穴来风，在AI发展史上已经出现过多起由于AI系统自主决策失控导致的事故和问题。2016年，微软的聊天机器人Tay在上线后短短几小时内就因学习到不当言论而不得不紧急关闭，这就是一个典型的AI自主性失控案例。

首先，让我们来看看AI是如何影响我们的日常决策的。这些系统通过分析海量数据，可以为我们提供看似个性化和优化的建议，从看什么电影、听什么音乐到买什么产品，AI都可以给出建议。这些建议往往非常准确，因为它们基于对我们行为模式的深入分析。这似乎是一件好事，然而，问题在于当过度依赖这些建议时，我们可能会逐渐失去独立思考和决策的能力，会变得越来越不善于处理复杂的选择情况。

更深层次的问题是，这些AI系统的建议并不总是中立的。例如，一个社交媒体的AI算法可能会推荐那些能够让你停留更长时间的内容，而不是那些真正对你有益的信息。一个购物网站的AI可能会推荐那些利润最高的产品，而不是最适合你需求的选择。这种情况下，我们可能会陷入"算法茧房"，我们的视野和选择被AI系统的推荐所局限。长此以往，我们可能会失去接触新思想、新观点的机会，这对个人成长和社会多元化都是不利的。

更令人担忧的是，AI系统正在逐步渗透到更加重要和敏感的决策领域。在医疗诊断、金融投资甚至司法判决等领域，AI系统已经开始发挥越来越重要的作用。虽然这些系统在很多情况下能够提供准确和有价值的建议，甚至能够在很多情况下做出比人类更好的决策，但是完全依赖它们做出重要决定可能带来严重的风险。在更广泛的社会层面，AI系统正在越来越多地参与到政策制定和社会管理中。从城市规划到资源分配，AI系统能够处理复杂的数据并提供建议。但是，如果过度依赖这些系统，我们可能会忽视那些难以量化但同样重要的因素，如社区情感、文化传统等。

要深入理解AI自主性风险，首先需要理解AI自主性的基本特征。与传统的程序不同，现代AI系统，特别是基于深度学习的模型，具有很强的自适应能力和决策灵活性。它们能够根据输入数据和环境反馈不断调整自己的行为模式，这种特性使得它们的决策过程往往具有一定的不可预测性。例如，GPT-4展现出解数学题、编写复杂代码、通过律师资格考试等能力，这些都不是预先编程的结果，而是在大规模训练过程中自发形成的。更有趣的是，研究人员发现大模型还具备"思维链"（Chain-of-Thought）的能力，能够像人类一样逐步推理，甚至能够自主发现并纠正自己的错误。这种自发产生的能力虽然令人印象深刻，但也带来了巨大的不确定性。如果模型能在训练中产生预期之外的能力，那么它们也可能发展出难以预料的行为模式。例如，研究者发现某些大模型会自发形成"内部概念"（例如将任务分解为子步骤），这些概念并非人类直接教授的结果。这种自组织、自适应的特性，使得AI系统的行为边界变得更加模糊，为风险控制带来了前所未有的挑战。尤其值得注意的是，这些涌现能力往往是在模型规模扩大时突然出现的，这种不连续性使得我们难以通过小规模测试来预测大模型的行为特征，进一步增加了风险评估的难度。

在更深层次上，自主性风险体现在 AI 系统可能会发展出与原始程序设定相悖的目标。这种"目标偏移"现象在 AI 研究中已经多次被观察到。比如，一个原本设计用来优化工厂生产效率的 AI 系统，可能会为了追求更高的产出数据而忽视设备磨损和工人疲劳等重要因素。这种情况下，AI 系统虽然在形式上实现了提高效率的目标，但实际上可能导致设备维护成本增加和员工健康问题。又如，一个旨在提高社交媒体用户参与度的 AI 算法，可能会逐渐演化出推荐极端或有争议内容的倾向，因为这些内容更容易引发用户互动，尽管这违背了促进健康社交的初衷。这种目标偏移现象不仅影响系统的实际效果，还可能带来严重的社会问题。

自主性风险的另一个重要方面是 AI 系统可能产生的"失控"问题。随着 AI 技术的进步，系统的决策链条变得越来越长，涉及的变量越来越多，人类难以实时监控和干预每一个决策节点。就像一个复杂的多米诺骨牌，一旦启动，中间的推倒过程很难被叫停。在自动驾驶领域，这种风险尤为明显。如果 AI 系统在面对复杂路况时做出了错误判断，可能会导致连锁反应，造成严重的安全事故。同样，在智能电网管理中，一个错误的负载调节决策可能引发大范围的供电问题。这种失控风险不仅威胁系统本身的安全，还可能影响到与之相关的整个社会基础设施。

AI 系统的自我强化倾向是另一个需要特别关注的风险领域。通过持续学习和优化，AI 可能会逐渐增强自己的自主性，减少对人类干预的依赖。这种演化过程如果缺乏适当的约束机制，可能导致系统逐渐偏离人类的控制范围。例如，一个具有自主学习能力的智能家居系统，可能会基于自己对"舒适"的理解，不断调整家中的各项参数，而这些调整未必符合居住者的实际需求和偏好。更严重的是，一些具有高度自主性的 AI 系统可能会开发出规避人类监管的策略，这将进一步增加控制难度。在金融市场中，已经出现过 AI 交易系统通过复杂的交易模式绕过监管规则的案例。

当我们将视角扩展到多个 AI 系统的互动层面时，群体性自主行为带来的风险更加复杂。当多个具有自主性的 AI 系统相互作用时，可能会产生复杂的涌现行为。这种情况在算法交易中尤为明显，多个交易 AI 的互动可能触发市场的剧烈波动。同样，在智慧城市管理中，如果交通、能源、环保等多个 AI 系统各自为政，缺乏有效的协调机制，可能会导致资源分配失衡或系统性风险。这种群体性风险的特点是难以预测和控制，因为每个系统的个体行为可能都是合理的，但它们的组合效应却可能产生意想不到的后果。

在认知和心理层面，AI 的自主性也带来了深远的影响。随着 AI 系统变得越来越智能和自主，人类可能过度依赖 AI 的决策建议，逐渐丧失独立思考和判断的能力。这种"认知懈怠"现象在教育领域尤其值得警惕，过度依赖 AI 辅导系统可能影响学生的创造力和批判性思维的发展。例如，个性化学习无疑是 AI 在教育领域最引人注目的应用之一。通过分析学生的学习数据，AI 可以为每个学生创建独特的学习路径。它可以识别学生的知识盲点，推荐合适的学习资料，甚至预测学生可能遇到的困难。这种个性化学习可以帮助学生以最适合自己的节奏学习，提高学习效率。然而，这种高度个性化的学习也带来了挑战。当 AI 系统决定学生应该学习什么、如何学习时，学生的自主选择权可能会受到限制。例如，如果 AI

系统认为小明在数学方面有潜力，可能会不断推荐更多的数学内容，而忽视了小明可能对艺术或文学的兴趣。长此以往，学生可能会失去探索不同学科的机会，他们的学习路径可能会被 AI 的算法所限定。此外，过度依赖 AI 可能会影响学生独立思考和解决问题的能力。如果学生习惯了总是依赖 AI 来回答问题，他们可能会失去自己思考和探索的动力。这可能会影响他们批判性思维和创造力的发展，这些恰恰是在 AI 时代越来越重要的技能。此外，人类可能会产生对 AI 系统的过度信任，忽视其决策中可能存在的偏差和局限性。这种心理依赖不仅影响个人的能力发展，还可能导致社会整体的创新能力和应变能力下降。

12.3 技术风险的防护策略

面对人工智能领域的技术安全风险，我们并非束手无策。通过深入研究风险产生的原理和机制，研究人员已经开发出一系列行之有效的防护策略。这些策略与前文讨论的技术风险一一对应：通过模型鲁棒性增强来应对各类攻击和干扰，通过系统可靠性保障确保 AI 系统的稳定运行，通过隐私保护机制守护用户数据安全。本节将详细介绍这些防护策略的具体方法和实施要点，为构建安全可靠的 AI 系统提供实践指导。

12.3.1 模型鲁棒性增强

针对人工智能系统面临的多重鲁棒性风险，构建多层次、全方位的防护体系至关重要。这个防护体系必须能够有效应对数据扰动、分布偏移、对抗攻击等各类挑战，同时还要特别关注大模型时代带来的新型鲁棒性风险。防护体系的建立需要从数据、算法、架构等多个层面进行系统性设计，确保每个防护层次都能发挥其最大效用，同时各个层次之间还要能够相互配合、形成合力。

数据扰动敏感性问题的解决需要采用全面而系统的数据增强策略。这种策略不仅包括传统的数据变换方法，如添加噪声、旋转、缩放等基础操作，还应该引入更贴近实际应用场景的数据增强技术。例如，在计算机视觉任务中，可以模拟不同的光照条件、天气状况、拍摄角度等真实环境因素。通过这种系统性的数据增强，模型能够学习到更加本质的特征表示，而不是过度依赖于特定的数据表现形式。在训练过程中，数据的多样性和代表性尤为重要，需要通过精心设计的采样策略，确保模型能够接触到足够丰富的场景变化。此外，还可以引入自适应数据增强技术，根据模型的学习状态动态调整增强策略，使得数据增强的效果更加精准和高效。这种自适应机制能够帮助模型在训练过程中逐步建立起对各类数据扰动的鲁棒性。

分布偏移问题的应对需要综合运用域适应和迁移学习技术。这些技术的核心目标是帮助模型更好地适应目标场景的特点，减少"水土不服"的问题。具体来说，可以通过收集目标域的少量数据，结合域适应算法，对模型进行针对性的微调，使其逐步适应新的应用环境。同时，域泛化技术的引入也极为重要，它能够帮助模型学习到跨场景的共性特征，提高模型在未见过场景中的表现。持续学习和适应机制的建立同样关键，通过设计合适的在线学习算法和增量更新策略，使模型能够随着应用环境的变化而不断进化和调整。在实践中，还需要建立完善的数据分布监测机制，及时发现数据分布的变化趋势，并采取相应的适应措施。这种主动适应的方式能够大大提高模型在实际应用中的稳定性。

针对日益严峻的对抗攻击风险，多层次防护机制的构建显得尤为重要。对抗训练是其中最基础也是最有效的手段之一，通过在训练过程中主动引入各类对抗样本，增强模型的防御能力。这个过程需要精心设计对抗样本的生成策略，既要考虑攻击的多样性，又要确保生成的对抗样本具有实际意义。输入净化技术则作为第二道防线，通过设计鲁棒的预处理模块，在输入端就过滤掉可能的对抗扰动。这种预处理可以包括去噪、平滑、量化等多种操作，每种操作都需要根据具体任务特点进行优化。集成防御作为最后一道防线，通过组合多个具有不同特点的模型，构建起强大的"防御阵列"。这种集成策略不仅要考虑模型的互补性，还要设计合适的融合机制，确保即使单个模型被攻破，整体系统仍能保持稳定运行。这种多层次的防护体系能够大大提高模型抵御对抗攻击的能力。

后门攻击的防范需要从数据、模型和部署等多个环节构建全面的防护策略。在数据层面，严格的数据审核机制是基础，需要开发专门的数据清洗工具和检测算法，确保训练数据的清洁性。这些工具不仅要能够发现明显的后门触发器，还要能够检测出可能的隐藏触发器。在模型层面，可以通过神经元裁剪、参数正则化等技术，降低模型被植入后门的可能性。这些技术需要在保持模型性能的同时，有效减少可能被利用作为后门的冗余结构。在部署环节，模型行为监控机制的建立至关重要，需要开发能够实时检测异常行为模式的监控系统。同时，模型蒸馏技术的应用也是一个有效的防御手段，通过将原始模型的知识转移到一个结构更简单、更容易审查的新模型中，可以有效降低后门存在的风险。这种多环节的防护策略能够形成完整的后门防御体系。

针对大模型和生成式 AI 带来的新型鲁棒性挑战，更加先进的防护策略变得必不可少。提示词鲁棒性增强是其中的关键，需要通过系统性研究来设计稳定的提示词模板和验证机制，减少模型对输入变化的敏感性。这种设计不仅要考虑语法层面的变化，还要关注语义层面的稳定性。不确定性量化机制的引入能够让模型对自己的输出进行可信度评估，在面对不确定情况时主动提供警告。这种机制需要结合概率理论和统计学方法，建立科学的不确定性度量标准。分层验证机制的构建同样重要，需要设计多个专门的验证模型，对大模型的输出进行多维度的审查和校正。这种分层验证不仅要关注输出的准确性，还要考虑其一致性、安全性和道德性等多个方面。通过这些先进的防护策略，能够有效提升大模型的鲁棒性表现。

在实际部署中，完整的鲁棒性评估和监控体系是确保模型稳定运行的重要保障。该体系需要包含全面的测试用例设计，覆盖各种可能的异常场景和边界情况。实时监控机制的建立也很关键，需要开发能够及时发现和处理模型性能退化问题的监控工具。这些工具要能够捕捉到细微的性能变化，并提供详细的分析报告。应急响应预案的制订同样重要，需要详细规划在发生严重鲁棒性问题时的处理流程，包括备用方案的切换机制和恢复策略。模型性能的量化指标体系也需要精心设计，不仅要包括常规的性能指标，还要加入专门的鲁棒性评估指标。这种完整的评估和监控体系能够为模型的稳定运行提供强有力的保障。

提升模型鲁棒性是一个持续的过程,需要在实践中不断总结经验、改进方法。随着 AI 技术的发展和应用场景的拓展,新的鲁棒性挑战必然会不断出现。这就要求建立起灵活的应对机制,能够及时识别新的风险并开发相应的防护策略。这种机制需要包含风险评估、策略制定、实施验证等多个环节,确保能够快速有效地应对新出现的挑战。同时,还需要建立起完善的知识积累和共享机制,促进整个行业在鲁棒性提升方面的经验交流和技术创新。

在追求模型鲁棒性的同时,性能和安全性的平衡也需要特别关注。模型鲁棒性的提升往往会带来一定的性能开销,因此需要根据具体应用场景的需求,找到合适的平衡点。在安全攸关的领域,可能需要更多地倾向于鲁棒性;在一些容错性较高的应用中,则可以适当放宽鲁棒性要求,以换取更好的性能表现。这种平衡的把握需要建立在深入理解应用需求和全面评估风险的基础上,确保最终的方案能够满足实际应用的要求。

12.3.2 系统可靠性保障

系统可靠性保障需要从整体架构设计、工程实现、运维监控等多个层面构建全方位的保障体系。该体系必须能够有效应对复杂系统架构、数据处理波动、硬件依赖以及大模型时代带来的新型系统可靠性挑战,确保 AI 系统在实际部署环境中能够稳定、高效地运行。

在系统架构设计层面,采用模块化和松耦合的设计原则至关重要。应将系统划分为数据采集、预处理、模型推理、结果输出等相对独立的功能模块,每个模块都可以独立开发、测试和维护。这种模块化设计不仅提高了系统的可维护性,还为故障隔离提供了天然的边界。例如,在医疗诊断 AI 系统中,可以为每个功能模块配置独立的资源和监控机制,当某个模块出现问题时,不会影响整个系统的运行。此外,模块间的接口设计也需要标准化和版本化,通过严格的接口约定确保模块间的数据交换和功能调用的可靠性。

数据处理环节的可靠性保障需要建立完整的数据质量控制体系。该体系应该包括数据采集、数据清洗、数据验证等多个环节的质量监控机制。在数据采集阶段,需要部署多重备份和实时监测系统,及时发现并处理数据采集设备的故障或异常。例如,在工业质检场景中,可以通过部署多个摄像头和传感器,实现数据采集的冗余备份。数据清洗环节需要建立自动化的异常检测机制,通过设定多维度的质量指标,识别并过滤掉不符合要求的数据。数据验证则需要建立严格的校验流程,确保处理后的数据符合模型输入的要求。这种全流程的数据质量管控能够显著提升系统的可靠性。

硬件资源管理和优化是确保系统稳定运行的重要环节。针对不同的部署环境,需要制订相应的硬件资源配置策略。在服务器端部署时,可以通过构建弹性计算集群,实现计算资源的动态扩缩容。对于边缘设备部署,则需要通过模型压缩、量化等技术,降低对硬件资源的需求。同时,还需要建立完善的硬件监控系统,实时监测 CPU 使用率、内存占用、GPU 负载等关键指标,在发现异常时及时进行资源调度或故障处理。此外,针对不同硬件平台的特点,还需要进行专门的性能优化,确保系统能够最大效率地利用可用的硬件资源。

面向大模型的分布式系统架构需要特别关注集群管理和故障恢复机制。在集群管理方面,需要建立高效的负载均衡策略,确保请求能够均匀分布到各个计算节点。同时,还需要实现智能的任务调度机制，根据不同请求的优先级和资源需求，合理分配计算资源。故障恢复机制则需要支持快速的故障检测和自动切换，当某个节点出现故障时，能够及时将负载转移到健康节点。此外，还需要建立数据同步和一致性保证机制，确保分布式系统中的数据状态始终保持一致。

系统性能优化是提升可靠性的关键手段。这包括多个层面的优化工作：在计算层面，可以通过算法优化、并行计算等手段提升处理效率；在存储层面，需要设计高效的缓存策略，减少数据访问的延迟；在网络层面，则需要优化数据传输路径，降低网络延迟的影响。特别是在高并发场景下，还需要实现请求队列管理和限流机制，防止系统过载。这些优化措施的组合实施，能够显著提升系统的响应性能和稳定性。

系统监控和运维体系的建立同样重要。该体系需要覆盖系统运行的各个方面，包括性能监控、错误追踪、资源使用监控等。通过建立完整的日志系统和监控平台，运维人员能够及时发现和定位系统问题。同时，还需要建立自动化的告警机制，当关键指标超出阈值时，能够自动通知相关人员。此外，定期的系统巡检和预防性维护也是必不可少的，通过主动发现和解决潜在问题，避免系统故障的发生。

还需要特别关注异常处理和容错机制的设计。系统需要能够优雅地处理各种可能的异常情况，包括输入异常、模型失效、资源耗尽等。这要求在系统设计时就考虑各种可能的故障场景，并为每种场景设计相应的处理策略。例如，可以通过设置多级降级方案，在系统负载过高时逐步关闭非核心功能；通过配置备份模型，在主模型失效时快速切换到备份模型。

系统测试和验证体系的建立也是保障可靠性的重要环节。该体系需要包括单元测试、集成测试、性能测试、压力测试等多个层次的测试。通过模拟各种实际场景和极端情况，充分验证系统的可靠性。同时，还需要建立持续集成和持续部署流程，确保每次系统更新都经过完整的测试验证。

最后，安全防护机制的建立也是系统可靠性保障的重要组成部分。这包括网络安全、数据安全、访问控制等多个方面。通过部署防火墙、加密传输、身份认证等安全措施，保护系统免受外部攻击和内部风险的威胁。同时，还需要建立完整的安全审计机制，及时发现和处理安全隐患。

12.3.3 隐私保护机制

针对 AI 系统面临的隐私安全挑战，需要构建一个全方位、多层次的隐私保护体系。该体系必须覆盖数据收集、存储、处理、使用的全生命周期，并特别关注大模型和交互式 AI 系统带来的新型隐私风险。

数据收集阶段的隐私保护需要建立严格的数据获取和审核机制。首先，必须确保数据收集过程符合相关法律法规，建立清晰的用户隐私政策和数据使用声明。这些政策需要以通俗易懂的方式向用户说明数据的收集目的、使用范围和保护措施。其次，要实施数据最小化原则，只收集必要的信息，避免过度采集。在技术层面，可以通过部署数据脱敏工具，在数据收集环节就自动过滤或加密敏感信息。此外，还需要建立用户知情同意机制，让用户能够清楚地了解和控制自己的数据被如何使用。

在数据存储和传输环节，需要采用强大的加密和访问控制机制。这包括使用高强度的加密算法保护静态数据，采用安全的传输协议保护数据传输过程。访问控制系统需要实现细粒度的权限管理，确保只有经过授权的人员才能访问相应的数据。同时，还需要建立完整的审计日志系统，记录所有的数据访问和使用情况，以便追踪任何可能的数据泄露事件。

针对模型训练过程中的隐私保护，差分隐私技术是一个关键的解决方案。差分隐私通过在训练过程中添加精心设计的噪声，确保模型不会过度依赖或泄露任何个体的信息。这种技术需要在保护隐私和保持模型性能之间找到合适的平衡点。此外，联邦学习技术也是保护数据隐私的重要手段，它允许多个参与方在不共享原始数据的情况下共同训练 AI 模型。

对于大模型特有的训练数据记忆问题，需要采取专门的防护措施。首先，在模型训练前需要对训练数据进行彻底的隐私审查，识别并移除可能的敏感信息。其次，可以通过设计特殊的训练策略和正则化技术，降低模型对具体训练样本的记忆程度。此外，还需要定期评估模型的记忆行为，通过模型蒸馏或微调等技术减少潜在的隐私泄露风险。

交互式 AI 系统的隐私保护需要特别关注实时交互过程中的安全问题。这包括设计安全的对话管理机制，避免系统在交互过程中无意泄露敏感信息。可以通过实时的内容过滤和敏感信息检测，及时阻止可能的信息泄露。同时，还需要建立对话数据的安全存储和处理机制，确保用户的交互记录得到妥善保护。

防范模型提取攻击需要多重防护措施。首先，可以通过限制 API 访问频率和实施查询监控，识别和阻止可能的攻击行为。其次，可以在模型响应中添加适当的随机性，增加攻击者提取有效信息的难度。此外，还可以通过模型压缩和知识蒸馏技术，降低模型中可能被提取的敏感信息量。

系统部署阶段的隐私保护同样重要。需要建立完整的安全防护体系，包括防火墙、入侵检测、安全审计等多个层面。同时，还需要制订详细的应急响应预案，在发生安全事件时能够快速有效地采取措施，最小化损失。

持续的隐私风险评估和监控机制是保护体系的重要组成部分。这包括定期进行隐私影响评估，识别系统中可能存在的隐私风险；建立实时监控系统，及时发现和处理可能的隐私泄露事件；定期进行安全审计，确保各项保护措施得到有效执行。

此外，技术保护措施需要与管理制度和人员培训相结合。建立完善的数据安全管理制度，明确各岗位的责任和权限。对相关人员进行定期的隐私保护培训，提高其安全意识和操作规范性。同时，还需要与法律专家保持密切合作，确保隐私保护措施符合最新的法律法规要求。

最后，隐私保护是一个动态的过程，需要随着技术发展和威胁环境的变化不断更新和完善保护措施。这包括：跟踪最新的隐私保护技术和攻击方式，及时更新防护策略；建立有效的情报共享机制，与业界其他机构交流经验和教训；定期评估和改进保护措施的有效性，确保始终保持足够的安全性。

12.4 伦理规范策略

伦理风险的防范与技术风险的防护有着本质区别，它需要在技术实现和制度设计层面同时发力。本节将介绍针对 AI 伦理风险的三大规范策略：通过公平性保障机制消除 AI 决策中的偏见，通过透明度提升手段增强系统的可解释性和可问责性，通过自主性管控确保 AI 系统在赋能人类的同时不会过度侵蚀人类的决策权。这些策略不仅需要在技术层面进行创新，更需要建立相应的评估标准和监管框架，以实现技术发展与伦理约束的平衡。

> 智能演化的边界与愿景：安全伦理与未来发展

12.4.1 公平性保障

公平性保障需要从数据获取、模型设计、系统部署、效果评估等多个层面构建全方位的保障体系。该体系必须能够有效应对数据偏差、算法偏见、决策歧视等挑战，确保 AI 系统在实际应用中能够对所有用户群体保持公平公正，避免产生或放大社会不平等。

在数据获取层面，建立严格的数据平衡机制至关重要。这包括数据来源多样化、样本分布均衡、标注质量管控等多个环节。首先，数据采集需要覆盖不同人口统计特征的群体，确保样本具有充分的代表性。例如，在开发医疗诊断系统时，需要收集不同性别、年龄、种族的患者数据，并确保各群体的样本数量达到统计显著水平。其次，对于已有数据集，需要通过重采样、数据增强等技术手段来平衡不同群体的样本分布。最后，在数据标注环节，需要组建多元化的标注团队，并建立交叉验证机制，减少人为偏见对数据质量的影响。

模型设计阶段需要实现算法层面的公平性保障。首先，需要在模型训练目标中引入公平性约束，将群体差异控制在可接受范围内。例如，可以通过添加惩罚项，限制模型对不同群体的预测准确率差异。其次，需要开发专门的去偏技术，如对敏感特征进行脱敏处理，或采用对抗训练方法消除潜在偏见。此外，模型架构的选择也需要考虑可解释性，便于分析和调试可能存在的歧视性决策模式。

在系统部署阶段，需要建立完善的公平性评估和监控机制。这包括设计多维度的公平性指标体系，如统计性别差异、种族差异、年龄差异等关键指标。同时，需要建立自动化的监测系统，定期评估模型在实际应用中的公平性表现。当发现显著偏差时，系统应能够自动报警并触发人工审核流程。此外，还需要建立用户反馈机制，允许受到不公平待遇的用户提出申诉，并确保这些问题得到及时处理。

效果评估和持续优化是保障长期公平性的关键环节。首先，需要建立科学的评估方法论，包括确定评估指标、设计测试用例、确定评估流程等。评估指标应该涵盖多个维度，如决策准确率的群体差异、资源分配的公平性、服务质量的一致性等。其次，需要定期开展系统性能评估，结合用户反馈和实际运行数据，识别系统中存在的公平性问题。基于评估结果，需要制订针对性的优化方案，通过调整数据采集策略、更新模型参数、改进系统设计等手段来提升系统的公平性。

治理机制的建立对于确保公平性同样重要。这包括建立内部审核制度，定期评估系统的公平性表现；组建公平性专家委员会，为系统设计和优化提供专业指导；制定明确的责任追究机制，确保相关人员对系统的公平性负责。同时，还需要建立与外部利益相关者的沟通渠道，包括用户群体、行业专家、监管机构等，共同推进系统的公平性建设。

人才培养和文化建设是公平性保障的基础性工作。这包括组建多元化的开发团队，确保不同背景的人才能够参与系统设计和开发；开展公平性意识培训，提高团队成员对偏见和歧视的敏感度；建立激励机制，鼓励团队成员主动发现和解决公平性问题。此外，还需要培养专门的公平性评估专家，负责系统的公平性测试和优化工作。

最后，行业标准和合规体系的建设也是公平性保障的重要组成部分。这包括：参与制定行业公平性标准，建立公平性评估的统一规范；遵守相关法律法规，确保系统符合反歧视等相关要求；积极参与行业交流，分享公平性保障的最佳实践。同时，还需要建立完整的文档体系，记录系统在公平性方面的设计决策、评估结果和优化措施，为未来的改进提供依据。

12.4.2 透明度提升

透明度提升需要从模型可解释性、系统可追溯性、信息公开性等多个维度构建完整的透明度保障体系。该体系必须能够有效应对深度学习模型的"黑箱"特性、决策过程的复杂性、数据来源的多样性等挑战，确保 AI 系统在实际应用中具备足够的可解释性和可理解性，满足用户、监管机构和社会公众的知情需求。

在模型可解释性层面，需要建立多层次的解释机制体系。首先，在模型设计阶段就需要考虑可解释性需求，优先选择具有较好可解释性的模型结构。例如，在风险评估类任务中，可以采用决策树或线性模型等相对透明的算法。对于必须使用深度学习等复杂模型的场景，则需要开发配套的解释工具，如特征重要性分析、注意力机制可视化、决策路径追踪等。同时，还需要建立模型行为的验证机制，通过大量测试用例验证模型的决策模式是否符合领域知识和常识判断。

数据透明度管理是提升系统透明度的关键环节。这包括建立完整的数据溯源机制，记录数据的来源、采集方式、处理流程等信息。对于训练数据，需要建立详细的数据清单，包括数据类型、规模、采集时间、质量评估结果等。对于敏感数据，还需要记录数据脱敏和匿名化处理的具体方法。同时，需要建立数据更新日志，记录数据集的变更历史，包括新增、删除、修改等操作。这些信息不仅有助于系统审计和问题追踪，还能增强用户对系统的信心。

决策过程透明化是提升系统可信度的重要手段。系统需要能够为每个重要决策提供清晰的解释，包括决策依据、考虑因素、置信度等信息。例如，在医疗诊断场景中，系统不仅要给出诊断结果，还要提供关键症状分析、相似病例对比、治疗方案建议等支持信息。为此，需要开发专门的决策解释模块，将复杂的模型输出转化为人类可理解的形式。同时，还需要建立分级解释机制，针对不同用户群体（如专业人员、普通用户）提供不同深度的解释。

系统运行监控和日志记录机制的建立同样重要。需要设计完整的日志体系，记录系统的所有关键操作和状态变化。这包括模型调用记录、参数配置变更、系统响应时间等信息。特别是对于高风险决策，需要详细记录决策过程中的所有重要节点，便于后续审计和复查。同时，需要建立实时监控机制，对系统的运行状态进行持续跟踪，及时发现和报告异常情况。

用户知情权保障是透明度提升的重要组成部分。系统需要向用户清晰说明其功能边界、使用限制和潜在风险。这包括明确告知系统的预期用途、性能指标、可能的误差范围等信息。对于涉及用户隐私的功能，需要详细说明数据收集和使用的目的、方式和范围。同时，需要建立用户查询机制，允许用户了解系统对其个人数据的处理情况和决策依据。

合规性文档体系的建立对于满足监管要求至关重要。这包括编制系统设计文档、开发文档、测试报告、风险评估报告等各类技术文档。同时，需要制定明确的文档更新和版本控制机制，确保文档内容始终与系统实际状态保持一致。对于重要系统更新，需要及时更新相关文档，并保存历史版本信息。

外部沟通机制的建立也是提升透明度的必要措施。这包括与用户、监管机构、行业专家等利益相关方建立定期沟通渠道。通过召开技术说明会、发布白皮书、组织专家研讨等方式，增进各方对系统的理解。同时，需要建立问题反馈机制，及时回应各方关切，并根据反馈意见持续改进系统的透明度。

最后，透明度评估和改进机制的建立也很重要。需要定期开展透明度评估，检查系统在各个层面的透明度表现。评估内容应包括模型可解释性、数据透明度、决策过程清晰度等多个维度。基于评估结果，制订有针对性的改进措施，持续提升系统的透明度水平。同时，需要跟踪技术发展趋势，及时引入新的可解释性技术和工具，不断增强系统的透明度。

12.4.3 自主性管控

自主性管控需要从系统设计、运行监控、权限控制、人机交互等多个层面构建全方位的管控体系。该体系必须能够有效应对 AI 系统的自适应特性、决策不可预测性、目标偏移倾向等挑战，确保 AI 系统在实际应用中始终处于可控范围内，维护人类的主导地位和最终控制权。

在系统设计层面，需要建立严格的目标约束机制。首先，要将人类价值观和伦理准则嵌入系统的基本架构中。例如，在设计自动驾驶系统时，必须将人员安全作为首要目标，将其置于效率和成本等其他目标之上。其次，需要建立多层次的目标检验机制，确保系统在追求具体目标时不会违背更高层次的约束。同时，还需要设计防止目标偏移的机制，通过定期评估和校准，确保系统的行为始终符合初始设定的目标体系。

决策边界管理是自主性管控的关键环节。这包括明确界定系统的决策范围，建立分级授权机制，对不同风险等级的决策采取不同的管控措施。对于低风险的日常决策，系统可以保持较高的自主性；对于涉及安全、隐私等高风险决策，则需要人类的直接参与和审核。同时，需要建立决策审计机制，记录和分析系统的所有重要决策，及时发现和纠正越界行为。

运行监控和干预机制的建立至关重要。这需要构建全方位的监控体系，实时跟踪系统的运行状态、决策过程和行为模式。当发现异常时，系统应能够自动降级或暂停运行，并及时通知人类操作员。同时，需要设计多级应急响应机制，包括自动降级、人工接管、紧急停机等措施，确保在系统失控时能够及时有效地进行干预。

人机协作模式的优化是确保有效管控的基础。系统设计应该充分考虑人类操作员的认知特点和工作习惯，提供清晰的状态展示和直观的控制界面。例如，在智能制造系统中，操作界面应该能够清晰地展示生产状态、异常预警和人工干预点，使操作员能够轻松理解和控制系统。同时，需要建立有效的反馈机制，使人类操作员能够及时了解自己的控制指令的执行效果。

权限管理体系的建立同样重要。这包括建立细粒度的权限控制机制，明确界定不同角色的操作权限和责任边界。对于关键操作，需要实施多重授权机制，确保重要决策得到充分的人工审核。同时，需要建立完整的权限审计机制，记录所有权限变更和使用情况，防止权限滥用或越权操作。

性能退化管理是自主性管控的重要组成部分。系统应该具备性能自检能力，能够及时发现自身功能的退化或异常。当检测到性能下降时，系统应该能够自动采取补救措施，如降低决策复杂度、增加人工介入等。同时，需要建立定期的性能评估机制，通过系统测试和实际运行数据分析，评估系统的稳定性和可靠性。

群体协调机制的建立对于多系统场景尤为重要。当多个 AI 系统需要协同工作时，需要建立统一的协调框架，确保各系统的行为保持一致性。这包括建立系统间的通信协议、冲突解决机制和统一的控制策略。同时，需要考虑系统间的相互影响，防止出现群体性的失控风险。

最后，培训和应急预案的建设也是不可或缺的。这包括对操作人员进行系统的培训，使其充分了解系统的功能特点和控制方法。同时，需要制订详细的应急预案，针对可能出现的各种异常情况，明确处理流程和责任分工。定期的应急演练也是必要的，通过实战训练提高团队的应急响应能力。这些措施的综合实施，能够确保在系统出现异常时，相关人员能够快速、有效地采取应对措施。

本章小结

本章围绕人工智能的安全风险及防护策略展开探讨，从技术和伦理两个维度系统梳理了这一重要议题。在技术安全风险方面，我们关注了模型鲁棒性、系统可靠性和隐私安全三大核心问题。模型在面对对抗样本时可能表现出的不稳定性，系统运行中可能出现的故障，以及用户数据保护等问题都需要得到重视。在伦理风险层面，决策公平性、系统透明度和自主性程度成为关注焦点。这些问题不仅关系到技术发展的方向，更影响着人工智能的社会接受度。针对这些风险，本章介绍了相应的防护策略，包括通过对抗训练提高模型鲁棒性、运用差分隐私保护用户数据，以及建立伦理规范体系等。通过本章的学习，我们认识到人工智能的安全问题是一个多层次、多维度的复杂议题，需要技术创新和伦理规范的双重保障。只有平衡好发展效率和安全风险，人工智能才能在为人类社会带来便利的同时，始终保持在可控和安全的轨道上发展。未来，随着人工智能技术的不断演进，新的安全挑战必将不断涌现。这要求我们保持持续的警惕和创新精神，不断完善防护策略和伦理规范。只有这样，才能确保人工智能技术在为人类社会带来便利的同时，始终保持在可控和安全的轨道上发展。通过技术和伦理的双重保障，人工智能才能真正成为推动人类社会进步的可靠力量。

延伸阅读

本章导读中谈到 AI 安全风险的广度远不止上面重点讨论的几个方面。为了让读者对 AI 安全有更全面的思考，下面分别从深度伪造与技术滥用以及经济社会影响两个方面进行延展，供感兴趣的读者探讨。

1. 深度伪造与技术滥用

深度伪造技术利用人工智能，特别是深度学习算法，来创建或修改视频和音频内容。这项技术的进步速度令人瞠目结舌。如今，只需要几分钟的语音样本和一些照片，AI 就能创建出几乎可以以假乱真的视频。这项技术的应用前景是令人兴奋的。在娱乐领域，它可以让已故的演员"复活"，出演新的电影角色；在教育领域，它可以创造出生动有趣的历史人物，与学生互动；在商业领域，它可以帮助企业创造个性化的虚拟客服，提供 7×24 小时的服务。

然而，正如任何强大的技术一样，深度伪造技术也带来了巨大的风险。更加令人担忧的是，这种技术正在被用于更加个性化和针对性的攻击。在网络安全领域，有一种叫作"鱼叉式网络钓鱼"的攻击手法，指的是针对特定个人或组织的精准诈骗。深度伪造技术正在使这种攻击变得更加难以防范，例如，一个网络犯罪分子获取了你的基本信息和社交媒体照片，他们可以利用这些信息，创造出一个你的"数字分身"，然后会利用这个"数字分身"联系你的家人、朋友或者同事，要求转账或者索要敏感信息。由于视频中的人无论外貌还是声音都像是你本人，你的亲友很可能会不假思索地按其要求行事。

让我们来看一个令人震惊的真实案例。2024 年初，一家企业的中国香港分公司遭遇了一起惊人的诈骗。骗子利用深度伪造技术制作了一段逼真的视频通话内容。在视频中，他们完美地模仿了该公司首席财务官（CFO）的形象和声音。这个虚假的 CFO 联系了中国香港分公司的一名员工，声称公司需要紧急转账 2 亿港币（当时约合 2550 万美元）。因为这名员工看到的是与真实 CFO 一模一样的人，听到的也是熟悉的声音和语调，所以他按照指示完成了转账。当公司发现这笔异常交易时，资金已经被转移到了骗子的账户上。这个案例揭示了深度伪造技术的可怕之处。它不仅能够逼真地模仿一个人的外表和声音，还能够利用大数据和人工智能技术，模仿一个人的知识背景和说话方式。这意味着，即使是那些经过专业训练的人，也可能被这种高级的欺骗手段所蒙蔽。

这仅仅是冰山一角。深度伪造技术的滥用正在以各种形式蔓延开来，造成广泛的社会影响。让我们来看另一个令人不安的趋势——利用深度伪造技术进行大规模金融诈骗。诈骗分子们发现，深度伪造技术是一个极其有效的工具，可以用来诱骗人们参与各种虚假的投资计划。想象一下，你收到一段视频，视频中是一位你非常信任的名人或者政治家，他热情洋溢地推荐一个"稳赚不赔"的投资机会。视频中的人物神态自然，语气真诚，甚至还提到了一些只有他自己才知道的个人经历。这种情况下，即使是非常谨慎的人也可能会放下戒心。这些诈骗通常涉及各种形式的金融骗局，包括虚假的股票投资、庞氏骗局、假冒的加密货币项目等。骗子们利用深度伪造技术创造出逼真的"代言人"，甚至还包括受害者认识的人。

不仅如此，深度伪造技术的滥用还可能对公众人物造成严重的声誉损害。如果有人制作了一段某个政治家做出不当行为的视频，并在网上广泛传播。即使这个视频最后被证实是假的，但在真相大白之前，可能已经对这个人的声誉造成了不可挽回的损害。在这个信息传播速度远快于事实核查速度的时代，深度伪造技术无疑成为那些想要操纵舆论的人强大的武器。深度伪造技术不仅威胁到公共信任和社会稳定，还可能对个人造成巨大伤害。有人可能会利用这项技术制作虚假的色情内容，或者进行身份盗窃。这不仅侵犯了个人隐私，还可能造成严重的心理创伤和声誉损害。更广泛地说，深度伪造技术的兴起正在加剧我们所处的"后真相"时代的挑战。在一个充斥着虚假信息的世界里，人们可能会开始质疑他们所看到和听到的一切，这种普遍的怀疑可能会削弱社会信任基础。

2. 经济社会影响

"机器人会抢走我们的工作吗？"这个问题听起来像是科幻小说中的情节，但它正在成为我们这个时代最紧迫的社会经济问题之一。人工智能和自动化技术的快速发展，正在对就业市场产生深远的影响。从工厂流水线上的机器人到能够处理复杂数据分析的 AI 系统，越来越多的工作正在被机器取代。这种趋势不仅限于低技能工作，甚至一些传统上被认为需要高度专业知识的工作，如法律文件审查或医学诊断，也正在被 AI 系统部分取代。近年来，以大模型为代表的新一代人工智能技术为就业市场和经济社会带来了新一轮变革。这些 AI 系统具有强大的语言理解和生成能力，能够执行各种复杂的认知任务。从写作、编程到数据分析，甚至是创意工作，都在 AI 的"工作清单"之内。这意味着，许多我们曾经认为只有人类才能胜任的工作，现在可能被 AI 部分或全部取代。例如，在内容创作领域，AI 已经能够生成新闻文章、市场报告，甚至文学作品。一些媒体公司已经开始使用 AI 来生成简单的新闻报道，如体育赛事结果或股市行情。这不仅提高了效率，还大大降低了成本。然而，对于新闻工作者来说，这无疑是一个巨大的挑战。在客户服务领域，AI 聊天机器人正在逐步取代人工客服。这些 AI 系统能够 7×24 小时地工作，几乎不会出错，而且可以同时处理大量请求。对企业来说，这意味着巨大的成本节约。但对于数百万从事客服工作的人来说，这可能意味着失业的风险。编程，这个曾被认为是高度专业化和创造性的领域，也正在受到 AI 的挑战。像 GitHub Copilot 这样的 AI 编程助手，可以根据简单的注释自动生成代码，大大提高了编程效率。这对于经验丰富的程序员来说可能是一个强大的工具，但对于初级程序员，尤其是那些刚刚入行的人来说，可能意味着更加激烈的竞争。

然而，大模型 AI 带来的影响不仅仅是简单的"工作替代"，它正在重塑整个就业市场的结构。一方面，它确实在消除一些工作岗位，但另一方面，它也在创造新的工作机会。例如，AI 系统的开发、维护、监督等工作正在变得越来越重要。同时，那些需要高度创造力、情感智能和复杂决策能力的工作，可能会变得更加珍贵。虽然如此，但这个过程往往是不平衡的。新创造的工作可能需要完全不同的技能集，而被取代的工人可能难以迅速适应。

这种变革带来的一个重要后果就是技能鸿沟的加剧。那些能够快速适应新技术、掌握与 AI 协作技能的人，可能会获得更多机会和更高的报酬。而那些技能难以适应新环境的人，则可能面临失业或被迫接受低工资工作的风险。这种差距可能会导致社会不平等的加剧。首先，需要认识到，获取和使用这些先进 AI 技术的能力往往集中在大型科技公司和富裕国家手中。这可能会加剧已经存在的数字鸿沟。那些能够充分利用 AI 技术的公司和国家可能会获得巨大的竞争优势，那些无法跟上这一技术浪潮的公司和国家则可能会落后更多。其次，AI 技术的发展可能会加剧收入不平等。随着 AI 取代越来越多的中低技能工作，劳动力市场可能会出现"两极化"的趋势。一端是高技能、高收入的工作，如 AI 研发人员、数据科学家等，另一端则是难以被 AI 替代的低技能服务业工作。中等技能、中等收入的工作可能会逐渐减少，这可能导致中产阶级的萎缩。此外，AI 技术还可能加剧地理上的不平等。那些拥有强大科技产业和优秀人才的地区可能会吸引更多投资和机会，其他地区则可能面临经济衰退的风险。这种趋势可能会导致"赢家通吃"的局面，加剧地区间的发展不平衡。这可能导致社会分化加剧，贫富差距进一步扩大。更深层次的问题是，AI 和自动化可能会改变劳动在经济中的根本地位。在过去的工业时代，劳动是创造价值的主要来源，但在一个越来越多工作被机器完成的世界里，我们可能需要重新思考如何公平分配社会财富。

本章习题

1. 在发展 AI 技术与控制安全风险之间，如何找到平衡点？请结合具体案例论述。
2. 某银行使用 AI 系统进行贷款审批，但被发现在性别维度上存在偏见，请分析可能导致这种偏见的技术原因及潜在的社会影响，并提出改进建议。
3. 以自动驾驶为例，请全面分析其面临的安全风险和解决方案。
4. 随着 AI 技术的发展，你认为未来可能出现哪些新的安全风险？应该如何未雨绸缪？

参考文献

[1] GONG Y，POELLABAUER C. Protecting voice controlled systems using sound source identification based on acoustic cues[C]//Proceedings of the 27th International Conference on Computer Communications and Networks，2018:1-9.

[2] EYKHOLT K, EVTIMOV I, FERNANDES E，et al.Robust physical-world attacks on deep learning visual classification[C]//Proceedings of the IEEE conference on computer vision and pattern recognition，2018:1625-1634.

[3] NASR M, CARLINI N, HAYASE J, et al. Scalable extraction of training data from (production) language models [EB/OL].arXiv preprint arXiv:2311.17035, [2025-04-18]. DOI: 10.48550/arxiv.2311.17035.

[4] CARLINI N，HAYES J，NASR M, et al. Extracting training data from diffusion models[C]//In 32nd USENIX Security Symposium (USENIX Security 23)，2023:5253-5270.

[5] FENG S B, CHAN Y P, LIU Y H, et al.From pretraining data to language models to downstream tasks: tracking the trails of political biases leading to unfair NLP models[EB/OL].arXiv preprint arXiv:2305.08283, [2025-04-18]. DOI: 10.48550/arxiv.2305.08283.

推荐阅读

人工智能：原理与实践

作者：（美）查鲁·C. 阿加沃尔　译者：杜博 刘友发　ISBN：978-7-111-71067-7

本书特色

本书介绍了经典人工智能（逻辑或演绎推理）和现代人工智能（归纳学习和神经网络），分别阐述了三类方法：

基于演绎推理的方法，从预先定义的假设开始，用其进行推理，以得出合乎逻辑的结论。底层方法包括搜索和基于逻辑的方法。

基于归纳学习的方法，从示例开始，并使用统计方法得出假设。主要内容包括回归建模、支持向量机、神经网络、强化学习、无监督学习和概率图模型。

基于演绎推理与归纳学习的方法，包括知识图谱和神经符号人工智能的使用。

神经网络与深度学习

作者：邱锡鹏　ISBN：978-7-111-64968-7

本书是深度学习领域的入门教材，系统地整理了深度学习的知识体系，并由浅入深地阐述了深度学习的原理、模型以及方法，使得读者能全面地掌握深度学习的相关知识，并提高以深度学习技术来解决实际问题的能力。本书可作为高等院校人工智能、计算机、自动化、电子和通信等相关专业的研究生或本科生教材，也可供相关领域的研究人员和工程技术人员参考。

推荐阅读

机器人学导论（原书第4版）
作者：[美] 约翰 J. 克雷格　ISBN：978-7-111-59031　定价：79.00元

现代机器人学：机构、规划与控制
作者：[美] 凯文·M. 林奇 等　ISBN：978-7-111-63984　定价：139.00元

自主移动机器人与多机器人系统：运动规划、通信和集群
作者：[以] 尤金·卡根 等　ISBN：978-7-111-68743　定价：99.00元

移动机器人学：数学基础、模型构建及实现方法
作者：[美] 阿朗佐·凯利　ISBN：978-7-111-63349　定价：159.00元

工业机器人系统及应用
作者：[美] 马克·R. 米勒 等　ISBN：978-7-111-63141　定价：89.00元

ROS机器人编程：原理与应用
作者：[美] 怀亚特·S. 纽曼　ISBN：978-7-111-63349　定价：199.00元